Chefsache Nachhaltigkeit

Peter Buchenau • Monika Geßner
Christian Geßner • Axel Kölle *Hrsg.*

Chefsache
Nachhaltigkeit

Praxisbeispiele aus Unternehmen

 **Springer** Gabler   MÄNGELEXEMPLAR

Peter Buchenau
The RightWay GmbH
Waldbrunn, Deutschland

Monika Geßner
BdW-Beirat der Wirtschaft e.V.
Berlin, Deutschland

Christian Geßner, Axel Kölle
ZNU – Zentrum für
Nachhaltige Unternehmensführung
Witten, Deutschland

ISBN 978-3-658-11071-0   ISBN 978-3-658-11072-7 (eBook)
DOI 10.1007/978-3-658-11072-7

Die Deutsche Nationalbibliothek verzeichnet diese Publikation in der Deutschen Nationalbibliografie; detaillierte bibliografische Daten sind im Internet über http://dnb.d-nb.de abrufbar.

Springer Gabler
© Springer Fachmedien Wiesbaden 2016

Gedruckt auf säurefreiem und chlorfrei gebleichtem Papier

Springer Fachmedien Wiesbaden ist Teil der Fachverlagsgruppe Springer Science+Business Media
(www.springer.com)

Vorwort von Peter Buchenau

Das Kind im Mittelpunkt unternehmerischen Handelns

Als ich 2012 angefragt wurde, die Vertriebsleitung bei eibe, einem der führenden Hersteller von Kindergarteneinrichtungen und Spielplätze, zu übernehmen, zögerte ich. Ich hatte bis dahin alles verkauft, aber keine Kindergarteneinrichtungen und keine Spielplätze. Ich sah auch keinen großen Mehrwert darin, von der Industrie in ein mittelständisches Handwerk zu wechseln. Aber man kann sich irren und ich habe mich geirrt.

Jetzt stehe ich auf dem riesigen „eibe-Erlebnisspielplatz", neben dem eibe Firmengelände in Röttingen. Sandkästen, Schaukeln, Kletterlandschaften, Themenspielgeräte, eine Ritterburg – überall toben sich Kinder aller Altersstufen aus. Gehe ich weiter zum Parkplatz, erblicke ich Autokennzeichen aus dem gesamten Bundesgebiet, ja sogar aus Österreich und der Schweiz. Denn auf diesem Spielplatz stellt eibe in regelmäßigen Abständen Neuerungen in der Spielplatzbranche aus. Für eibe eine ideale Möglichkeit, die Produkte auf Beliebtheit, Praxistauglichkeit, Montagefreundlichkeit und Sicherheit zu testen.

Der eibe-Spielplatz ist Ausdruck der eibe-Philosophie. Ein Kind soll immer im Mittelpunkt aller unternehmerischen Aktivitäten stehen. Entstanden aus der jahrhundertalten Zimmerei Eichinger entstand Anfang der 1970er-Jahre unter Hartmut Eichinger das bekannte „eibe"-Unternehmen, welches 1975 zu eibe umbenannt wurde. eibe sieht Spielplätze als ganzheitlichen Lebensraum, in der Kinder in einer anregenden und bewegten Umgebung ganzheitlich umfassend gefördert werden. Wahrnehmung, Sprache, Motorik oder soziale und emotionale Kompetenz, sowie die aktuellen Erkenntnisse aus der Entwicklungs- und Spielforschung fließen in die Entwicklung und Gestaltung von Kindergartenmöbel und Spielgeräte ein. Nachhaltiges, unternehmerisches Denken hat deshalb bei eibe oberste Priorität. Diese äußert sich nicht nur in der Entwicklung von Möbel und Spielgeräten, sondern auch im unternehmerischen Handeln.

So gehört das Festhalten am Standort Deutschland zur Unternehmensidentität. eibe produziert ausschließlich in Röttingen und Dresden und so entsteht „Qualität made in Germany". Weiter engagiert sich eibe in Verbänden mit dem Ziel, Spielplätze anregender, bewegungsaktiver und auch sicherer zu machen. So ist man unter anderem in den Verbänden BSFH (Bundesverband der Spielgeräte- und Freizeitanlagenhersteller), der didacta (Verband der Bildungswirtschaft), im IAAPA (Internationer Verband der Freizeit- und Vergnügungsparks) sowie der „Charta Zukunft – Stadt und Grün" sehr aktiv.

Aktiver Umweltschutz wird extrem groß geschrieben. 80 % aller eibe-Eigenmarken sind aus Holz gefertigt. Als traditioneller Holzbearbeiter fühlt eibe sich natürlich ökologischer Weitsicht verpflichtet. Daher wird das eingesetzte Holz aus nachhaltiger europäischer Forstwirtschaft bezogen. Es wundert daher nicht, das eibe einer der wenigen Spielgerätehersteller mit dem Zertifikat 100 % FSC ist. Dieses nachhaltige Denken wird auch in der Energieversorgung umgesetzt. Sämtliche Holzabfallstücke werden gesammelt und für die interne Heizung eingesetzt. Seit 2007 benötigt eibe in normalen Wintern keinen einzigen Liter Heizöl mehr. Sie sehen, liebe Leserinnen und Leser, nachhaltiges Denken im Umwelt- und Systemgedanken beginnt beim Materialeinsatz, geht weiter über die Teilemehrfachverwertung bis hin zur Entsorgung. Es ist eine Prozesskette.

Warum tut eibe das alles? Weil eibe der Nachwelt etwas Positives hinterlassen möchte. Und wo fängt das an? Im Kita- und Kindergartenumfeld. Hier werden die Weichen für das gesamte Leben gestellt. Und so ist eibe 2014 angetreten, den wahrscheinlich besten Kindergarten der Welt replizierbar zu entwickeln und zu bauen. Denn wer garantiert Eltern nachweislich, dass eine Kita, für die sie sich entscheiden, jene Qualität für die Entwicklungschancen ihrer Kinder bietet, die sie zu Recht erwarten?

Die künftige Kita-Qualitätsmethode, die entwickelt wird, fordert von frühkindlichen Einrichtungen höchste Standards, um fundamentale Erziehungs- und Bildungsziele fördern zu können. Hauptziel ist die optimale Entwicklung von Kindern und Jugendlichen nachhaltig zu gewährleisten, indem ihnen einerseits individueller Kompetenzerwerb ermöglicht wird. Diese Persönlichkeitsentwicklung soll andererseits mit der Prosperität unserer Gesellschaft einhergehen. Damit ist gleichzeitig die Besonderheit der neuen Kita-Qualitätsmethode im Vergleich zu anderen Methoden und Siegeln genannt: Es setzt mit vier ausgewiesenen Qualitätsbereichen den Fokus auf die ökologische und soziale Nachhaltigkeit. Die Methode besitzt somit eine Zukunftsorientierung abseits von aktuellen Tendenzen. Die zugrunde liegenden Standards werden von führenden Experten definiert, kontrolliert und weiterentwickelt:

1. Der Qualitätsbereich der Sicherheit weist den kompetenten Umgang mit Risiko nach, indem maximale Gefahrenvorbeugung bei größtmöglicher (Bewegungs-)Freiheit zertifiziert wird. Diese Zielsetzung wird Überwachungsorganisationen wie z. B. vom TÜV-Süd fachlich im Bereich der Spielgeräte und des Mobiliars verantwortet.
2. Risikokompetenz geht mit selbstbestimmtem und bewegungsfreudigem Spiel einher. Die spielerische Bewältigung von Lebensaufgaben fördert die Kognition, Sprache, sozial-emotionale Entwicklung, gesellschaftliche Werte, den Körper und weitere Ent-

wicklungsfelder. Als individuelle Persönlichkeitsbereiche sollen sie über die Neugier entfaltet und in ihrer Umwelt erprobt werden. Die Pädagogik fungiert als integrative Klammer zwischen diesem und den anderen Qualitätsbereichen und sichert die Umsetzung der Ziele und Standards. Als Experte fungiert hier Prof. Dr. Rolf Schwarz (Pädagogische Hochschule Karlsruhe).

3. Optimale Persönlichkeitsentwicklung soll mit dem dauerhaften Gedeihen unserer Gesellschaft einhergehen. Der Vorteil des Individuums soll nicht der Nachteil für die Umwelt sein. Die Expertise der FNR (Fachagentur für nachwachsende Rohstoffe) garantiert die Verwendung umweltschonender Materialien ebenso wie den sensiblen Umgang mit Energie und sozialen Ressourcen. Ökologische Nachhaltigkeit wird z. B. über Standards der Materialverwendung (Beschaffung, Verarbeitung, Abbau) überwacht, soziale Nachhaltigkeit z. B. über Mobilitäts- und Ernährungsbildung sowie Fragen der Biodiversität gesichert.

4. Diese Interaktion findet in Räumen statt. Als Wohlfühlräume mit ganzheitlicher Perspektive (Licht, Akustik, Material, Klima) sollen sie Freiräume für spielerisches Bewegen und (T)Räume kreativen Gestaltens sein. Die Erreichung dieser Standards begleitet Prof. Dr. Schricker (Hochschule Coburg).

Daneben wird dieses Nachhaltigkeitsprojekt von der Politik und Wirtschaft unterstützt. Namhafte Kita-Träger wie z. B. die Kinderzentren Kunterbunt oder auch KitaConcept, namhafte Architekten und immer mehr Projektpaten aus dem Show- und Promi-Business sind ebenfalls mit an Bord.

Nun, meine verehrten Leserinnen und Leser, verstehen Sie mich vielleicht, warum ich anfangs geschrieben habe: „Man kann sich irren und ich habe mich geirrt." Ich habe heute den wohl schönsten und nachhaltigsten Arbeitsplatz der Welt. Ich darf an der nachhaltigen Entwicklung unserer, ihrer Kinder teilhaben. Und ich möchte Ihnen als Abschluss nur Mut machen, gehen Sie den Nachhaltigkeitsweg. Es gibt überall Möglichkeiten diesen Weg zu beschreiten. So danke ich auch allen beteiligten Autoren und auch dem Vorstand und Mitgliedern des BdW (Beirat der Wirtschaft), dass sie alle es möglich gemacht haben, das dieses Buch *Chefsache Nachhaltigkeit* entstehen konnte. Alle Firmen für die die Autoren stehen, gehen bereits diesen Nachhaltigkeitsweg. Wann fangen Sie an, liebe Leserin und lieber Leser, diesen Weg zu gehen? Nachhaltigkeit ist Chefsache, denken Sie daran. Viel Spaß und inspirierende Ideen beim Lesen.

„Es gibt nichts schöneres auf der Welt als in lachende Kinderaugen zu blicken."

Ihr Peter Buchenau

Vorwort von Monika Geßner

Sie ist mehr denn je von dringendster Notwendigkeit: Nachhaltigkeit. Egal ob im privaten, öffentlichen, politischen oder wirtschaftlichen Bereich – ökologisches, effizientes und verantwortungsbewusstes Handeln eines jeden Einzelnen ist für unsere Gesellschaft unabdingbar.

Vor allem aber Unternehmen und Organisationen stehen im Hinblick auf nachhaltige Wertschöpfung besonders in der Pflicht. Ihr Verantwortungsbereich hat sich innerhalb der vergangenen Jahre stark erweitert und erstreckt sich indes auf die gesamte Gesellschaft. Deshalb ist nachhaltiges, ethisches und soziales Wirtschaften so wichtig – und Kooperationen, Partnerschaften und Netzwerke gewinnen immer mehr an Bedeutung. Denn Kontakte und Beziehungen sorgen für verbesserte Erfolgsaussichten bei der Zielerreichung einer nachhaltigen Entwicklung, zudem sorgt diese gemeinsame „Infrastruktur" für eine erhöhte Wettbewerbsfähigkeit. Nicht zuletzt wird es Unternehmen im Rahmen dieser Kooperationen ermöglicht, als Partner der Politik zu agieren und somit wirtschaftliche Interessen innerhalb der Politik zu vertreten.

Als treibende Kraft solcher Netzwerkbildungen gelten Unternehmensverbände wie der 2009 gegründete, weltanschaulich und parteipolitisch neutrale Beirat der Wirtschaft e.V. (BdW). Dieses „Netz der Nachhaltigkeit" wird allein durch engagierte Führungskräfte von Mitgliedsunternehmen vertreten, die vorrangig aus dem Mittelstand und sämtlichen Bereichen, vom Gastronomiebetrieb bis hin zu Familienunternehmen in der Industrie, stammen. Es handelt sich also um einen Zusammenschluss von Verantwortlichen in der Wirtschaft, deren gemeinsames Ziel die Förderung eines umfassenden Nachhaltigkeitsbewusstseins in der Gesellschaft sowie der Beitrag zu einer sozialen und ökologischen Gestaltung der Globalisierung ist. Hierzu werden von den Teilnehmern Inhalte zu verschiedenen fachlichen Themen, beispielsweise effiziente Energienutzung und Zukunftsperspektiven oder betriebliche Aus- und Weiterbildung erstellt, die dann den Mitgliedern des BdW, den Entscheidungsträgern in der Politik und der Öffentlichkeit dargelegt werden.

Die Zahl der Mitglieder des BdW steigt kontinuierlich und damit auch die der Unternehmen, welche eine Vorreiterrolle im Hinblick auf nachhaltiges Wirtschaften einnehmen. Umso erfreulicher ist es, bei der Gestaltung des Buches Chefsache Nachhaltigkeit mitwirken und somit der Öffentlichkeit präsentieren zu dürfen, welche, und vor allem wie Unternehmen als Vorbilder fungieren.

Ihre Monika Geßner

Inhaltsverzeichnis

Wie gelingt nachhaltiges Wirtschaften im Alltag? 1

Christian Geßner und Axel Kölle

„Das Tagesgeschäft lässt keine Zeit für Experimente, und jetzt kommt ihr noch mit Nachhaltigkeit!", „Sollen sich die Experten doch erstmal einigen, was Nachhaltigkeit genau ist und dann kann ich mich ja immer noch drum kümmern" oder „Wir waren doch schon immer nachhaltig!" sind häufige Antworten in Unternehmen, wenn es auf das Thema Nachhaltigkeit kommt. Insbesondere in kleinen und mittelständischen Betrieben erscheint eine derartige, defensive Grundhaltung vor den großen und komplexen Nachhaltigkeitsthemen wie Klimawandel, Bevölkerungsexplosion, Flüchtlinge, Demografischer Wandel usw. nachvollziehbar. Das Thema scheint zu abstrakt und damit vielen schlichtweg nicht greifbar.

Gleichzeitig tobt ein Hype durch die Wirtschaft. Nachhaltigkeit wird als *der* strategische Wettbewerbsfaktor gesehen und in vielerlei Branchen herrscht ein entsprechend intensiver Konkurrenzkampf bei der Positionierung in der Nachhaltigkeits-Arena. Wer hat als erstes den Klimafußabdruck berechnet, einen Nachhaltigkeitsbericht geschrieben oder gar (irgend)einen Nachhaltigkeitspreis gewonnen? Auf den ersten Blick eine Entwicklung, die zu begrüßen ist, da sich offensichtlich viel in Richtung Nachhaltigkeit bewegt. Auf den zweiten Blick zeigt sich aber auch: es ist nicht alles grün, was glänzt.

1.1 Messung als Kernherausforderung

So wird es die große Aufgabe der nächsten Jahre sein, Nachhaltigkeitsbewertungen einfacher, transparenter und praktikabler für den Alltag zu gestalten, ohne dabei die ethischen Fundamente auszuhöhlen. Von der Wissenschaft überprüfte, qualitätssichernde Bewertungsmuster können helfen, den Blick von Wirtschaft und Gesellschaft zu schärfen und eine sachliche Diskussion darüber befördern, was Nachhaltigkeit auf Unternehmens- und auf Produktebene im Endeffekt bedeutet und wo das Thema konkreten Mehrwert bietet. So wird es Unternehmen erleichtert, ihr Image/ihre Marken mit dem Thema Nachhaltigkeit kontinuierlich positiv aufzuladen; und dies glaubwürdig nachweisbar.

Es geht vor allem darum, das Thema vom Kopf auf die Füße zu stellen und Unternehmer zu befähigen richtungssichere Schritte für mehr Nachhaltigkeit zu unternehmen: durch gesteigerte Energieeffizienz, durch den vermehrten Einsatz erneuerbarer Energien, durch die Ausweitung von Angeboten zur besseren Vereinbarkeit von Familie und Beruf usw., aber insbesondere auch durch die Entwicklung nachhaltiger Produkt- und Prozessalternativen, bei denen Nachhaltigkeit als Innovationstreiber gesehen wird und somit echten Zusatznutzen stiftet. Hier sind noch viele Gestaltungsspielräume offen.

1.2 Praxisnah und ganzheitlich Messen – der ZNU-Ansatz

Vor diesem Hintergrund hat sich das ZNU-Zentrum für Nachhaltige Unternehmensführung als Institut der Fakultät für Wirtschaftswissenschaft der Universität Witten/Herdecke in den letzten Jahren mit der Entwicklung wissenschaftlich fundierter und gleichzeitig anwendungsorientierter Ansätze zum Nachhaltigkeitsmanagement beschäftigt, insbesondere mit Instrumenten zur Nachhaltigkeitsmessung auf Unternehmens- und Produktebene.

Seit dem Jahr 2007 werden alle wesentlichen Nachhaltigkeitsstandards von der globalen bis zur unternehmerischen Ebene gesichtet und themenorientiert gemäß der ZNU-Systematik zugeordnet bzw. gebündelt. ⊚ Abb 1.1 zeigt die „Nachhaltigkeits-Drehscheibe" des ZNU anhand derer bislang mehr als 100 Unternehmen ihre Nachhaltigkeitsaktivitäten strukturiert und bewertet haben. Dabei hat sich die Durchführung des ZNU-NachhaltigkeitsChecks im Workshop-Format bewährt. Zur Teilnahme sind Vertreter aus allen für das Thema Nachhaltigkeit relevanten Abteilungen sowie die Geschäftsführung eingeladen (z. B. Produktion, Technik, Marketing, Kommunikation, Vertrieb, Einkauf, Personal

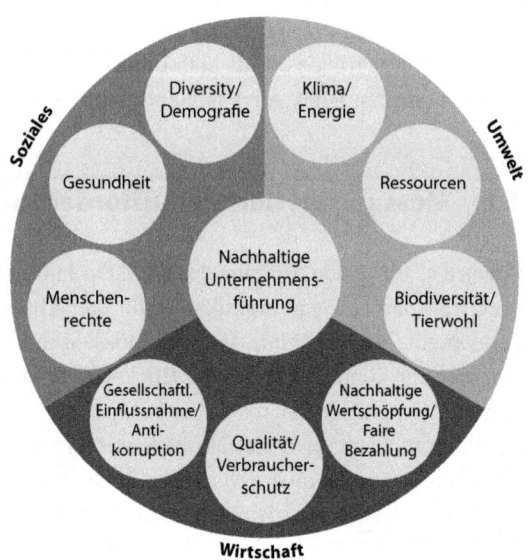

Abb. 1.1 Systematik des
ZNU-NachhaltigkeitsChecks
(Geßner et al. 2013, S. 1)

etc.), die dann gemeinsam den Status Quo ihres Unternehmens in Sachen Nachhaltigkeit quantitativ messen.

Grundsätzlich besteht der ZNU-Check aus zwei Teilen: Teil I (Nachhaltige Unternehmensführung) umfasst das „Wie?" der Unternehmensführung in zehn Kategorien. Hier stehen die innere Haltung der Unternehmer und die strategische Ausrichtung im Vordergrund. Der Teil I des Checks basiert auf den sog. Bellagio-Prinzipien, die von weltweit führenden Wissenschaftlern und Praktikern entwickelt wurden und engen Bezug auf die Agenda 21 nehmen (vgl. Hardi et al. 1997). Forschungsarbeiten des ZNU auf dem Gebiet der Operationalisierung der Bellagio-Prinzipien im Rahmen von Scoringmodellen fundieren den Check wissenschaftlich (vgl. Geßner 2008, Merten et al. 2005, Geßner et al. 2003, Geßner et al. 2002).

Teil II (Nachhaltigkeitsthemen) fokussiert auf das themenbezogene „Was?", d. h. was unternimmt das Unternehmen bei den Themen Klima/Energie, Ressourcen, Biodiversität/ Tierwohl, Nachhaltige Wertschöpfung/Faire Bezahlung, Qualität/Verbraucherschutz, Gesellschaftliche Einflussnahme/ Antikorruption, Menschenrechte, Gesundheit, Diversity/ Demografie. Die neun Themenfelder lassen sich den drei Dimensionen Wirtschaft, Umwelt und Soziales zuordnen. Der Teil II des ZNU-NachhaltigkeitsChecks integriert dabei in seinen Bewertungskriterien u. a. folgende Quellen: Agenda 21, Global Compact Principles, Millenium Declaration (alle United Nations); Principles of Corporate Governance (OECD), Reporting Guidelines wie Global Reporting Initiative und Deutscher Nachhaltigkeits Kodex sowie private Standards (ISO 14001, SA 8000, ISO 26000, BSCI, EMAS III, u. a.).

Vorrangige Funktion des ZNU-NachhaltigkeitsChecks ist es, zu zeigen, in welchen Feldern ein Unternehmen bereits im Sinne der Nachhaltigkeit entwickelt ist („Unsichtbares sichtbar machen") und wo sich noch offene Lernfelder befinden. Hierzu werden für alle Handlungsfelder jeweils beispielhaft Antwortmöglichkeiten vorgegeben. Im Zuge dessen werden immer die beiden unterschiedlichen Perspektiven betrachtet: Einmal werden Antwortmöglichkeiten aus einer standortbezogenen Perspektive (welche Maßnahmen erfolgen direkt am Standort) und einmal aus der Sicht der Wertschöpfungskette (welche Maßnahmen erfolgen entlang der Wertschöpfungskette und inwiefern werden andere gesellschaftliche Anspruchsgruppen in Nachhaltigkeitsaktivitäten einbezogen) vorgestellt.

Für die jeweilige Sichtweise werden die Unternehmensvertreter nun gebeten, zunächst individuell ihr Unternehmen anhand der Antwortkategorien einzuordnen. Dabei sind die einzelnen Antwortkategorien jeweils mit Punkten hinterlegt (0, 1, 3 und 5 Punkte), wobei die höchste Punktzahl den höchsten Erfüllungsgrad darstellt. Zudem bauen die Antwortkategorien aufeinander auf, d. h. 5-Punkte-Antworten beinhalten die Erfüllung der vorangegangenen Stufen (◉ Abb. 1.2).

Nach der individuellen Auswertung des Checks ergibt sich eine kollektivierte Interpretation zum Status quo der jeweiligen Nachhaltigkeitsthemen im betrachteten Unternehmen. Dies geht meist einher mit intensiven Diskussionen zu einzelnen Bewertungen, die das lebendige Verständnis von Nachhaltigkeit im Unternehmen fördern. Doch nicht

Klimaschutz trifft das gesamte gesellschaftliche Leben wie die Zunahme klimabedingter Naturkatastrophen (z. B. Orkane) in den letzten Jahren zeigt. Dürre, Überflutungen etc. führen zu starken Veränderungen in der Umwelt und zum Verlust wirtschaftlich nutzbarer Fläche. Durch *steigende* Klimakosten d. h. v. a. ***Energiepreise***, werden auch die Rohstoff- und damit die Produktpreise in Zukunft steigen. Diese Entwicklung wird wohl zukünftig durch Gesetze (zur verursachergerechten Anlastung der Klimakosten) weiter dynamisiert werden. Wie stark engagiert sich Ihr Unternehmen für den Klimaschutz?

	Unternehmen	Wertschöpfungskette/Gesellschaft	
0	Klimawandel/Energieeffizienz ist für uns kein Thema.	Wir engagieren uns nicht im Klimaschutz.	0
1	Zur Steigerung der Energie- und Transporteffizienz werden auf Unternehmensebene vereinzelte Aktivitäten angestoßen und umgesetzt (z. B. Energiesparlampen, innovative Prozesstechnologien, Reduzierung von Dienstreisen, Videokonferenzen).	Gemeinsam mit Lieferanten/Handelspartnern/Verbänden o. a. steigern wir fallweise die Energieeffizienz unserer Produkte/Prozesse entlang der Wertschöpfungskette.	1
2			2
3	Daten zu unseren Klimawirkungen erfassen wir systematisch im Rahmen von Standortbilanzen auf Basis international akzeptierter Standards (z. B. GHG-Protocol). Klimaschutzziele und Maßnahmen sind für die Unternehmens- und Standortebene formuliert und eingeleitet z. B. KraftWärme-Kopplung.	Wir haben für unsere Produkte Klimaschutzziele und -maßnahmen eingeleitet (z. B. auf Basis von Product Carbon Footprints). Gemeinsam mit Partnern steigern wir systematisch die Klimafreundlichkeit und Energieeffizienz unserer Produkte, Verpackungen und Prozesse entlang der Wertschöpfungskette.	3
4			4
5	Darüber hinaus setzen wir auf erneuerbare Energien (Sonne, Wind, Wasser, Erdwärme). Unsere Klimaauswirkungen erfassen wir, um langfristig ein klimaneutrales Unternehmen zu werden.	Darüber hinaus arbeiten wir mit Experten u. a. zusammen, um effektive Strategien, Maßnahmen und Bewertungsverfahren (z. B. Product Category Rules) zu entwickeln und so die Bekämpfung des Klimawandels voranzutreiben.	5
	Beispiele aus Ihrer täglichen Praxis:		

Abb. 1.2 Ausschnitt Klima/Energie aus dem ZNU-NachhaltigkeitsCheck (Geßner et al. 2013 A, S. 20)

nur die Bewertung des Status quo ist wertvoll. Ebenso profitieren Unternehmen von der Sammlung von Beispielen, was das Unternehmen in den einzelnen Handlungsfeldern schon durchführt oder zukünftig initiieren möchte.

Ein vollständiges Bild der Nachhaltigkeitsaktivitäten über alle Abteilungen hinaus ist in diesem Zusammenhang dadurch gesichert, dass die Durchführung des Checks in einem cross-funktionalen Workshop erfolgt. So bieten die Ergebnisse des ZNU-Checks eine gute Basis für die Festlegung von Handlungsprogrammen. Der Nutzen des ZNU-NachhaltigkeitsChecks lässt sich darüber hinaus wie folgt festhalten:

1. Den Teilnehmern wird deutlich, welche vielfältigen Aspekte das Thema umfasst und die Definition von Nachhaltigkeit wird geklärt.
2. Es wird deutlich, inwieweit Nachhaltigkeit das Kerngeschäft des Unternehmens berührt bzw. berühren kann und sollte. Die Relevanz und die Potentiale für das Unternehmen werden deutlich.
3. Die bereits bestehenden Aktivitäten in allen Dimensionen der Nachhaltigkeit werden gebündelt und der Status quo wird ersichtlich.
4. Die Teilnehmer erhalten einen Überblick, welche Funktionsbereiche von den verschiedenen Themenfeldern betroffen sind und wie diese Querschnittsaufgabe im Unternehmen organisiert und bearbeitet werden kann.
5. Die Check-Ergebnisse können über die Zeit verglichen werden (Monitoring-Funktion).

6. Obgleich es sich beim ZNU-Check um eine Selbsteinschätzung des Unternehmens handelt, richtet sich diese nach festgeschriebenen Kriterien, sodass sich die Ergebnisse grundsätzlich auch zum internen Benchmarking bspw. mit anderen Standorten oder auch zum externen Benchmarking mit anderen Unternehmen der Branche eignen.
7. Aufgrund des ganzheitlichen Ansatzes werden alle Themenfelder in den Blick genommen. Dadurch wird gewährleistet, dass kein Thema vernachlässigt wird. Zudem können die Wechselwirkungen und Zielkonflikte zwischen verschiedenen Themenfeldern im Unternehmen diskutiert und abgewogen werden.

Der ZNU-NachhaltigkeitsCheck hat die vorrangige Funktion, in den verschiedenen Funktionsbereichen ein gemeinsames Verständnis dafür zu schaffen, wo das Unternehmen steht. Somit richtet sich dieses Instrument insbesondere nach innen, bietet aber auch eine gute Basis für die strukturierte Nachhaltigkeitskommunikation nach außen. Mit dem ZNU-Standard Nachhaltiger Wirtschaften, auf den hier nicht näher eingegangen werden soll, besteht zudem die Möglichkeit, die eigene Nachhaltigkeitsleistung extern zertifizieren zu lassen.

1.3   Facetten der Chefsache Nachhaltigkeit

Nachhaltigkeit hat viele Facetten. Die in Abbildung 1.1 dargestellte Nachhaltigkeitssystematik bietet einen geeigneten Strukturierungsansatz nach Themenfeldern. So lassen sich nicht nur die Aktivitäten von Unternehmen in diesen Orientierungsrahmen einsortieren. Auch zu den vielfältigen Beiträgen der Autorinnen und Autoren des vorliegenden Buches lassen sich Bezüge zur „Drehscheibe" herstellen.

Die folgende Zuordnung erhebt keinen Anspruch darauf, alle in den Artikeln jeweils angesprochenen Aspekte detailliert zu analysieren und einzupassen. Vielmehr geht es um eine lockere Zuordnung, die der Leserin und dem Leser den Blick auf Verbindungen und Wechselwirkungen der einzelnen Buchbeiträge erleichtern soll.

So widmen sich die Beiträge von Michael Vogt, Alfred Doll, Karin Ferchl & Horst Veitl, Thomas Zinser & Wolfram Bartuschka, Hans-Dieter-Schat und Joshua Kohberg dem im Innenkreis dargestellten Thema „Nachhaltige Unternehmensführung" bei dem die Haltung und das „Wie?" im Vordergrund stehen. Wie kann der Lernprozess und Kommunikation erfolgreich gestaltet werden? Wie gelingt Partizipation und wie lassen sich Werte messbar machen?

In den weiteren Beiträgen wird stärker auf ökologische, ökonomische und soziale Nachhaltigkeitsbeiträge eingegangen, auf das „Was?" Die Aktivitäten in den Feldern Umwelt, Wirtschaft und Soziales stehen hier mehr im Vordergrund. Einige Autoren gehen dabei stärker auf die Kernherausforderungen ein, andere bilden ihr Nachhaltigkeitsengagement entlang aller drei Säulen der Nachhaltigkeit ab, wie zum Beispiel der Beitrag der SHW und der des Weingutes Fleischer zeigen.

Während die Artikel von Schäch Haustechnik, von der E.M.E Group und von Feralpi Stahl vor allem auf die für sie wesentliche Anforderung Energie eingehen, betrachtet der Beitrag vom Flughafen München v. a. die Umweltaspekte Klima/Energie, Ressourcenschonung und Biodiversität. Der Beitrag der TEXAID Gruppe lässt sich vornehmlich dem Feld Ressourcenschonung zuordnen, ebenso der von Quandt Dachbahnen, der zudem den Qualitätsaspekt in der Debatte thematisiert und somit bereits ein ökonomisches Nachhaltigkeitsthema aufgreift. Der Artikel der AfB zu ihrem nachhaltigen Geschäftsmodell lässt sich schwerpunktmäßig der ökonomischen Säule der Nachhaltigkeit zuordnen, ebenso der Beitrag der Regio Augsburg. Auch der ONE WORLD Beitrag spricht mit den Themen Lokale Wertschöpfung und Qualität ökonomische Themen an, ragt aber auch mit den Themen Klimaschutz und Menschenrechte in die Felder Umwelt bzw. Soziales hinein. Der Artikel des Verbandes Sächsischer Wohnungsgenossenschaften geht wiederum im Kern auf die Nachhaltigkeitsherausforderung „Demografischer Wandel" und zahlt damit auf die Nachhaltigkeitssäule Soziales ein.

In der Zusammenschau zeigt sich, dass eine trennscharfe Zuordnung schwierig ist, viele Aspekte die in den Artikeln angesprochen werden, könnten sicher noch in der hinzugefügt werden. Aber wie auch bei der Zuordnung der eigenen Aktivitäten im Unternehmen sollte es hier in erster Linie darum gehen, Schwerpunkte und „weiße Flecken" aufzuzeigen und auf Verbindungslinien hinzuweisen.

Aus einer derartigen ganzheitlichen Perspektive lassen sich in Unternehmen dann auch Potentiale in der Kommunikation nutzen. Z. B. wird im Zuge des Lernprozesses Nachhaltigkeit in Unternehmen häufig erkannt „In den anderen Feldern der Nachhaltigkeit machen wir doch auch schon eine Menge, lasst uns dies stärker kommunizieren!".

1.4 Umschalten in die Offensive

Die große Herausforderung für Führungskräfte in Unternehmen ist es, die Deutungshoheit über die Frage „Was heißt Nachhaltigkeit für unser Unternehmen? Für unsere Produkte?" nicht anderen zu überlassen, d. h. gemeinsam mit Anspruchsgruppen die jeweiligen Nachhaltigkeitsherausforderungen für ihr Unternehmen zu übersetzen, innovative Antwortstrategien zu entwickeln und Fortschritte messbar zu machen. Mit anderen Worten von der Defensive in die „kontrollierte" Offensive umzuschalten.

Dabei liegt in der viel kritisierten Offenheit des Begriffes Nachhaltigkeit auch eine große Chance, nämlich sich das Thema ganzheitlich und gleichzeitig individuell für sein Unternehmen und seine Produkte/Dienstleistungen zu eigen zu machen und so einen fundamentalen Beitrag zur Stärkung der eigenen Position im Wettbewerb zu leisten.

Auch wenn das Tagesgeschäft noch so tobt, es lohnt sich, einen Schritt zurück zu machen und zu reflektieren, „Was hat Nachhaltigkeit mit meinem Kerngeschäft zu tun und wie nachhaltig ist meine Haltung im Tagesgeschäft?" Wichtig ist es dabei, Nachhaltigkeit nicht nur als „Kopfthema", sondern auch als eine „Herzensangelegenheit" zu begreifen. Nachhaltigkeit darf und soll Spaß machen!

Wir wünschen Ihnen bei der Umsetzung von Nachhaltigkeit in Ihrem betrieblichen Alltag viel Erfolg und Freude, freuen uns jederzeit über Ihr Feedback zu unserem Artikel und wünschen Ihnen nun viel Spaß und Inspiration mit der Lektüre der „Chefsache Nachhaltigkeit"!

1.5 Über die Autoren

Dr. Christian Geßner und Dr. Axel Kölle, Gründer und Leiter des ZNU – Zentrum für Nachhaltige Unternehmensführung in der Fakultät für Wirtschaftswissenschaft der Universität Witten/Herdecke und geschäftsführende Gesellschafter der Nachhaltigkeitsberatung fjol GmbH. Beide vertreten folgende Themenfelder

- Nachhaltige Unternehmensführung
- Nachhaltige Organisationsentwicklung / Change
- Integriertes Nachhaltigkeitsmanagement
- Ausbildung und Training von Nachhaltigkeitsmanagern und -botschaftern
- Nachhaltigkeitskommunikation nach innen und außen

Das ZNU ist ein anwendungsorientiertes Forschungsinstitut in der Wirtschaftsfakultät der Universität Witten/Herdecke. Als Nachhaltigkeitsinitiative von Wirtschaft und Wissenschaft arbeiten wir in den Bereichen Forschung, Lehre, Weiterbildung, Konferenzen daran, Nachhaltigkeit für Führungskräfte von heute und morgen greifbar zu machen und für die Chancen Nachhaltiger Unternehmensführung zu begeistern. So hat das ZNU in den letzten Jahren mehr als 250 Nachhaltigkeitsmanager ausgebildet. Das ZNU wird von einem Netzwerk von etwa 50 Unternehmen unterstützt. >uni-wh.de/znu

Die fjol GmbH ist eine Nachhaltigkeitsberatung, die als Spin-off aus dem ZNU hervorgegangen ist und weiter eng mit diesem kooperiert. Diese Verbindung bietet unseren Kunden eine Kombination aus Praxisrelevanz und neuen wissenschaftlichen Erkenntnissen zur lebendigen und erfolgreichen Umsetzung von Nachhaltigkeit. Mit dem Schwerpunkt Strategieberatung unterstützen wir Unternehmen in der Gestaltung, Umsetzung und

Kommunikation von Strategien für mehr Nachhaltigkeit. Spezialisiert auf die Messung von Nachhaltigkeit auf Unternehmens- und Produktebene, sowie auf die Initiierung und Begleitung dynamischer Lern- und Umsetzungsprozesse von der Managementebene bis zu den Azubis.

Literatur

Geßner, C./Rübbelke, M./Petzold, B./Zurad, J./Kölle, A./Endres, P: „Wie Nachhaltig Ist Ihr Unternehmen?" ZNU-NachhaltigkeitsCheck, ZNU-Zentrum für Nachhaltige Unternehmensführung, Witten, 2013 A

Hardi P./Zdan T: *Assessing Sustainable Development: Principles in Practice*, International Institute for Sustainable Development, Winnipeg, 1997

Geßner, C: *Unternehmerische Nachhaltigkeitsstrategien: Konzeption Und Evaluation*, Peter Lang Verlag, Frankfurt am Main, 2008

Merten, T./Westermann, U./Rohn, H./Baedeker, C./Kölle; A.: *Der initiale Nachhatligkeitscheck*. In: Entwicklungspartnerschaft kompakt (Hg.): Zukunftssicherung durch nachhaltige Kompetenzentwicklung in KMU der Ernährungswirtschaft, 2005

Geßner, C: *Sustainability evaluation in Germany: market structure, bottlenecks and perspectives – an overview giving closer attention to the evaluation of business'sustainability*. In: Kopp, U./ Martinuzzi, A./Schuber, U: Proceedings ov the EvAluation of SustainabiliY European COnference EASY ECO 2, 15.–17. Mai 2003, Wien

Geßner, C./Schulz, W.F./Kreeb, M: *What is a Good Strategy for Sustainable Development?*, Greener Management International, 2002

Geßner, C./Rübbelke, M./Petzold, B./Zurad, J./Kölle, A./Endres, P: „Wie Nachhaltig Ist Ihr Unternehmen?" ZNU-NachhaltigkeitsCheck, ZNU-Zentrum für Nachhaltige Unternehmensführung, Witten, 2013 A

Geßner, C./Kölle, A./Ludemann, K./Rübbelke, M./Diekmann, V: *ZNU-Standard Nachhaltiger Wirtschaften[Food]*, ZNU-Zentrum für Nachhaltige Unternehmensführung, Witten, 2013 B

AfB als Europas erstes gemeinnütziges IT-Systemhaus und nachhaltiges Geschäftsmodell

2

Paul Cvilak

2.1 Das AfB-Konzept

AfB, das ist die erfolgreiche, mittlerweile über 10-jährige Geschichte von Europas erstem gemeinnützigem IT-Systemhaus. 2004 im badischen Ettlingen nahe Karlsruhe gegründet, hat sich AfB bis heute zum Partner von über 400 großen Unternehmen entwickelt. Hierzu gehören Konzerne wie REWE, Bertelsmann, dm-drogeriemarkt, Telefonica und Siemens. Sie übergeben AfB ihre nicht mehr benötigten IT-Geräte. Nachdem alle vorhandenen Daten zertifiziert gelöscht sind, werden die PCs, Notebooks, Bildschirme, Handys und Drucker aufbereitet und anschließend in den AfB-Shops oder über die Website http://shop.afb-group.eu/ mit mindestens einem Jahr Garantie wieder verkauft, um die Produkte in die Hände neuer Nutzer zu bringen. Defekte oder zu alte Geräte werden zur Ersatzteilgewinnung in ihre einzelnen Bestandteile zerlegt, die übrigen Rohstoffe gehen an zertifizierte Recyclingbetriebe. Das Besondere daran: Alle Arbeitsschritte im Unternehmen sind barrierefrei gestaltet und werden von behinderten und nicht-behinderten Menschen gemeinsam verrichtet. Die Integration der Mitarbeiter in die Berufswelt und die damit verbundenen Perspektiven sprechen für sich. Hinzu kommt, dass die ressourcenverzehrende Neuproduktion von Hardware substituiert, Elektroschrott und CO_2 in erheblichem Maß vermieden werden.

Die Unternehmen schätzen an der Partnerschaft zu uns, dass sie ohne zusätzlichen finanziellen wie auch zeitlichen Aufwand einen notwendigen Prozess mit sozialem und ökologischem Engagement verknüpfen können. Durch diese Partnerschaften konnten an bisher 13 Standorten in Deutschland, Österreich, Frankreich und der Schweiz über 200 Arbeitsplätze in der IT-Branche geschaffen werden, davon 50 Prozent für Menschen mit Handicap. Im Jahr 2014 wurden so über 230.000 Gebrauchtgeräte bearbeitet und vermarktet (siehe ⊙ Abb. 2.1). Unternehmen aller Branchen können sich daran beteiligen und die Kooperation mit AfB hervorragend in ihre eigene Nachhaltigkeitsstrategie integrieren.

Abb. 2.1 Aufbereitung gebrauchter IT-Geräte bei AfB in Ettlingen

2.2   Die Gründung von Europas erstem gemeinnützigen IT-Systemhaus AfB

Vor etwas mehr als 10 Jahren habe ich gemeinsam mit einem kleinen Team die Idee der AfB entwickelt. Anstoß dazu war keineswegs, dass ich um jeden Preis ein Sozialunternehmen gründen wollte. Der Impuls kam vielmehr aus dem Markt selbst. Ich hatte mich nach meinem BWL-Studium schon recht früh auf die IT-Leasing-Branche, insbesondere auf den IT-Lifecycle-Prozess spezialisiert. Daher wusste ich um den Bedarf großer Unternehmen, ihre gebrauchte IT-Hardware hier vor Ort in Deutschland einer zertifizierten Datenlöschung zu unterziehen. Solche Arbeiten wurden aufgrund hoher Kosten häufig in Billiglohnländern erbracht, die Datensicherheit und allgemein anerkannte Arbeits-Normen waren hier kaum gewährleistet. Ein großer Konzern, mit dem ich damals schon zusammengearbeitet hatte, kam daher aktiv auf mich zu und hat diese Dienstleistung bei mir angefragt. Die Idee, den Business-Case mit einem sozialen Fokus zu entwickeln, war dann eher zufällig. Aufgrund der räumlichen Nähe zu einer so genannten „Behinderten-Werkstatt" in Emmendingen war der Gedanke geboren, dass man in die einzelnen Prozesse auch Menschen mit Behinderung einbeziehen könnte. Also haben wir uns das AfB-Konzept überlegt, um hier am Wirtschaftsstandort Deutschland einen professionellen IT-Remarketing-Prozess aufzubauen und vor allem im Bereich der Datenlöschung einen revisionssicheren Prozess anzubieten. Auf diesem Weg war es uns möglich, die gewünschte Leistung anzubieten und den Prozess gleichzeitig mit sozialem Mehrwert zu verbinden. Für mich war es bei dem Thema immer wichtig, dass es sich um kein kurzfristiges Projekt handelt, sondern dass sich das Modell wirtschaftlich auch langfristig trägt. Schon recht schnell waren Unternehmen wie die Vattenfall unsere Partner. Ein Geschäftsmodell ist aus meiner Sicht nur dann nachhaltig, wenn die gesellschaftlichen Maxime in sozialer oder ökologischer Hinsicht auch auf ökonomischer Basis realisiert werden. Also habe ich es mir mit meinem Team zur Aufgabe gemacht, ein unabhängiges Unternehmen aufzubauen, das gesellschaftliche Verantwortung in ein Gesamtkonzept professioneller Leistungen einbezieht. Das Kerngeschäft sollte darauf ausgerichtet werden, moderne und qualitativ hochwertige Dienstleistungen im IT-Bereich anzubieten.

Zum Start der AfB sind wir dann recht pragmatisch vorgegangen. Wir haben keine langen Konzepte entwickelt, sondern gleich mit der praktischen Umsetzung gestartet, denn es sollte ja auch schnell mit der Arbeit losgehen. Zu diesem Zeitpunkt hätte aber auch keiner von uns nur entfernt angenommen, dass AfB einmal eine Dimension erreicht, wie wir sie heute darstellen. Ich hätte nie erwartet, dass wir beispielsweise mit unserem Konzept einmal den Innovationspreis der Deutschen Wirtschaft oder den Deutschen Nachhaltigkeitspreis gewinnen. Auch von dem Begriff „Sozialunternehmer" hatte ich damals noch nichts gehört. Wir haben eben einfach gemacht, wovon wir überzeugt waren. Anfang 2004 haben wir konkret damit begonnen, uns mit der Thematik eines Integrationsprojektes auseinanderzusetzen. Dabei galt es einige Hürden zu überwinden, wie beispielsweise die öffentliche Anerkennung als gemeinnütziges Integrationsunternehmen. Somit blieben auch anfangs viele öffentliche Förderungen verwehrt, die für die Entwicklung des Unternehmens aber zwingend notwendig waren. Zur Zeit der Unternehmensgründung gab es keinen Vorreiter in der IT-Branche, deshalb musste man neue Wege gehen. Die sozialen, gesellschaftlichen Maxime mussten auf wirtschaftlicher Basis realisiert werden, nur so konnte ein langfristiges Bestehen am Markt garantiert und nachhaltiges Wachstum ermöglicht werden (vgl. ⊛ Abb. 2.2).

Zu Beginn der Prozess-Planung waren vor allem die Werkstätten für behinderte Menschen und die Partnerfirmen beteiligt. Unternehmen mit einem hohen Maß gesellschaftlicher Verantwortung hatten sich dazu bereit erklärt, zur Realisation des Vorhabens ihre gebrauchte IT-Hardware kostenlos zur Verfügung zu stellen. Sie ermöglichen es durch ihr Engagement bis heute, das Beschäftigungsangebot im Rahmen des AfB-Konzepts aufrecht zu erhalten und sind auch heute noch Partner von AfB. Ich selbst hatte keinerlei praktische Erfahrung in der Beschäftigung von Menschen mit Behinderung, deshalb habe ich mich dazu entschlossen, ein Pilotprojekt gemeinsam mit der Caritas Werkstatt in Emmendingen umzusetzen, das sich sehr positiv entwickelte. Also haben wir unser Vorhaben Anfang 2005 mit den „Haksfelder Werkstätten" in Ettlingen ausgeweitet. Hier wurde dann auch der AfB-Firmensitz errichtet. Die „Werkstätten" kümmerten sich um die persönliche Betreuung der Menschen mit Behinderung und waren mit dem dafür fachlich wie auch persönlich fundamental notwendigen Know-how ausgestattet. Wir haben mit Freude festgestellt, dass die Mitarbeiter, die bis zu diesem Zeitpunkt in einer Werkstatt für Behinderte gearbeitet hatten, die Arbeiten mit viel Begeisterung erledigten. Sie waren stolz darauf, nun im IT-Bereich beschäftigt zu sein, und waren entsprechen engagiert. Nachdem die innerbetrieblichen Arbeitsabläufe und Strukturen bereitgestellt waren, habe ich mit meinem Team das Konzept in eigener Regie weiterentwickelt. Die größte Herausforderung lag vor allem darin, die Prozesse so zu gestalten, dass sie von unseren Mitarbeitern trotz ihrer Einschränkung problemlos umgesetzt werden konnten, dabei aber optimale Leistung entstand. Wir mussten das Vertrauen der Firmen für unsere Leistung gewinnen, denn die

Abb. 2.2 Datenlöschung
bei AfB in Ettlingen

Firmen sollten uns ja ihre gebrauchten IT-Geräte und die darauf vorhandenen Daten an-
vertrauen. Zu dieser Zeit sind auch einige Kollegen in unserem Team dazugekommen, die
AfB bis heute gemeinsam mit mir erfolgreich weiterentwickelt haben. Hierzu gehört auch
unser damaliger Betriebssozialarbeiter Milan Ringwald, der seit 2014 den AfB-Standort
Ettlingen leitet. Für die zuständigen Stellen sind wir nun ein glaubwürdiger Partner, der
öffentliche Förderungen in ein Gesamtkonzept für mehr Wachstum und Beschäftigung
einbettet, das langfristig ausgerichtet ist und mehr Chancen für alle bietet. Heute arbeiten
wir sehr erfolgreich mit öffentlichen Einrichtungen und den Integrationsämtern zusammen. Diese Anerkennung mussten wir uns aber auch verdienen.

2.3   Partnerschaften mit Perspektiven

Unser Konzept ist bei den potentiellen Partnerfirmen von Beginn an sehr gut angekommen. Wir haben allerdings beobachtet, dass es sowohl für die Firmen wie auch für die
Politik noch interessanter ist, mit AfB zusammenzuarbeiten und somit unser Konzept zu
unterstützen, wenn der dabei erzielte gesellschaftliche Erfolg in ihrer Region entstehen
würde. Im Gespräch mit Vorständen und Bürgermeistern aus unterschiedlichen Großstäd-
ten wurde mir immer wieder deutlich, wie wichtig es für sie ist, dass die soziale und ökologische Wirkung, die durch eine Partnerschaft entsteht, direkt vor ihrer Haustür geschaffen
wird. Dies hat mich zu der Entscheidung gebracht, AfB dezentral weiterzuentwickeln. Mir
ist kein anderes Integrationsunternehmen bekannt, das eine ähnliche Entwicklung eingeschlagen hat. Und auch wenn die Entscheidung, Standorte in unterschiedlichen Bundesländern und EU-Staaten zu gründen, zu einem weitaus größeren bürokratischen Aufwand
geführt hat, als ich es erwartet habe, war sie ganz wesentlich für AfB. Wenn die Menge
der an AfB überlassenen Geräte eines oder mehrerer Firmen ausreichend ist, etabliert AfB
im regionalen Umfeld der Partnerfirmen eine weitere Niederlassung. Im Grunde ist es
ganz gleich, wo, das Konzept ist überall umsetzbar, wo sich Firmen für eine Partnerschaft

entscheiden, unabhängig von einem gewissen Land. Die Firmen übernehmen so eine Patenschaft für die dadurch entstandenen Arbeitsplätze für Menschen mit Behinderung. Je mehr Unternehmen sich also für eine Zusammenarbeit mit AfB entscheiden, desto größer ist auch der durch das Konzept erzielte gesellschaftliche Erfolg, den wir erreichen können. Als wir festgestellt haben, dass AfB einen viel größeren Erfolg in sozialer und ökologischer Hinsicht erreichen können, als es anfangs gedacht war haben wir uns als konkretes Ziel definiert, 500 hochwertige Arbeitsplätze für Menschen mit Behinderung zu schaffen. Wenn sich heute einige große Konzerne bspw. aus der Banken oder Automobilbranche dazu entscheiden, mit AfB zusammenzuarbeiten, können wir alleine in Frankfurt, Hamburg, München oder Stuttgart zusätzlich zwischen jeweils rund 50 bis 100 Arbeitsplätze aufbauen. Es liegt auf der Hand, dass auch die Kommunen daran interessiert sein sollten, solche Konzepte zu unterstützen, denn durch unser Engagement spart die öffentliche Hand sehr viel Geld.

Um unser Ziel zu erreichen, haben wir neben AfB eine weitere gemeinnützige Unternehmung gegründet, die intern wie AfB funktioniert und zu 50 % Menschen mit Behinderung beschäftigt. Die „Mobiles Lernen gGmbH" unterstützt Schulen, Eltern und ihre Kinder dabei, sog. „Notebookklassen" einzurichten und eröffnet neue Chancen im Bildungssektor. Die Leistung erstreckt sich von der Beratung und Finanzierung, über die Lieferung bis hin zu Versicherung und umfangreichem Geräte-Service. Um das Volumen gebrauchter Geräte abzusichern und schließlich auch zu erweitern haben wir eine weitere Schwesterfirma, die „Social Lease" gegründet. Sie bedient Unternehmen mit IT-Hardware, die sich für Leasing statt Kauf entschieden haben und bis dato nicht hätten mit uns zusammenarbeiten können. Moderne IT-Produkte zu fairen Konditionen, eine professionelle Leasingabwicklung und eine hohe Datensicherheit sind dabei garantiert. Die Dienstleistungen rund um das Leasing und die anschließende revisionssicherer Abholung und Wiedervermarktung der Gebrauchtgeräte werden von Menschen mit Behinderungen ausgeführt. Dies ist ein entscheidender Baustein in unserem gesamten Firmennetzwerk. Gemeinsam mit der Social Lease GmbH und der Mobiles Lernen gGmbH bildet die AfB die 3 Säulen der I500 gAG. Sie unterstützt das strategische Ziel, 500 Arbeitsplätze für Menschen mit und ohne Behinderung im IT-Bereich anzubieten.

Durch unsere Leistung gepaart mit erstklassigem Service haben wir uns in den letzten Jahren mit unserem gesamten Angebot zu einem konkurrenzfähigen IT-Dienstleister entwickelt. Professionalität und Datenschutz stehen an oberster Stelle. Bei vergleichbarer Leistung ist dann häufig der soziale und ökologische Aspekt ausschlagegebend, weshalb sich ein Partner für die Zusammenarbeit mit AfB entscheidet. Den Partnerfirmen stellen wir den innerhalb einer Kooperation erzielten sozialen wie ökologischen Mehrwert transparent für deren Nachhaltigkeitsberichterstattung zur Verfügung. Diese berichten über den gemeinsamen Erfolg in ihrer Kommunikation an die unterschiedlichen Stakeholder. Unser soziales Geschäftsmodell bedeutet für uns also nicht nur Aufwand, es bringt für uns häufig auch einen entscheidenden Wettbewerbsvorteil mit sich, durch den wir uns von der Konkurrenz abheben. Um den Firmen ganz konkret berichten zu können, welchen ökologischen Beitrag sie durch die Aufbereitung ihrer nicht mehr benötigten IT-Geräte ermöglichen, habe ich unser CSR-Team damit beauftragt eine Öko-Bilanz berechnen zu lassen, die uns die Möglichkeit gibt, konkrete Aussagen über den ökologischen Erfolg zu liefern, den wir gemeinsam mit unseren Kooperationspartnern erzielen. Das Projekt wurde innerhalb des Förderprogramms „CSR im Mittelstand" des BMAS und ESF realisiert. Als Dienstleister hat uns die TU-Berlin dann eine Berechnung geliefert, die wir innerhalb einer Öko-Sozial Bilanz an die Firmen detailliert mit den Angaben zur Reduzierung an umweltschädlichen Treibhausgasen sowie zur eingesparter Menge an Energie und natürlichen Ressourcen an die Firmen liefern. (siehe ⊙ Abb. 2.3 und ⊙ Abb. 2.4).

Die Aufbereitung von IT-Hardware in Verbindung mit unserem sozialen Konzept sensibilisiert die Gesellschaft für den Kauf und die Nutzung gebrauchter Geräte. Die Neuproduktion von IT-Hardware hingegen verursacht in erheblichem Maße Treibhausgase und verbraucht knappe natürliche Ressourcen, deren Abbau die Umwelt in erheblichem Maße belastet. Zu einem großen Teil sind unsere Kunden für den Kauf der aufbereiteten Hardware motiviert, weil sie hierdurch ein soziales Geschäftsmodell unterstützen und zudem die Umwelt geschont wird. Für andere Kunden steht vor allem der günstige Preis im Vordergrund ihrer Kaufentscheidung, denn vor allem für sozial schwächere Schichten bliebe der Zugang zu moderner IT-Ausstattung aufgrund hoher Kosten ansonsten verwehrt. Für unsere älteren Kunden ist individuelle Beratung von großer Bedeutung. Eine deutliche Ausweitung unseres Serviceangebots hat uns sehr dabei geholfen, auch Kunden mit nur geringen IT-Fachkenntnissen für unser Angebot zu gewinnen. Auch in diesem Punkt sieht man ganz deutlich, wie eng in unserem Konzept innovative Ideen und eine deutliche Orientierung am Kunden mit nachhaltigem Handeln verbunden sind. Ich bin davon überzeugt, dass man sich auch als Sozialunternehmen nicht auf seinem sozialen oder ökologischen Argument ausruhen darf, sondern Innovationen vorantreibe muss, um nachhaltig zu wachsen.

Nachhaltigkeit ist bei uns Chefsache, aber nicht ausschließlich. Ich teile mir die Geschäftsleitung mit zwei jungen Kollegen, die sich in erster Linie um das tägliche Business kümmern. Ich selbst beschäftige mich hauptsächlich noch mit der finanziellen und strategischen Planung sowie dem Controlling unseres Geschäfts. Da wir gesellschaftliche Verantwortung ja im Kern unseres Konzepts tragen, hat im Grunde jeder von uns auch tagtäglich mit dem Thema Nachhaltigkeit zu tun. Für die Umsetzung der Aufgaben haben wir 2011 aber eine eigene CSR-Abteilung aufgebaut, die als Stabstelle an der Geschäftsleitung angesiedelt ist und die Themen koordiniert. Gemeinsam kümmern wir uns um interne wie externe Nachhaltigkeitsthemen und versuchen unser Konzept bestmöglich weiterzuentwickeln, und Trends am Markt zu erkennen. Unser CSR-Bereich hat die Aufgabe, in erster Linie Nachhaltigkeitsthemen zu bearbeiten, die gut zu unserem eigentlichen Konzept passen. Hier sind wir mittlerweile breit aufgestellt. Neben der Öko-Bilanz haben wir mit Partnern bspw. Forschungs-Projekte zum Recycling seltener Erden in IT-Geräten realisiert, gemeinsam mit Partnern beschäftigen wir uns mit dem Thema Sammlung und Datenlöschung von Althandys, wir stellen uns bei Konferenzen als Impulsgeber für das

Abb. 2.3 Urkunde über sozial-ökologisches Engagement der AfB-Partnerfirmen

Detailinformationen

Vom 1. Januar 2014 bis zum 31. Dezember 2014 wurden bei 29 Abholungen 3.549 IT-Geräte übernommen.

Unser zertifizierter Prozess im Überblick:

Abholung Inventarisierung Datenvernichtung Test Aufrüstung Reinigung Vermarktung
Zerlegung Recycling

	Wiederverwendbar nach Aufarbeitung			Rohstoffgewinnung durch Recycling			Gesamtmenge	
	(in Stück)	(in %)	(in kg)	(in Stück)	(in %)	(in kg)	(in Stück)	(in kg)
PC	483	72%	4.362	189	28%	1.921	672	6.283
Notebook	869	96%	1.988	36	4%	84	905	2.072
Flachbildschirm	866	83%	6.269	173	17%	1.115	1.039	7.384
Mobilgerät	0	0%	0	8	100%	1	8	1
Server	10	10%	200	95	90%	2.226	105	2.426
Drucker	266	53%	5.536	238	47%	4.634	504	10.170
Sonstiges*	39	12%	479	277	88%	3.392	316	3.871
Summe	2.533	71%	18.834	1.016	29%	13.373	3.549	32.207

*enthält keine Datenträger, Software oder Zubehör

Wir haben 32,2 Tonnen IT-Geräte übernommen, wovon 71% durch Datenvernichtung, Hardware-Test, Ersatzteilbeschaffung, Reinigung & Reparatur wiederverwendbar waren.

	kg Eisenäquivalente	kWh Energie	kg CO2-äquivalente
PC	70.518	111.360	31.202
Notebook	45.449	167.282	63.872
Flachbildschirm	31.089	104.405	30.397
Summe	147.056	383.048	125.470

Ihr Ansprechpartner bei uns: Daniel Büchle (+49 (0)7243 / 20000-111, daniel.buechle@afb-group.eu)
Bei Fragen zu dieser Urkunde: Alexander Kraemer (alexander.kraemer@afb-group.eu)

Abb. 2.4 Details der Bilanz über sozial-ökologischen Erfolg der AfB-Partnerschaften

Thema Inklusion zur Verfügung und versuchen auch intern unsere Maßnahmen zu verbessern, indem wir aktuell unseren ersten Code of Conduct entwickeln und einen internen
Newsletter zur besseren Information der Kollegen an unterschiedlichen Standorten entwickelt haben. Darüber hinaus versuchen wir die gesamte Belegschaft zu einer aktiven
Beteiligung zu motivieren. Bei uns ist jeder Kollege dazu angehalten, ganz gleich in welcher Position und an welchem Standort, sein bestes für AfB zu geben, um AfB gemeinsam
mit den Kollegen nach vorne zu bringen. Unsere Hierarchien in der Firma sind deshalb
gezielt flach gewählt. Alle Kollegen sind per Du und jeder weiß, dass er sich individuell
mit Ideen, die er für AfB sieht, aber auch mit eventuellen Problemen direkt an mich oder
einen anderen Kollegen aus der Geschäfts- oder Abteilungsleitung wenden kann. Um den
Kollegen symbolisch zu verdeutlichen, dass sie der wichtigste Teil unserer Firma sind,
erhält jeder Mitarbeiter beim Einstieg in die Firma eine Aktie unserer Muttergesellschaft
I500 gAG.

Jeder soll bei uns eine Chance haben, sich im Rahmen seiner individuellen Stärken einzubringen. Viele Kollegen, die eine Behinderung besitzen, haben im Rahmen von Praktika
bei uns gestartet, und eine tolle Entwicklung hingelegt. Sie arbeiten heute bei uns im Test-
bereich, in der Verwaltung, im Lager oder im Versand. Dass bei uns zu 50 % Menschen
mit Behinderung arbeiten, wird in der praktischen Arbeit häufig gar nicht mehr thematisiert. Im Vorfeld werden die notwendigen Voraussetzungen geschaffen, damit jeder Kollege an den unterschiedlichen Prozessen teilhaben kann (siehe ⊛ Abb. 2.5). Unser eigens
für AfB entwickeltes Warenwirtschaftssystem leistet hier eine wertvolle Unterstützung,
und gibt Orientierung im Arbeitsprozess. In allen Bereichen arbeiten so Menschen mit
und ohne Behinderung solidarisch zusammen. Für die psycho-soziale Betreuung stehen
geschulte Kollegen zur Verfügung und auch die Abteilungsleiter sind entsprechend ausgebildet. Nach außen haben wir da noch mehr Aufklärungsarbeit zu leisten. Wir begegnen
häufig noch Vorurteilen gegenüber der Arbeit von Menschen mit Behinderung, dass deren
Leistung qualitativ schlechter sei als die von nicht behinderten Kollegen. Deshalb laden
wir Vertreter von Firmen und öffentlichen Einrichtungen häufig zu uns in die Firma ein,
damit sich diese persönlich überzeugen können. Hier erwarten uns häufig überraschte Re-
aktionen, denn viele unserer Ansprechpartner trauen einer gemeinnützigen Organisation
derart professionelle Prozesse nicht zu. Die Zertifizierung unseres Prozesses nach DIN
EN ISO 9001: 2008 bestätigt unsere Professionalität und unterstreicht, dass wir ein quali-
fizierter Partner sind. Auch im Kontakt zu den Kunden bei uns in den Shops werden Barrieren abgebaut. Uns fällt häufig auf, dass die Besucher gar nicht einordnen können, welche
Mitarbeiter nun eine Behinderung besitzen, und welche nicht. Das ist für mich Inklusion
und ich sehe den Erfolg unserer Arbeit. Wir versuchen alle Kollegen gleich zu behandeln
und eine Behinderung muss von außen nicht gleich sichtbar sein.

Wir sind mittlerweile ein ernst-genommener Wettbewerber im Bereich des IT-Remar-
keting und besitzen aufgrund unseres gesellschaftlichen Engagements ein deutliches Al-
leinstellungsmerkmal. Deshalb wird unser Konzept selbst schon häufig als innovatives
Geschäftsmodell beschrieben. Mir ist kein vergleichbares Unternehmen am Markt be-

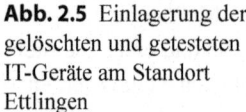

Abb. 2.5 Einlagerung der gelöschten und getesteten IT-Geräte am Standort Ettlingen

kannt. Das Konzept wurde zwar schon häufig versucht von Wettbewerbern zu kopieren, was aber meist auf kurzfristige Gewinne, nicht auf nachhaltiges Wachstum abzielte. Sie waren nicht glaubwürdig und konnten daher auch nicht lange am Markt bestehen. AfB hingegen konnte wichtige Partnerschaften mit den Vorständen und Vertretern großer Konzerne, mittelständischen Firmen, Verbänden und öffentlichen Einrichtungen schließen, die uns im Rahmen ihrer Möglichkeiten aktiv unterstützen. Mit den regional ansässigen Integrationsfachdiensten und sog. Werkstätten für behinderte Menschen arbeiten wir sehr gut zusammen. Vor allem bei der Realisierung sozialer Projekte hilft uns ein enger Austausch mit Sozialverbänden und öffentlichen Vertretern weiter. Beispielsweise konnten wir gemeinsam mit der IHK Aachen und dem Landschaftsverband Rheinland einen allgemein anerkannten Ausbildungsberuf im IT-Bereich für junge Menschen mit einem Handicap entwickeln. Die theoretische wie auch praktische Ausbildung findet bei AfB statt. Nach erfolgreicher Ausbildung erhalten die Teilnehmer einen unbefristeten Arbeitsplatz. Auf diesem Weg können wir jungen Menschen mit Behinderung eine Perspektive am ersten Arbeitsmarkt bieten und erhalten qualifizierte Mitarbeiter für unseren Betrieb. Aktuell suchen wir nach Firmen, die eine Patenschaft für die Auszubildenden übernehmen und sich bereit erklären, einen Arbeitsplatz für ausgebildete junge Menschen im IT-Bereich zur Verfügung zu stellen. Auch dieses Projekt kam als Impuls aus unserem Unternehmen heraus und wurde von einzelnen Kollegen angestoßen. So versuchen wir alle Ideen ohne Umwege in die Tat umzusetzen und unser Konzept voranzubringen, um das Ziel der Schaffung von 500 Arbeitsplätzen für Menschen mit Behinderung gemeinsam mit Partnern aus Öffentlichkeit und Wirtschaft zu realisieren.

2.4   Persönlicher Einblick in die AfB

2.4.1   Interview mit Julian Stolz

Julian Stolz, 20 Jahre alt, absolviert seit September 2014 eine Ausbildung zum IT-Systemkaufmann bei der AfB. Nachdem er seine Mittlere Reife ablegte, machte er zunächst ein Berufsvorbereitendes Jahr und anschließend ein kaufmännisches Praktikum beim Fahrdienst ASB in Rheinstetten. Julian ist schwerbehindert und leidet unter Infantiler cerebral parese. Er ist auf seinen Rollstuhl angewiesen und kann zudem aufgrund einer feinmotorischen Störung in den Händen kaum mit dem Stift schreiben. In der Schule benutzt er daher einen Laptop und es ist ein für ihn zuständiger Bundesfreiwilligendienstleistender dauerhaft vor Ort, um ihn zu unterstützen.

Hilfe bei der Suche nach einer Ausbildung bekam Julian vom Arbeitsamt und dem Internationalen Bund, die ihm halfen passende Stellen für ihn zu finden und Bewerbungen zu schreiben.

Auf die AfB aufmerksam wurde er vor allem durch die gezielte Ansprache von Menschen mit Behinderung durch AfB. In einem kurzen Interview berichtet Julian über seine persönliche Wahrnehmung seiner Chancen am Arbeitsmarkt und der AfB als Arbeitgeber:

Welche Chancen gibt dir die Ausbildung bei AfB
im Vergleich zur Ausbildung in anderen Unternehmen?
Die AfB gibt mir im Vergleich zu anderen Unternehmen die Chance überhaupt eine Ausbildung machen zu können. Ich habe über mehrere Jahre hinweg an die hundert Bewerbungen für verschiedene kaufmännische Berufe geschrieben und war auf verschiedenen Jobmessen unterwegs. Ich habe aber nur Absagen bekommen. Ich wurde mit vielen Begründungen abgespeist, aber es wurde doch immer wieder klar, dass der eigentliche Grund meine körperliche Behinderung war. Mir wurde impliziert: „Du schaffst es eh nicht in der freien Arbeitswelt". Als ich mich bei der AfB beworben habe, waren eigentlich schon alle Ausbildungsplätze vergeben, aber unsere Personalabteilung hat mich trotzdem für ein 2-tägiges Praktikum eingeladen. Ich habe mich sofort super mit den Kollegen verstanden und hatte Spaß beim Probearbeiten. Hinterher wurde mir dann tatsächlich ein Ausbildungsplatz angeboten.

Wie stellst du dir deine berufliche Zukunft vor?
Erstmal werde ich meine Ausbildung fertig machen und wenn es gut läuft möchte ich gerne übernommen werden. Noch bin ich im ersten Lehrjahr, aber mein Ziel ist es, mal eine höhere Position zu erreichen. Ich möchte schon bei der AfB bleiben, es sei denn Apple kommt an und will mich haben.

Was gefällt die besonders an der Ausbildung bei der AfB?

Mir gefällt sehr gut, dass auf die Mitarbeiter eingegangen wird und jederzeit bei Problemen geholfen wird. Niemand ist böse, wenn man mal was falsch macht oder mehr Hilfe braucht. Ich habe das Gefühl, dass auf mich als Person Rücksicht genommen wird.

Wie erlebst du das Miteinander unter den Kollegen?

Bei der AfB wird in einem sehr familiären Umfeld gearbeitet, der Umgang ist sehr locker. Wir duzen uns zum Beispiel alle, was nicht bei jeder Firma Gang und Gebe ist.

Brauchst du viel Hilfe bei der Arbeit?

Derzeit arbeite ich hauptsächlich im Shop. Schwierigkeiten habe ich bei Abholungen im Shop, wo häufig Geräte getragen werden müssen. Teilweise befinden sich Regale und Anschlüsse für PCs in einer Höhe, die ich nicht erreiche. Hier helfen mir die Kollegen. Ansonsten erledige ich die Arbeit jedoch selbstständig, zum Beispiel wenn ich Kunden berate oder Rechnungen erstelle. In anderen Abteilungen, wie z. B. im E-Commerce, kann ich meine Arbeit jedoch ohne Einschränkungen erledigen. Hier kann ich meinen Schreibtisch auf die Höhe meines Rollstuhls anpassen und kann jegliche Schreibarbeit über den PC erledigen. Ansonsten ist es mir möglich, alle Räume im Gebäude zu erreichen und ich fühle mich wertgeschätzt und gleichwertig mit den Kollegen ohne Behinderung.

2.4.2   Interview mit Monika Braun

Unsere Prokuristin Monika Braun ist aus unserer Niederlassung in Düren. Sie kommt ursprünglich aus der Speditionsbranche. Nach einer plötzlichen Krankheit war sie selbst schwerbehindert und suchte beruflich eine neue Herausforderung. Zunächst arbeitete sie in einem gemeinnützigen Tochterunternehmen einer Hamburger Leasinggesellschaft in Düren, das allerdings insolvent ging. Über den Landschaftsverband Rheinland bekam sie Kontakt zu Paul Cvilak, Geschäftsführer der AfB. Monika Braun hat direkt ein Angebot bekommen, bei AfB zu arbeiten. Für sie war es wichtig, dass auch ihre bisherigen 3 Kollegen übernommen werden. Paul Cvilak hat den ganzen Standort Düren übernommen, sodass alle Kollegen einen Platz bei AfB fanden.

Seit 2007 ist Monika Braun bei AfB für die Kontaktpflege zu Verbänden, Integrationsfachdiensten und Arbeitsagenturen sowie für die Akquirierung und Betreuung von Großkunden und auch von Mitarbeitern mit Behinderung zuständig. Arbeitsbegleitend ist sie in der sozialpsychologischen Betreuung tätig, wofür sie regelmäßige Coachings von einem Psychologen erhält. Frau Braun ist seit einigen Jahren Prokuristin bei AfB und wesentlich an der erfolgreichen Entwicklung des Unternehmens beteiligt.

Welche Themen definieren Deinen beruflichen Arbeitsalltag?

In erster Linie sind das vor allem Personal- und Vertriebsthemen. Ich betreue unsere Be-
standskunden und versuche neue Firmen für eine Zusammenarbeit mit AfB zu begeistern
und besuche darüber hinaus Veranstaltungen. Einen wesentlichen Teil meiner Zeit widme
ich mich internen Angelegenheiten und kümmere mich um die Belange unserer Mitarbeiter und Mitarbeiterinnen. An unseren Standorten in NRW arbeiten viele Menschen, die
beeinträchtigt sind und zum Teil vorher in Werkstätten für behinderte Menschen arbeiteten. Ich führe viele Gespräche mit meinen behinderten Kollegen, aber auch Kollegen in
leitenden Positionen, die selbst keine Behinderung haben, kommen mit diversen Fragen
auf mich zu oder benötigen meinen Rat, da die Arbeit in einem Integrationsunternehmen
auch schwierig sein kann.

Warum hast du dich für die AfB als Arbeitgeber entschieden?

Mich hat ganz einfach das tolle Konzept, sowohl der soziale als auch der ökologische
Aspekt dabei und auch mein Chef überzeugt.

Was ist dein Lieblingsprojekt bei der AfB?

Das ist ganz eindeutig das WAB-Projekt. Die Idee für dieses Projekt ist durch einen Zufall
entstanden. Mein Kollege, Peter Sittig, heutiger Ausbildungsleiter dieses Projektes, und
ich stellten bei der Ausstattung eines IT-Raumes in einer Behindertenwerkstatt, wo presse-
wirksam zwei junge Männer an den PC-Arbeitsplätzen saßen, ein großes Interesse dieser
behinderten Menschen an PCs fest. Wir wollten einen Versuch mit 1–2 jungen Menschen
aus der Behindertenwerkstatt starten, die durch eine Inhouseschulung eine IT-Qualifizie-
rung erreichen. Ich habe die Idee dann dem Landschaftsverband Rheinland und Paul Cvilak vorgestellt und innerhalb von 3 Monaten hatten wir 12 junge Menschen als Bewerber.
Die IHK Aachen hat von dem Projekt gehört und haben gemeinsam mit uns ein neues
Berufsbild geschaffen, den „Fachpraktiker für IT-Systeme“. Heute bildet Peter bereits den
zweiten Durchgang aus, sowohl in dem praktischen als auch im theoretischen Bereich.
2014 haben 7 junge Menschen die Prüfung erfolgreich abgelegt und wurden bei der AfB in
ein unbefristetes Arbeitsverhältnis übernommen. Durch diese qualifizierte Ausbildung haben wir langfristig Perspektiven am ersten Arbeitsmarkt geschaffen und gezeigt, dass auch
junge Menschen aus der Behindertenwerkstatt über ganz viel Potential verfügen. Derzeit
sind wir auf der Suche nach Firmen, die eine Patenschaft für unsere Auszubildenden übernehmen, also Firmen, die bereit sind, von AfB ausgebildete Fachpraktiker zu übernehmen.

Was bedeutet nachhaltiges Unternehmertum für dich?

Nachhaltiges Unternehmertum bedeutet für mich vor allem langfristige Arbeitsplätze sowie Stabilität und Sicherheit für Menschen mit Behinderung. Daneben impliziert nachhaltiges Unternehmertum außerdem nachhaltige Chancen auch für ältere, behinderte oder
kranke Menschen, die zeitweise keine Hoffnung mehr haben und dadurch einen neuen Job
und neue Perspektive finden.

2.4.3   Interview mit Michael Gorin

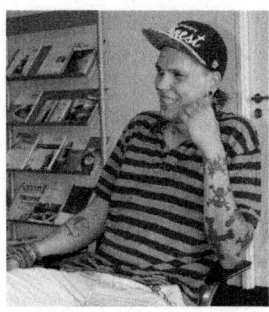 Michael ist 26 Jahre alt und Abteilungsleiter der Aufarbeitung. Trotz seiner jungen Jahre hat Michael bereits eine beeindruckende Laufbahn hinter sich. Nach seinem Hauptschulabschluss absolvierte er die Mittlere Reife und besuchte schließlich ein Wirtschaftsgymnasium, welches er aus persönlichen Gründen nicht abschloss. Nachdem Michael kurze Zeit arbeitsuchend war, bekam er eine Stelle als 1-Euro-Jobber bei der AfB. Seine Arbeit bei der AfB und seinen außergewöhnlichen Werdegang beschrieb er uns in einem Gespräch:

Wie konntest du Dich bei der AfB bereits beruflich entwickeln?
Nachdem ich als 1-Euro-Jobber anfing, kam eins zum anderen und ich arbeitete anschließend erst als Aushilfe im Lager, dann in der Technik. Dann bekam ich eine Festanstellung in der Datenlöschung, wo ich nach kurzer Zeit Teamleiter wurde. Mein Bereich wurde mit der Zeit um die Bereiche Gerätetest und Erfassung erweitert. Schließlich wurde ich Abteilungsleiter der Aufarbeitung. Ich habe mich innerhalb von 5 Jahren durch harte Arbeit in zu einer Führungsperson entwickelt. Die Geschäftsleitung stand dabei in dem, was ich gemacht habe, immer voll und ganz hinter mir.

War für dich von Anfang an klar dass du eine Führungsaufgabe übernehmen willst?
Garantiert nicht. Ich konnte mir das überhaupt nicht vorstellen. Ich hatte damals auch kaum berufliche Ziele. Das hat sich einfach so ergeben. Als ich dann als Teamleiter noch die Erfassung übernommen habe, kam dann der Punkt, an dem mir der Gedanke gefiel.

Was ist in deiner täglichen Arbeit bei der Führung von Menschen mit und ohne Behinderung besonders zu beachten?
In meiner Abteilung arbeiten sehr viele unterschiedliche Charaktere, die unterschiedlich auf das reagieren, was man sagt. Ich versuche so gut wie möglich damit umzugehen. Man muss die Mitarbeiter zunächst erst einmal kennenlernen und auch beobachten, wie der allgemeine Umgang untereinander ist und wie sie miteinander reden. Man bekommt dann ein Gefühl dafür, wie man selbst mit den Leuten reden muss. Ich habe mich inzwischen daran gewöhnt und es klappt auch ganz gut.

Was zeichnet die AfB im Gegensatz zu einem andern Arbeitgeber für dich aus?
Ich mag meinen Job bei der AfB, vor allem wegen der sozialen Komponente. Dass hier viele Menschen mit Behinderung arbeiten, empfinde ich persönlich als Mehrwert. Schon als Kind kam ich in Kontakt mit behinderten Menschen, da ich neben einem Berufsförderungswerk aufgewachsen bin, wo Menschen, die ihren Beruf aufgrund einer Behinderung nicht mehr ausführen können, umgeschult werden. Auch mein Vater hat eine Gehbehin-

derung. Dadurch habe ich einen persönlichen Bezug zur Thematik. Außerdem glaube ich, dass in einem größeren Unternehmen eine Entwicklung wie meine nicht möglich gewesen wäre. Hier sind die Strukturen noch sehr flexibel und man kann noch viel am Wachstum mitarbeiten und wird stark mit einbezogen.

2.4.4   Interview mit Norbert Schindel

 Norbert Schindel ist einer der ersten Mitarbeiter der AfB und hat das Unternehmen von Anfang an erfolgreich mitgestaltet. Der gelernte Speditionskaufmann ist heute 60 Jahre alt. Vor seiner Tätigkeit bei AfB arbeitete er 30 Jahre in einer Spedition. Heute ist er einer unserer Vertriebsmitarbeiter. Norbert Schindel ist aufgrund seiner Erkrankung an Polio schon immer gehbehindert, konnte aber lange Zeit noch mit Krücken laufen. Nach zwei Unfällen vor 5 Jahren sitzt er nun im Rollstuhl, was die Qualität seiner Arbeit aber nicht mindert. Im Interview gibt er Antworten auf folgende Fragen:

Gibt es eigentlich Barrieren die dich in deiner täglichen Arbeit einschränken?
Viele. An sich bin ich durch den Rollstuhl jetzt sogar schneller und mobiler als vorher, als ich noch an Krücken lief. Bei meiner Arbeit im Vertrieb bin ich jedoch sehr viel unterwegs und habe täglich mit räumlichen Barrieren bei Kunden, wie z. B. Stufen oder Steigungen zu kämpfen. Ich bemerke allerdings, dass es mit der „Barrierefreiheit" besser wird. Vor 10 Jahren war dieses Thema noch in den Kinderschuhen. Im Haus der AfB ist das anders, hier sind alle Arbeitsplätze barrierefrei gestaltet, sodass Menschen mit Behinderungen nicht eingeschränkt sind.

Warum hast Du dich für die AfB als Arbeitgeber entschieden?
Nicht, wie man vielleicht meinen könnte, aufgrund des sozialen und ökologischen Themas, die es bei der Gründung der AfB vor 10 Jahren zwar schon gab, aber damals noch nicht die heutige Bedeutung hatte. Nachdem die Spedition, bei der ich arbeitete, insolvent ging, war ich zunächst 7 Monate arbeitslos, bis mich schließlich der Integrationsfachdienst an die AfB vermittelte. Die AfB gab mir die Chance, mich mit bereits 50 Jahren beruflich noch einmal komplett neu zu erfinden. Ich wurde zielgerichtet danach ausgewählt, ob ich gut auf Leute zugehen kann, unabhängig von meinem Alter und meiner Behinderung. Das halte ich nicht für selbstverständlich.

Siehst Du im Kontakt zu Partnerfirmen einen Wettbewerbsvorteil, der durch die sozialen und ökologischen Aspekte des AfB Konzepts hervorgerufen werden kann?

Jein. Einerseits kann die Zusammenarbeit mit der AfB für die Unternehmen ein nachhaltiges Projekt darstellen, andererseits werden die Aufträge nach dem Preis-Leistungsprinzip vergeben. Letztendlich geht es oft nur um den Preis und hier können wir manchmal einfach nicht mithalten. „Ist ja alles schön und gut, aber der Preis ist zu hoch", höre ich leider immer noch viel zu oft. Der soziale und nachhaltige Gedanke wird von den Unternehmen leider oft noch viel zu wenig gewürdigt. Bei öffentlichen Auftraggebern ist es umgekehrt. Diese bewerten die Nachhaltigkeitsaspekte oft sehr positiv, haben aber leider keinen Einfluss auf die Vergabe, da sie Dienstleistungen öffentlich ausschreiben müssen, und bei den Ausschreibungen leider überhaupt keine Berücksichtigung des Nachhaltigkeitsaspektes stattfindet. Auch hier gewinnt somit der mit dem günstigsten Preis.

Wir beurteilst du die Entwicklung der AfB seit deinem Eintritt?

Klar haben auch wir unsere Probleme, wie jede andere Firma auch, aber alles in allem beurteile ich die Entwicklung ausschließlich positiv. Seit meinem Eintritt vor 10 Jahren hat sich hier einiges verändert. Zu Anfang waren wir nur 3 Mitarbeiter, die für alle Themen zuständig waren. Heute arbeiten über 200 Mitarbeiter in ganz Deutschland für die AfB und wir haben es geschafft, Niederlassungen in Österreich, der Schweiz und Frankreich zu etablieren. Dieses Wachstum ist meiner Ansicht nach darin begründet, dass nicht nur die Geschäftsidee der AfB innovativ ist, sondern auch die Arbeit unserer Mitarbeiter/innen professionell umgesetzt wird. Die Mitarbeiter der AfB definieren sich über ihre Arbeitsleistung, unabhängig ob behindert oder nicht. Den sozialen Mehrwert erhalten unsere Kunden kostenfrei dazu. Nur weil wir konkurrenzfähig sind und uns nicht auf unserem sozialen Engagement ausruhen, konnten wir unseren Erfolg erarbeiten und uns so immens entwickeln. Wir generieren gesellschaftlichen Erfolg aus wirtschaftlichem Wachstum.

2.5 Über den Autor

Paul Cvilak (*31.12.1957) hat sich nach dem Studium der Betriebswirtschaftslehre in Mannheim beruflich schon recht schnell auf den IT-Bereich, insbesondere auf das Leasing-Geschäft spezialisiert und hier auch bei zahlreichen namhaften Unternehmen gearbeitet. Neben der AfB betreibt Paul Cvilak weitere Unternehmen, die sich unter anderem mit IT Lifecycle und Softwaremanagement beschäftigen. Seit der Gründung der AfB im Jahr 2004 widmet er sich den größten Teil seiner Zeit um die erfolgreiche Entwicklung von AfB social & green IT.

Nachhaltige Unternehmensführung

3

Alfred Doll

Wenn wir heute über Nachhaltigkeit im Zusammenhang mit unternehmerischen Aktivitäten sprechen, assoziieren viele Menschen das Bild des Drei-Säulen-Modells der Enquete-Kommission des Deutschen Bundestages. Darin wird die Nachhaltigkeit in drei inhaltliche Themen aufgeteilt: ökologische Nachhaltigkeit, ökonomische Nachhaltigkeit und soziale Nachhaltigkeit. Je nach Größe und Motivationslage des Unternehmens – meist beschäftigt man sich entweder aus Überzeugung mit der Frage der Nachhaltigkeit oder aus gesetzlichem oder öffentlichem Druck – werden Konzepte und Instrumente zur Verbesserung sozialer, ökologischer und ökonomischer Gegebenheiten im Unternehmen eingeführt. Hierzu wird dann ein sogenanntes Nachhaltigkeitsmanagement in der Organisation positioniert, das, neben dem Verfassen des Nachhaltigkeitsberichtes, die Aufgabe hat, entsprechende Konzepte im Unternehmen zu konkretisieren.

Bei allem Respekt vor den Initiativen und Programmen, die in den Unternehmen zum Thema Nachhaltigkeit durchgeführt werden, bin ich sehr skeptisch, inwieweit über ein Nachhaltigkeitsmanagement eine tatsächliche Nachhaltigkeit erreicht wird. Meine Erfahrungen und Erlebnisse als systemischer Organisationsentwickler bringen mich zu dem Schluss, dass wahrhaftige Nachhaltigkeit in wirtschaftlichem Umfeld nur dann entstehen kann, wenn sie zum fundamentalen Bestandteil eines ganzheitlichen, integrierten Managementsystems wird. Die Begründung hierfür liegt auf der Hand: Unternehmen sind per se ökonomisch orientierte Systeme. Damit wird die soziale und ökologische Nachhaltigkeit nur dann wahrhaftig gelebt, wenn deren ökonomischer Wertschöpfungsbeitrag transparent und nachvollziehbar ist. Wenn dies nicht gelingt, bleiben die Aktivitäten im Bereich der Nachhaltigkeit bestenfalls Goodwill.

Um den Gedanken einer nachhaltigen Unternehmensführung zu konkretisieren, schlage ich einen Perspektivwechsel vor. Geschuldet der Tatsache, dass es zur Zeit keine eindeutige Definition des Begriffes Nachhaltigkeit gibt, greife ich den Gedanken von Peter Carnaus auf, der in seinem Buch „Nachhaltigkeitsethik" das Wesen der Nachhaltigkeit so beschreibt: „Die Grundidee basiert also auf der einfachen Einsicht, dass ein System dann nachhaltig ist, wenn es selber überlebt und langfristig Bestand hat. Wie es konkret auszusehen hat, muss im Einzelfall geklärt werden" (vgl. Carnau, 2011, S. 14). Um jetzt nicht alle Fragen zur Umsetzung auf eine individuelle, einzelfallbezogene Betrachtung zu schieben, möchte ich in diesem Beitrag einige grundlegende Ansätze vorstellen, die sich in meiner über zehnjährigen Beraterpraxis bewährt haben.

3.1   Das Unternehmen als System

Um im Weiteren dem Gedanken, dass nachhaltige Unternehmensführung gleichbedeutend der Sicherung der Überlebensfähigkeit des Systems Unternehmens ist, besser folgen zu können, sollten wir uns als Erstes in vereinfachter Form mit dem Unternehmen als System beschäftigen.

Im Gegensatz zu linear-kausalen Management-Modellen, in denen eine Organisation nach bewusst determinierten Plänen gesteuert wird, geht man im systemischen Denkansatz von komplexen Interaktionsmustern mit zirkulären Wechselbeziehungen aus. Für den einen oder anderen wirkt dieser Denkansatz befremdlich. Gelten Unternehmen doch als ideales Beispiel für bewusste Planung und rationale, zweckorientierte Gestaltung von Strukturen. Aber wenn wir uns genauer mit den Abläufen des Unternehmens und seinen Wechselbeziehungen mit seinen legitimen Anspruchsgruppen (Stakeholder) anschauen, dann erkennen wir, dass es auch im praktischen Unternehmensalltag die Auseinandersetzung mit unvorhersehbaren Veränderungen, wie Markt, Kunden, Wettbewerber, Gesetzgebung, politische Rahmenbedingungen, Umwelt etc. gibt. Auch wenn es im Rahmen von nachhaltiger Unternehmensführung ungewohnt erscheint, ist es deshalb lohnenswert, sich mit den Ansätzen des systemischen Denkens und der daraus resultierenden Steuerungslehre, der Managementkybernetik, zu beschäftigen.

Soziale Systeme wie Unternehmen bedingen Ordnung schaffende und erhaltende Werte, die in Form von Normen bzw. Regeln die Interaktionen zwischen den Menschen bestimmen und ihre Handlungen steuern. Wobei den Menschen weder die Normen noch die Regeln bewusst sein müssen. Für die Entstehung und Aufrechterhaltung sozialer Ordnung reicht es aus, dass diese befolgt werden, ohne dass sich die Sinnhaftigkeit dem Einzelnen erschließen muss.

Auch die Regeln selbst müssen nicht zwingend erlassen worden sein. Sie entstehen meist aus einem Selektionsprozess, der jene bevorteilt, die die Regeln tatsächlich, meist intuitiv, befolgen. Somit entsteht im System das, was wir Kultur nennen. Ausgestattet mit dieser Kultur ist das System in der Lage, eine höhere Komplexität zu verarbeiten. Speziell in sich verändernden Umgebungen sichert diese Tatsache das Überleben.

In der Kultur des Unternehmens müssen jene Regeln verankert sein, die es den einzelnen Interakteuren des Systems möglich machen, sich unvorhersehbaren Veränderungen in seinem Umfeld anzupassen, ohne auf Weisungen einer zentralen Instanz angewiesen zu sein. Dies gilt sowohl für die Vermeidung von Risiken als auch für die konsequente Nutzung von Chancen.

Demzufolge liegt eine der Schlüsselherausforderungen für nachhaltige Unternehmensführung darin, die notwendigen Werte und Normen in der Unternehmenskultur zu etablieren. Folglich im Entscheiden und Handeln jedes einzelnen Systemmitgliedes – ohne dass eine zentrale Instanz (z. B. das Nachhaltigkeitsmanagement) dazu Anweisungen gibt.

3.2 Die Kultur des Unternehmens

Um ein Unternehmen in Richtung Nachhaltigkeit zu entwickeln, ist ein grundlegendes Verständnis seiner individuellen Funktionsweise notwendig. Daher ist die erste Aufgabe, den „genetischen Code" des Unternehmens, seine Unternehmenskultur, zu entschlüsseln. Jedes Unternehmen hat seine individuelle kulturelle Ausprägung. Der unsichtbare Kern dieser Kultur kommt nur indirekt, nämlich über die Art und Weise, wie miteinander und der Systemumwelt interagiert wird, zum Vorschein. Daher kann dieser Kern auch nicht mit einer Befragung erhoben werden. Nur mittels fundierter hermeneutischer Interpretation dieser Interaktionen können die relevanten unbewussten Grundannahmen, Werte und Einstellungen analysiert werden. Damit kennen wir die Ausgangssituation, die bestehende Kultur, hinreichend genau. Sie bildet den Referenzrahmen für eine beabsichtigte Veränderung der Unternehmenskultur hin zur Nachhaltigkeit.

Ohne diese Bewusstheit über die bestehende Kultur kann keine gezielte z. B. auf Nachhaltigkeit ausgerichtete Neugestaltung stattfinden. Zur Veranschaulichung soll folgendes Bild dienen: Wir können uns die Kultur eines Systems wie ein Gedächtnis vorstellen, in dem all die Regeln und Werte, die sich in der Vergangenheit bewährt haben, gespeichert sind. Dieses Gedächtnis kann, neben dem Erinnern, auch lernen. Das heißt neue Regeln, Normen und Werte aufnehmen. Sie werden aber immer mit dem Bisherigen verglichen. Dieses Vergleichen findet jedoch nicht als theoretischer Gedankendiskurs statt, sondern in der Anwendung bei praktischen Interaktionen. Nur das, was sich dabei situativ als geeignet herausstellt, etabliert sich und wird weiter tradiert. Auch die Art und Weise, wie dieses Lernen stattfindet, ist in der Kultur verankert. Daher können Veränderungskonzepte nur dann wirkungsvoll sein, wenn sie die bestehende Kultur als Fundament für die neue Kultur mit berücksichtigen.

Demzufolge kann man „eine neue Kultur nicht ‚schaffen'" (vgl. Schein, 2003, S. 174). Wir können mit Denkanstößen und zielorientiertem, korrigierendem Feedback Impulse setzen. Aber sie wird erst dann von allen am System Beteiligten internalisiert, wenn sie sich über einen längeren Zeitraum bewährt hat. Ein proklamatisch eingeforderter Kulturwandel, der dann in der Umsetzung sich auf die Vermittlung von neuen Methoden und funktionalem Fachwissen reduziert, wird also nicht das gesetzte Ziel erreichen. Bestimmte Abläufe werden vielleicht angepasst, gegebenenfalls auch neue Methoden in Anwendung gebracht, aber eine kulturelle Veränderung wird damit nicht erreicht, weil ihr die dafür notwendige Tiefe fehlt. Als öffentlich bekanntes Beispiel hierfür fällt mir der 2013 von den beiden CEOs Jürgen Fitschen und Anshu Jain verordnete Kulturwandel in der Deutschen Bank ein.

Um eine zielgerichtete Kulturtransformation zu erreichen, bedarf es vielmehr eines kontinuierlichen Veränderungsbestrebens, welches auch die Zielbilder und Haltungen aller Beteiligten im Transformationsprozess mit aufnimmt und mit den gewünschten Absichten und Wertvorstellungen anreichert.

3.3 Kulturgestaltung durch Führung

Die Unternehmenskultur entwickelt und verändert sich durch verschiedene Mechanismen. Radikale kulturelle Veränderungen in Unternehmen erleben wir zum Beispiel dort, wo die Träger der alten Kultur durch eine neue Führung ersetzt werden. Dies geschieht meist in krisenhaften Unternehmenssituationen, in denen die komplette Unternehmensleitung ausgetauscht wird. Bei der Veränderung zur Nachhaltigkeit gehen wir aber nicht von solchen radikalen Veränderungen aus. Vielmehr möchte ich eine gesteuerte evolutionäre Entwicklung als Grundlage für den Veränderungsansatz nehmen. Sie setzt die Einsicht der Unternehmensleitung voraus, dass eine nachhaltige Unternehmensführung sinnvoll und notwendig ist. Egal, welche Mechanismen zur Kulturveränderung wirken, das Thema Führung spielt bei allen eine zentrale Rolle.

Zum einen trägt das Top-Management mit seiner Unternehmenspolitik dazu bei, die normativen Rahmenbedingungen für das Unternehmen zu setzten. Zum zweiten wird durch die in sozialen Systemen inhärente Eigenschaft, sich am Vorbild der Führung auszurichten, die Übersetzung und Anwendung der gesetzten Normen geprägt. Beide Aspekte, die Normensetzung und die Normenprägung, fassen wir in dem Begriff des Normativen Managements zusammen.

3.3.1 Normensetzung

Die Normensetzung geschieht in der Regel durch das Top-Management in Ergänzung durch die obersten Aufsichts- und Kontrollgremien des Unternehmens. Es wird die übergeordnete Politik des Unternehmens entwickelt und festgelegt. Diese besteht aus Verhaltensrichtlinien (Leitbilder) für alle Funktionen, um die Harmonisierung und Sinngebung für alle Systemaktivitäten zu gewährleisten. Hierin entwickelt das Top-Management des Unternehmens eine Unternehmensphilosophie, die von den unteren Lenkungsebenen in Vorgehensweisen übersetzt werden können, welche die Lebensfähigkeit des Unternehmens in seiner Umwelt aufrechterhält.

Um eine nachhaltige Unternehmensführung zu ermöglichen bedarf es aber bestimmter Qualitäten, die bei der Erstellung der normativen Leitplanken berücksichtigt werden müssen. Der Anspruch bedingt, dass das normative Management eng mit dem strategischen Management verzahnt ist. Ziel ist es, ein konsistentes System zu erstellen. Dieses bildet das Rückgrat des sozialen Systems und hat die Aufgaben:

- Orientierung zu geben
- Ordnung zu schaffen
- Identität zu stiften

Je besser diese Aspekte aufeinander abgestimmt sind, umso überlebensfähiger wird das System auch unter sich verändernden Umweltbedingungen.

3.3.1.1 Orientierung geben

Wenn ich heute in Unternehmen in meiner Rolle als Strategieberater die Frage nach dem Unterschied zwischen Zweck und Ziele stelle, ernte ich oft ungläubige Blicke. In vielen Unternehmen werden diese Worte synonym gebraucht. Wenn ich mir dann die Strategiepapiere anschaue, wird es meist noch schlimmer. Die angeblichen Ziele sind nichts anderes als die Beschreibung von Aktivitäten und wenn überhaupt der Begriff Zweck auftaucht, wird mit ihm die eine oder andere Zielsetzung beschrieben. Mit einem solchen babylonischen Begriffs-Wirrwarr dem Unternehmen eine klare Orientierung zu geben ist nicht nur schwierig sondern schier unmöglich. Es werden die wesentlichen Fragen zur sozialen Stabilisierung des Systems nicht beantwortet: Die Fragen nach dem Grund, also buchstäblich nach dem Sinn und Zweck des Unternehmens und die Frage nach dem Wohin.

Unternehmenszweck – Die Frage nach dem Grund

Die Aufgabenstellung „Orientierung geben" bekommt dann eine nachhaltige Qualität, wenn als erste Voraussetzung der Zweck des Unternehmens geklärt ist. Denn im Zweck bestimmt sich, warum das System überhaupt existiert. Bereits Karl Marx hatte festgestellt, dass ein Unternehmenszweck die Schaffung disponiblen Kapitals ist. Da dies, zumindest in der Realwirtschaft, nicht aus sich selbst heraus möglich ist, benötigt es einen Transformationsprozess, in dem Produkte, Waren oder Dienstleistungen hergestellt werden, die einen Nutzwert für andere (Kunden) darstellen. Aus dieser Tatsache lässt sich ein zweiter Zweck ableiten. Nämlich die Beschreibung dieser Transformation: z. B. Herstellung von Kleidung, für Mobilität der Menschen sorgen, Menschen zu heilen oder zu pflegen etc.

Es gibt nicht wenige Unternehmen, in denen auch persönliche Interessen des Unternehmenseigners zum Zweck des Unternehmens gehören. Sei es die persönliche Selbstverwirklichung oder auch die Sicherstellung einer familiären Tradition. Diese werden oft nicht offen kommuniziert, aber die Entscheidungen der Unternehmensleitung werden dennoch an diesen Zwecken ausgerichtet. Im Sinne einer nachhaltigen Unternehmensführung kann ich jedoch nur von diesen Zweckbestimmungen abraten. Sie behindern, besonders in kritischen Unternehmenssituationen, bei veränderten Umweltbedingungen, das Denken von kreativen Alternativen zur Weiterentwicklung des Systems. Sie binden das Sein und damit auch die Existenz des System zu sehr an die persönlichen und/oder familiären Rahmenbedingungen. Im Sinne einer nachhaltigen Unternehmensführung sollten diese persönlichen Interessen vielleicht als Ziele festgelegt sein, aber nicht als Zweck.

Für den einen oder anderen mag das eine filigrane Wortspielerei sein, wenn wir zwischen Zweck und Zielen so scharf differenzieren. Aber genau das differenziert zwischen sich opportun entwickelnder Unternehmenskultur und einer bewusst entwickelten Unternehmenskultur.

Auch die nachvollziehbare Überlegung, konkrete Aspekte der Nachhaltigkeit, wie z. B. die Schaffung von Arbeitsplätzen oder umweltbewusste Produktion, in den Unternehmenszweck mit einzubinden, ist nicht sinnvoll. Es irritiert das System Unternehmen und schwächt damit seine Fähigkeit zur Nachhaltigkeit. Wenn diese Aspekte an anderer Stelle als im Zweck berücksichtigt werden, ist aus systemischer Sicht die Chance wesentlich größer, das System nachhaltig zu gestalten und auch die sozialen und ökologischen Aspekte wirkungsvoller in Anwendung zu bringen.

Ziele und Strategien als Verbrauchsmaterial

Im Gegensatz zum Unternehmenszweck, der eine Antwort auf die Sinn-Frage eines Faktums ist (z. B. der Zweck eines Hammers ist es, Nägel einzuschlagen; der Zweck eines Unternehmens ist disponibles Kapital zu erwirtschaften), ist ein Ziel der Ausdruck eines Wollens oder einer Hoffnung auf einen zukünftigen Zustand hin. „Ziele sind Verbrauchsmaterial. Sie verschwinden, wenn sie erreicht sind" (vgl. Wohland, 2007, S. 253).

Hinsichtlich einer nachhaltigen Unternehmensführung ist es wesentlich, dass die Ziele idealerweise auf den Unternehmenszweck einzahlen, zumindest aber die Erfüllung des Unternehmenszweckes nicht verhindern. Weiterhin ist darauf zu achten, dass Ziele sich nicht wiedersprechen. Das liest sich hier einfacher als es in Wirklichkeit ist. Da wir aber unterschiedliche Zieldimensionen haben, so z. B. bei der Anwendung der Balanced Scorecard (BSC), Prozesse, Finanzen, Kunden, Potenziale, können Ziele aus der Dimension Finanzen im Widerspruch zu Zielen aus der Dimension Potenziale stehen.

Um solch mögliche Widersprüche aufzulösen und der Organisation eine klare Ausrichtung zu geben, gibt es in den meisten Unternehmen einen sogenannten strategischen Prozess oder die strategische Planung. Das macht auch Sinn, da das Setzen von Zielen immer das Ergebnis eines Entscheidungsprozesses ist. Aber nicht die Tatsache, dass ein solcher Strategieprozess stattfindet, sondern die Art und Weise, wie dieser Prozess stattfindet, ist maßgeblich ob und inwieweit eine nachhaltige Unternehmensführung möglich ist.

In vielen Unternehmen werden bei der strategischen Unternehmensplanung Zahlenkolonnen in Excel-Tabellen analysiert, bewertet, ausgefüllt, konsolidiert, überarbeitet … Das sind alles hilfreiche Aktivitäten um die ein oder andere Zielsetzung zu operationalisieren, aber mit strategischer Planung hat das nichts zu tun. Auch hier macht es Sinn nach dem Zweck der strategischen Planung zu fragen. Der Zweck ist nicht „für Ziele sorgen", sondern eher „eine gemeinsame Ausrichtung für die nächste Zeitperiode (Jahresplanung, Langfristplanung, …) zu geben". Gemeinsam bedeutet dabei, es sind alle Mitglieder des

Systems beteiligt. Selbstverständlich in unterschiedlicher Ausprägung und Verantwortung. Aber es ist ein Kommunikationsprozess und kein Excel-Tabellen-Ausfüll-Prozess.

Weiterhin ist zu überlegen, in welchen Routinen dieser Prozess ablaufen soll. In den meisten Unternehmen gibt es einen jährlich stattfindenden Planungsprozess. Je nach Branche, Unternehmensgröße und Marktdynamik ist festzustellen, dass die Jahresplanung mit ihren Zielen spätestens an Ostern schon wieder überholt gehört. Aufgrund der Marktentwicklungen oder auch der Entwicklungen im Unternehmen selbst müssten Ziele angepasst und revidiert werden oder gar durch neue Zielen ergänzt beziehungsweise ersetzt werden. Eine nachhaltige Unternehmensführung würde in solchen Fällen eine systemische Anpassung der bisherigen Routinen verlangen.

Normativ-strategischer Diskurs
Nicht nur die Setzung von Zweck, Zielen und Strategie ist notwendig für die Kulturgestaltung des Unternehmens. Es muss auch eine Verzahnung mit dem normativen Management hergestellt werden. Daher ist innerhalb des Strategieprozesses, der, wie bereits erwähnt, eher ein kommunikativer Akt ist, die konstruktive Auseinandersetzung zwischen den normative Rahmenbedingungen und den strategischen Überlegungen notwendig. Ich benutze in dieser Beschreibung ganz bewusst den Begriff des Diskurses, der, im Gegensatz zur Diskussion, auf eine konsens-orientierte Entscheidungsfindung ausgerichtet ist. Dabei sollen kontroverse Sachverhalte, die zwischen normativem Management und strategischem Management auftreten können über gemeinsamen Erkenntnisfortschritt geklärt werden. Dies bedingt für die Teilnehmer des Diskurses eine hinreichende kommunikative Kompetenz. Somit wird auch sichergestellt, dass die normativen Vorgaben in die Strategie des Unternehmens integriert sind. Eine zwingende Voraussetzung für eine kulturelle Transformation zu mehr Nachhaltigkeit in der Unternehmensführung.

Aus meiner Erfahrung als Berater weiß ich, dass es zu wenige Unternehmen gibt, in denen eine solche Diskurs-Technik noch ausgeprägt kultiviert wird. In den meisten Organisationen wird diskutiert; auch wenn mal das Wort Diskurs fallen sollte, wird keine Ergebnisqualität wie bei einer alterozentrierten Auseinandersetzung im Sinne der Sache erreicht. Vielmehr wird versucht, die Menschen, die eine andere Meinung vertreten, zu überzeugen und seine eigene Position, notfalls aufgrund von Hierarchie durchzusetzen. Damit geht man dann als vermeintlicher Gewinner vom kommunikativen „Schlachtfeld". Vielleicht ist man sogar einen Kompromiss eingegangen, welcher bedeutet, dass beide Parteien Abstriche machen mussten. Im Sinne der Sache und der Systementwicklung verschließt man sich aber einem möglichen Erkenntnisfortschritt. Die Wahrscheinlichkeit eine nachhaltige Lösung zu bekommen sinkt bei solchen Diskussionen enorm gegenüber einer Diskurs-Lösung.

Wie diese Erfahrungen und Überlegungen zeigen, steigert die Verbesserung der kommunikativen Kompetenz, speziell bei Führungskräften, die Fähigkeit zur nachhaltigen Unternehmensführung.

3.3.1.2 Ordnung für eine nachhaltige Wertschöpfung

Weiterer Bestandteil der Kulturprägung ist das Schaffen einer nachhaltigkeitsfördernden Ordnung im System. Daher sollten bei den strategischen Überlegungen auch die Antworten auf die Frage „Wie muss ich mich organisieren, um die Ziele zu erreichen und den Unternehmenszweck zu erfüllen?" mitgedacht werden. Im Gegensatz zu dem klassischen Reflex, diese Frage mit der Erstellung eines Organigramms zu beantworten, verlangt eine nachhaltige Unternehmensführung eine andere Sichtweise. Im Vordergrund steht hier die Überlegung: „Was müssen wir tun, um unsere Ziele zu erreichen und unseren Zweck zu erfüllen?" Das heißt, die erste ordnungsrelevante Betrachtung ist auf die Abläufe und Prozesse zu legen und erst danach sollte man sich mit dem Organigramm beschäftigen. Für viele Unternehmen bedeutet das auch einen kulturellen Paradigmenwechsel: Der vielzitierte Lehrsatz „structure follows strategy" muss in „structure follows process follows strategy" umgewandelt werden.

Diese neue Ordnung sorgt für eine stärkere Ausrichtung auf die Wertschöpfung und somit auf den Zweck des Unternehmens. Der dafür notwendige Paradigmenwechsel ist aber nicht einfach durchzuführen. In vielen Organisationen, die ich kennengelernt habe, ersetzte das Organigramm fehlende Führungskompetenz. Für sie war das Organigramm der einzig klare Orientierungspunkt im sozialen System Unternehmen. Unter solchen Rahmenbedingungen werden dann Prozesse und Strukturen um die Mitarbeiter gebaut, damit das System noch irgendwie funktioniert. Ich denke, dass es keiner komplizierten wissenschaftlichen Erklärung bedarf, um zu erkennen, dass solche Systeme nicht nachhaltig sein können.

Prozesse – Mehr als eine Business-Methode

Für die nachhaltige Ausrichtung des Unternehmens ist das Strukturieren und Ausrichten an den Unternehmensprozessen mehr als nur die formale Aufzeichnung und Abbildung dieser Prozesse oder das umfassende Messen von Kennzahlen. Es geht vielmehr um die Koordination und Synchronisation der Unternehmensabläufe untereinander und deren gemeinschaftliche Ausrichtung auf die Unternehmensziele und den Unternehmenszweck.

Wir sollten nicht vergessen, dass mit den Begriffen Prozesse und Unternehmensabläufe zunächst einmal die Interaktionen der beteiligten Menschen im Unternehmen untereinander, aber speziell auch ihre Interaktionen mit dem Unternehmensumfeld (Kunden, Lieferanten, etc.) verstanden werden. Unter diesem Blickpunkt wird klar, dass die Ausführung der Prozesse nicht nur über die formale Aufgabenstellung und das Prozessziel geprägt wird, sondern auch von der Motivlage und der personalen Verfassung und dem Wertekanon der Interakteure selbst. Im Sinne einer nachhaltigen Unternehmensführung ist es daher notwendig, die prozessualen Aufgabenstellungen auch mit den normativen Rahmenbedingungen von Unternehmen und den am Prozess beteiligten Interakteuren zusammenzubringen. Es muss nicht nur geklärt werden

- Welche Ziele sollen mit welchem Aufwand erreicht werden?
- Wer arbeitet wann mit wem zusammen?

sondern auch

• Wie arbeiten wir zusammen und wie wollen wir dabei wahrgenommen werden?

Viele moderne Managementansätze, die sich mit dem Thema Prozesse beschäftigen, ignorieren diese Tatsachen. In ihnen wird die konsequente Umsetzung elektronischer Prozess-
steuerung mittels Workflows, komplex verzahnter IT-Lösungen und Managementmethoden, wie z. B. Business Intelligence, Business Impact Management, BPO, BPR oder Lean
Management gefordert. Den kurzfristigen Erfolg derartiger Aktivitäten, die Reduktion der
Aufwendungen und Kosten, stelle ich hier nicht in Frage. Auch dass sich dadurch der ein
oder andere Prozess verbessern lässt, ist unbestritten. Dennoch werden diese Ansätze für
eine nachhaltige Unternehmensführung nicht ausreichen.

Effizienz oder Effektivität
An dieser Stelle möchte ich noch einen weiteren Aspekt mit anführen, der für unsere Zielsetzung von Relevanz ist. Die Differenzierung von Effektivität und Effizienz.

Im Kontext der Prozesse hören wir immer viel von effizienten Abläufen und Opti-
mierung der Aufwendungen und ähnlichem. Dabei wird unbewusst unterstellt, dass das,
was wir tun, bereits das Richtige ist. Wir müssen es nur noch effizienter tun. Nachhaltige
Unternehmensführung braucht aber immer vor der Effizienz-Frage das Hinterfragen der
Sinnhaftigkeit dessen, was zu tun ist. Also, inwieweit zahlt das, was in dem Prozesse an
Aktivitäten und Ergebnissen verlangt wird, auf das Zielsystem und den darüber liegenden
Zweck ein? Erst wenn diese Frage hinreichend genau beantwortet und keine sinnvolle
Alternative in der Vorgehensweise erkennbar ist, wird die Effizienz-Frage gestellt.

Dieses kritische Hinterfragen sollte allerdings nicht nur im Zusammenhang mit den
Unternehmensprozessen durchgeführt werden, auch bei der Ausrichtung der strategischen
Ziele ist diese Fragestellung nicht nur hilfreich, sondern auch notwendig. Aus der Bionik
(Wissenschaft, die Erkenntnisse aus der Natur in Technik oder aber auch in Organisationen anwendet) wissen wir, dass nur die Systeme sich nachhaltig entwickeln, die sich immer wieder selbst in Frage stellen, ohne dass es dazu eine offensichtliche Notwendigkeit
gäbe, wie z. B. Umsatzeinbruch, Wegbrechen von Marktsegmenten, etc. Gerade in Zeiten
von großen Erfolgen sollte man sich selbst und das System in Frage stellen können, um
auch nachhaltig erfolgreich zu sein.

Organigramm oder lebendiges dynamisches System?
So wichtig das Organigramm in verschiedenen Organisationen auch ist, müssen wir den
Zweck der Aufbauorganisation, deren Abbildung im Organigramm dargestellt wird, doch
relativieren. Aus der Prämisse „structure follows process follows strategy" folgt, dass der
Zweck der Aufbauorganisation der ist, den Prozessen die Mitarbeiter in Anzahl und Qualität (Kompetenz) zum benötigten Zeitpunkt so zur Verfügung zu stellen, dass die Prozesse
optimal funktionieren.

Diese Zweckbestimmung wirkt auf den ersten Blick fast unmenschlich und rein funktional. Sprechen wir doch hier von der Positionierung von Menschen. Aber wenn man den Zweck genauer betrachtet, hilft er uns, in schwierigen Fragestellungen oder spannungsgeladenen Konfliktsituationen als oberste Prämisse die Entscheidungsfindung zu erleichtern. Zum besseren Annehmen dieses Zielbildes sollten Sie sich vorstellen, dass wir alle Aktivitäten, die im System Unternehmen notwendig sind, Prozessen zugeordnet haben, auch die Führungsaktivitäten.

Mit diesem Ansatz schaffen wir die Basis, damit sich eine an den Prozessen orientierte Verantwortungskultur etablieren kann. Die, im Gegensatz zu einer am Organigramm verhafteten, zuständigkeitsfokussierten Hierarchie, ein lebendiges, dynamisches System abbildet. Dieses ist die Voraussetzung dafür, dass die Überlebensfähigkeit auch unter sich verändernden Rahmenbedingungen sichergestellt ist.

3.3.1.3 Identität stiften

Das dritte Element der Normensetzung beschäftigt sich mit der Identität des Systems. Sie sichert die Einmaligkeit und Unverwechselbarkeit des Unternehmens. Ihr werden auch moralische und rechtliche Zurechenbarkeiten zugesprochen (Lay, 1997 S. 26) [4]. Hinsichtlich der Nachhaltigkeit ist dies sicherlich ein wesentlicher kulturprägender Faktor.

Die Identität eines Systems formt sich durch die interaktionsprägenden Werte, Erwartungen, Interessen und Bedürfnisse (WEIBs) aus einer kollektiven Wirkung. Diese stehen in direkter Wechselbeziehung zur Kultur. Sie bedingen sich sogar gegenseitig, also eine Art Autopoiesis. Eine vorhandene Kultur lässt nur bestimmte Ausprägungen von WEIBs entstehen, die wiederum die Kultur beeinflussen. Die Entschlüsselung solcher komplexen Systeme ist nicht trivial.

Dennoch sollten wir uns der Mühe unterziehen, konkreter die Identität des eigenen Unternehmens zu erkennen. Sie hilft uns, die Interaktionen (Handlungen, Verhalten, Entscheidungen) auch in Bezug auf Nachhaltigkeit zu verstehen. Hierbei können uns vier einfache Fragen helfen:
- Wer sind wir?
- Wie sind wir?
- Für was stehen wir?
- Welches Unternehmensbild geben wir ab?

Diese sollten mit kritischer Selbstreflektion und in hoher Wahrhaftigkeit beantwortet werden. Das heißt: Entspricht das Ergebnis auch dem Erleben der Anspruchsgruppen im Umgang mit dem Unternehmen?

Für die Normensetzung bedeutet das ein kritisches Hinterfragen, inwieweit die wahrgenommene Realität mit den eigenen Verhaltensrichtlinien und dem definierten Leitbild übereinstimmt. Bei Abweichungen entsteht Handlungsbedarf, weil die Identität zwischen Intension und Wirkung der Handlungen nicht gegeben ist. Dabei ist die Ausprägung der notwendigen Aktivitäten abhängig vom Einzelfall. Für eine nachhaltige Unternehmensführung sollte generell die Zielsetzung sein, das Wir-Gefühl zu stärken und in diesem nachhaltigkeitsfördernde Werte mitzugeben. Durch Symbole (z. B. Logos, Kleidung, Auszeichnungen etc.) und Rituale (z. B. Firmenfeiern, Mitarbeiter-Initiationen, Wettbewerbe, etc.) kann dies gefördert werden. Sie sollten unternehmensweit, in allen Organisationsbereichen etabliert sein. Das Umsetzen in nur einigen Bereichen – oft sind hierbei Vertriebsbereiche Vorreiter – fördert selbstverständlich die Identifikation mit diesen Bereichen und gegebenenfalls auch mit dem Unternehmen, grenzt aber andere Bereiche auch ab (z. B. „Wir Vertrieb", „Die im Service" – statt „Wir Unternehmen"). Somit stört es die Identität und die nachhaltige Wirkung des Gesamtsystems.

Mit einer starken Identität besitzt das Unternehmen auch eine Stärke als Marke, unabhängig davon, ob sie eine bewusste Markenführung anstreben oder nicht. Dies bedeutet eine zusätzliche Stärkung der Wertschöpfung und ist auch unter diesem Gesichtspunkt ein weiteres Asset zur Förderung der nachhaltigen Unternehmensentwicklung.

3.3.2 Normenprägung durch Führung

Streng genommen hat die Normensetzung mit der Kultur des Unternehmens recht wenig zu tun. Hier entsteht maximal eine Bewusstwerdung oder ein Erkennen – bestenfalls mit einem Erkenntnisfortschritt. Und hoffentlich entsteht hieraus auch die Motivation, die Kultur als Erfolgsfaktor zu betrachten und in eine bewusste Gestaltung zu gehen.

Da die Unternehmenskultur die Interaktionen (das Tun und Entscheiden) mit ihren Qualitäten abbildet, wird die Kultur auch nur über Qualität der Interaktionen im System geprägt. Daraus lässt sich unter anderem auch ableiten, dass, je größer und arbeitsdifferenzierter ein System ist, die Wahrscheinlichkeit von Subkulturen steigt. Aus der Perspektive der Nachhaltigkeit ist dies solange unkritisch, wie sich diese Subkulturen ergänzen und auf ein großes gemeinsames Wir einzahlen.

Am Anfang des Kapitels „Kulturgestaltung durch Führung" haben wir bereits erkannt, dass die Kultur sehr stark von der Art und Weise, wie geführt wird, abhängig ist. Daraus lässt sich auch folgender Zirkelschluss ziehen: Kulturgestaltung = Führung = Normenprägung. Diese Gleichung wirkt immer, egal ob mir das als Führungskraft bewusst ist oder nicht (siehe ▶ Abschn. 3.1, „Das Unternehmen als System").

Beschäftigen wir uns etwas näher mit dem Thema Führung. Im Markt gibt es eine unüberschaubare Menge an Büchern und Abhandlungen, die das Thema Führung unter den unterschiedlichsten Gesichtspunkten beleuchten. Dennoch gibt es kein einheitliches Verständnis über das, was wir mit dem Begriff Führung bezeichnen. Für meine Arbeit als Berater und auch bei diesem Beitrag ist für mich die Ausrichtung an der Begriffsdefinition von Prof. Dr. Rupert Lay die sinnvollste:

„Führung ist die Bildung eines sozialen Systems, um einen selbst- oder fremd-gesetzten Zweck zu erfüllen." Optimal führt die Führungskraft, die den Aufwand zur Zweckerfüllung (Zeit, Geld, Ressourcenverbrauch, sozialer und emotionaler Aufwand) minimiert und gleichzeitig die eigenen Kompetenzen, wie auch die seiner Mitarbeiter, entwickelt (vgl. Lay, 1997, S. 235).

Aus dieser Definition ergeben sich hinsichtlich Führung als Normenprägung für eine nachhaltige Unternehmensführung folgende Notwendigkeiten:

Jede Führungskraft hat sich in einer Mehrzielentscheidung zu orientieren an

1. Der Optimierung des Betriebsergebnisses oder einer anderen, den Unternehmenserfolg wiedergebenden Messgröße.
2. Der Optimierung der sozialen Verhältnisse des Unternehmens als System. Das Mindeste, was hier verlangt werden muss, ist der Aufbau von inneren und äußeren Vertrauensfeldern.

Das Führen in Vertrauensfeldern ist eine ethisch verantwortete Leistung. In Vertrauensfeldern entwickelt sich personales Leben vor allem in den Dimensionen Emotionalität und der Sozialität sowie der Fähigkeit, vertrauen zu können.

Führungskräfte realisieren neben ökonomischen vor allem ethisch verantwortete Werte in ihren Führungsinteraktionen.

Die Führungskräfte akzeptieren die Tatsache, dass ihr Beitrag zur unternehmerischen Wertschöpfung ausschließlich am Wert der Leistungen, die sie gemeinsam mit den ihrer Verantwortung unterstellten Mitarbeiter erbringen, gemessen werden kann. Führen ist damit eine Dienstleistung und nicht zu verwechseln mit Herrschen.

Bei der Normenprägung durch Führung geht es also um die innere Haltung, Vertrauen und Verantwortung.

3.3.2.1 Haltung entscheidet

Viele Menschen denken über ihre innere Haltung gar nicht nach. Sie reagieren nur auf die von außen auf sie einprasselnden Einflüsse. Damit geben sie einen großen Teil an Verantwortung über die eigene Situation an diejenigen ab, die Verursacher dieser äußeren Einflüsse sind. Führungskräfte müssen mit einer anderen inneren Einstellung arbeiten. Unternehmen brauchen eigenständig denkende, sich selbst bewusste Führungskräfte, um nachhaltig erfolgreich zu sein. Gleichzeitig darf aber keine der Führungskräfte soweit aus der Reihe tanzen, dass sie das ganze System gefährdet. Diese Balance ist nur dann herzustellen, wenn die innere Haltung der Führungskraft zur gewünschten Kultur, den Unternehmenswerten, etc. passt.

Ich möchte dies an einem Beispiel verdeutlichen. Wir haben bereits erkannt, dass für eine nachhaltige Unternehmensführung auch die personale Förderung und Entwicklung der Mitarbeiter notwendig ist. Eine Führungskraft, die aus der inneren Haltung Mitarbeiter als reine Human-Ressourcen oder Human-Kapital betrachtet, wird keinen personalen Zugang zu seinen Mitarbeitern anstreben. Sollte sie es aus Hierarchiedruck dennoch machen wollen (müssen), wir es nicht gelingen. Sie wird somit nicht in der Lage sein, ein Vertrauensfeld mit ihren Mitarbeitern aufzubauen.

3.3.2.2 Vertrauensfelder schaffen

Für eine nachhaltige Unternehmensführung ist Vertrauen eines der prägendsten Elemente der Führung. Fehlendes Vertrauen führt dazu, dass das System unter Unsicherheit agiert und der Aufwand für Kontrollen steigt. Im schlimmsten Fall sogar so hoch, dass diese Aufwendungen die unternehmerischen Erträge eliminieren. Im Bereich der Finanzwirtschaft sind bereits heute kleinere Institutionen daher zu Zusammenschlüssen mit größeren gezwungen. Bei relativ schlechter Ertragslage (Zinstief) fressen die Aufwendungen zum Bedienen der Regulierungsrichtlinien die Erträge auf. Hier ist die Anwendung des Begriffs Nachhaltigkeit für die Unternehmenssituation sicherlich nicht mehr angemessen.

Um Vertrauen zu fördern, gibt es verschiedene Möglichkeiten. Ich möchte hier einige davon exemplarisch aufzeigen, die aus meiner Erfahrung heraus für eine nachhaltige Unternehmensentwicklung hilfreich sind:

- Führungskräfte sollen ihre Zusagen einhalten oder zumindest bei Abweichungen rechtzeitig informieren.
- Mitarbeiter müssen angstfrei über ihre Ängste, speziell in Veränderungsprozessen, sprechen können.
- Die Kommunikation mit den Mitarbeitern sollte möglichst persönlich und nicht schriftlich stattfinden.
- Das Feedback zu den Leistungen des Mitarbeiters muss konstruktiv und zeitnah stattfinden.
- Im Umgang mit Fehlern nicht die Schuldfrage in den Vordergrund stellen, sondern einen konstruktiven Lernprozess initiieren.
- Führungskräfte zeigen echtes Interesse an der Art und Weise, wie ihre Mitarbeiter ihre Aufgaben verrichten. Dabei sollten sie im Dialog mit ihnen klären, was sie als Führungskraft dafür tun können, dass der Mitarbeiter diese Aufgabenstellung im Sinne des Zwecks und der Zielsetzung noch besser erfüllen kann.

Wird mit Misstrauen oder Angst geführt, ist der Führende zur nachhaltigen Unternehmensführung ungeeignet und sollte baldmöglichst ersetzt werden.

3.3.2.3 Verantwortung übernehmen

Die Verantwortungsübernahme steht in direkter Wechselbeziehung zu der Vertrauenskultur. Wir können immer wieder feststellen, dass dort, wo das Vertrauen schwindet, auch die Bereitschaft, Verantwortung zu übernehmen, rapide abnimmt.

Auch bei dem Begriff der Verantwortung sollten wir genauer hinschauen. In vielen Unternehmen wird er synonym verwendet mit dem Begriff der Zuständigkeit. Speziell unter dem Gesichtspunkt der kulturellen Prägung sollte hier aber genauestens differenziert werden.

Der Begriff der Zuständigkeit kommt ursprünglich aus der Verwaltung. Hiermit wurde festgelegt, wer für die Bearbeitung der Bürger mit den Anfangsbuchstaben A-D, oder welcher Richter für welchen Bezirk zugeordnet war. Im Gegensatz hierzu hat die Verantwortung eine ganz andere Dynamik. In ihr sind drei Dimensionen zu berücksichtigen:

- Jemand trägt die Verantwortung
- Er verantwortet sein Handeln mit dessen Folgen …
- … gegenüber jedweder Instanz und vor deren Bewertungskatalog

Ich hoffe, dass aus dieser Herleitung ersichtlich wird, dass wir für Organisationen, die eine nachhaltige Unternehmensführung bestreiten möchten, eher ein Verantwortungs- als ein Zuständigkeitsdenken benötigen. Diese Verantwortungsbereitschaft betrifft nicht nur die Führungskräfte, sondern jeden Mitarbeiter in seinem beruflichen Umfeld.

Ein weiterer Blickpunkt auf das Thema Verantwortung scheint mir noch wichtig. Verantwortungsübernahme richtet sich an der Wirkung der Handlung und Entscheidung aus, nicht an der Intension, warum man es so gemacht hat. In vielen Situationen, in denen etwas schiefgelaufen ist, wird stundenlang darüber diskutiert, was der Handelnde eigentlich wollte. Aus Sicht einer nachhaltigen Unternehmensführung ist dies unerheblich. Sie benötigt eine Handlungsethik und weniger eine Gesinnungsethik.

Um die Bereitschaft für Verantwortungsübernahme zu fördern benötigt es einerseits Führungskräfte, die als Vorbild dienen. Andererseits ist eine Vertrauenskultur notwendig, die mögliche negative Konsequenzen aus der Verantwortung nicht mit sozialer Ausgrenzung bestraft. Die Klärung von Erwartungshaltungen und Perspektiven, aus denen Arbeitsergebnisse bewertet werden, ist ein zusätzlicher Aspekt um die Erweiterung von Verantwortungsbereichen zu erleichtern.

3.4   Förderung einer nachhaltigen Unternehmensführung

Im vorangegangenen Kapitel haben Sie einiges über die Gestaltung der Unternehmenskultur erfahren und Hinweise bekommen, wie Sie der bestehenden Kultur Impulse hin zu einer nachhaltigen Unternehmensführung geben können. Am Ende meines Beitrags möchte ich Ihnen noch zwei pragmatische Hinweise für eine wirkungsvolle Umsetzung geben.

3.4.1   Hinweis 1: Die Entwicklung von Führungskompetenzen

Jede Organisationsveränderung wie auch Kulturentwicklung bedingt auch die Entwicklung der Führungskräfte. Erst recht bei der Dimension der Entwicklung einer Kultur zur nachhaltigen Unternehmensführung. Bei einem Großteil der Unternehmen, die ich bisher kennenlernen durfte, musste ich feststellen, dass viel „Hirnschmalz", Zeit und Geld in die Entwicklung der Organisation gelegt wird, aber recht wenig in die Entwicklung der benötigten Führungskompetenzen. Wobei auch festzustellen war, dass nicht ein Unternehmen eine Differenzierung zwischen Führungsfähigkeiten und Führungskompetenzen machte. Auch in den vorangegangen Kapitel haben wir erkennen dürfen, dass uns Klarheit in den Begriffen weiterbringt.

Der Begriff „Fähigkeit" beschreibt erlernte oder auf Anlage zurückzuführende Voraussetzungen für das Vollbringen einer bestimmten Leistung. In Ergänzung hierzu ist Kompetenz das Vermögen, die Fähigkeiten situationsadäquat anzuwenden. Das bedeutet, dass, wenn ich in einem Seminar den Umgang mit Konflikten gelernt habe, zwar die Fähigkeit besitze, konstruktiv mit Konflikten umzugehen, was allerdings noch lange nicht heißt, dass ich das in der entsprechenden Situation im Unternehmen auch tue.

In der Praxis bedeutet kompetent zu sein, mehrere Fähigkeiten anforderungsgerecht und koordiniert in Anwendung zu bringen. Übertragen auf unser Beispiel bedeutet das: Wenn ich nicht in der Lage bin, einen Konflikt als solchen zu erkennen, nützt mir die Fähigkeit Konflikte konstruktiv zu lösen, recht wenig. In der Sprache der Personalentwicklung eines nachhaltig agierenden Unternehmens würde das bedeuten: Fähigkeit vorhanden; Kompetenz nicht ausgeprägt. Mit dieser Differenzierung kann man dann erkennen, welche gezielte Entwicklung die Führungskraft benötigt, um sich und damit auch das von ihr verantwortete System auf einen höheren Reifegrad zu bringen.

Mit dieser kurzen Ausführung möchte ich nicht ein ganzes Kompetenzmanagement erklären, aber ihr Interesse dafür wecken, dass es sich lohnt, einen Fokus auf die Entwicklung von Führungskompetenzen zu legen, wenn eine nachhaltige Unternehmensführung für Sie erstrebenswert ist. Aus meiner Sicht sind folgende Kompetenzen für Führungskräfte notwendig:

• Personale Kompetenz
• Soziale Kompetenz
• Führungskompetenz
• Strategische Kompetenz
• Unternehmerische Kompetenz
• Kommunikative Kompetenz

Ich denke, dass es einleuchtet, dass auf unterschiedlichen Führungsebenen die einzelnen Kompetenzfelder in einem unterschiedlichen Reifegrad ausgeprägt sein sollten.

3.4.2   Hinweis 2: Das integrierte Managementsystem

Ein bewährter Ansatz, die Führungs- und Steuerungsmechanismen in Unternehmen zu synchronisieren und zu harmonisieren, ist die Etablierung eines unternehmenseinheitlichen Steuerungsmodells. Dabei ist zu berücksichtigen, dass die Steuerung eines Systems nur so gut sein kann wie das Modell das System selbst abbildet. Daher benötigen wir eine Systematik, wir nennen sie Managementmodell, die die Steuerung des Systems in einer nachhaltigkeitsorientierten Unternehmenskultur abbildet.

Solche Managementsysteme können in Unternehmen einen wichtigen Beitrag zur inneren Ordnung leisten. Bei geeigneter Strukturierung und unternehmensspezifischer Gestaltung geben sie einen Rahmen, der ein Gleichgewicht zwischen Ordnung und Freiräumen, zwischen Administration und Gestalten herstellt.

Die meisten Managementsysteme, die heute eingesetzt werden, sind Insellösungen, in deren Mittelpunkt jeweils ein Themenschwerpunkt wie Qualität, Compliance, Risiko, Umwelt oder Arbeitsschutz etc. steht. Deshalb wirken in vielen Unternehmen mehrere solcher Managementsysteme nebeneinander. Das verhindert aber ein ganzheitliches Zusammenwirken und verschwendet betriebliche Kapazitäten.

Für eine nachhaltige Unternehmensführung ist daher die Entwicklung und der Einsatz eines integrierten Managementsystems zwingend geboten. Integrierte Managementsysteme tragen, im Gegensatz zu den themenbezogenen Managementsystemen, einer bereichsübergreifenden Betrachtung Rechnung, die jeden Verantwortlichen in seinem Bereich und in den von ihm bearbeiteten Prozessen ganzheitlich für die Themenschwerpunkte, u. a. auch für das Thema Nachhaltigkeit mitverantwortlich macht. Darüber hinaus integrieren sie auch die kulturrelevanten Bestandteile des normativen Managements.

Bildlich gesprochen ist ein integriertes Managementsystem wie ein Gebäude mit seinem Fundament. Es beinhaltet sowohl das normative wie auch das strategische und operative Management. Seine inhaltliche Gestaltung ist mit der Einrichtung der Räume in dem Gebäude vergleichbar. Sie müssen vom Unternehmen festgelegt und gelebt werden. Neben den hier bereits erwähnten Grundsätzen sind für das Ziel einer nachhaltigen Unternehmensführung unter anderem noch folgende „Räume" auszugestalten:

• Kundenorientierung
• Fähigkeit zur Veränderung
• Wertschöpfung

Eine starke Ausrichtung auf den Kunden ist die einzige Orientierungsgröße für Unternehmen, die eine nachhaltige Wertschöpfungsperspektive ermöglicht. Im Sinne einer nachhaltigen Unternehmensführung ersetzt sie eine rein kostenoptimierte, kapitalwertorientierte Ausrichtung.

Die Fähigkeit, offen und verantwortet Veränderungen zu initiieren und konsequent umzusetzen, muss mit dem Wissen um die intelligente Gestaltung der Schlüsselelemente zur Kulturveränderung kombiniert werden, um einige der Grundsätze zur nachhaltigen Unternehmensführung sinnvoll in der Praxis anzuwenden.

Die Einführung eines ganzheitlichen Wertschöpfungsverständnisses betrachtet nicht nur den Wertschöpfungsprozess, sondern auch den Nutzwert des gesamten Unternehmenssystems. Gewinnmaximierung und Kapitalwert des Unternehmens werden als Steuerungsgrößen ersetzt durch Kundennutzen, Mitarbeiterzufriedenheit, Markenwert, Reputation, sowie dem gesellschaftlichen Beitrag. Auch das Hinterfragen der Effizienz, wie das System die Transformation von Ressourcen zu Nutzwerten realisiert, ist Bestandteil der Wertschöpfungsbetrachtung.

Als Quasi-Blaupausen für ein integriertes Managementsystem im Sinne einer nachhaltigen Unternehmensführung haben sich in unserer Beraterpraxis je nach Kundensituation das Viable System Modell von Stafford Beer (vgl. Gomez und Zimmermann, 1993, S. 97 ff), das St. Gallener Managementmodell (vgl. Gomez und Zimmermann, 1993, S. 20 ff) und das EFQM Modell (vgl. EFQM, 2003, S. 1 ff) bewährt.

3.5   Fazit

Die Einführung einer nachhaltigen Unternehmensführung mit ihren systemischen und kulturellen Aspekten ist anstrengend. Sie erfordert vor allem von der Unternehmensleitung und den Führungskräften eine Erweiterung in der Wahrnehmung und den Denkprozessen. Aber wer diese kulturelle und systemische Perspektive einmal für sich erarbeitet hat, wird mit Erstaunen feststellen, wie wertvoll sie ist. Die Sicht auf das System Unternehmen und seine Wechselwirkungen mit seiner Umwelt wird viel klarer. Der Umgang mit Anomalien und Konflikten wird einfacher. Und das Thema Nachhaltigkeit wird zu einem Kernbestandteil Ihres Unternehmens. Sie entsteht per se, wenn die Verschränkung einer klaren Orientierung mit einer prozessorientierten Ordnung und eine klare Identität durch kompetente Führung sichergestellt wird.

3.6   Über atunis

atunis ist *die* Adresse, wenn es um *kompetente Umsetzung von komplexen Veränderungsprojekten* geht. Als erfahrene Unternehmer, Manager und Berater sind wir *konstruktive Dialogpartner* und *anerkannte Wegbegleiter* für das Top-Management.

In unsere Schwerpunktthemen
* Organisations- und Kulturentwicklung
* Führungsentwicklung
unterstützen wir unsere Klienten sehr erfolgreich bei ihren Veränderungsprojekten.

Unsere Leistungen sind auf ein klares Ziel ausgerichtet: Die *Potenziale* des gesamten Unternehmens *zu aktivieren* und somit *Wertschöpfung und Unternehmenswert* zu steigern für eine *nachhaltige Entwicklung*.

atunis steht für eine *zeitgemäße Form des erfolgreichen, nachhaltigen Wirtschaftens*. Keine kurzfristiger Profitmaximierung, sondern Business Excellence und Werteorientierung. Ertragsziele und langfristige Überlebensfähigkeit werden zur Basis einer nachhaltig wirksamen Unternehmensführung in einer ethisch verantworteten Unternehmenskultur.

3.7 Über den Autor

 **Alfred Doll**, Jahrgang 1960, Informatiker, hat über 15 Jahre in unterschiedlichen Führungspositionen gewirkt. Von seiner zusätzlichen philosophische Ausbildung inspiriert, beschäftigt er sich seit über 20 Jahren mit Führungsdialektik, Kybernetik und der Entwicklung von sozialen Systemen. Seine praktischen Erfahrungen als Führungskraft und Unternehmer, sowie seine Expertisen als Berater mit den Schwerpunkten Organisations- und Führungsentwicklung sowie werteorientiertem Management machen ihn zu einem gefragten Managementberater und Coach von Führungskräften.

Er ist geschäftsführender Gesellschafter des atunis GmbH sowie Initiator und Gründer des Ethikverbands der Deutschen Wirtschaft e.V.

Literatur

Carnau, P. (2011): Nachhaltigkeitsethik – Normativer Gestaltungsansatz für eine global zukunftsfähige Entwicklung in Theorie und Praxis. Rainer Hampe, Verlag: München
EFQM (Hrsg.) (2003): Exzellent – Eine Anleitung für die Anwendung des EFQM-Modells für Excellence, EFQM, Brüssel
Gomez, P., Zimmermann, T. (1993): Unternehmensorganisation. Campus Verlag: Frankfurt
Lay, R. (1997): Über die Kultur des Unternehmens. Econ Verlag: Düsseldorf und München
Schein, E. (2003): Organisationskultur. EHP – Edition Humanistischer Psychologie; Bergisch Gladbach
Wohland & Wiemeyer (2007): Denkwerkzeuge der Höchstleister. Murmann Verlag; Hamburg

Vision of Global Clean Energy

4

E.M.E. Group investiert, der Unternehmer profitiert

Markus A. Stromenger

Dieses Kapitel widme ich unseren geliebten Kindern Louisa (9), Felix (6) und Fabian (21), denn diese spielen am Ende dieses Kapitels stellvertretend für alle anderen Kinder eine entscheidende Hauptrolle.

Angela Merkel hat die Notwendigkeit zum Umdenken in Punkto Energie in ihrer Regierungserklärung zur Energiewende am 09. Juli 2011 treffend zusammengefasst: „Wir alle können, wenn wir es richtig anpacken, ethische Verantwortung mit wirtschaftlichen Erfolg verbinden."

Immer wieder haben wir uns die Frage gestellt, was mit dem großen Wort Nachhaltigkeit eigentlich gemeint ist? Aus unserer Sicht hat es größte Chancen, demnächst zum Unwort eines Jahres zu avancieren. In der Politik gibt es kaum ein Wahlprogramm ohne dieses Wort, ob man über Bildung, Soziales, Ökologie oder Ökonomie redet. Ganze Marketingabteilungen von Konzernen bemühen sich um blumige Beschreibungen rund das Thema Nachhaltigkeit als herausragende Eigenschaft, um es für Marketing und Außenkommunikation – natürlich nur im Sinne der Sache, oftmals der eigenen – zu Werbezwecken zu benutzen oder auch zu missbrauchen.

Wir versuchen, dieses Wort in unserer Unternehmenskultur und -kommunikation möglichst zu vermeiden und lieber eine konsequente, inhaltliche Linie zu verfolgen und uns dem Wort entsprechend zu verhalten. Wichtiger als von Nachhaltigkeit zu sprechen, ist es, sie mit Leben zu füllen, denn Glaubwürdigkeit entsteht nur, wenn „Denken", „Reden" und handeln kongruent sind.

Mein Anspruch war schon immer die intelligente Zusammenführen von Assets und Investoren und das außerhalb der klassischen, börsenabhängigen Kapitalmärkte. Das ist es, was wir versuchen mit Leben zu füllen, seit langer Zeit. Wir haben uns entschieden, langfristig tragfähige Assets zu entwickeln, um unseren Investoren konsequenten Vermögensaufbau und die damit verbundene Vermögenssicherung zu ermöglichen, selbst dann, wenn sich die Börsen irgendwann wieder nach unten bewegen werden. Also Vermögensaufbau, völlig frei von Kapitalmarktschwankungen; Anlagen, bei denen der Anleger möglichst ruhig schlafen können soll.

Angenommen, wir wären im Jahr 2030, dann dürfte man rückblickend tatsächlich auch von Nachhaltigkeit sprechen und dieses große Wort in den Mund nehmen. Doch welche Anlagesegmente sind es, die langfristig eine solch konstante Entwicklung ermöglichen?

4.1   Die „nachhaltige" Entscheidung für eine einzige Lufthansa-Aktie

Was bringt es einem Investor, wenn er sein gesamtes Vermögen spekulativ in volatilen Märkten anlegt? Ich selbst habe in meinem Leben genau eine Aktie gekauft. Tatsächlich, nur eine einzelne Aktie und zwar von Lufthansa. Damals während des Studiums, es muss 1990 gewesen sein und nur, um einmal eine Hauptversammlung in Frankfurt in der Festhalle zu besuchen, aus reiner Neugierde. Da gingen nacheinander ganz viele Menschen ans Rednerpult – Vorstände, Aufsichtsräte, Betriebsräte, Vertreter von Anlegerschutzgemeinschafen und auch Analysten. Und jeder wusste es besser. Die einen erklärten die Vergangenheit so, die anderen anders. Die einen kannten die Zukunft, die anderen wiedersprachen.

Aus meiner Sicht hat sich im Laufe der letzten 25 Jahre daran nichts geändert und immer wieder hat sich bewiesen, dass Analysten oft genau erklären können, wo man unbedingt investieren muss und wenn es dann nicht funktioniert hat, können sie detailliert erklären, warum das von Anfang an klar war.

Mir hat kürzlich ein ausgesprochen erfolgreicher Vermögensverwalter erklärt, dass der Index von den meisten Fondsmanagern ohnehin nicht „geschlagen" werde, er selbst würde aus diesem Grund für seine Investoren direkt in „Index-Fonds" investieren.

Im Laufe meines Unternehmertums bin ich privat bei der einen Lufthansa Aktie geblieben.

Heerscharen von Investmentbankern, Analysten und Kapitalanlagegesellschaften kümmern sich um die Kapitalmärkte, entwickeln und allokieren im Wettbewerb um den vermögenden Anleger neue Systeme und Strategien. Alles ist dabei dem einzigen Ziel untergeordnet, dem Anleger hohe Rendite bei gleichzeitig vermeintlicher Sicherheit, trotz volatiler Märkte, zu verkaufen.

Aus meiner Sicht hat es sich jedoch in den letzten 30 Jahren mehrfach bestätigt, dass Anleger bei Crashs immer dabei sind, wenn sie ihr gesamtes Vermögen in die Kapitalmärkte investieren. Sie werden mit hoher Wahrscheinlichkeit auch beim nächsten Crash wieder dabei sein.

Ich habe in meiner Laufbahn viele Anleger ihr Vermögen verlieren sehen. Insbesondere im Jahr 2000 haben wir mit unseren Beratern Anlegern empfohlen, nicht zu gierig zu werden und Gewinne an den Börsen (und dem neuen Markt) jetzt mitzunehmen. Unser fester Glaube war damals, dass die Märkte völlig überhitzt und überbewertet sind und das es sogar viel zu riskant sei, jetzt nicht zu verkaufen. Wir haben damals empfohlen, sich börsenunabhängigen Anlagen wie zum Beispiel hochwertigen Immobilien in A-Lagen zu-zuwenden. Ich erinnere mich an ein Gespräch mit einem Arzt am Ende des Jahres 2000. Er hatte vier Jahre vorher ca. 80.000 DM in den Kapitalmärkten angelegt und einige dieser Modeaktien gekauft und zusätzlich in einige der herkömmlichen Aktienfonds investiert, aus seiner Sicht also breit gestreut. Sein Vermögen, also der Stand seiner Depots, hatte sich auf über 240.000 DM entwickelt. Unsere Empfehlung war, Wertsicherung zu betrei-ben und die Gewinne jetzt zumindest teilweise mitzunehmen, um diese zumindest solange zu parken, bis sich Klarheit hinsichtlich des weiteren Trends einstellt. Er hat abgelehnt und versichert, er wolle sich weitere Gewinnchancen dieser Investments nicht entgehen lassen. Etwas über ein Jahr später habe ich ihn wiedergetroffen. Der Wert seines Depots lag bei weniger der Hälfte seines Einstiegspreises vor fünf Jahren.

Wenn weltweite Krisenherde Angst bei den Händlern auslösen, können diese die Märk-te zum Absturz bringen. Im schlimmsten Fall haben die Händler selbst sogar auf fallende Kurse spekuliert und warten nur noch auf den Absturz. Dann ist es unerheblich, ob ich Lufthansa oder BMW im Körbchen habe oder gar breit in den Kapitalmärkten in eine Vielzahl von Fonds investiert habe. Dann geht es abwärts.

Ich möchte kein grundsätzliches Plädoyer gegen Investitionen in die Kapitalmärkte halten. Das sehe ich auch nicht so, denn an den Kapitalmärkten hängende Substanzwerte gehören in jedes Depot, aber nicht ausschließlich. Ich jedoch habe mich rückblickend in meinem Unternehmerleben „nachhaltig" dafür entschieden, für Anleger Assets wie Immo-bilienanlagen aufzubereiten und zu vermarkten, die unabhängig von Kapitalmarktschwan-kungen und damit auch von Börseneinbrüchen sind und Stabilität und Werte schaffen. Und ich jedenfalls sage schmunzelnd, dass ich zufrieden mit meiner „nachhaltigen" Ent-scheidung bin, es bei der einen Lufthansa-Aktie belassen zu haben.

4.2   Energie – insbesondere saubere Energie – ist ein Grundbedürfnis und damit das Gold der Zukunft

Die Lehre der Umweltsoziologie betrachtet das Verhältnis von Gesellschaft und Natur. Die Abkehr von der Theorie des Dualismus, also der Natur als Umwelt der Gesellschaft, dürfte mittlerweile längst keine Diskussion mehr sein. Heutzutage besteht große Einigkeit darüber, dass die Gesellschaft auf die Natur angewiesen ist und Natur von der Gesellschaft nicht trennbar ist, denn die Gesellschaft beeinflusst und verändert die Natur. Schon in einigen Jahrzehnten werden unsere Kinder und Enkelkinder die Frage beantworten, ob unsere heutige Gesellschaft nachhaltig den Grundstein gelegt haben wird, um die Natur und damit die Basis für das Überleben unserer Gesellschaft und den Erhalt unserer Schöp-fung zu sichern.

Der US-amerikanischen Psychologe Abraham Maslow beschreibt in seiner sozialpsy-chologischen Theorie die Bedürfnispyramide der Menschen. Die physiologischen Be-dürfnisse bezeichnet er dabei als Grundbedürfnisse. Ganz oben steht als letzte Ebene der

Bedürfnisse die Selbstverwirklichung des Menschen, die erreicht wird, wenn alle anderen Stufen wie der Bedarf nach Sicherheit, soziale Bedürfnisse und Individualbedürfnisse erfüllt sind und jetzt eine neue Unruhe und Unzufriedenheit einsetzt. Maslow schafft eine, zugegebenermaßen aufgrund der starken Vereinfachung nicht ganz kritikfreie, Theorie, die einfache Erklärungen nach den Motiven des Handelns der Menschen sucht.

Zu den physiologischen Bedürfnissen gehört zweifelsfrei die Notwendigkeit zu essen, zu trinken und zu schlafen. Zu den erweiterten Grundbedürfnissen gehört aber auch Sonnenlicht, Licht im Allgemeinen und Wärme, also Energie.

Energie ist aus unserem Leben nicht mehr wegzudenken. Nichts funktioniert ohne Energie oder anders gesagt, alles ist von ihr abhängig. Das macht Energie, wie auch Wasser, zu einem der existentiellen Grundbedürfnisse. So sehr wie Energie nutzt, so sehr kann Energieproduktion der Menschheit auch schaden. Man muss nicht lange ausholen, um die Nebenwirkungen und Konsequenzen der Energieproduktion aus radioaktivem Material oder aus Kohle als schädlich und ein echtes Problem zu lokalisieren, mit dem unsere Kinder in Zukunft klar kommen müssen. Problematisch ist dabei insbesondere, dass ökologische und ökonomische Interessen oftmals entgegengesetzte Richtungen einschlagen und in der Vergangenheit die Rechtfertigung oft zugunsten der Ökonomie ausgegangen ist. Die Auswirkungen sind nur sehr langfristiger Natur und während wir zuschauen, wie die Gletscher nach und nach verschwinden und das Klima sich merklich verändert dauern die Prozesse des Umdenkens noch eine Weile. Es bleibt nur zu hoffen, dass es am Ende dieses Prozesses nicht „nachhaltig" zu spät ist, denn den Klimawandel dreht man nicht mal eben wieder um.

Zu den Grundbedürfnissen gehört deshalb die Produktion von sauberer und umweltverträglicher Energie.

Wenn man sich bei der Konzeption von börsenunabhängigen Kapitalanlagen und Assets mit der Frage beschäftigt, welches Asset-Segment rückblickend wirklich nachhaltig gewesen sein wird und nachhaltig Wertsicherung und Vermögensaufbau geschaffen hat, findet man die Antwort in den Grundbedürfnissen. Auch wenn in unserer westlichen Welt Wohnen (noch) kein Grundrecht darstellt, so bleibt es doch immer noch ein Grundbedürfnis. Immobilien haben sich über viele Jahrzehnte grundsätzlich als langfristige Geldanlageklasse bewährt, sei es, man wohnt selbst in einer oder man besitzt eine einzelne Wohnung als Kapitalanlage oder gleich ganze Straßenzüge.

Wir sitzen mit unserem Unternehmen am Tegernsee und hier hat das gesamte Thema „Immobilie" nochmals eine ganz andere Dimension eingenommen. Verknappte Baulandpolitik und eine immense Nachfrage von vermögenden Anlegern sorgt für außergewöhnliche Preissegmente von bis zu 15.000 EUR/m^2 und es ist kaum absehbar, dass sich das ändern wird. Und das obwohl, oder gerade weil in Rottach-Egern 800 hochwertigste Immobilien den größten Teil des Jahres als Zweit- und Drittwohnsitze leer stehen. Auch das ist gesellschaftspolitisch nicht ganz unproblematisch, jedoch durch die freie Marktwirtschaft als Basis unserer Gesellschaft zulässig.

Neben dem Grundbedarf des Wohnens ist auch Energie ein Grundbedarf. Energie im Alltag, also Strom, Heizung und Warmwasser, ist aus dem Leben nicht wegzudenken. Stellen sie ein Wochenende die Sicherung ab und im Winter die Heizung aus. Erst dann wird so richtig bewusst, dass Energie gleichzeitig ein Grundbedarf und ein Luxusartikel ist. Wie wird sich an diesem Wochenende der Inhalt des Kühlschranks oder gar des Eisschranks entwickeln? Wie reagieren die Kinder auf ausschließlich kaltes Wasser beim Duschen? Draußen ist es bewölkt und drinnen dunkel. Der romantische Effekt des lichtspendenden und flackernden Kerzenscheins wird nach einer Weile auch wieder dem Bedarf nach Helligkeit durch einer Energiesparlampe in der Stehlampe oder dem modernen Deckenleuchte aus dem Bauhaus weichen. Damit ist nur der Ausfall von Energie im Privatbereich umrissen.

Wie steht es jedoch um mittelständische Unternehmen, deren Produktion von Energie abhängig ist? Was passiert, wenn aufgrund einer zumindest in Teilbereichen verfehlten Energiepolitik im Rahmen der Energiewende die Netze temporär still stehen und die Bänder und Computer ausfallen? Umsatzausfall ist die unausweichliche Konsequenz, bei weiterhin stabil laufenden Kosten. Energie ist auch im Unternehmen ein nicht wegzudenkendes Grundbedürfnis und das auch in Krisenzeiten. Profitieren wird immer der Produzent und Hersteller von Energie, also der (Mit-)Eigentümer eines Energieerzeugers, dessen Bereitschaft zur kostenlosen Lieferung von Energie wohl auch in Krisenzeiten relativ gering sein dürfte.

Saubere Energie ist deshalb ein nicht mehr wegzudenkender Grundbedarf und damit eine weitestgehend krisenresistente Assetklasse für Investoren, denn ein Kraftwerk liefert das ganze Jahr dauernd „Output" und damit konstanten „Input" für den Investor – auch in Krisenzeiten. Energie ist das Gold der Zukunft.

4.3   Energy Meets Equity – Die „Bierdeckel-Idee"

Die Steuererklärung muss auf einen Bierdeckel passen. Das forderte vor zehn Jahren der damalige Unions-Fraktionsvize Friedrich Merz. Oftmals sind es die einfachen Ideen, die man auf einem Bierdeckel zusammenfassen kann. Wir, die E.M.E. Group, sind ein mittelständisches Familienunternehmen am Tegernsee und führen seit Jahren Investoren und Asset zusammen. Irgendwann im Jahr 2012 haben meine Frau Marita und ich im legendären Bräustüberl in Tegernsee bei einer „Hoiben Bier" zusammengesessen und uns die Frage gestellt, welche Ausrichtung wir unserem Unternehmertum zukünftig geben wollen. Vielleicht war es der berühmte Dackel „Buzzi" aus dem Bräustüberl, der die Bierdeckel ziert, die Idee war jedenfalls ziemlich schnell auf einem solchen skizziert.

Auf der einen Seite stand der Bedarf des Investors: Sicherheit, Börsenunabhängigkeit, stabile Rendite, Grundbedürfnisse und sozial verantwortliches Handeln zugunsten zukünftiger Generationen. Auf der anderen Seite das Asset und die definierten Anforderungen: Clean Energy, Grundlastfähigkeit, Dezentralität, Energieoptimierung, autarke Versorgung für Unternehmer und Gemeinden. Beide Bereiche haben wir mit einem Kreis verbunden und in die Mitte die Worte „*Energy Meets Equity*" geschrieben. So ist das E.M.E.-Konzept und die E.M.E. Group entstanden.

Das Herzstück sollte ein Investmentfonds für institutionelle Investoren werden, der den Investoren den Mehrwert der Unabhängigkeit von Kapitalmarktschwankungen ermöglicht und dessen Kursentwicklung ausschließlich von betriebswirtschaftlichen Faktoren abhängig ist. Das ist uns in Folge tatsächlich auch gelungen.

Schon zu dem Zeitpunkt war uns bewusst, dass der USP des Assets außergewöhnlich sein muss. So haben wir uns die Frage gestellt, wie von diesem Modell gleichermaßen institutionelle Investoren wie auch Unternehmer und Gemeinden profitieren und gleichzeitig einen wesentlichen Beitrag zu einer grundlastfähigen Energiewende leisten können.

4.4   Grundlastfähigkeit oder volatile Energieproduktion

Die Energiewende ist eines der größten Zukunftsprojekte unserer Zeit. Weltweit ist man sich einig darüber, die weitere Erderwärmung zu verhindern und damit den demnächst nicht mehr aufzuhaltenden Klimawandel. Sogar Amerikas Präsident Barack Obama nutzt die Gelegenheit, um sich in seiner letzten Amtsperiode mit dem Image des „Klima-Präsidenten" in der Geschichte zu verewigen und seinen durch Militär- und Rüstungspolitik geprägten Haushalt ein wenig in den Hintergrund zu drängen.

Deutschland spielt bei der Energiewende eine Vorreiterrolle, sicherlich auch um den Export der im Technologieland Deutschland produzierten Wind- und Solaranlagen zu forcieren. Mittlerweile darf man wohl sagen, dass renommierte deutsche Windanlagenhersteller nur in geringem Maße auf den Absatz im eigenen Land angewiesen sind. Vergleichbar mit der deutschen Automobilwirtschaft entstehen die meisten Umsätze durch weltweiten Export. Windanlagenbauer haben auch deshalb mittlerweile Lieferzeiten von bis zu zwei Jahren. Auch die Preisfindung hängt weniger von deutschen Rahmenbedingungen als mehr von gut zahlenden ausländischen Projektentwicklern und Betreibern ab. Das gilt insbesondere für Hersteller von Windanlagen. Die deutsche Solarwirtschaft wurde bereits durch stark reduzierte innerdeutsche Förderungen abgestraft und viele Unternehmen haben das mit der Insolvenz bezahlt.

Die Landwirtschaft lehrt, dass Monokulturen zwar in der Pflege und Ernte Vorteile verschaffen, jedoch natürliche Ressourcen wie Licht und Wasser sowie Synergie-Effekte zwischen verschiedenen Organismen oft nicht optimal nutzen. Man kann hierbei deutliche Parallelen in der Energiewirtschaft wiederfinden. Nur der intelligente Energiemix wird es unserer Gesellschaft ermöglichen, die Klimaziele durch eine effektive und effiziente Nutzung erneuerbarer und sauberer Energien zu nutzen.

Sicherlich sollte man sich einig darüber sein, dass die Energiewende nur durch einen wohl überlegten gesunden Energiemix gelingen wird. Energiemix bedeutet jedoch eben nicht, kleine und auch große Windanlagen zu bauen.

Man darf bei allem Respekt vor der Leistungsfähigkeit von Windparks nicht vergessen, grundlastfähige grüne Anlagen zu schaffen, also solche, die auch Energie liefern, wenn der Wind nicht weht und die Sonne nicht scheint, ansonsten werden wir weiterhin Atom- und Kohlestrom importieren, nachdem wir unsere Meiler abgestellt haben. Das dürfte in Folge andere Länder motivieren, Kohle- oder Atomstrom doch wieder auszubauen, denn wir wären ein guter Absatzmarkt. Umwelt- und Klimaziele enden jedoch nicht an der Grenze des Nachbarstaates und so wäre nicht nur das Ziel der Energiewende konterkariert, sondern auch die deutsche Förderpolitik fehlgeschlagen. Die Zeche zahlt dann wieder einmal der Verbraucher.

Als ich das letzte Mal abends auf dem Rückweg aus Berlin erneut an Leipzig vorbeikam, hätten die vielen roten Lichter der Windanlagen auch einen Megastau vermuten lassen können. Es ist und bleibt Geschmacksache, ob dieses an vielen Standorten anzutreffende Szenario bei Tageslicht einen anmutenden und ästhetischen Eindruck bereitet. Der optische Eindruck sorgt jedenfalls für die Vermutung, dass es Regionen gibt, in denen ein Überangebot an Windstrom entsteht, also mehr, als nach dezentralen Gesichtspunkten benötigt wird, ohne zusätzlich ein langes Kabel zu verlegen.

Wie so oft in Deutschland, wenn man etwas in kurzer Zeit erreichen will, entsteht eine Steuer- und Subventionspolitik, die oftmals Monokulturen und Lobbyismus entstehen lässt, was wiederum oft zu weiteren Förderungen oder Vernachlässigung anderer Segmente führt. Dieses Szenario kennen wir beispielsweise aus der Zeit der mit der Wiedervereinigung verbundenen Immobilienpolitik. Geförderte innerstädtische Altbausanierungen waren am Anfang oftmals aufgrund von Restituierungen kaum möglich. Die Neubauförderung mit 50 % Sonder-AfA hat an vielen, auch ländlichen, Standorten komplexen, also mehrgeschossigen Wohnungsbau entstehen lassen. Anfänglich wurden aufgrund fehlender oder nicht ausreichender innerstädtischer Sanierungen für diese nicht sehr hübschen Neubauten hohe Mietpreise gezahlt. Nachdem die Restitutionen der Altbauten nach und nach wegfielen, entstanden in den Städten sukzessive sanierte, urbane Wohnviertel zu günstigen Mietpreisen. Die Konsequenz waren damals neugebaute Miethäuser am Stadtrand oder in ländlichen Regionen, die statt geplantem Quadratmeterpreis von 18–20 DM zu erzielen, heute oftmals leer stehen. Investoren und Anleger durften lernen, dass hohe Steuervorteile und Subventionen wie die „Berliner Förderwege" nicht immer vorteilhaft waren, denn die finanzierende Bank interessiert es hinsichtlich ihrer Zins- und Tilgungsforderungen nicht, ob die Immobilie heute vermietet ist oder leer steht.

Als zu Zeiten der Schröder-Regierung das EEG, also das Gesetz zur Förderung von erneuerbaren Energien entstanden ist, haben die großen Energieversorger maßgeblich daran mitgewirkt. Insbesondere Sonnenenergie und Windenergie hat von Beginn an eine große Rolle gespielt.

Heute muss man sich jedoch rückblickend die Frage stellen, warum saubere, grundlastfähige Energieproduktion, also die Vertreter der „Kraft-Wärme-Kopplung" nach Insideraussagen nur eine untergeordnete oder gar keine Rolle gespielt haben. Vielleicht liegt ja die einfache Erklärung darin, dass hauptsächlich die grundlastfähigen, sauberen Kraftwerke eine ernstzunehmende Konkurrenz für die Big Player und Betreiber von fossilen Kraftwerken waren? … und immer noch sind?

4.5   Bayern gegen Berlin – Milliardenschwere Stromkabel versus grundlastfähige und dezentrale Energieproduktion

Wahrscheinlich liegt die Ursache des Streits zwischen Bayern und dem Bund, zwischen Horst Seehofer und dem Umweltministerium in Berlin, genau in diesem Punkt. Während Bayern den Ausbau grundlastfähiger, sauberer Kraftwerke präferiert, die Strom und Wärme am Standort des Bedarfs produzieren, präferiert das Bundesumweltministerium den Transport der erheblichen Überproduktion von Windstrom nach Süddeutschland. Ob die Milliardentrassen über- oder unterirdisch verlegt werden, durch Naturschutzgebiete oder Wohngebiete oder um diese herum, wenn der Wind im Norden nicht weht, fließt weniger Strom durch die Kabel. Geht dann in Bayern zeitweise das Licht aus? Wie wird dann die Grundlast hergestellt, nachdem die fossilen Kraftwerke abgeschaltet wurden? Bleibt Import fossiler Energie aus den Nachbarländern die einzige Alternative?

Werfen wir doch einmal einen Blick zu unseren dänischen Nachbarn. Dort wird bereits über 60 % des Energiebedarfs durch grundlastfähige und saubere Kraft-Wärme-Kopplung gedeckt. Warum ist es in Dänemark gelungen, dadurch unabhängig von Kohle- und Atomstrom zu werden?

Kraft-Wärme-Kopplung (KWK) zeichnet sich dadurch aus, dass neben Strom auch die Wärme genutzt wird. Dadurch entsteht ein Wirkungsgrad von teils mehr als 90 %.

Zum Vergleich: herkömmliche Kraftwerke liegen bei 20–45 % Wirkungsgrad. KWK-Anlagen nutzen die eingesetzte Energie mit einem teils mehr als doppelt so hohem Wirkungsgrad und sind von Haus aus deutlich umweltfreundlicher.

KWK steht für Kraft-Wärme-Kopplung, auch BHKW (Blockheizkraftwerke) genannt. Die Stromerzeugung erfolgt bei einer KWK-Anlage durch die Nutzung von Bewegungsenergie. Der Motor treibt den Generator an, durch den, genau wie in einem großen Kraftwerk auch, die erzeugte Kraft in Strom umgewandelt wird. Darüber hinaus wird die Abwärme, die bei der Stromerzeugung in der KWK-Anlage entsteht, genutzt. Hierdurch entstehen zwei Arten von Abwärme bei der Stromerzeugung. Der Motor selbst wird mit Hilfe von Wasser gekühlt, das sich dabei erhitzt und per Plattenwärmetauscher an den Heizkreis übertragen wird. Weiterhin wird die bei der Verbrennung entstehende Wärme via Abgaswärmetauscher entkoppelt, um eine maximale Energieeffizienz zu gewährleisten. Das so erwärmte Wasser kann nun zum Beispiel zur Prozesswärme und zur Warmwasserversorgung genutzt werden. Aufgrund ihrer enormen Wirtschaftlichkeit und Effizienz werden KWKs seit langer Zeit erfolgreich in Industrie, Gewerbe und der Gebäudewirtschaft eingesetzt, wo Strom und Wärme oder Kälte gleichzeitig benötigt werden.

Das Problem dieser Anlagen ist jedoch, dass die Wärme genutzt werden muss, um einen solch hohen Wirkungsgrad zu erzeugen, denn der Wärme-Anteil liegt je nach Kon-

Abb. 4.1 Das BHKW
produziert Strom und Wärme

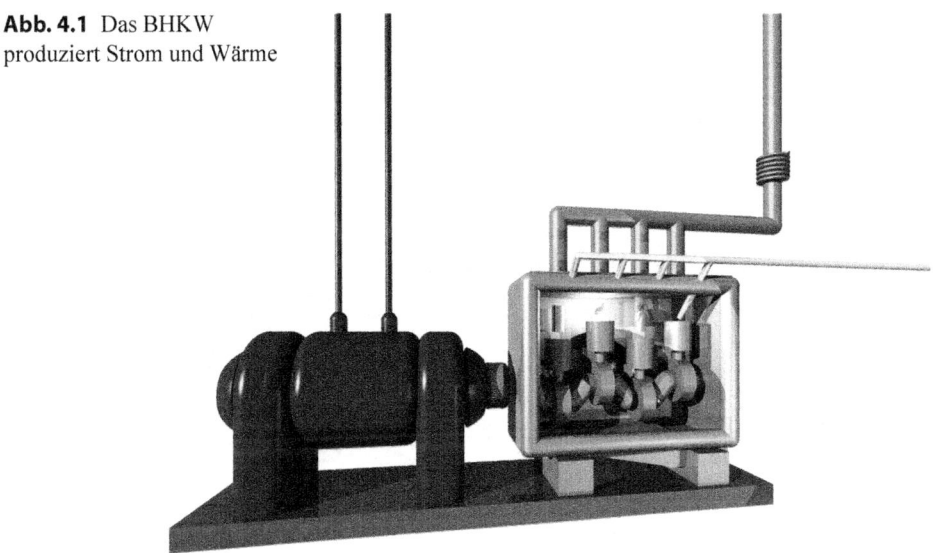

figuration der Anlage bei 40–60 %. Das macht eine KWK-Anlage im privaten Haushalt nicht unbedingt wirtschaftlich. In Dänemark hat man über lange Jahre in jede aufgerissene Straße ein Wärmenetz gelegt. So kann in beispielsweise einem Wohngebiet ein Maschinenhaus mit einer KWK-Anlage installiert werden, die den Bedarf der umliegenden Häuser berücksichtigt und die Wärme verteilt.

Durch den im Vergleich zur Stromerzeugung im herkömmlichen Kraftwerk hohen Gesamtwirkungsgrad (siehe ⊙ Abb. 4.1) wird der Energieverlust bei KWK-Anlagen auf ein Minimum reduziert.

Bayern versus Bund: Es wird wohl auf einen politischen Kompromiss hinauslaufen. Bayern wird einer Teillösung in der Kabelpolitik zustimmen und gleichzeitig weitere Milliarden in saubere und grundlastfähige Gaskraftwerke investieren. Diese haben jedoch kaum eine Chance, wirtschaftlich zu sein, wenn sie immer nur bei „flauem Nordwind" angeschaltet werden. Das hat mit „Nachhaltigkeit" wenig zu tun, insbesondere wenn Bayern trotz Kabel grundlastfähige Gaskraftwerke baut, die das Kabel in Zukunft zudem überflüssig machen.

Wie wird die Zukunft der sauberen Energie in Bayern aussehen? Ein Energiemix aus Wasserkraft, Solarstrom, Biomasse sowie dezentrale und grundlastfähige Kraft-Wärme-Kopplung in kleinem und großem Stil? In diesem Fall würde der „Wind-Strom" aus milliardenteuren Kabeln wohl „nur noch im Bedarfsfall" zugeschaltet und man hätte ein weiteres „Milliardengrab" geschaffen.

Abb. 4.2 KWK braucht kaum Fläche und ist „unsichtbar"

4.6   Kraft-Wärme-Kopplung steht nicht an der Autobahn – Grundlastfähigkeit ohne großen Flächenbedarf

An deutschen Autobahnen sieht man neben zuweilen gigantischen Windmühlen oft riesige Flächen, die mit glitzernden Solarzellen bedeck sind.

Wir haben uns am Anfang die Frage gestellt, warum Kraft-Wärme-Kopplung keinen sonderlich verbreiteten Bekanntheitsgrad hat. Nachdem wir uns verschiedene Werke diverser Hersteller angeschaut hatten, lag die Antwort auf der Hand. Die Anlagen werden oftmals in Containern im Werk vorinstalliert und dann am Standort des Bedarfs relativ unscheinbar aufgestellt (siehe ⊙ Abb. 4.2). Wenn aufgrund der Anlagengröße der „Keller" oder eine „Ecke hinter dem Haus" oder gar die Integration auf einem „Flachdach" eines Bürogebäudes in Frage kommt, sind KWK-Anlagen nicht sichtbar.

Einerseits ist das ein sehr positiver und auch gewollter Aspekt, andererseits erschwert es die Verbreitung der Bekanntheit von KWK-Anlagen erheblich.

4.7   Auf welche Weise nutzen KWK-Anlagen der Umwelt?

In der Schule haben wir gelernt, dass der Energieerhaltungssatz ein Naturgesetz ist. Energie ändert sich in einem theoretischen geschlossenen System, also in einem solchen, was frei von Wechselwirkungen mit der Umgebung ist, nicht. Im Ergebnis kann Energie jedoch zwischen verschiedenen Formen umgewandelt werden, beispielsweise Bewegungsenergie in Wärmeenergie. Der Motor eines Autos beispielsweise wird durch die Energie eines Rohstoffs in Bewegung versetzt. Die Bewegung erzeugt Wärme und Vortrieb. Die

Abb. 4.3 Ausgereifte
Motorentechnologie in
KWK-Anlagen

Wärme wird jedoch nur zu einem geringen Teil genutzt und größtenteils über den Kühler vernichtet. Dadurch entsteht ein relativ geringer Wirkungsgrad von nur ca. 20 %.

KWK-Anlagen setzten sich in letzter Konsequenz auch aus nichts anderem als einem Motor und einem Generator zusammen. Der Motor treibt den Generator an. Dieser produziert Strom, wie in jedem Kraftwerk. Die Temperatur des Motors wird ganz im Gegenteil zum Auto nicht vernichtet, sondern genutzt – für den Wärme- und/oder Kältebedarf der zu versorgenden Liegenschaft. Die Dimensionierung der KWK-Anlage hängt vom unmittelbaren Bedarf der Liegenschaft (Wohnanlage, Unternehmen, Hotel, Hallenbad, …) ab. Vom kleinen Vierzylinder bis zum 24 Zylinder kommt alles zum Einsatz. Oft werden hierfür die Motorenblöcke, die für Ozeanriesen oder große LKW entwickelt wurden, genutzt (vgl. ⊙ Abb. 4.3).

KWK-Hersteller greifen auf diese Basis zurück und spezifizieren diese einerseits für den zuzuführenden Rohstoff, andererseits zur effektiven Nutzung der Wärme oder deren Umwandlung in Kälte.

Um den Motor in Bewegung zu setzen, kommen verschiedene Rohstoffe als Energieträger in Frage.

Energiegewinnung aus Holz …
Zum Beispiel gibt es Anlagen, die auf Holz zurückgreifen. Grundsätzlich keine schlechte Idee, auf „Altholz" zurückzugreifen. Nicht weit weg vom Tegernsee, grad über die österreichische Grenze, beobachten wir am Achensee eine solche Anlage. Eine andere steht im beliebten Skigebiet zwischen Lech und Zürs am Arlberg. Wenn man jedoch die mit geschälten Bäumen vollbeladenen LKWs vorfahren sieht, stellt man sich unweigerlich die Frage, ob das wirklich klimafreundlich sein kann? Man kann nur hoffen, dass im Sinne der Nachhaltigkeit mehr Bäume nachwachsen, als man dort für den Energiebedarf verfeuert.

Energiegewinnung aus Biogas und Biomasse …
Ein Gutachten ist immer nur für den gut, der es in Auftrag gegeben hat. Wo liegt denn eigentlich die objektive Wahrheit? In der Mitte? Fest steht jedenfalls eines: wenn man die

Disteln auf einer Almwiese beseitigen will, darf man nicht die Sense nehmen, denn der fallen auch Alpenveilchen und Co. zum Opfer.

Wir vertreten auch die Auffassung, dass Biomasse oder daraus erzeugtes Biogas nicht grundsätzlich zulasten des Anbaus von Lebensmitteln gehen darf. Weder im In- noch im Ausland, also weder in der eigenen Herstellung noch im Sinne des Imports. Natürlich ist es der falsche Weg, wenn Bauern ihre Weide und Ackerflächen ausschließlich auf Mais, Zucker oder Soja umstellen und Biomasse erzeugen, um diese im eigenen BHKW durch hohe Förderungen „in einen Haufen Geld umzuwandeln". Das ist weder klimafreundlich noch kommt es der Umwelt unter ethischen Gesichtspunkten zugute. Insofern konkurriert die auf diesem Weg gewonnene Biomasse mit der Herstellung von Lebensmitteln und ist somit auch aus unserer Sicht im Sinne einer intelligenten und nachhaltigen Flächennutzung überdenkenswert. Dennoch darf man dabei auch nicht unterschlagen, dass für ohnehin leidgeplagte Bauern eine neue Einkommensquelle entsteht und Biogas mittlerweile 11 % der deutschen Energieproduktion repräsentiert.

Das, was zuletzt Vizekanzler Gabriel im EEG 3.0 umgesetzt hat, ist hinsichtlich Biomasse-Nutzung dem eben beschriebenen Einsatz der Sense auf der Almwiese gleichzusetzen, denn auch herkömmliche und im Lebensmittelkreislauf vorhandene natürliche Biomasse, die also nicht eigens durch Anbau von beispielsweise Mais hergestellt wird, ist wirtschaftlich gleichermaßen beschnitten worden.

Was spricht eigentlich gegen mit natürlicher Biomasse betriebene KWK-Anlagen, außer dass sie ein Teil der sauberen, grundlastfähigen und deshalb ernstzunehmenden Konkurrenz von Kohle- und Atomkraftwerken sind und dadurch nicht immer in das Konzept der großen Versorger passen?

Zurück zur Chance der natürlichen Biomasse für eine solide und grundlastfähige Energieversorgung: Die Holledau ist bekanntermaßen das größte zusammenhängende Hopfenanbaugebiet der Welt und die Hopfenranke ein in erheblichem Maße auftretendes grünes Abfallprodukt. Der nahegelegene Münchner Flughafen produziert neben einer Menge Biomüll auch große Mengen an Rasen- und Grünflächenabfällen. Wenn man nun die Hopfenrange und den Bioabfall des Münchner Flughafens in einer Biogasanlage in Biogas umwandelt, kann damit über eine bei Mainburg stehende KWK-Anlage Strom und Wärme für über 7.000 Haushalte erzeugt werden. Alternativ könnte auch ein Teil des Flughafens damit versorgt werden. Ist dieser Vorgang klimaschädlich oder gar ethisch verwerflich? Sicher nicht.

Bleiben wir in München: Der Münchner Zoo „Hellabrunn" ist schon längst mit „Tierischer Energie" zum Selbstversorger geworden und betreibt bereits seit 2007 (!) die erste Biogasanlage Münchens. Tiermist und Grünabfälle werden vergoren. Das entstehende Methan wird in einem hochmodernen Blockheizkraftwerk CO_2-neutral verbrannt. Der dabei umweltschonend erzeugte Strom wird ins SWM-Netz eingespeist, die Wärme in das Heiznetz des Tierparks. Ausgangsstoff für die Biogas-Gewinnung ist der Bioabfall des Tierparks. Das sind ungefähr sechs Tonnen pro Tag an pflanzlichen Futterresten und Mist der pflanzenfressenden Tiere. Rund 2.000 Tonnen Tiermist und Grünabfälle landen pro Jahr in der Anlage und werden zu Biogas vergoren. Das Gas wird im BHKW zu rund 240.000 Kilowattstunden (kWh) Strom und 230.000 kWh Wärme umgewandelt. Der Strom wird ins Netz der SWM eingespeist, die Wärme landet im Heiznetz des Zoos. Auf diese Weise können jährlich 190 Tonnen CO_2 eingespart werden. Ist das ethisch verwerflich oder klimaschädlich?

Eine Vielzahl von Beispielen könnte aufzeigen, welche Möglichkeiten natürliche, jeden Tag neu entstehende, Biomasse bietet. Bisher jedenfalls ist es zumeist eher die Müllverbrennungsanlage, die – mit erheblichem zusätzlichem Energieeinsatz – der Entsorgung von Bioabfällen dient. Ist das etwa umweltfreundlich und effizient?

Wir haben kürzlich einen unserer Geschäftspartner besucht, der mehrere Hühnerhöfe betreibt. Mit über 200.000 Hühnern je Hof tritt neben dem Wunsch nach Versorgungssicherheit auch die Frage auf, wie er Schlachtabfälle und Hühnermist biologisch und umweltfreundlich entsorgen kann. Die Lösung war der Bau einer Biogasanlage.

So können einerseits die Schlachtabfälle und der Hühnermist über einen Mega-Häcksler einer Biogasanlage zugeführt werden. Das gewonnene Biogas betreibt eine KWK-Anlage, die für seinen Hof und den benachbarten Landmaschinenhersteller Strom und Wärme produziert. Die physischen Reste aus der Biogasgewinnung werden dann zu Pellets gepresst und werden beispielsweise im Baumarkt als Dünger verkauft. Der einzige Wehrmutstropfen: dieser Hühnerbauer sitzt in Polen und nicht in Deutschland und die Anlage ist mit ca. 50 % durch EU-Gelder gefördert worden.

Wir stellen uns jedoch die Frage, warum die deutsche Politik intelligente und grundlastfähige Energiegewinnung aus nachwachsendem Biogas, das aus Abfall und Müll gewonnen werden könnte, generell in der Förderung erheblich reduziert hat und andere volatile und damit nicht grundlastfähige Energiegewinnung weiter fördert und Überversorgung schafft?

Vielleicht ist es ja die effiziente Grundlast, die den politischen Lobbyisten in Berlin im Wettbewerb zu bestehenden „fossilen Altkraftwerken" sorgen macht.

Energiegewinnung aus Gas ...
Wenn man in Suchmaschinen den Begriff „BHKW-Gegner" oder „KWK-Gegner" eingibt, wird man kaum fündig. Weder Politik noch Experten äußern sich gegen BHKWs – eher schweigen sie aus Sorge vor zu viel Publizität dieses effizienten und sauberen Grundlastproduzenten, der in Deutschland mittlerweile ca. 15 % der Energieproduktion deckt und dessen Ausbauziele bis 2020 auf 25 % festgelegt worden sind.

Ein ernstzunehmender Einwand liegt in der Nutzung des fossilen Brennstoffs Erdgas. Das gilt insbesondere gegenüber den mit Kohle betriebenen Kohlekraftwerken. Große Kohlekraftwerke haben eine Lebensdauer von bis zu 40 Jahren und ihre Betreiber sind bereits heute die vehementesten Gegner eines weiteren Ausbaus der erneuerbaren Energien. Aber auch das deutlich umweltfreundlichere Erdgas ist ein fossiler Brennstoff, der auf Dauer durch regenerative Brennstoffe ersetzt werden muss. Einige betrachten daher auch Erdgas-BHKWs nur als eine effiziente Übergangstechnologie.

Wir sind der Überzeugung, dass der Brennstoff Erdgas zukünftig zunehmend durch Biogas sowie durch regenerativ erzeugten Wasserstoff, ggf. Methan (Strom zu Gas) ersetzt werden kann und damit BHKWs zu einer sehr kostengünstigen Zukunftstechnologie werden.

Erdgas betriebene KWK-Anlagen bieten gegenüber der herkömmlichen Energieversorgung jedoch erhebliche Vorteile, denn der Energieträger Gas wird in KWK-Anlagen hocheffizient genutzt:

- Die Energie wird dort produziert, wo sie auch gebraucht wird – ganz ohne Transportverluste.
- die Energieerzeugung mit einer Erdgas-Anlage (BHKW) spart bis zu 40 Prozent an Primärenergie ein.
- Erdgas-KWKs erzeugen bis zu 60 Prozent weniger CO_2-Emissionen als konventionelle Energieerzeuger.
- Bei der Verbrennung von Erdgas entsteht im Vergleich zu anderen Brennstoffen der geringste CO_2-Ausstoß, sowie kein Rußausstoß.
- Der Transport von Erdgas erfolgt durch ein unterirdisches Netz, somit wird eine weitere Umweltbelastung durch den Straßentransport erspart.
- Signifikante Senkung von Energiekosten.

4.8 Unternehmer und Gemeinden suchen Energiesicherheit – das Kraftwerk im eigenen Haus reduziert die Energiekosten und schafft Netzunabhängigkeit

Als wir das E.M.E.-Konzept entwickelten, haben wir uns die Frage nach dem Energieproblem aus der Sicht eines mittelständischen Unternehmers, beispielsweise eines Maschinenbauers, gestellt. Für ihn stehen zwei Komponenten im Vordergrund: einerseits Energiesicherheit und andererseits Energiepreis-Stabilität und/oder Energiepreisreduzierung.

Man stelle sich einmal vor, welche Konsequenzen beispielsweise ein *mittelständischer Automobilzulieferer* ertragen müsste, wenn durch Netzausfälle die Produktion ins Stocken kommen würde und Automobilfirmen nicht rechtzeitig beliefert werden könnten.

Das Interesse des Unternehmers sollte sein, Energie, also Strom *und* Wärme/Kälte, am Standort der Anwendung zu produzieren, denn das entlastet die Netze und macht das Unternehmen autark. Eine Kraft-Wärme-Kopplungs-Anlage (KWK) produziert neben Strom zudem auch Wärme und im Bedarfsfall Kälte für Klimatisierungsprozesse.

Wenn man beispielsweise eine *Großschlachterei* besucht, stellt man fest, dass neben Strombedarf auch Wärme zur Beheizung und Kälte zur Kühlung benötigt wird. Viele dieser Schlachtereien nutzen bereits die Vorteile von KWK-Anlagen.

KWK-Anlagen werden zum Beispiel auch in Hotels, Wellnessanlagen und Schwimmbädern, Krankenhäusern, größeren Wohnanlagen, Gemeinden, Pflegeheimen und Diakonien, mittelständischen Unternehmen und Hallenbädern eingesetzt.

Abb. 4.4 „Die Grüne Siedlung" soll zukünftig Wärme und Strom aus einer KWK-Anlage gewinnen

Abb. 4.5 „Die Grüne Siedlung" – bisher wird die eigene Wärme mit umweltschädlicher Steinkohle erzeugt

Auch Konzerne wie beispielsweise Audi machen sich mit der Errichtung von KWK-Anlagen mittlerweile vom allgemeinen Netzbetrieb autark und nutzen die effiziente Gewinnung von Strom und Wärme.

Aktuell entwickeln wir auch für eine polnische Gemeinde ein KWK-Projekt. 384 renovierte Wohnungen und ca. 9.000 m² öffentliche Einrichtungen wie beispielsweise eine Schule mit Turnhalle werden derzeit noch aus einem auf dem Areal stehenden Maschinenhaus mit Wärme versorgt (◉ Abb. 4.4).

Abb. 4.6 Die „Grüne Siedlung" – Bisher höchste Emission von CO_2, Ruß und Schwefel durch Steinkohle, …

Als ich das erste Mal mit unseren Projektentwicklern vom Direktor der Stadtwerke in das Maschinenhaus geführt wurde, stockte mir der Atem. Da standen 5 große Heizkessel aus dem wahrscheinlich vor-vorletztem Jahrhundert (⊚ Abb. 4.5).

Daneben eine beladene Schubkarre und eine offene Tür, aus der aus einem Nachbarraum die Steinkohle in den Raum fiel. Uns wurde erzählt, dass im Winter fünf Arbeiter im Schichtbetrieb diese altertümlichen Öfen befeuern, damit den Mietern der Wohnungen und den Schülern nicht kalt werde. Hinter dem Haus haben wir den Auslass der „Emission" entdeckt. Ein dickes, wahrscheinlich mit abbröckelnden Asbest ummanteltes Rohr, was in einen wohl 30 Meter hohen, Schornstein ohne Rußfilter mündete (⊚ Abb. 4.6 und ⊚ Abb. 4.7).

Abb. 4.7 … ungefiltert über einen „hohen" Schornstein

Neben CO_2 tritt hier eine erhebliche Belastung durch Schwefel und Ruß auf. Man konnte förmlich fühlen, wie sich hier ein Energieversorger weigert, zu investieren. Als wir dann darüber aufgeklärt wurden, dass es sich um einen bekannten deutschen Energieversorger handelt, der sich vor einigen Jahrzehnten in Polen breit gemacht hat, waren wir doch schon relativ überrascht. Neben der Errichtung einer Projektgesellschaft, die über eine 400 KW/el KWK-Anlage zukünftig saubere Energieproduktion sicherstellen soll, wurden wir auch gefragt, ob wir in der 20 Tausend-Seelengemeinde nicht auch das Kohlekraftwerk des gleichen deutschen Betreibers durch eine 6 MWel starke KWK-Anlage ersetzen wollen.

4.9 E.M.E. Group investiert, der Unternehmer profitiert

Energie wird in der Regel von großen Versorgern produziert und der Industrie genauso wie Verbrauchern zur Verfügung gestellt. Die Energiewende mach es den Versorgern allerdings schwer, einerseits in kurzer Zeit auf saubere Energieproduktion umzuschwenken und andererseits Großkraftwerke, in die Milliarden investiert wurden und die sich oftmals erst nach 20 Jahren amortisieren, von heute auf morgen stillzulegen und unmittelbar gleiche Mengen an erneuerbarer Energie zu produzieren.

Der Trend geht mehr und mehr in die dezentrale Produktion von erneuerbaren Energien. Dadurch entstehen neue kleine und mittlere Energieversorger wie beispielsweise Wind- und Solarparkbetreiber und auch KWK-Betreibergesellschaften, die grundlastfähige Energie produzieren.

Unternehmer investieren in der Regel in ihr Core-Business, also in Maschinen, Personal, Patente zugunsten von Stabilität und Wachstum. Energie gehört meistens nicht zum Kerngeschäft, sondern wird zugekauft. Gleiches gilt für Städte und Gemeinden, die zunächst für Straßenbau, Schulen, Bildung und Kultur verantwortlich sind. Ob der Kämmerer danach noch Geld für die neue Energieanlage aufbringen kann, steht auf einem anderen Blatt. Viele Gemeinden sind dankbar, wenn es Unternehmen und Investoren gibt, die Lösungsansätze für die saubere und grundlastfähige Energieversorgung der Gemeinde liefern oder Joint Ventures anbieten.

Das genau ist der Geschäftsansatz unseres Hauses, der E.M.E. Group: Wir entwickeln für unsere Kunden, also beispielsweise für Unternehmen, Gemeinden, Krankenhäuser oder Wellnessbetriebe, KWK-Konzepte und bringen diese über ein strukturiertes Investitionskonzept mit institutionellen Investoren und vermögenden Privatanlegern zusammen.

Unsere Kunden sind durch das saubere Energiekraftwerk im eigenen Hause nachhaltig autark und das, ohne dafür eigenes Geld aufbringen zu müssen. Viele unserer Kunden haben die Möglichkeit eingeräumt bekommen, sich mit einem kleinen Anteil in die eigens zu diesem Zweck gegründete Projektgesellschaft einzukaufen und auch wirtschaftlich von der hochrentablen Energieanlage zu profitieren.

Für die Investoren unseres Hauses entsteht ein hohes Chancen-Sicherheitspotential durch die breite Streuung in eine Vielzahl solcher Anlagen. Die einmalige Besonderheit („USP") unserer Investmentlösungen ist einerseits deren Börsenunabhängigkeit, also unabhängig von Kapitalmarktschwankungen zu sein, andererseits die stabile Einnahme durch die Investition in eine Vielzahl von KWK-Projektgesellschaften.

Dadurch entsteht für unsere Investoren eine nachhaltig stabile und gleichbleibende Rendite, die einerseits Werterhalt und Wertzuwachs nach sich zieht und dieses andererseits durch ein tragfähiges sauberes Energiekonzept mit dem Anspruch an ökologische Grundsätze kombiniert.

Da ist es wieder, das große Wort der „Nachhaltigkeit", dem man sich offensichtlich nicht völlig verschließen kann und sollte. Denn nur die intelligente und ernst gemeinte Kombination von Ökologie und Ökonomie wird in Zukunft einen rückblickenden nachhaltigen Beitrag zum Erhalt unserer Schöpfung geleistet haben.

Nur heute und nur wir haben es zugunsten unserer Kinder in der Hand, sozial verantwortlich und zukunftsorientiert zu handeln.

4.10 Über den Autor

Markus A. Stromenger, Gründer der E.M.E. Group, Chief Investment Advisor & Mitglied des Advisory Board E.M.E. Services GmbH.

Über 25 Jahre prüft und evaluiert Markus Aurelius Stromenger Asset-Konzepte für große Finanzunternehmen sowie Retail-Lösungen für Anleger. Schwerpunkte bilden dabei die Konzeption und der Vertrieb marktfähiger Sachwertlösungen. Er hat das E.M.E.-Konzept entwickelt und die Unternehmensgruppe gemeinsam mit Marita Gödden gegründet. Zudem ist er Partner der Unternehmensgruppe und sein Aufgabenfeld umfasst das Business Development der Gruppe sowie die Unternehmens- und Vertriebskommunikation. Zudem verantwortet er die ganzheitliche Strukturierung und das übergreifende Management der E.M.E. Assets.

Beratungsschwerpunkte:
- Evaluierung und Entwicklung von Clean Energy Projekten
- Business Development
- Unternehmenskommunikation & Key Account Management

Nachhaltigkeit als Bestandteil der Unternehmensberichterstattung

Thomas Zinser und Wolfram Bartuschka

5.1 Nachhaltigkeit ist mehr als nur ein neuer Trend

5.1.1 Nachhaltigkeit ist keine Erfindung des 21. Jahrhunderts

Das Konzept der Nachhaltigkeit lässt sich in seiner heutigen Bedeutung bereits in dem im Jahr 1713 in Leipzig erschienenen „Sylvicultura oeconomica. Anweisung zur wilden Baum-Zucht" von Hannß Carl von Carlowitz finden. Dort stellt der Autor fest: „Wo Schaden aus unterbliebener Arbeit kommt, da wächst der Menschen Armuth und Dürftigkeit. Es lässet sich auch der Anbau des Holzes nicht so schleunig wie der Acker-Bau tractiren; … Wird derhalben die größte Kunst, Wissenschaft, Fleiß, und Einrichtung hiesiger Lande darinnen beruhen, wie eine sothane [solche] Conservation und Anbau des Holtzes anzustellen, daß es eine continuirliche beständige und nachhaltende Nutzung gebe, weiln es eine unentbehrliche Sache ist, ohnewelche das Land in seinem Esse nicht bleiben mag" (vgl. Carlowitz, 1713, S. 105). Schon damals ging es bereits hinsichtlich der Ressource Holz um die Frage, wie man Holz nutzen kann und dabei aber sicherstellt, dass diese Ressource auch in Zukunft zur Verfügung steht.

5.1.2 Nachhaltigkeit als umfassendes Konzept

Befasst man sich heute mit dem Schlagwort „Nachhaltigkeit", begegnet man zwei, sich teilweise überschneidenden Definitionen. Zum einen wird Nachhaltigkeit im engeren Sinne als Konzept in Abgrenzung zur Verschwendung und gegen den Raubbau an natürlichen Ressourcen verstanden. Im weitesten Sinne wird unter Nachhaltigkeit eine Überwindung gesellschaftlicher Ungleichheiten (Nord-Süd-Gefälle, Arm-Reich, Jung-Alt, Mann-Frau, etc.) und eine breite gesellschaftliche Teilhabe aller Schichten der Gesellschaft verstanden.

Nachstehend soll der Begriff der Nachhaltigkeit in dem letzteren, breiteren Kontext verstanden werden.

5.1.3   Nachhaltigkeit als aktuelle globale gesellschaftliche Herausforderung

Seit einigen Jahren wächst das Bewusstsein für die Notwendigkeit, das gesellschaftliche und unternehmerische Handeln vermehrt an Kriterien der Nachhaltigkeit auszurichten.

Zwar stehen heute Rohstoffe mit wenigen Ausnahmen noch in ausreichendem Maße zur Verfügung. Der Preis, den die Menschheit dafür zahlt, steigt allerdings ständig. Bekannte Beispiele dafür sind das Abholzen des Tropenwaldes, die mit dem Fracking verbundenen Verunreinigungen im Grundwasser und in noch viel größerem Maße der rücksichtslose Raubbau an der Natur in den Entwicklungsländern mit seinen nicht absehbaren Folgen für Mensch und Umwelt. Umwelt- und Unwetterkatastrophen als Folgen des Klimawandels und neu oder wieder auftretende Epidemien verstärken den Eindruck, dass die Welt zu Beginn des dritten Jahrtausends verletzlicher und instabiler erscheint als in den letzten Jahren seit dem Ende des Kalten Krieges.

Auf der anderen Seite ermöglichen sowohl Fortschritte in der Forschung als auch ein beginnendes Umdenken unter dem Stichwort der Nachhaltigkeit die Wende zu einem gerechteren, sozialeren Handeln der Regierungen, Bürger, politischen und gesellschaftlichen Organisationen, aber vor allem auch Unternehmer und Unternehmen.

5.1.4   Nachhaltigkeit auf politischer Ebene

Während des G7-Gipfels Anfang Juni 2015 auf Schloss Elmau rückte der Begriff der Nachhaltigkeit in die verstärkte Aufmerksamkeit der Medien. Auf dem Gipfeltreffen am Fuße der Alpen betonten die Regierungschefs der G7 ihre besondere Verantwortung für die Gestaltung der Zukunft unseres Planeten. Zentrales Ziel der G7 ist dabei ein robustes, nachhaltiges und ausgewogenes Wachstum.

Das Thema ist nicht neu auf der politischen Agenda. Bereits 1983 setzte die UNO die sogenannte Brundtland-Kommission mit dem Ziel ein, Leitlinien für eine umweltschonende Entwicklungspolitik zu erarbeiten. Der Brundtland-Bericht aus dem Jahre 1987 nennt im Vorwort als Aufgabe der Kommission die Erarbeitung „langfristige(r) Umweltstrategien zur Erzielung eines nachhaltigen Wachstums im Jahr 2000 und danach" (vgl. Hauff, 1987). Im Bericht stellt die Kommission fest, „dass die Menschen eine Zukunft errichten können, die wohlhabender, gerechter und sicherer ist" (vgl. Hauff, 1987).

Im Jahr 2001 hat der Europäische Rat die Europäische Nachhaltigkeitsstrategie beschlossen und diese im Jahr 2006 überarbeitet. Bereits im Jahre 2001 wurde durch den damaligen Bundeskanzler, Gerhard Schröder, erstmals der Rat für nachhaltige Entwicklung

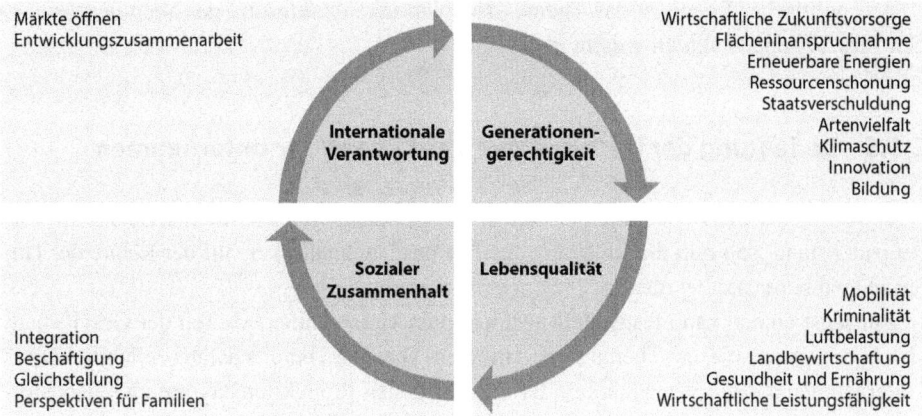

Märkte öffnen
Entwicklungszusammenarbeit

**Internationale
Verantwortung**

**Generationen-
gerechtigkeit**

Wirtschaftliche Zukunftsvorsorge
Flächeninanspruchnahme
Erneuerbare Energien
Ressourcenschonung
Staatsverschuldung
Artenvielfalt
Klimaschutz
Innovation
Bildung

**Sozialer
Zusammenhalt**

Lebensqualität

Integration
Beschäftigung
Gleichstellung
Perspektiven für Familien

Mobilität
Kriminalität
Luftbelastung
Landbewirtschaftung
Gesundheit und Ernährung
Wirtschaftliche Leistungsfähigkeit

Abb. 5.1 Dimensionen und Indikationsbereiche der Nachhaltigkeitsstrategie der Bundesregierung

berufen, der auch in der aktuellen Berufungszeit bis 2016 die Aufgabe hat, im Auftrag der Bundesregierung (vgl. Rat für nachhaltige Entwicklung: Kurz und bündig, 2015): „Beiträge zur nationalen Nachhaltigkeitsstrategie zu entwickeln, konkrete Handlungsfelder und Projekte zu benennen, die öffentliche Diskussion über Nachhaltigkeit zu stärken."

Die Bundesregierung verabschiedete auf Basis der „Agenda 21" und ausgehend vom Brundtland-Bericht im Jahr 2002 eine eigene Strategie für eine nachhaltige Entwicklung unter dem Titel „Perspektiven für Deutschland". Das darin entwickelte Leitbild umfasst die vier Dimensionen Generationengerechtigkeit, Lebensqualität, sozialer Zusammenhalt und internationale Verantwortung (vgl. Bundesregierung, 2015) (vgl. ⊙ Abb. 5.1).

Das Strategiepapier setzt dabei in Abschnitt E die folgenden Schwerpunkte einer nachhaltigen Entwicklung (vgl. Bundesregierung, 2015):

I.   Energie effizient nutzen – Klima wirksam schützen
II. Mobilität sichern – Umwelt schonen
III. Gesund produzieren – gesund ernähren
IV. Demographischen Wandel gestalten
V.   Alte Strukturen verändern – neue Ideen entwickeln
VI. Innovative Unternehmen – erfolgreiche Wirtschaft
VII. Flächeninanspruchnahme vermindern

Im Weiteren werden in dem Strategiepapier konkrete Ziele anhand von 21 Schlüsselindikatoren definiert, anhand derer gemessen werden soll, wie weit der Grundgedanke der Nachhaltigkeit auf allen Ebenen des gesellschaftlichen Handelns umgesetzt wird.

Derzeit bereitet die Bundesregierung die Fortschreibung der nationalen Nachhaltigkeitsstrategie in Form der „Nachhaltigkeitsstrategie 2016" vor. In diesem Zusammenhang soll auch der Fortschrittsbericht 2016 aufzeigen, wie sich die Schlüsselindikatoren zu den oben aufgezeigten Schwerpunkten der nachhaltigen Entwicklung aktuell messen lassen.

Auf politischer Ebene ist das Thema „Nachhaltigkeit" aufgrund der oben beschriebenen Entwicklungen aktueller denn je.

5.1.5 Bedeutung der Nachhaltigkeit auf Ebene der Unternehmen

Nachdem bisher die Bedeutung der Nachhaltigkeit auf gesellschaftlicher Ebene im Vordergrund stand, soll nun die Relevanz des Themas Nachhaltigkeit auf der Ebene der Unternehmen betrachtet werden.

Zunächst einmal kann festgestellt werden, dass Unternehmen als Teil der Gesellschaft sich bereits per se diesem Thema stellen müssen. Dies wird bereits daraus ersichtlich, dass Unternehmen auf die Verfügbarkeit der verschiedenen Produktionsfaktoren wie Rohstoffe, Energie, Infrastruktur und nicht zuletzt auch Arbeitskraft angewiesen sind und ihren Output in Form von Produkten und Dienstleistungen für die Gesellschaft ebenso erbringen wie sie in Form von Abfallstoffen, CO_2, etc. einen Output erzeugen, mit dem die Gesellschaft umgehen muss.

Um aufzuzeigen, wie das Thema Nachhaltigkeit die Unternehmen heute bereits betrifft und künftig noch stärker betreffen wird, sollen in ⊙ Abb. 5.2 nur einige Fakten aus der gegenwärtigen ökologischen Situation zur Verdeutlichung angeführt werden.

Diese wenigen Fakten kennzeichnen die gegenwärtige Ausgangssituation. Für die Unternehmen heißt das zunächst, dass Ressourcen nicht mehr in unbegrenztem Maße zur Verfügung stehen und somit schon allein daraus ein Zwang zu einer effizienteren Nutzung der Ressourcen folgt.

Dass dieses Bewusstsein auch in den Unternehmen angekommen ist, zeigt sich auch in einer Studie von UN Global Compact und der Unternehmensberatung Accenture aus dem Jahr 2013 (vgl. UN Global Compact und Accenture, 2013). Von 1.000 im Rahmen

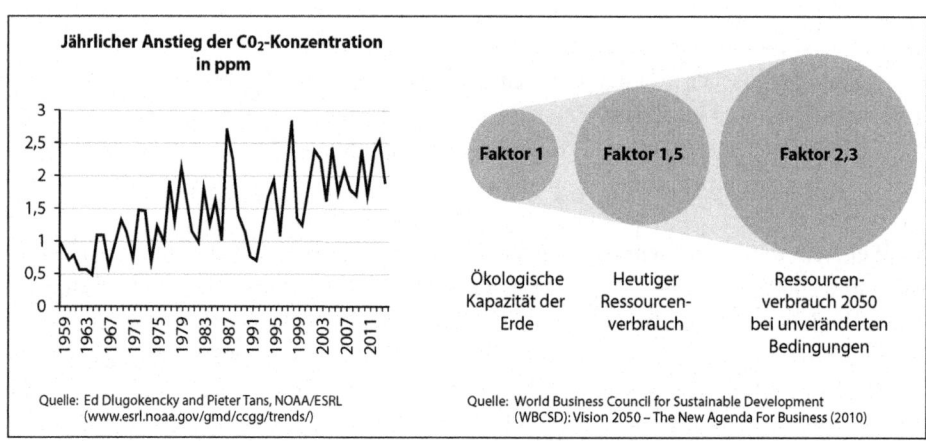

Abb. 5.2 Fakten zur ökologischen Situation

dieser Studie weltweit befragten CEOs beantworten nur 32 % die Frage mit „Ja", ob die Weltwirtschaft auf dem richtigen Wege sei, die Bedürfnisse einer wachsenden Bevölkerung befriedigen zu können. In der gleichen Studie bejahen auch nur 33 % der Befragten die Frage, ob die Unternehmen ausreichende Anstrengungen unternehmen, um den globalen Herausforderungen der Nachhaltigkeit zu begegnen. Auf die Frage, ob das Thema Nachhaltigkeit für den künftigen Erfolg ihrer Unternehmen wichtig oder sehr wichtig sei, antworten 93 % mit „Ja".

5.2 Nachhaltigkeit in der Unternehmensberichterstattung

5.2.1 Der Nachhaltigkeitsbericht als wesentliche Erweiterung der bisher finanzorientierten Berichterstattung

Das im ▶ Abschn. 5.1 beschriebene Konzept der Nachhaltigkeit im weiteren Sinne bezieht in deutlich umfassenderem Maße Interessensgruppen oder Stakeholder ein, sodass eine Nachhaltigkeitsberichterstattung die Informationsbedürfnisse auch dieser Stakeholder befriedigen muss. Insbesondere Kunden, Communities/Gemeinden, NGOs und die breite allgemeine Öffentlichkeit haben ein Interesse daran, Informationen darüber zu erhalten, wie nachhaltig die Unternehmen wirtschaften.

Damit geht auch eine Erweiterung des Berichtshorizontes einher. Wurden in der klassischen Finanzberichterstattung im Wesentlichen die mit einem Preis (oder Kosten) bewertbaren materiellen Ressourcen wie Grundstücke, Gebäude, Maschinen, Vorräte, Forderungen, Geldbestände betrachtet, so sind unter dem Aspekt der Nachhaltigkeit auch ideelle Ressourcen wie Know-how, Ideen, Beziehungen des Unternehmens und der Mitarbeiter, Beziehungen des Unternehmens zu seiner sozialen Umwelt und der Verbrauch an natürlichen Ressourcen wie Wasser und Luft Gegenstand der Berichterstattung.

Dies ist Ausdruck eines grundsätzlich anderen Verständnisses, das der Nachhaltigkeitsberichterstattung zugrunde liegt. Ziel ist nicht mehr nur, den Verbrauch materieller Ressourcen zu bewerten, um das Unternehmensergebnis zu ermitteln, sondern vielmehr die umfassende Berichterstattung über die Nutzung der materiellen und ideellen Ressourcen durch das Unternehmen im Prozess der Wertschöpfung.

Im Folgenden soll nunmehr auf die Frage eingegangen werden, welche Weiterentwicklung die Berichterstattung von Unternehmen an ihre diversen Stakeholder erfahren muss, um das Thema Nachhaltigkeit auf Unternehmensebene zu verankern.

5.2.2 Grenzen der bisherigen finanzorientierten Berichterstattung von Unternehmen

5.2.2.1 Adressatenkreis der Berichterstattung von Unternehmen am Beispiel der Jahresabschlüsse

Betrachtet man die Kommentarmeinungen zum Adressatenkreis des Jahresabschlusses, so werden in erster Linie die Gesellschafter und Gläubiger genannt, daneben aber auch zuständige staatliche Verwaltungen (insbesondere die Finanzverwaltung und die Aufsichtsbehörden), die Arbeitnehmer und deren Organisationen, Geschäftsfreunde und die interessierte Öffentlichkeit (vgl. Winkeljohann und Schellhorn, 2014, S. 803 f).

Differenziert man etwas feiner, zeigt sich in etwa das nachstehende Bild der Interessenten an den Jahresabschlüssen der Unternehmen, also der Stakeholder (vgl. ⊚ Abb. 5.3).

Fraglich ist jedoch, ob die verschiedenen Informationsbedürfnisse der einzelnen Adressaten aufgrund des gesetzlich vorgeschriebenen Inhalts des Jahresabschlusses auch in gleicher Weise befriedigt werden.

5.2.2.2 Fokussierung auf Informationsbedürfnisse der Bereitsteller von Finanzkapital

Historisch gesehen standen zunächst die Unternehmer/Gesellschafter im Mittelpunkt der Unternehmensberichterstattung. Darüber hinaus sind die Jahresabschlüsse die Basis für die Steuerbemessung der Unternehmen in Deutschland. Kreditinstitute hatten aufgrund der Verpflichtungen aus dem Kreditwesengesetz die Jahresabschlüsse zu den Kreditunterlagen zu nehmen. Bei all diesen Adressaten überwog damit das Interesse an einer finanzorientierten Berichterstattung in Form von Bilanzen und Gewinn- und Verlustrechnungen.

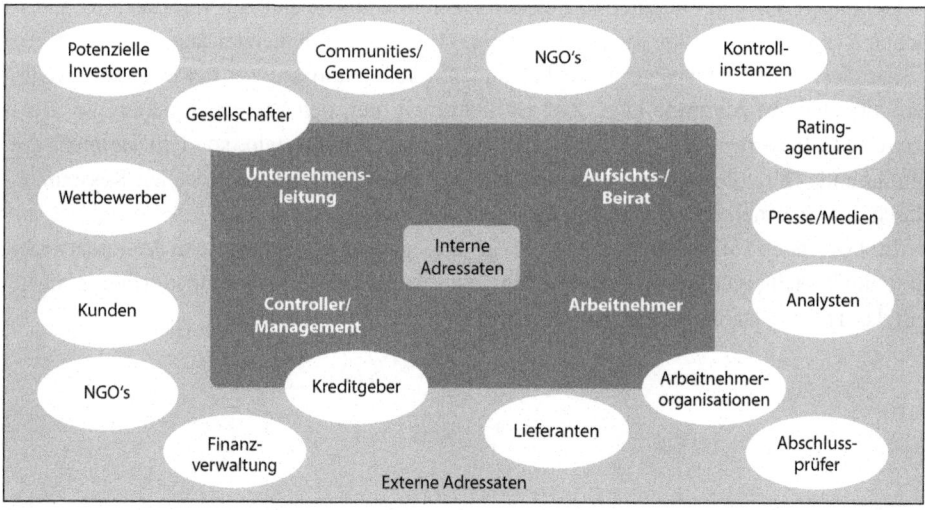

Abb. 5.3 Adressaten des Jahresabschlusses

Ergänzt wurden diese Informationen durch zusätzliche, ebenfalls stark finanz- und vergangenheitsorientierte Zusatz- und Detailinformationen im Anhang.

5.2.3 Elemente der Nachhaltigkeit in der Unternehmensberichterstattung

5.2.3.1 Berichterstattung im Lagebericht

Mit dem Gesetz zur Einführung internationaler Rechnungslegungsstandards und zur Sicherung der Qualität der Abschlussprüfung (BilReg) (vgl. Bundestag, 2004) wurden große Kapitalgesellschaften nicht nur verpflichtet, Aussagen auch zu nicht finanziellen Leistungsindikatoren zu machen. Vielmehr sollen sie im Lagebericht beziehungsweise im Konzernlagebericht auf Umwelt- und Arbeitnehmerbelange eingehen, „soweit diese für das Verständnis des Geschäftsverlaufs oder der Lage von Bedeutung sind" (vgl. Bundestag, 2004).

Eine inhaltliche Konkretisierung brachte der vom Deutschen Rechnungslegungs-Standards Committee im Jahr 2012 herausgegebene DRS 20, der vorgibt, dass „die bedeutsamsten nichtfinanziellen Kennziffern einzubeziehen sind, soweit sie für das Verständnis des Geschäftsverlaufs und der Lage des Konzern erforderlich sind" (vgl. DRSC 2012, Tz. 105). Dargestellt werden sollen die nichtfinanziellen Kennziffern auch mit quantitativen Angaben, die zur internen Steuerung herangezogen werden (vgl. DRSC 2012, Tz. 106, 108). Sofern diese Kennziffern unter dem Aspekt der Nachhaltigkeit verwendet werden, ist darauf hinzuweisen; ein gegebenenfalls zugrundeliegendes Rahmenkonzept ist zu benennen (vgl. DRSC 2012, Tz. 111). Die Darstellung kann auch im Rahmen der Nachhaltigkeitsberichterstattung erfolgen (vgl. DRSC 2012, Tz. 110).

5.2.3.2 Ausblick: Weiterentwicklung durch die EU-Richtlinie 2014/95/EU

Am 15. November 2014 wurde im Amtsblatt der Europäischen Union die Richtlinie 2014/95/EU (vgl. Europäisches Parlament, 2014) veröffentlicht. Inhalt dieser Richtlinie ist die Verpflichtung von Unternehmen von öffentlichem Interesse (im Wesentlichen kapitalmarktorientierte Unternehmen) mit mehr als 500 Arbeitnehmern, „auch eine nicht-finanzielle Erklärung mit Angaben mindestens zu Umwelt-, Sozial-, und Arbeitnehmerbelangen, zur Achtung der Menschenrechte und zur Bekämpfung von Korruption und Bestechung" (vgl. Europäisches Parlament, 2014) abzugeben.

Dabei ist jeweils anzugeben:
- welche Politik das Unternehmen in Bezug auf das jeweilige Belangen betreibt
- die Ergebnisse dieser Politik
- Angaben zu Risiken und deren Handhabung

Dazu sind, wie auch bereits oben hinsichtlich der heutigen Lageberichterstattung dargestellt, entsprechende finanzielle und nichtfinanzielle Kennziffern darzustellen.

Alternativ kann auch eine auf nationalen, EU-weiten oder internationalen Rahmenwer-
ken basierende Nachhaltigkeitsberichterstattung als Bestandteil des Lageberichts erfolgen. Auf diese Rahmenwerke wird im Weiteren noch eingegangen.

Die Regierungen der Europäischen Union sind verpflichtet, die Richtlinie bis zum
6. Dezember 2016 in nationales Recht umzusetzen. Damit sind erstmals für Geschäftsjah-
re die am oder nach dem 1. Januar 2017 beginnen, die Lageberichte von den betroffenen
Unternehmen entweder durch die entsprechenden Angaben oder einen Nachhaltigkeitsbericht zu ergänzen.

5.2.3.3 Freiwillige, die Berichterstattung im Lagebericht
ergänzende Instrumente

Um dem Interesse nach Informationen vor allem für die Bereiche Personal und Umwelt
nachzukommen, haben sich bereits in den letzten Jahrzehnten die Instrumente des Per-
sonal- oder Sozial- sowie des Umweltberichtes vor allem bei größeren Unternehmen
etabliert. Für eine Auswertung mit Blick auf die Personalberichterstattung wird auf die
Studie „Personalberichterstattung der M-Dax-Unternehmen und der 20 größten familiengeführten Unternehmen" im Auftrag der Hans-Böckler-Stiftung verwiesen (vgl. Beile et
al., 2012).

Während sich für den Personal- oder Sozialbericht kein expliziter Standard heraus-
gebildet hat, gibt es für den Umweltbericht mit der DIN 33 922 „Umweltberichte für die
Öffentlichkeit" bereits seit 1997 eine deutsche Norm.

5.2.4   Inhalte und Standards des Nachhaltigkeitsreportings

5.2.4.1 Ableitung der Inhalte aus den Zielen des Reportings

Ziel der Nachhaltigkeitsreportings ist es, das Wechselwirken des Unternehmens oder Unternehmers mit der Umwelt – sowohl verstanden als natürliche aber eben auch als soziale Umwelt – darzustellen. Dies soll der Kommunikation mit den internen und externen
Stakeholdern dienen. An diesen Zielen müssen sich auch die Inhalte des Nachhaltigkeitsreportings ausrichten (vgl. ⊙ Abb. 5.4).

5.2.4.2 Nationale Standards

Auf nationaler Ebene ist insbesondere der bereits im Oktober 2011 durch den Deutschen
Rat für Nachhaltigkeit beschlossene Nachhaltigkeitskodex (vgl. Rat für Nachhaltige Entwicklung: Nachhaltigkeitskodex, 2015) von Bedeutung, der durch den 2014 veröffent-
lichten „Leitfaden zum Deutschen Nachhaltigkeitskodex – Orientierungshilfe für mittelständische Unternehmen" (vgl. Rat für Nachhaltige Entwicklung: Leitfaden, 2015),

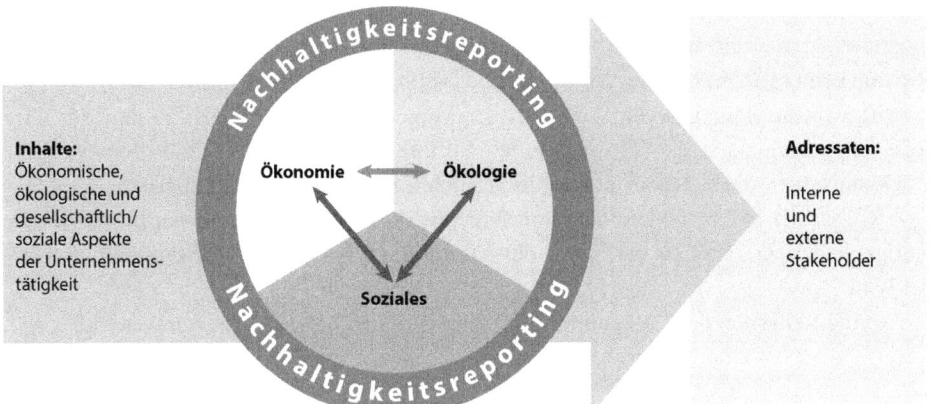

Abb. 5.4 Inhalte, Dimensionen und Adressaten des Nachhaltigkeitsreportings

herausgegeben vom Rat für Nachhaltige Entwicklung und der Bertelsmann-Stiftung, relativ umfangreiche Hinweise für die Umsetzung in mittelständischen Unternehmen gibt.

Der deutsche Nachhaltigkeitskodex definiert 20 Kriterien in den folgenden vier Kategorien:

- Strategie
- Prozessmanagement
- Umwelt
- Gesellschaft.

Unternehmen geben zu diesen Kriterien „eine auf das Wesentliche abstellende Erklärung über ihre Maßnahmen zur ökologischen, sozialen und ökonomischen Dimension der Nachhaltigkeit ab. Quantifizierbare Leistungsindikatoren unterstützen diese Informationen und erhöhen die Vergleichbarkeit von Entsprechenserklärungen" (vgl. Rat für Nachhaltige Entwicklung: Nachhaltigkeitskodex, 2015). In dieser Entsprechenserklärung ist durch das Unternehmen nach dem Grundsatz „comply or explain" durch Kennziffern und Erläuterungen anzugeben, wie es den Kriterien entspricht bzw. warum es ein Kriterium nicht oder abweichend berichtet.

Soweit das Unternehmen eine entsprechende Berichterstattung nach anderen, vor allem internationalen Standards, anfertigt, kann das Unternehmen im Rahmen einer Kompatibilitätsversion der Entsprechenserklärung „wo und wie es anderweitig bereits zu den einzelnen DNK-Kriterien einschlägig und kompatibel berichtet" (vgl. Rat für Nachhaltige Entwicklung: Nachhaltigkeitskodex, 2015) Genüge tun.

5.2.4.3 Internationale Standards für die Nachhaltigkeitsberichterstattung

In den vergangenen Jahren haben sich auf internationaler Ebene die Sustainability Reporting Guidelines der Global Reporting Initiative (GRI) als faktischer Standard etabliert.

Die GRI verfolgt die Mission, „Entscheidungsträger überall durch unsere Nachhaltigkeitsstandards und unser Multi-Stakeholder-Netzwerk zu befähigen, die Initiative in Richtung einer nachhaltigeren Wirtschaft und Welt zu ergreifen" (vgl. GRI, 2013 – Teil 1).

GRI ist eine vom Umweltprogramm der Vereinten Nationen (UNEP) und der CERES-Organisation aus den USA gegründete Stiftung. CERES selbst ist eine gemeinnützige Organisation, die sich dem Thema der nachhaltigen Führung verschrieben hat.

GRI mit Sitz in Amsterdam hat ein Rahmenwerk sowie einen Leitfaden für die Nachhaltigkeitsberichterstattung erarbeitet, der von Organisationen in der ganzen Welt verwendet wird.

Auf die Leitlinien des GRI soll im ▶ Abschn. 5.3.3 weiter eingegangen werden.

5.2.5 Integriertes Reporting und Nachhaltigkeit

Wie bereits dargestellt, können die bisherigen Formen der Unternehmensberichterstattung nur eingeschränkt die Informationsbedürfnisse aller Stakeholder in ausreichender Weise erfüllen. Das Konzept des Integrierten Reportings verfolgt das Ziel, „die Allokation von Kapital und das Verhalten der Unternehmen an den breiteren Zielen der finanziellen Stabilität und nachhaltigen Entwicklung durch den Kreislauf von integriertem Reporting und Denken auszurichten" (vgl. IIRC, 2013).

Das Konzept des Integrierten Reportings wird vom International Integrated Reporting Council (IIRC) befördert, einer internationalen Vereinigung von Regulatoren, Investoren, Unternehmen, Standardsettern, Wirtschaftsprüfern und NGOs. Das IIRC und die GRI haben 2013 ein Abkommen geschlossen, in dem sie feststellen, dass Integriertes Reporting und Nachhaltigkeitsreporting eine entscheidende Rolle bei der Weiterentwicklung spielen.

5.2.5.1 Das Konzept des Integrierten Reportings

Als primäres Ziel des Integrated Reportings nennt das International Framework des IIRC (<IR>-Framework) die Information der Bereitsteller von Finanzkapital darüber, wie eine Organisation im Laufe der Zeit Werte schafft (vgl. IIRC, 2013). Es wird betont, dass ein Integriertes Reporting damit dem Interesse aller Stakeholder entspricht, zu erfahren, wie eine Organisation Werte schafft (vgl. IIRC, 2013).

Das Framework stellt zunächst den Zusammenhang von Organisation und Umgebung her, indem es die Aussage trifft, dass die Schaffung von Werten nicht aus der Organisation allein erfolgt, sondern

* durch die Umgebung beeinflusst wird
* Werte aus der Interaktion mit den Stakeholdern geschaffen wird
* von der Nutzung von Ressourcen abhängig ist.

Das Framework nutzt dabei verschiedene Kapitalbegriffe, durch deren Mehrung, Minderung oder Transformation Wert entsteht, bewahrt oder vernichtet wird.

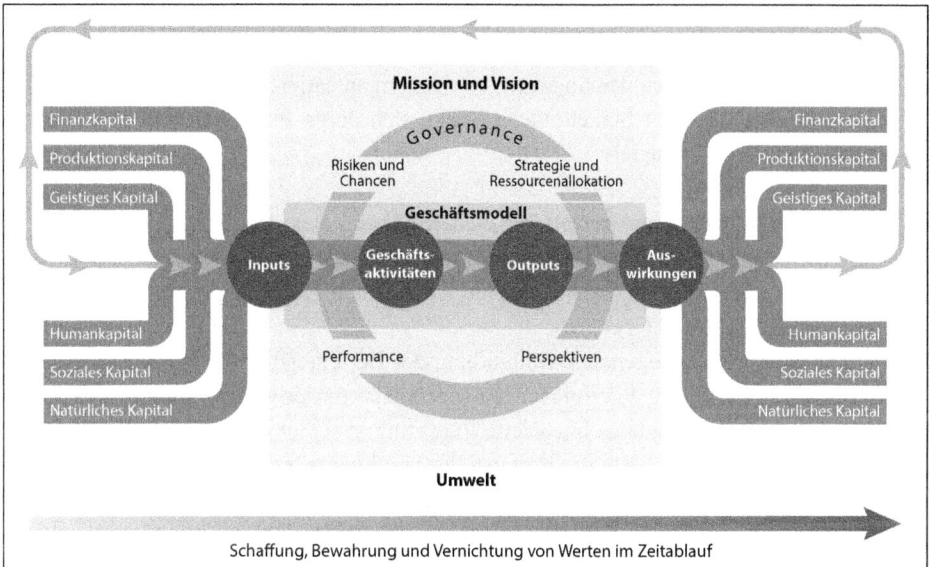

Abb. 5.5 Wertschöpfungsprozess des IR-Frameworks

Mit der ⊙ Abb. 5.5, einer Darstellung aus dem <IR>-Framework nachgestalteten Grafik, wird der Wertschöpfungsprozess skizziert.

Grundgedanke des <IR>-Frameworks ist es, Finanzinvestoren einen Bericht zur Verfügung zu stellen, in dem durch die Beschreibung des Geschäftsmodells und der Strategie einer Organisation und durch die Verknüpfung der verschiedenen finanziellen wie nichtfinanziellen Kennziffern und entsprechender Erläuterungen ein weitgehend vollständiges Bild der Unternehmung entsteht. Dazu gehört ausdrücklich auch die Frage der Nachhaltigkeit.

Das <IR>-Framework macht seiner Aufgabenstellung entsprechend prinzipienbasierte Vorgaben, wie ein integrierter Bericht zu erstellen ist. Es beschreibt in seinem zweiten Teil die anzuwendenden Grundprinzipien und die Inhaltselemente. Damit schafft es auch einen möglichen Rahmen für die Berichterstattung zur Nachhaltigkeit.

5.2.5.2 Einbindung des Nachhaltigkeitsreportings in das Integrierte Reporting

Das Konzept des Integrierten Reportings bietet aufgrund seines umfassenden und integrativen Charakters grundsätzlich die Möglichkeit der Einbindung von Aspekten der Nachhaltigkeit. Dabei sind insbesondere zwei der sieben grundlegenden Prinzipien des <IR>-Frameworks hinsichtlich der Darstellung von Aspekten der Nachhaltigkeit interessant (vgl. IIRC, 2013).

a) Die Verknüpfung von Informationen: Ein integrierter Bericht soll ein ganzheitliches Bild der Kombination, Verknüpfung und Abhängigkeiten der Faktoren aufzeigen, die die Fähigkeit der Organisation, Werte zu schaffen, beeinflussen.

b) Beziehungen zu den Stakeholdern: Ein integrierter Bericht soll Einsichten in die Natur und Qualität der Beziehungen der Organisation mit den wesentlichen Stakeholdern aufzeigen, einschließlich der Angaben, wie die Organisation auf die legitimen Bedürfnisse und Interessen der Stakeholder eingeht, sich deren Interessen zu ihren eigenen macht und auf diese reagiert.

Die GRI betont ihrerseits im Vorwort zur vierten Fassung der „Leitlinien zur Nachhaltigkeitsberichterstattung": „Nachhaltigkeitsinformationen, die für die Wertperspektive eines Unternehmens relevant oder wesentlich sind, sollten den Kern integrierter Berichte bilden" (vgl. GRI, 2013 – Teil 2).

Um eine möglichst weitgehende Einbindung der Berichterstattung zur Nachhaltigkeit in das Integrierte Reporting zu erreichen, ist es jedoch erforderlich, die Wesentlichkeit anders zu definieren. Während das Integrierte Reporting in seiner reinen Form den Maßstab der Wesentlichkeit aus der Sicht der Bereitsteller von Finanzkapital setzt (siehe Ziffer 1.7. des <IR>-Frameworks), sind für die Zwecke der Nachhaltigkeitsberichterstattung Aspekte darzustellen, „die:

- die wesentlichen wirtschaftlichen, ökologischen und gesellschaftlichen Auswirkungen der Organisation wiedergeben, bzw.
- die Beurteilungen und Entscheidungen der Stakeholder maßgeblich beeinflussen" (vgl. GRI, 2013 – Teil 2).

Maßstab für die Wesentlichkeit ist also der Informationsbedarf der (aller) Stakeholder. Insoweit ist also davon auszugehen, dass ein Nachhaltigkeitsreporting weitergehende Informationen enthält.

5.3   Umsetzung des Nachhaltigkeitsreportings in mittelständischen Unternehmen

5.3.1 Integration/Abgrenzung der verschiedenen Varianten der Unternehmensberichterstattung zu Aspekten der Nachhaltigkeit

In ⦿ Abb. 5.6 soll das mögliche Zusammenspiel von (handelsrechtlichem) Jahresabschluss, Lagebericht, integriertem Reporting und Nachhaltigkeit zunächst dargestellt werden.

Grundsätzlich lässt sich feststellen, dass die handelsrechtlichen Erfordernisse für den Jahresabschluss und Lagebericht die Minimalanforderungen für die Aufnahme von Aspekten der Nachhaltigkeit in das Reporting mittelständischer Unternehmen bilden.

Der integrierte Bericht auf der Basis des <IR>-Frameworks erweitert den Informationsgehalt der Berichterstattung um die Darstellung, wie die Strategie, Führung, Leistung und Aussichten einer Organisation zur Wertschöpfung auf kurze, mittlere und lange Sicht

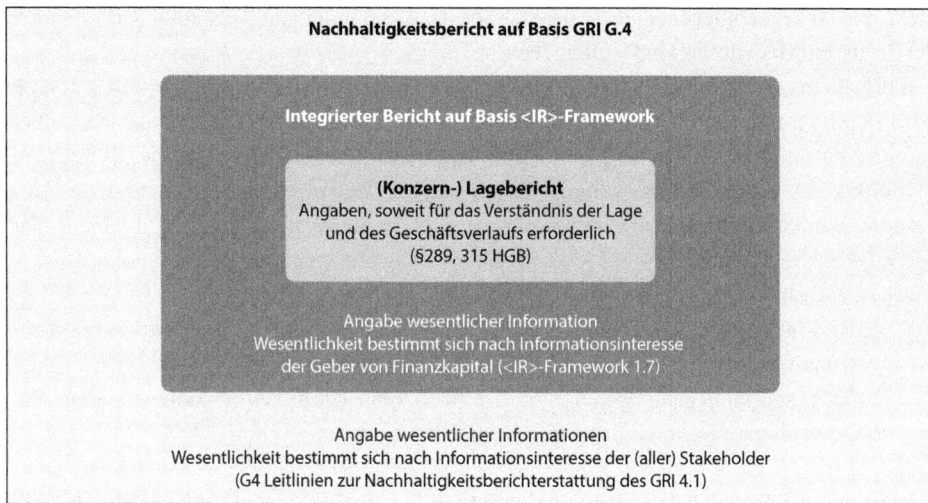

Abb. 5.6 Erweiterung Informationsgehalt durch die Instrumente der Berichterstattung

beitragen (vgl. IIRC, 2013). Allerdings betrachtet er dabei die Frage, welche Informationen für diese Zwecke wesentlich sind, primär aus der Sicht der Geber von Finanzkapital.

Die am weitesten gehenden Informationen zur Nachhaltigkeit ergeben sich nach einem auf Basis der GRI-Leitlinien zur Nachhaltigkeitsberichterstattung aufgestellten Nachhaltigkeitsbericht.

5.3.2   Darstellung von Informationen zur Nachhaltigkeit im Rahmen des handelsrechtlichen Jahresabschlusses

Im Folgenden sollen die Anforderungen an große Kapitalgesellschaften dargestellt werden, um die Minimalanforderungen in ihrer maximalen Ausprägung zu zeigen. Nach der Anhebung der Größenklassen durch das am 18. Juni 2015 im Bundestag verabschiedete und durch den Bundesrat beschlossene Bilanzrichtlinie-Umsetzungsgesetz (BilRUG) sind also Kapitalgesellschaften und Personengesellschaften unter der Voraussetzung des § 264a HGB betroffen, soweit sie zwei der drei folgenden Merkmale in zwei aufeinander folgenden Jahren erfüllen:

- Umsatz größer als Euro 40 Mio.
- Bilanzsumme größer als Euro 20 Mio.
- mehr als 250 Mitarbeiter.

Soweit ein Konzernabschluss und -lagebericht aufzustellen ist, gilt Entsprechendes.

Gemäß § 289 Absatz 3 für den Lagebericht bzw. § 315 Absatz 1 Satz 4 für den Konzernlagebericht sind „nichtfinanzielle Leistungsindikatoren, wie Informationen über Umwelt- und Arbeitnehmerbelange, soweit sie für das Verständnis des Geschäftsverlaufs oder der Lage von Bedeutung sind" anzugeben.

DRS 20 zum Konzernlagebericht gibt dabei weitergehende Hinweise. In DRS 20.106 wird durch Aufgreifen des sogenannten „Management Approach" klargestellt, dass über solche nichtfinanziellen Leistungsindikatoren berichtet werden soll, die auch zur internen Steuerung des Unternehmens verwendet werden. Als Beispiele für nichtfinanzielle Indikatoren werden in DRS 20.107 explizit die folgenden Indikatoren mit einem Bezug zur Nachhaltigkeit benannt:

„... b) Umweltbelange (Emissionswerte, Energieverbrauch, etc.),

    c) Arbeitnehmerbelange (Indikatoren zur Mitarbeiterfluktuation, Mitarbeiterzufriedenheit, Betriebszugehörigkeit, Fortbildungsmaßnahmen, etc.,

... e) die gesellschaftliche Reputation des Konzerns (Indikatoren zum sozialen und Engagement, Wahrnehmung gesellschaftlicher Verantwortung, etc.)."

Soweit in der internen Steuerung auch quantitative Angaben herangezogen werden, sind auch diese zu berichten (DRS 20.108). Gegebenenfalls können die Kennziffern aggregiert werden (DRS 20.109). Sofern diese Kennziffern intern unter dem Aspekt der Nachhaltigkeit verwendet werden, ist dieser Zusammenhang darzustellen (DRS 20.111).

Möglich ist es auch, über die finanziellen und nichtfinanziellen Leistungsindikatoren im Rahmen der Nachhaltigkeitsberichterstattung zu berichten (DRS 20.110). Dabei können allgemein anerkannte Rahmenkonzepte, wie zum Beispiel das <IR>-Framework des IIRC oder die GRI-Leitlinien zur Nachhaltigkeitsberichterstattung „Anhaltspunkte für die Berichterstattung unter Einbeziehung von finanziellen und nichtfinanziellen Leistungsindikatoren geben" (DRS 20.110).

Soweit der Berichterstattung zu diesem Thema ein allgemein anerkanntes Rahmenkonzept zugrunde liegt, ist dies anzugeben (DRS 20.111). Wesentliche Veränderungen der entsprechenden Kennzahlen zum Vorjahr sind im Lagebericht ebenso aufzuzeigen und zu erläutern, wie Angaben zu Prognosen zur Entwicklung der finanziellen und nichtfinanziellen Leistungsindikatoren zu machen sind (DRS 20.126 und 20.128).

Grundsätzlich ist es möglich, im handelsrechtlichen Lagebericht zusätzliche, über die Anforderungen des HGB und des DRS 20 gehende Informationen zur Nachhaltigkeit zu integrieren. Damit könnte dann, zumindest theoretisch, der Lagebericht auch die Anforderungen an einen integrierten Bericht auf der Basis des <IR>-Frameworks erfüllen.

Allerdings sprechen insbesondere zwei Aspekte für die Erstellung eines separaten Berichtes.

Einerseits würde die Aufnahme der entsprechenden, über die Anforderungen des HGB und DRS 20 hinausgehenden Informationen es mit sich bringen, dass diese Informationen auch zwangsläufig zum Gegenstand der Abschlussprüfung werden, was mit entsprechenden Aufwendungen verbunden wäre. Andererseits sind erfahrungsgemäß die Informationen zur Nachhaltigkeit zum Teil erst mit einiger Zeitverzögerung zum Abschlussstichtag verfügbar. Eine umfangreiche Aufnahme solcher freiwilliger Informationen könnte also auch zur verspäteten Erstellung und letztendlich Offenlegung des Jahresabschlusses und Lageberichtes führen.

5.3.3 Umfassende Nachhaltigkeitsberichterstattung auf der Basis der GRI-Leitlinien zur Nachhaltigkeitsberichterstattung

Nachstehend soll nunmehr die umfassende Nachhaltigkeitsberichterstattung auf der Basis der GRI-Leitlinien zur Nachhaltigkeitsberichterstattung der Global Reporting Initiative dargestellt werden.

5.3.3.1 Optionen für die Erstellung des Berichts (Berichtsumfang)

Zu Beginn der GRI-Leitlinien wird eine Anleitung zur Erstellung des Berichts in einzelnen Schritten vorangestellt. Die Leitlinien geben dabei explizit zwei Möglichkeiten vor, einen Bericht in Übereinstimmung mit den GRI-Leitlinien zu erstellen. Möglich ist es, den Bericht als „In Übereinstimmung-Kern" oder „In Übereinstimmung-umfassend" zu erstellen. Wie die Bezeichnungen schon nahe legen, ist die zweite Variante inhaltsreicher.

Daneben ist es auch generell möglich, einen Bericht zwar auf der Basis der Leitlinien, aber nicht in Übereinstimmung mit den Leitlinien zu erstellen. So verweist beispielsweise der Deutsche Nachhaltigkeitskodex darauf, dass er Standardangaben aus den Leitlinien enthält, aber ein Bericht auf seiner Basis nicht in Übereinstimmung mit den Leitlinien steht.

Jeder Nachhaltigkeitsbericht, der auf der Basis der GRI-Leitlinien erstellt wird, soll eine Erklärung erhalten, ob er

- Standardangaben aus den GRI-Leitlinien enthält oder
- den GRI-Index enthält, aus dem ersichtlich ist, ob er im Kern oder umfassend mit den Leitlinien übereinstimmt.

Die Leitlinien fordern, dass Organisationen, die einen Nachhaltigkeitsbericht erstellt haben, die GRI entsprechend der oben angeführten Varianten informieren und den Bericht in elektronischer oder gedruckter Form zur Verfügung stellen bzw. in die Online-Datenbank unter database.globalreporting.org laden.

5.3.3.2 Aufbau der Leitlinien

Die Leitlinien bestehen aus zwei Teilen:

- Berichterstattungsgrundsätze und Standardangaben (vgl. GRI, 2013 – Teil 1)
- Umsetzungsanleitung (vgl. GRI, 2013 – Teil 2).

In den Berichtsgrundsätzen werden die wesentlichen Grundsätze für die Bestimmung der Berichtsinhalte sowie der Berichtsqualität definiert (siehe ⊙ Tab. 5.1 und ⊙ Tab. 5.2).

Tab. 5.1 Grundsätze der Bestimmung der Berichtsinhalte in den GRI-Leitlinien (vgl. GRI, 2013 – Teil 1)

Einbeziehung von Stakeholdern	Die Organisation sollte ihre Stakeholder angeben und erläutern, inwiefern sie auf deren angemessene Erwartungen und Interessen eingegangen ist
Nachhaltigkeitskontext	Der Bericht sollte die Leistungen der Organisation im größeren Zusammenhang einer nachhaltigen Entwicklung darstellen
Wesentlichkeit	Der Bericht sollte Aspekte abdecken, die: • die wesentlichen wirtschaftlichen, ökologischen und gesellschaftlichen Auswirkungen der Organisation wiedergeben, bzw.: • die Beurteilungen und Entscheidungen der Stakeholder maßgeblich beeinflussen.
Vollständigkeit	Der Bericht sollte alle wesentlichen Aspekte und deren Grenzen abdecken, sodass sie die bedeutenden wirtschaftlichen, ökologischen und gesellschaftlichen Auswirkungen wiedergeben und die Stakeholder die Leistung der Organisation im Berichtszeitraum beurteilen können.

Tab. 5.2 Grundsätze zur Bestimmung der Berichtsqualität (vgl. GRI, 2013 – Teil 1)

Ausgewogenheit	Der Bericht sollte sowohl positive als auch negative Aspekte der Leistung der Organisation beinhalten, um eine fundierte Beurteilung der Gesamtleistung zu ermöglichen.
Vergleichbarkeit	Die Organisation sollte Informationen konsistent auswählen, zusammentragen und in Berichtsform bringen. Die Informationen im Bericht sollten so dargestellt werden, dass die Stakeholder Veränderungen in der Leistung einer Organisation im zeitlichen Verlauf analysieren und mit anderen Organisationen vergleichen können.
Genauigkeit	Die Informationen im Bericht sollten so genau und detailliert sein, dass Stakeholder die Leistung der Organisation bewerten können.
Aktualität	Die Berichterstattung erfolgt regelmäßig, damit die Informationen den Stakeholdern rechtzeitig zur Verfügung stehen, um fundierte Entscheidungen treffen zu können.
Klarheit	Informationen sollten so zur Verfügung gestellt werden, dass sie für die Stakeholder, die den Bericht nutzen, verständlich und zugänglich sind.

Die in den GRI-Leitlinien angegebenen Grundsätze lassen sich in ähnlicher Weise in anderen Reporting-Standards wiederfinden, werden aber auf die Aspekte der Nachhaltigkeit ausgerichtet.

5.3.3.3 Allgemeine Standardangaben

Bei den allgemeinen Standardangaben geht es im Wesentlichen um Angaben zum Unternehmen und dessen generellen Umgang mit dem Thema Nachhaltigkeit. Zu den Standardangaben existieren insbesondere auch in der Umsetzungsanleitung ausführliche Erläuterungen mit zusätzlichen Verweisen, daher soll hier nicht näher auf die Einzelheiten eingegangen werden.

Entsprechend der gewählten Berichtsoption („-im Kern" bzw. „-umfassend") ergibt sich ein unterschiedlicher Umfang der Angaben im Bericht (siehe ⊙ Tab. 5.3).

Tab. 5.3 Überblick über die allgemeinen Standardangaben

Inhalte	Verweis Leitlinien
Erklärung der Unternehmensleitung zum Stellenwert der Nachhaltigkeit für das Unternehmen und die Nachhaltigkeitsstrategie	G4–1
Auswirkungen der Organisation unter dem Aspekt der Nachhaltigkeit auf seine Stakeholder unter Beachtung entsprechender Normen und Gesetze	G4–2*
Auswirkung von Nachhaltigkeitstrends auf die Organisation	G4–3
Profil der Organisation immer mit dem Fokus auf Nachhaltigkeit	G4–9 bis G4–16
Prozess, durch den die Berichtsinhalte bestimmt wurden	G4–17 bis G4–23
Einbeziehung von Stakeholdern im Berichtszeitraum	G4–24 bis G4–27
Berichtsprofil (Zeitraum, Frequenz, etc.)	G4–28 bis G4–31
GRI-Content-Index entsprechend der Berichtsoptionen „im Kern" und „umfassend"	G4–32
Angaben zum Verfahren und gegenwärtigen Praktiken der Prüfung der Angaben	G4–33
Struktur und Zusammensetzung der Unternehmensführung	G4–34, (G4–35 bis G4–42)*
Zuständigkeiten des höchsten Leitungsorgans und Leistungsbewertung	(G4–43 bis G4–47)*
Rolle des höchsten Leitungsorgans bei der Nachhaltigkeitsberichterstattung	G4–48*
Rolle des höchsten Leitungsorgans bei der Bewertung der wirtschaftlichen, ökologischen und gesellschaftlichen Leistung	(G4–49 bis G4–50)*
Vergütung und Leistungszulagen	(G4–51 bis G4–55)*
Verhaltens- und Ethikkodizes	G4–56
Verfahren zur internen oder externen Beratung zu ethischem und gesetzeskonformen Verhalten	G4–57*
Verfahren zur Meldung von Bedenken hinsichtlich nicht-ethischem und nicht-gesetzeskonformen Verhalten	G4–58*
* nur bei Option „-umfassend"	

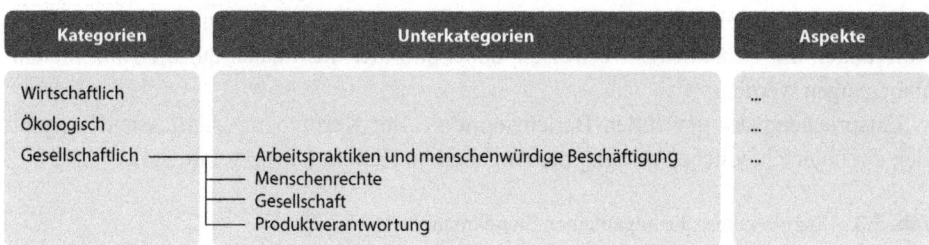

Abb. 5.7 Kategorien und Unterkategorien zu Aspekten in den Leitlinien

5.3.3.4 Spezifische Standardangaben

Die spezifischen Standardangaben dienen der Darstellung des konkreten Umgangs der Organisation mit den spezifischen Aspekten der Nachhaltigkeit. Die Leitlinien unterscheiden grundsätzlich drei Kategorien, wobei eine Kategorie durch Unterkategorien detailliert wird (vgl. ⊙ Abb. 5.7).

Für die Kategorien bzw. Unterkategorien werden dann Aspekte definiert, die die Nachhaltigkeitsthemen repräsentieren, die durch die Leitlinien abgedeckt werden.

Die berichtende Gesellschaft hat in einem ersten Schritt auf der Basis der oben angeführten Grundsätze zur Bestimmung der Berichtsinhalte diejenigen Aspekte zu definieren, die als wesentlich anzusehen sind. Zu bestimmen sind also diejenigen Aspekte, für die Auswirkungen durch die Organisation wesentlich sind. Dazu ist auch die Entscheidungsrelevanz für die Stakeholder ein wesentliches Kriterium.

Die Leitlinien verweisen in Punkt 5.2 explizit darauf, dass der Schwerpunkt der Beurteilung in wirtschaftlicher Hinsicht nicht auf der finanziellen Situation der berichtenden Einheit, sondern auf den Auswirkungen auf die wirtschaftliche Lage der Stakeholder liegt.

Zu den einzelnen in den GRI-Leitlinien angeführten und als wesentlich angesehenen Aspekten sind dann die entsprechenden Angaben entweder mit Hilfe von in den Leitlinien benannten Indikatoren (Kennzahlen) oder in Form einer qualitativen Angabe des Managementansatzes zu berichten.

Auch bei den spezifischen Standardangaben gibt es Unterschiede entsprechend der beiden Berichtsoptionen „in Übereinstimmung-Kern" und „in Übereinstimmung-umfassend". Für beide Varianten sind in jedem Fall alle wesentlichen Aspekte der Nachhaltigkeit zu bestimmen. Während jedoch für die Option „Umfassend" für alle wesentlichen Aspekte auch alle Indikatoren im Nachhaltigkeitsbericht anzugeben sind, ist für die Option „Kern" pro Aspekt nur ein Indikator anzugeben.

Darüber hinaus sind branchenbezogene spezifische Standardangaben zu machen, soweit diese für die Branche vorliegen und wesentlich sind. Branchenbezogene Angaben können auf der Website der Global Reporting Initiative gefunden werden.

Für weitere Informationen zur Berichterstattung entsprechend der GRI-Leitlinien sei an dieser Stelle noch einmal auf die recht ausführlichen Informationen auf der Website www. globalreporting.org verwiesen.

5.4 Fazit

Die Berichterstattung zum Thema Nachhaltigkeit hat in den letzten Jahren, nicht zuletzt auch aufgrund des allgemein stark gestiegenen Interesses an diesem Thema, auch in die Unternehmensberichterstattung Einzug gehalten.

Den Unternehmen bietet bereits die Berichterstattung mit dem handelsrechtlichen Jahresabschluss und Lagebericht die Möglichkeit über die Thematik der Nachhaltigkeit zu berichten. Auf nationaler Ebene gibt darüber hinaus der Deutsche Nachhaltigkeitskodex eine gute Struktur vor, um umfassender zu berichten.

Mit dem Integrierten Reporting verfolgt das International Integrated Reporting Council das Ziel, prinzipienbasiert die Berichterstattung zur nachhaltigen Unternehmensentwicklung unter dem Aspekt der Wertschöpfung aus Sicht der Finanzinvestoren voranzutreiben.

In einer sehr umfassenden Form bieten die Leitlinien zur nachhaltigen Unternehmensentwicklung der Global Reporting Initiative Struktur und Handreichung zur Nachhaltigkeitsberichterstattung auch für Unternehmen des deutschen Mittelstands.

Damit bestehen für die Unternehmen gute Möglichkeiten, zum Thema Nachhaltigkeit auch über die Pflichtumfänge im Lagebericht hinaus interessierte Stakeholder in abgestufter Form zu informieren.

Es ist zu erwarten, dass sich künftig immer mehr Unternehmen dieses Themas annehmen und damit auch immer mehr deutsche Unternehmen integriert oder in separater Form Nachhaltigkeitsberichterstattung betreiben werden.

5.5   Über die Autoren

Wolfram Bartuschka ist Wirtschaftsprüfer und Steuerberater bei Ebner Stolz in München und Experte in Fragen der Rechnungslegung und des Unternehmensreportings. Er besitzt mehr als 25 Jahre Erfahrung in der Beratung von Unternehmern und Unternehmen. Sein Schwerpunkt ist die umfassende Betreuung von mittelständischen Firmen und deren Inhabern. In der beruflichen Laufbahn war er dabei neben der Tätigkeit als Wirtschaftsprüfer auch in der Strategieberatung und als CFO tätig und hat daher das Thema Reporting sowohl aus strategischer als auch aus praktischer (Umsetzungs-)Perspektive betrachtet. Die Erfahrung aus zahlreichen Projekten haben ihn in seiner Ansicht bekräftigt, dass Reporting dann die erforderliche Transparenz liefert, wenn die Inhalte des Reportings einerseits stringent aus der Unternehmensstrategie abgeleitet werden und sich an den Bedürfnissen der Stakeholder ausrichten und andererseits die Prozesse und Formate des Reportings handhabbar bleiben.

Prof. Dr. Thomas Zinser, Steuerberater, ist seit 1999 bei Ebner Stolz und seit 2001 als Partner am Standort München tätig. Sein Tätigkeitsschwerpunkt ist die umfassende betriebswirtschaftliche und steuerliche Beratung mittelständischer Unternehmen. Seit 2003 hat er auch eine Professur für Steuern und Betriebswirtschaftslehre an der Hochschule Landshut.

Literatur

Beile, J., Homann, B., Schütze, Lorraine K., Priessner, C. (2012): Personalberichterstattung der M-Dax-Unternehmen und der 20 größten familiengeführten Unternehmen in Arbeitspapier 267 der Hans-Böckler-Stiftung. http://www.boeckler.de/pdf/p_arbp_267.pdf. Zugegriffen: 28. Juli 2015.

Bundesregierung: Perspektiven für Deutschland; Unsere Strategie für eine nachhaltige Entwicklung. http://www.bundesregierung.de/Content/DE/_Anlagen/2006-2007/perspektiven-fuer-deutsch land-langfassung.pdf?__blob=publicationFile. Zugegriffen: 28. Juli 2015.

Bundestag: Gesetz zur Einführung internationaler Rechnungslegungsstandards und zur Sicherung der Qualität der Abschlussprüfung (BilReG), verabschiedet vom Deutschen Bundestag am 4. Dezember 2004.

Carlowitz, Hannß Carl von (1713): Sylvicultura oeconomica. Braun, Leipzig 1713.

DRSC. Deutsches Rechnungslegungs Standards Committee e.V. (2012): DRS 20 – Konzernlagebericht.

Europäisches Parlament und Rat: Richtlinie 2014/95/EU. http://eur-lex.europa.eu/legal-content/EN/TXT/?uri=CELEX:32014L0095. Zugegriffen: 28. Juli 2015.

GRI. Global Reporting Initiative (2013): G4 Leitlinien zur Nachhaltigkeitsberichterstattung – Berichterstattungsgrundsätze und Standardangaben. https://www.globalreporting.org/resource library/ German-G4-Part-One.pdf. Zugegriffen: 28. Juli 2015.

GRI. The Global Reporting Initiative (2013): G4 Leitlinien zur Nachhaltigkeitsberichterstattung-Umsetzungsanleitung. https://www.globalreporting.org/resourcelibrary/German-G4-Part-Two. pdf. Zugegriffen: 28. Juli 2015.

Hauff, Volker (Hrsg.): Unsere gemeinsame Zukunft. Der Brundtland-Bericht der Weltkommission für Umwelt und Entwicklung, Eggenkamp, Greven 1987.

IIRC. The International Integrated Reporting Council (2013): The International <IR> Framework. http://integratedreporting.org/wp-content/uploads/2015/03/13-12-08-THE-INTERNATIO NAL-IR-FRAMEWORK-2-1.pdf. Zugegriffen: 28. Juli 2015.

Rat für Nachhaltige Entwicklung (2015): Deutscher Nachhaltigkeitskodex, 2. komplett überarbeitete Fassung. http://www.nachhaltigkeitsrat.de/uploads/media/RNE_Der_Deutsche_Nachhaltig keitskodex_DNK_texte_Nr_47_Januar_2015.pdf). Zugegriffen: 28. Juli 2015.

Rat für nachhaltige Entwicklung: Kurz und bündig: Der Rat für nachhaltige Entwicklung Stand März 2015. http://www.nachhaltigkeitsrat.de/uploads/media/RNE-Fact-Sheet.pdf. Zugegriffen: 28. Juli 2015.

Rat für Nachhaltige Entwicklung, Bertelsmann Stiftung: Leitfaden zum Deutschen Nachhaltigkeitskodex. http://www.deutscher-nachhaltigkeitskodex.de/nc/de/anwendung/manual-und-hilfen.html ?cid=351&did=268&sechash=0b71c131. Zugegriffen: 28. Juli 2015.

United Nations Global Compact und Accenture: The UN Global Compact-Accenture CEO Study on Sustainability 2013. https://acnprod.accenture.com/~/media/Accenture/Conversion-Assets/DotCom/Documents/Global/PDF/Strategy_5/Accenture-UN-Global-Compact-Acn-CEO-Study-Sustainability-2013.pdf. Zugegriffen: 28. Juli 2015.

Winkeljohann und Schellhorn in Beck'scher Bilanzkommentar, München 2014.

Tue Gutes – und rede darüber!

6

*Gelebte Nachhaltigkeit im Alltag
der energieintensiven Stahlindustrie*

Frank Jürgen Schaefer

Die Menschheit steckt in einem Gefangenendilemma: Nachhaltiges Wirtschaften ist das Gebot der Stunde. Doch nur, wenn möglichst viele sich beteiligen, erzielen die Bemühungen einen spürbaren Effekt. Deshalb ist Nachhaltigkeit selbstverständlich Chefsache, wie sie zugleich Aufgabe jedes Einzelnen von uns ist. Wie das in der täglichen Praxis eines Stahlunternehmens konkret aussieht, zeigt das Beispiel FERALPI STAHL: Wir haben uns schon zur Firmengründung zur Nachhaltigkeit bekannt – und leben sie täglich mit der besten verfügbaren Technik, ausgezeichneter Effizienz und transparenter Kommunikation.

Nachhaltigkeit ist längst das Schlagwort unserer Zeit geworden. Seine Wurzeln hat dieses Schlagwort in der Forstwirtschaft: Die Grundidee wurde schon 1560 in der sächsischen Forstordnung formuliert. Anlass war der hohe Holzbedarf für Bergwerke, die im Erzgebirge in kurzer Zeit und großer Zahl entstanden. Um Sachsens Wälder zu schonen, wurden Regeln definiert: Es sollte nur so viel Holz entnommen werden, wie auch nachwachsen kann. So konnte sich der Wald aus eigener Kraft regenerieren, sein Fortbestand wurde langfristig und für künftige Generationen gesichert.

Seine politische Relevanz gewann der Begriff Nachhaltigkeit mit einer Erklärung der Vereinten Nationen, genauer gesagt ihrer Weltkommission für Umwelt und Entwicklung, im Jahr 1987: „Die Menschheit ist einer nachhaltigen Entwicklung fähig – sie kann gewährleisten, dass die Bedürfnisse der Gegenwart befriedigt werden, ohne die Möglichkeiten künftiger Generationen zur Befriedigung ihrer eigenen Bedürfnisse zu beeinträchtigen" (vgl. Hauff, 1987).

Bei Nachhaltigkeit geht es also um nicht weniger als eine sichere Zukunft für unsere Kinder. Das macht sie ganz automatisch zur Chefsache. Nicht etwa, weil nachhaltige Entwicklung von oben angeordnet oder gar erzwungen werden kann, sondern weil Nachhaltigkeit nur gemeinsam, mit jedem Einzelnen von uns, wirklich funktionieren kann.

Denn was den Zustand unserer Umwelt angeht, befindet sich die Menschheit in einem sogenannten Gefangenendilemma: Jeder von uns, ob Privatperson oder Wirtschaftsunternehmen, kann sich prinzipiell zwischen aktivem Umweltschutz und dem Abwarten eventueller Schäden entscheiden. Aktiver Umweltschutz kostet Anstrengung und Geld, und ist nur dann lohnenswert, wenn er von der Mehrheit ebenfalls praktiziert wird. Wenn nicht, steht man mit seinen Bemühungen alleine da, ein Effekt ist nicht messbar, die Kosten aber sind hoch. Das Abwarten möglicher Schäden hingegen kann sich sogar lohnen, denn: Vielleicht kümmert sich der Rest der Welt ja darum, dass die Umwelt geschützt wird – und man selbst profitiert nur von den Folgen?

Dieses Dilemma lässt sich nur gemeinsam lösen. Wer die Zukunft gestalten möchte, der darf nicht abwarten – er muss inspirieren und investieren, und zwar jetzt. Im wirtschaftlichen Zusammenhang bedeutet das ein Umdenken mit dem Ziel, Gewinne nicht in umweltfreundliche Projekte außerhalb des eigenen Wirkungskreises zu stecken, sondern sie bereits umweltverträglich zu erwirtschaften, und das jeden Tag.

Diese Nachhaltigkeit ist selbst in einer der energieintensivsten und – zumindest in der öffentlichen Wahrnehmung – schmutzigsten Branchen, der Stahlindustrie, nicht nur möglich, sondern längst Realität. Alles, was es dafür braucht, sind: innovative Technik, motivierte und wissbegierige Mitarbeiter, ausgezeichnete Effizienz und transparente Kommunikation.

6.1 Stahl und Nachhaltigkeit – kein Widerspruch

Wer an die Stahlproduktion denkt, hat sofort Bilder vor Augen: von rauchenden Schornsteinen, dunklen Wolken, Bergen von Abfall und dampfenden Öfen, an denen rußverschmierte Menschen schwitzend ihre Arbeit verrichten. Es sind Bilder, wie sie in den vergangenen Jahrzehnten von den Medien gezeichnet wurden. Mit der Gegenwart der Stahlindustrie haben sie kaum noch Schnittmengen (siehe ◉ Abb. 6.1).

Der Gedanke der Nachhaltigkeit hat hier schon lange Einzug gehalten, hat die Produktion, ja das gesamte Wirtschaften beeinflusst. Das belegt bereits 2010 die Studie „Energieeffizienz in der energieintensiven Industrie Deutschlands" des Rheinisch-Westfälischen Instituts für Wirtschaftsforschung: Im internationalen Vergleich zählt die deutsche Stahlindustrie zu den energieeffizientesten Vertretern und verfügt, dank des Einsatzes der je-

Abb. 6.1 Moderne Stahlproduktion für Mensch und Umwelt

weils besten verfügbaren Technik, nur noch über minimales Verbesserungspotenzial in Sachen Energieverbrauch und CO_2-Emissionen.

Innerhalb der FERALPI-Unternehmensgruppe spielt nachhaltige Entwicklung von Beginn an eine entscheidende Rolle. Gründungsvater Carlo Nicola Pasini stammte selbst aus einer von Stahl geprägten Region, aus dem Val Sabbia in der italienischen Provinz Brescia. Das erste FERALPI-Werk entstand im heutigen Lonato del Garda, und damit an einem nicht nur in Deutschland beliebten Reiseziel, dem wunderschönen Gardasee. Zur Firmengründung 1968 formulierte Nicola Pasini seinen Anspruch an das eigene unternehmerische Handeln eindeutig: „Produzieren und Wachsen mit Rücksicht auf den Menschen und die Umwelt". Diese Maxime durchdringt noch heute den gesamten Konzern. Sie beeinflusst jede Entscheidung und wird täglich gelebt – in allen Produktionswerken in ganz Europa, mit allen sozialen, ökologischen und wirtschaftlichen Aspekten.

Nur: Wie wird aus einer schönen Theorie wirksame Praxis? Konkret gefragt: Wie produziert man Stahl und schützt gleichzeitig die Umwelt? Und wie verankert man diese Tatsache in der öffentlichen Wahrnehmung?

Bei der Bewältigung dieser Aufgabe ist unser Produkt, ist Stahl unser großer Vorteil (siehe ⊙ Abb. 6.2). Denn Stahl ist der Stoff, aus dem unsere Zivilisation gemacht ist. Die Welt, wie wir sie kennen, ist undenkbar ohne Stahl. Häuser, Brücken, Krankenhäuser, Behörden, unsere gesamte Infrastruktur wird von ihm zusammengehalten. Stahl ist elementarer Grundstoff unserer Gesellschaft. Und: Unsere Wirtschaft ist auf Stahl gebaut.

Zugleich ist Stahl dazu prädestiniert, nachhaltig und umweltschonend unsere Welt zu gestalten, denn er ist recyclebar. Er kann eingeschmolzen und wiederverwertet werden und ermöglicht so einen geschlossenen Materialkreislauf. Bei der Herstellung von Stahl aus Stahlschrott wird zudem deutlich weniger Energie verbraucht als bei der Herstellung von

Abb. 6.2 Stahl – ein unverzichtbares Produkt

Stahl im Hochofen. In konkreten Zahlen heißt das: Beim Einschmelzen von einer Tonne Stahlschrott werden, im Vergleich zur Stahlerzeugung mit Eisenerz im Hochofen, etwa eine Tonne CO_2, 650 kg Kohle sowie 1,5 Tonnen Eisenerz eingespart (vgl. BDSV-Newsletter, 2008). Die Nutzung von Schrott als Rohstoff für die Stahlproduktion leistet so einen wichtigen Beitrag zur Schonung der natürlichen Ressourcen. In der Europäischen Union ist der Sekundärrohstoff Stahlschrott deshalb, wenig überraschend, bereits der wichtigste Rohstoff.

Um das Potenzial dieses Rohstoffes nachhaltig zu nutzen, muss man sich den spezifischen Herausforderungen bewusst sein, die seine Produktion mit sich bringt. Verschiedene direkte und indirekte Umweltaspekte müssen mitgedacht und bewältigt werden, damit Stahl und Nachhaltigkeit keinen Widerspruch darstellen. Direkte Umweltaspekte betreffen sämtliche Tätigkeiten, Produkte und Dienstleistungen, die vom Unternehmen selbst kontrolliert werden. Indirekte Umweltaspekte können Ergebnisse der Wechselbeziehungen des Unternehmens mit Dritten sein, die unter Umständen nicht vollständig kontrolliert werden können. Die wesentlichen direkten Umweltaspekte innerhalb der Stahlproduktion sind konkret:

- Verbrauch von Rohstoffen, natürlichen und industriell erzeugten Ressourcen,
- Emissionen in die Luft,
- Lärmemissionen,
- gefährliche und nicht gefährliche Abfälle,
- Energieverbrauch,
- Wassernutzung,
- Abwasseranfall,
- Transportvorgänge/anlagenbezogener Verkehr,
- Verwendung von Gefahrstoffen.

Die wesentlichen indirekten Umweltaspekte umfassen:
- Indirekte Emissionen durch Energieverbrauch (elektrischer Strom),
- Externes Verkehrsaufkommen (Anlieferung von Schrott sowie Roh- und Hilfsstoffen, Entsorgung der Abfälle, Abtransport der Stahlerzeugnisse über LKW und Bahn usw.),
- Gefahrguttransporte: Sonderabfallentsorgungen, zum Beispiel Altchemikalien, Farben, radioaktive Schrottstücke, Munitionsfunde sowie Anlieferungen, zum Beispiel von Betriebs- und Hilfsstoffen, technischen Gasen usw.,
- Lieferanten und Auftragnehmer (Fremdfirmen),
- Verwaltungs- und Planungsentscheidungen der öffentlichen Hand (zum Beispiel geänderte Satzungen, Bebauungspläne).

In der Theorie ist Stahl also an sich bereits eine nachhaltige Ressource. In der Praxis muss man um sein Potenzial wissen, die Umweltaspekte nach Art, Dauer und Ausmaß der Umweltauswirkungen bewerten und die richtigen Entscheidungen treffen, um das volle Potenzial dieser nachhaltigen Ressource auch zu nutzen.

Dabei ist nichts so wertvoll wie: Erfahrung.

6.2   Erfahrungswerte schaffen lebbare Grundsätze

In einem hochspezialisierten Konzern wie der FERALPI-Gruppe trifft jede Menge Erfahrung auf immer neue Herausforderungen. Auf dieser Basis haben wir innerhalb der Unternehmensgruppe gemeinsam die Grundsätze für eine nachhaltige Entwicklung ganz im Sinne Carlo Nicola Pasinis festgeschrieben. Dabei sind drei Dimensionen entscheidend: Sicherheit, Umwelt und Qualität.

Verantwortung übernehmen. Große Aufmerksamkeit gilt innerhalb der FERALPI-Gruppe der Sicherheitspolitik, die auf den maximalen Schutz der Mitarbeiter und der umliegenden Gemeinschaft abzielt. Damit ist nicht nur die bloße Auferlegung von Vorschriften gemeint, sondern auch die gezielte Förderung von verantwortlichem Verhalten sowie einer Präventionskultur. Um Sicherheit zu gewährleisten, sind wir uns der eigenen Verantwortung vollauf bewusst und handeln entsprechend. Im Fokus steht dabei unsere Stahl-Produktion. Sie ist ein komplexes System, an dem viele Fachleute beteiligt sind. Die genaue Kenntnis aller Prozesse und die Aufmerksamkeit, mit der wir jeden Schritt vollziehen, sind entscheidend, um Risiken zu minimieren. Aus diesem Grund bezieht unsere Sicherheitspolitik jeden Mitarbeiter genauso mit ein, wie alle anderen Menschen, mit denen wir zu tun haben.

Sorgfältiger Umgang mit Ressourcen. Geregelte Methoden und klar definierte Ziele spielen in unserer Umweltpolitik eine tragende Rolle. Unser Engagement ist darauf ausgerichtet, die Auswirkungen auf den Lebensraum durch immer neue Investitionen in die sogenannte beste verfügbare Technik (BVT) zu reduzieren. Wir nutzen also neueste Technologien und Erkenntnisse, um unsere Umwelt zu schonen. Beispielhaft dafür sind

Abb. 6.3 Hochwertige Bewehrung aus Riesa

die Entstaubungsanlagen unseres Stahlwerks in Riesa. Sie sammeln die Emissionen sowie die Abluft des Schmelzhauses, um sie zu reinigen. Diese wegweisende Reinigungslösung wurde zum Vorbild für andere europäische Stahlwerke (vgl. European Commission 2013).

Kontrollierte Stahl-Qualität. Qualität bedeutet, alle Parteien im Einklang mit den Prinzipien der nachhaltigen Entwicklung zufriedenzustellen. Unser gesamter Produktionsprozess wird konsequent überwacht. So stellen wir sicher, dass unsere Stahl-Produkte jederzeit über die notwendige Güte verfügen, um in unterschiedlichsten Bauwerken zur tragenden Komponente zu werden. Das Qualitätsmanagement von FERALPI STAHL ist gemäß der Norm EN ISO 9001: 2008 zertifiziert. Die Wertigkeit unserer Stahl-Produkte belegen auch die nationalen und internationalen Zertifizierungen (siehe ⦿ Abb. 6.3).

Unsere Überzeugung, dass nur nachhaltiges Wirtschaften erfolgreich sein kann, haben wir in einen lebbaren Leitfaden übersetzt, der für alle Mitarbeiter bindend und verpflichtend ist. Unsere zehn Grundsätze für den Umweltschutz lauten:

1. Umweltschutz ist ein vorrangiges Ziel der Unternehmenspolitik.
2. Die Einhaltung der geltenden rechtlichen Verpflichtungen, die sichere Einhaltung der Gesetze, behördlichen Verordnungen und Auflagen ist für uns selbstverständlich.
3. Umweltschutz ist die Aufgabe aller Mitarbeiter, die entsprechend sensibilisiert und geschult werden.
4. Wir informieren in aller Offenheit über Umweltschutz und Umweltmaßnahmen.
5. Wir beteiligen uns an gemeinschaftlichen Initiativen und arbeiten mit Behörden, Institutionen sowie Verbänden in Fragen des Umweltschutzes eng zusammen.
6. Wir schützen die natürlichen Lebensgrundlagen.
7. Wir nutzen Produktionstechnik, die schonend im Umgang mit Ressourcen ist.

8. Wir tragen Produktverantwortung und verbessern die Wiederverwertungskette unserer Produkte und Abfälle.
9. Wir entwickeln den Umweltschutz gemeinsam mit unseren Kunden und Lieferanten sowie den Genehmigungsbehörden weiter.
10. Wir forschen nach neuen Wegen zur ständigen Verbesserung der Umweltleistungen.

Diese Grundsätze prägen die Zusammenarbeit von FERALPI STAHL mit allen Stakeholdern. In den nächsten Jahren werden die Folgen des in Deutschland beschlossenen Ausstiegs aus der Atomenergie, der Energiewende, FERALPI STAHL als energieintensives Unternehmen treffen. So ist von steigenden Preisen für Energie, ihren Transport und ihre Besteuerung auszugehen. Priorität haben deshalb vor allem Maßnahmen zur Energieeinsparung. Eine Herausforderung, auf die wir aufgrund unserer Maxime „Produzieren und Wachsen mit Rücksicht auf den Menschen und die Umwelt" bestens vorbereitet sind. Das lässt sich an einem Praxisbeispiel ideal ablesen: dem Beispiel unserer Stahlproduktion im sächsischen Riesa.

6.3   Gelebte Nachhaltigkeit: Das FERALPI-Werk Riesa

Abb. 6.4 Das FERALPI-Werk

Links der Elbe, mitten im Landkreis Meißen, liegt Riesa – ein Mittelzentrum Sachsens, das von der Industrie deutlich geprägt wurde. Stahl gehört zu Riesa, und das seit 1843. Dass diese Verbindung historisch gewachsen ist, sieht man schon an der Beschaffenheit des FERALPI-Standorts: Es handelt sich um eine sogenannte Gemengelage, bei der industriell genutzte Gebiete und Wohngebiete direkt aneinander grenzen. Wenige Wohn-

häuser sind sogar in allen Richtungen umgeben von Gewerbe-, Industrie- und Sondernut-
zungsgebieten – das Ergebnis von über eineinhalb Jahrhunderten industrieller Nutzung.

Das Werksgelände im etwa 40 Kilometer von Dresden entfernten Riesa umfasst eine
Fläche von etwa 72 Hektar und ist, dank Elbhafenanbindung sowie Straßen- und Bahnan-
schluss, ein voll erschlossenes Industriegebiet (siehe ⊙ Abb. 6.4). Die nächsten bewohn-
ten Gebäude sind allerdings nur 200 Meter von jenem Ort entfernt, an dem Schrott wieder
in Stahl verwandelt wird. Denn das ist eine der Besonderheiten des FERALPI-Standorts
Riesa: Hier wird Stahl ausschließlich aus jährlich bis zu 1,2 Millionen Tonnen Schrott erzeugt. Der Großteil dieses Schrottes, nämlich etwa 80 Prozent, wird bereits chargierfähig
von Recyclingfirmen per LKW und Bahn angeliefert und bis zum Einsatz im Stahlwerk auf
Schrottplätzen zwischengelagert. Die übrigen etwa 20 Prozent des eingesetzten Schrottes
werden in der werkseigenen Schrottaufbereitungsanlage – dem Kondirator – chargierfähig
gemacht. Bei diesem Material handelt es sich um entsorgte, also beispielsweise trockenge-
legte, schadstoffentfrachtete und demontierte Altfahrzeuge, Elektroaltgeräte, Haushalts-
schrotte und ähnliches mehr.

An einem Ort wie diesen hat nachhaltiges Wirtschaften auch jenseits unserer eigenen
hohen Ansprüche einen besonderen Stellenwert, denn: Es findet unter permanenter Be-
obachtung statt. Jeder LKW, der Rohstoffe liefert oder Produkte abtransportiert, ist eine
potenzielle Lärmbelästigung der Anwohner. Alles, was aus den Schornsteinen aufsteigt,
kann als Verschmutzung empfunden werden. Erst in einer Umgebung wie dieser kann sich
FERALPI STAHL an den eigenen hohen Zielen messen lassen, und hat deshalb von Beginn an viel Innovations- und Investitionskraft in eine nachhaltige Arbeitsweise gesteckt.

Die Ära der ESF Elbe-Stahlwerke Feralpi GmbH (ESF) in Riesa beginnt 1992. Bis
1989 wirkte hier mit bis zu 13.000 Beschäftigten eines der größten metallurgischen Kom-
binate der DDR und prägte das Gesicht der Stadt. Die politische Wende führte zum Zu-
sammenbruch der alten Industrien und zu einer erheblichen Abwanderung der Einwohner
aus Riesa. Seit 1992 lebt die Stahltradition Riesas dank der FERALPI-Gruppe wieder auf.
Umfangreiche Investitionen machten die ESF schnell zu einer Firma mit einer breiten
Produktpalette auf dem Gebiet des Bewehrungsstahls, auch Betonstahl genannt. So wurde
zunächst das alte Stahlwerk demontiert, bevor mit modernen Anlagen (auch und gerade
für den Umweltschutz) ein neues Zeitalter der Stahlproduktion beginnen konnte.

Ständige Modernisierung garantieren nicht nur hochwertige Produkte, sondern auch
bestmöglichen Schonung von Umwelt und Ressourcen nach dem jeweils aktuellen Stand
der Technik. Gleiches gilt für die drei weiteren Firmen der FERALPI-Gruppe in Riesa:
Die EDF Elbe-Drahtwerke Feralpi GmbH, gegründet im Jahr 2002, ist spezialisiert auf die
Produktion von gezogenen Drahterzeugnissen und Betonstahlmatten als Listen- und La-
germatten. Die Feralpi Stahlhandel GmbH ist das Unternehmen, das für die Vermarktung
der Endprodukte in Deutschland und weiteren Ländern Mitteleuropas verantwortlich ist.
Die Feralpi-Logistik GmbH wurde im Juli 2008 als Spedition und damit als Verbindungs-
glied zwischen den Produktionswerken und den Kunden gegründet.

Im Jahr 2013 waren 611 Mitarbeiter in allen vier Unternehmen von FERALPI STAHL am Standort Riesa beschäftigt. Es war das Jahr, in dem unser Unternehmen den Sächsischen Umweltpreis gewann und erfolgreich nach den höchsten europäischen Standards EMAS-rezertifiziert wurde. Es war auch das Jahr, in dem eine innovative Anlage zur Abwärmedampferzeugung gebaut wurde und ihren Betrieb aufnahm.

Dennoch ist die Stahlproduktion, auch in Riesa, heute noch immer mit dem Image der rauchenden Schornsteine, des glühenden Eisens und des ohrenbetäubenden Lärms behaftet – also vor allem mit negativen Umwelteinwirkungen. Aufgrund der lokalen Gegebenheiten, insbesondere der historisch gewachsenen Gemengelage zwischen Industrie und Wohnbebauung, liegt in Riesa besonderer Stellenwert auf zwei direkten Umweltaspekten: die Emissionen in die Luft und die Lärmemissionen. Immer wieder erreichen uns Beschwerden über Lärm und Luftverschmutzung, einzelne Mitglieder einer Bürgerinitiative nennen den Standort nach wie vor eine „hochgiftige Schadstoff-Sondermüllverbrennungsanlage".

Die tatsächliche Entwicklung hat jedoch gerade auf dem Gebiet des Umweltschutzes in den vergangenen Jahren große Fortschritte erzielt. Dank umfangreicher Investitionen bestimmen Umweltschutz, Effizienz und Kreislaufwirtschaft unsere Produktionsverfahren. Neue Technologien und Maßnahmen zum Umweltschutz werden konsequent umgesetzt. Basis für die kontinuierliche Steigerung unserer Umweltleistungen ist ein gut funktionierendes Umweltmanagementsystem, das alle Mitarbeiter einbindet: von der Abfallvermeidung bis hin zur Senkung der Energieverbräuche. Regelmäßig legen die vier Riesaer Unternehmen – ESF Elbe Stahlwerke Feralpi GmbH, EDF Elbe-Drahtwerke Feralpi GmbH, Feralpi Stahlhandel GmbH und Feralpi-Logistik GmbH – außerdem eine validierte Umwelterklärung vor.

Konkret lässt sich sagen: Fortschrittliche Technik und ausgezeichnete Effizienz waren von Beginn an die Mittel der Wahl, um den besonderen Herausforderungen der Stahlproduktion umweltverträglich Herr zu werden. Mit transparenter Kommunikation gelingt es uns zudem immer besser, auch die Bevölkerung für unser Anliegen zu gewinnen und von unseren guten Absichten zu überzeugen.

6.4 Innovative Technik

Wer mit Rücksicht auf die Umwelt Stahl produziert, hat permanent elementare Fragen zu beantworten: Wie gehen wir mit den Emissionen beziehungsweise Immissionen um? Wie gelingen uns Energieeinsparung und Klimaschutz? Welche Maßnahmen sind für Umweltmanagement und Umweltkommunikation nötig? Wie gehen wir mit Gefahrenstoffen um, wie sieht unsere Notfallvorsorge und Gefahrenabwehr aus? Was tun wir für den Boden- und Grundwasserschutz? Welche Lösung haben wir für die Abfallwirtschaft?

Die Antworten, die wir finden, setzen wir mit der besten verfügbaren Technik um – von neuen Überdachungen der Schrotthalle bis hin zum Verkehrskonzept, das die Anlieferung

Abb. 6.5 Entstaubung mit der besten verfügbaren Technik

und den Abtransport innerhalb des Werksgeländes verbessert. Wie sehr uns die Technik dabei hilft, branchentypische Umweltherausforderungen innovativ zu bewältigen, zeigen zwei Beispiele: unsere Entstaubungsanlage und die Energieerzeugung aus Abwärme.

Die wichtigsten durch den Stahlwerksprozess verursachten Stofffreisetzungen entstehen beim Chargier- und Einschmelzprozess und beim Schlackeumschlag zunächst innerhalb der Produktionshalle. Die dabei freigesetzten Stäube und Gase werden durch Absauganlagen erfasst. Die Abluft wird dem Entstaubungssystem zugeführt, dort in mehreren Stufen gereinigt und über Kamine an die Atmosphäre abgegeben.

Das Entstaubungssystem des Stahlwerkes der ESF wurde in den vergangenen Jahren durch große Investitionen umfassend erweitert und modernisiert (siehe ◉ Abb. 6.5). Für die Erhöhung des Absaugvolumenstromes wurde eine zusätzliche Entstaubungsanlage mit einem neuen Kamin errichtet. Die Entscheidung für diese Baumaßnahme fiel 2006 im Zusammenhang mit einer erteilten Änderungsgenehmigung, die die Jahresproduktionsmenge von 675.000 Tonnen Stahl auf 1.000.000 Tonnen erhöhte. Diese neue Entstaubungsanlage erhöht die Absaugleistung zur Erfassung und Reinigung der Rohgas- und Staubemissionen aus dem Schmelzhaus und dem Elektrolichtbogenofen beinahe um das Doppelte auf maximal 1.250.000 Normkubikmeter pro Stunde und ist eine der größten Investitionsmaßnahmen in den Umweltschutz am Standort. Das gesamte Entstaubungssystem am Standort Riesa wird durch Aufzeichnung und Überwachung aller relevanten Prozessparameter permanent überwacht. Ein Anschluss an die behördliche Emissionsfernüberwachung (EFÜ) ist eingerichtet.

Das Erfolg ist in diesem Fall sogar messbar: Bei einer Dioxin-Messung 2010 erreichte die ESF ihr niedrigstes Niveau in der Firmengeschichte. Und: Das Entstaubungssystem entspricht der derzeit besten verfügbaren Technik (BVT) zur Abgasreinigung in Elektrostahlwerken. Im europäischen BVT-Referenzpapier: „Iron and Steel Production", veröffentlicht im März 2013, wird die ESF als Referenzanlage genannt (vgl. European Comission, 2013).

Im Jahr 2012 wurden zwei weitere Änderungsanträge nach § 16 Bundesimmissionsschutz-Gesetz (BImSchG) eingereicht: Zum einen die Kapazitätserweiterung des Stahlwerks auf 1.400.000 Tonnen pro Jahr, im Walzwerk auf jährlich 1.200.000 Tonnen, flankiert von umwelt- und verfahrenstechnischen Modernisierungsmaßnahmen, insbesondere der schall- und lufttechnischen Optimierung der Produktion. Ein zweiter Antrag war die Errichtung von Anlagen zur Energieerzeugung aus Abwärme der Stahlproduktion, kombiniert mit der Errichtung einer Dampftrasse zur Versorgung externer Abnehmer.

Der Bescheid zur Errichtung der Abwärmedampferzeugung wurde im Herbst 2012 erteilt. Der Bau dieser komplexen Anlagen wurde Ende des Jahres 2013 abgeschlossen. Noch im selben Jahr erhielt das Projekt den „Sächsischen Umweltpreis 2013". Überzeugt hat dabei die Tatsache, dass Energie gespart, der Ausstoß klimaschädlicher Gase reduziert und weniger Lärm produziert wird. Zudem entstehen weniger diffuse Emissionen.

Wie das konkret funktioniert? Abwärme, die bei der Stahlproduktion entsteht, wird genutzt, um Dampf zu erzeugen. Dieser Dampf wird dann entweder mit Hilfe einer 1,2 Kilometer langen Dampftrasse an die Stadtwerke Riesa geliefert und von dort an regionale Industrieunternehmen weitergeleitet oder zur Stromerzeugung für den Eigenbedarf eingesetzt. Die Stadtwerke Riesa, unser Partner bei diesem Projekt, haben mit dieser Dampfkooperation bereits vor Fristablauf die in der Klimaagenda 2020 vorgegebenen Reduktion der Kohlendioxid-Emmissionen um 40 Prozent erreicht. Sie sparen sogar 45 Prozent des bisherigen CO_2-Ausstoßes ein.

Ziel jeder unserer Investitionen ist eine optimale Verknüpfung der Schnittstellen Schrottwirtschaft, Schmelzbetrieb, Stranggussanlage und Walzwerk. Dabei werden die heute noch weitgehend getrennten technologischen Prozesse im Stahl- und Walzwerk sowohl mit technischen als auch organisatorischen Maßnahmen so miteinander verbunden, dass sich in der Gesamtbetrachtung die Massen- und Energiebilanz trotz Erweiterung der Produktionskapazitäten maßgeblich verbessert.

Durch weitere geplante Änderungsmaßnahmen können zukünftig große Mengen an Energie wie Strom und Erdgas in den Produktionsprozessen eingespart werden. Der klimaschädliche Ausstoß von CO_2 wird deutlich reduziert, die Freisetzung von Lärm und diffusen Emissionen spürbar abgesenkt.

6.5   Ausgezeichnete Effizienz

Umweltfreundliches Arbeiten und nachhaltiges Wirtschaften sind unsere Unternehmensphilosophie und als solche in ein alltagstaugliches Umweltmanagementsystem geflossen. Wie alle Unternehmen der FERALPI-Gruppe besitzen auch die vier Unternehmen am Standort Riesa die Umweltmanagement-Zertifizierung nach DIN EN ISO 14001: 2004 und erfüllen damit den höchsten europäischen Umweltstandard. So gelingt es uns, die eigenen Ressourcen noch besser zu organisieren, die gesetzlichen Bestimmungen des Umweltschutzes einzuhalten und darüber hinaus unsere Umweltleistungen kontinuierlich zu verbessern. Gemessen und geprüft wird im Rahmen des „Eco-Management und Audit Scheme" (EMAS), das 1993 von der heutigen Europäischen Union geschaffen wurde und auch als „EU-Öko-Audit" oder schlicht „Öko-Audit" bekannt ist.

Die besondere Bedeutung dieses freiwilligen unternehmerischen Engagements innerhalb der europäischen Gemeinschaft fasste Gunther Adler, Staatssekretär des Bundesministeriums für Umwelt, Naturschutz, Bau und Reaktorsicherheit, anlässlich des 20. Jubiläums des Umweltmanagementsystems im Juni 2015 folgendermaßen zusammen: „Das europäische Umweltmanagementsystem EMAS ist eine einzigartige Erfolgsgeschichte. Die Eigenverantwortung der Wirtschaft, Umweltbelastungen zu vermindern oder zu vermeiden, spielt in diesem System eine entscheidende Rolle. Dass diese Eigenverantwortung auch wahrgenommen wird, belegen eindrucksvoll die Zahlen: Mehr als 800.000 Beschäftigte an mehr als 1900 Standorten leisten einen freiwilligen Beitrag zur gesellschaftlichen Umweltverantwortung von Unternehmen und Organisationen in Deutschland" (Bundesministerium für Umwelt, Naturschutz, Bau und Reaktorsicherheit, 2015).

Die Einführung des Umweltmanagementsystems (UMS) in Riesa begann im Mai 2007 mit der sogenannten Umweltprüfung. Dabei wurden die wesentlichen Umweltaspekte – also all jene Prozesse und Tätigkeiten mit wesentlichen Umweltauswirkungen – identifiziert. Im September 2007 war die erste Ermittlung der Umweltaspekte abgeschlossen. Daraus wurden bis Dezember 2007 die Umwelt- und Einzelziele abgeleitet. Kontinuierlich werden seitdem sowohl Umweltaspekte als auch Umweltziele fortgeschrieben. Im Juli 2008 erhielten zunächst die drei Firmen ESF Elbe-Stahlwerke Feralpi GmbH, EDF Elbe-Drahtwerke Feralpi GmbH und Feralpi Stahlhandel GmbH das Zertifikat für die Einführung eines Umweltmanagementsystems nach DIN EN ISO 14001. Die 2008 gegründete Feralpi-Logistik GmbH wurde im Jahr 2010 erstmals zertifiziert. Seit 2012 ist der Standort in Riesa nach der EG-Verordnung Nr. 1221/2009 (EMAS III) validiert.

Im Rahmen der Einführung des Umweltmanagementsystems hat FERALPI mit dem Aufbau eines Energiemanagementsystems begonnen, das seit 2012 in das EMAS eingebunden ist und sich an der DIN EN ISO 50001 orientiert. Seitdem wurde das Energiemanagementsystem als eigenständig zertifizierfähiges Managementsystem deutlich weiter ausgebaut.

Zentrale Punkte waren die Feststellung der energierelevanten Vorgänge und der energiebezogenen Leistung der Organisation aufgrund der Ermittlung der Kennzahlen für den Energieeinsatz, den Energieverbrauch und die Energieeffizienz. Darauf und zusätzlich auf den gesetzlichen und sonstigen Rahmenbedingungen aufbauend wurden die strategischen und operativen Ziele entwickelt und die energetische Ausgangsbasis festgelegt.

Grundlage für ein erfolgreiches Umwelt- und Energiemanagementsystem und somit den kontinuierlichen Verbesserungsprozess ist der PDCA-Kreislauf nach der Deming-Methode: Planen – Ausführen – Kontrollieren – Optimieren, bekannt als Plan-Do-Check-Act (PDCA). Dieser Kreislauf wird bei FERALPI-Stahl in Riesa konsequent angewendet.

Das bedeutet konkret:

- **Planen.** Die Umwelt- und Energieziele und die erforderlichen Prozesse werden festgelegt, um mit der Umwelt- und Energiepolitik der Organisation übereinstimmende Ergebnisse zu erhalten.
- **Ausführen.** Die identifizierten Prozesse werden in die betriebliche Praxis umgesetzt.
- **Kontrollieren.** Die Prozesse werden überwacht und an der Umwelt- und Energiepolitik, den Umweltzielen, den Einzelzielen, den strategischen und operativen Energiezielen, den rechtlichen Verpflichtungen und anderen Anforderungen ausgerichtet. Über die Ergebnisse wird berichtet.
- **Optimieren.** Maßnahmen zur ständigen Verbesserung der Leistung des UEMS werden im Ergebnis von internen Audits und Management-Reviews ergriffen.

Kernaufgaben des Umwelt- und Energiemanagementsystems bei FERALPI STAHL in Riesa sind:

- umwelt- und energierelevante Prozesse zu steuern, zu kontrollieren und zu dokumentieren,
- Rechtssicherheit zu schaffen, das heißt umwelt- und energierelevante Rechtsvorschriften/Genehmigungsauflagen einzuhalten und deren Einhaltung zu kontrollieren und gegebenenfalls Korrekturmaßnahmen einzuleiten,
- Verbesserungspotenziale aufzudecken und Optimierungen einzuleiten,
- alle Mitarbeiter für den Umweltschutz und die Energieeffizienz zu sensibilisieren und
- mit der interessierten Öffentlichkeit in einen offenen Dialog zu treten.

Um die Kernaufgaben des Umwelt- und Energiemanagementsystems umzusetzen, existieren ein Umwelt- und Energiemanagementhandbuch, Verfahrens- und Arbeitsanweisungen sowie Formblätter und Aufzeichnungen, die eine genaue Vorgehensweise für alle Prozesse und Mitarbeiter festhalten. Zur Pflege, Dokumentation, Lenkung und Umsetzung sämtlicher Aufgaben wurden für den Gesamtstandort ein Umweltmanagementbeauftragter und ein Energiemanagementbeauftragter ernannt, die von verschiedenen Umwelt- und Betriebsbeauftragten unterstützt werden. Die Bandbreite reicht, um allen anfallenden Herausforderungen gerecht zu werden, vom Immissionsschutzbeauftragten über den Betriebsbeauftragen für Abfall bis hin zum Medienverantwortlichen.

6.6 Transparente Kommunikation

Der Klimaschutz hat ein Kommunikationsproblem: Kontinuierliches, planvolles und zielstrebiges Handeln, um die Umwelt im Allgemeinen und das Klima im Speziellen zu schützen, hat schlicht im Alltag der berichtenden Journalisten keinen Nachrichtenwert. Nachweislich berichten Medien aus professioneller Routine heraus vor allem dann über Umweltschutz, wenn etwas schief geht – wenn etwa eine Katastrophe oder ein Naturereig-

nis für maximale Aufmerksamkeit sorgen. Mit anderen Worten: Je „extremer eine Schlag-
zeile formuliert ist, desto größer ist die Wahrscheinlichkeit, dass der Leser ein Interesse
entwickelt, die Zeitung zu kaufen bzw. den jeweiligen Artikel zu lesen".

Für jedes Unternehmen, dass sich aktiv für Nachhaltigkeit einsetzt, beginnt hier eine
besondere Herausforderung: Wie tue ich Gutes – und rede gleichzeitig so darüber, dass ich
auch gehört werde? Schließlich gilt es, sowohl intern zu kommunizieren und so jeden Mitarbeiter für das gemeinsame Ziel zu gewinnen, als auch extern möglichst viele Menschen
(und Kritiker) nicht nur zu informieren, sondern auch zu überzeugen.

Viele Unternehmen der Metall- und insbesondere der Stahlbranche verstärken in ihrer
Kommunikation jedoch unbewusst das Bild der „schmutzigen Industrie". Ihre Unterneh-
mensauftritte betonen das B2B-Geschäft und vernachlässigen ihr Interesse an der Öffentlichkeit und der Umwelt. Oft finden sie keine kommunikative Ebene zu den Menschen,
die Stahl täglich verwenden oder gar produzieren. Zudem wird die Vorstellung eines ano-
nymen Industriekomplexes bestärkt.

In einer globalisierten, kommunikativ vernetzten Welt, in der das Umweltbewusstsein
einen immer größeren Stellenwert einnimmt, verlieren die Stahlwerke mit diesem Bild in
den Augen der Öffentlichkeit Schritt für Schritt ihre Daseinsberechtigung. Ein gefährli-
cher Weg und Grund genug zu handeln. Von Umweltorganisationen kritisch beäugt und
in der Öffentlichkeit mit Klischees behaftet, ist uns mit der Entwicklung und Umsetzung
einer ganzheitlichen Kommunikationsstrategie eine beispielhafte Wende gelungen. Nicht
nur die Außendarstellung des Unternehmens, sondern das gesamte Selbstverständnis und
somit das Marken-Image wandelten sich vom historisch industriell geprägten Stahlwerk
hin zur modernen Produktion, die von Service, kompetenten Persönlichkeiten und Nachhaltigkeit geprägt ist.

Die zentrale Markenbotschaft dabei: Stahlerzeugnisse aus recyceltem Schrott herzustellen, ist unsere Kernkompetenz. Vor allem die Baubranche setzt auf die Stahl- und
Draht-Erzeugnisse von FERALPI STAHL, die unter anderem Wohnanlagen, Krankenhäusern und Behörden ihre Stabilität verleihen. Mit dem Leitmotiv „Wirtschaft ist auf
Stahl gebaut" manifestiert sich dieses neue Selbstbewusstsein. Gemeinsam prägen die
einzelnen Unternehmen das eigene Image. Aktiv begegnet man Kritikern, kommuniziert
die eigenen Stärken, ohne Schwächen zu verschweigen. Ein neues Bild, mutig, ehrlich
und voller Stolz auf die eigene Arbeit. Ein neuer Weg, für ein traditionsreiches, modernes
und regional so wichtiges Unternehmen.

In der internen Kommunikation wenden wir uns also gezielt an unsere Mitarbeiter und
Führungskräfte, um sie über Umweltschutz- und Energiebelange zu informieren (siehe
⊙ Abb. 6.6). Dafür nutzen wir beispielsweise tägliche Abteilungsleitergespräche, Schicht-
übergaben und Schulungen ebenso wie die Verteilung von Broschüren und Handzetteln,
hausinterne Publikationen oder jährliche Mitarbeitergespräche, um nur einige der Maßnahmen zu nennen. Ziel dabei ist es, alle Beschäftigen zur aktiven Unterstützung und
Umsetzung der Umwelt- und Energiepolitik zu motivieren. Das bedeutet auch, dass sich
jeder entsprechend der eigenen Kenntnisse und Erfahrungen über die eigentlichen Aufga-

Abb. 6.6 Information und Transparenz in der Belegschaft

ben hinaus einbringen kann, darf und soll. Dabei sollen durch Verbesserungsmaßnahmen sowohl die Umweltleistung als auch die Wirtschaftlichkeit erhöht, die allgemeinen Arbeitsbedingungen und die Zusammenarbeit der Beschäftigten untereinander verbessert, Unfallgefahren gemindert und besonders der Umweltschutz sowie die Energieeffizienz gefördert werden.

In der externen Kommunikation sucht FERALPI STAHL den sachlichen und transparenten Dialog in Fragen des Umweltschutzes mit Behörden, Anwohnern und sämtlichen interessierten Kreisen. Wir sehen uns konsequent in der Bringschuld, was schnelle und umfassende Information gegenüber einer umweltbewussten Öffentlichkeit anbelangt. Dabei sind es ganz unterschiedliche Zielgruppen, denen wir auf ganz unterschiedlichen Kanälen mit unterschiedlichen Maßnahmen begegnen.

Information der Öffentlichkeit, der Anwohner, der Stadt Riesa und Dialog mit interessierten Kreisen. Regelmäßig und proaktiv veröffentlichen wir die Ergebnisse durchgeführter Emissions- und Immissionsmessungen und informieren zudem ständig über Umweltschutzprojekte, wie beispielsweise Lärmschutzmaßnahmen. Wir laden zu Tagen der offenen Tür, zu Werksführungen und Bürgergesprächen und veranstalten außerdem regelmäßig einen „Runden Tisch". Bei genehmigungsrechtlichen und anlagentechnischen Veränderungen mit Umwelt- und Sicherheitsrelevanz beziehen wir die Zielgruppen mit ein. Wir nehmen an Messen und Ausstellungen teil und erstellen selbstverständlich Informationsbroschüren zu unserer Tätigkeit und unserem Engagement.

Informationen an Kunden, Lieferanten, Entsorger, Fremdfirmen und Verbände. An diese Zielgruppen kommunizieren wir unsere Umwelt- und Energiepolitik sowie Umwelt- und Energieziele, zudem unsere Liefer- und Einkaufsbedingungen und Qualitäts- und Umweltzertifikate. Wir geben unsere Veröffentlichungen (zum Beispiel die Umwelterklä-

rung und Nachhaltigkeitsbilanz) weiter, erbringen Entsorgungsnachweise, liefern Abfall-
begleitpapiere sowie Verhaltensregeln für das Betreten und Befahren des Werksgeländes
und informieren über Ergebnisse der durchgeführten Analysen und Qualitätskontrollen.

Zentrales Bürgertelefon. Alle Anrufe laufen in der Pförtnerei auf. Diese ist an 24
Stunden am Tag und sieben Tage pro Woche besetzt. Der diensthabende Pförtner leitet auf
Basis eines Bereitschaftsplanes die eingehenden Anrufe an einen Verantwortlichen weiter,
der den Anruf entgegennimmt und weitere Maßnahmen einleitet. Bei Beschwerden wird
der Anrufer zeitnah von einem Verantwortlichen des Werkes besucht, um vor Ort der Be-
schwerde nachzugehen, mögliche Ursachen festzustellen und nach geeigneten Maßnahmen zu suchen, um das Problem zu vermeiden oder abzustellen. Alle eingehenden Anrufe
und Beschwerden werden dokumentiert.

**Kommunikation mit Umwelt-, Strahlenschutz-, Arbeitsschutz-, Zoll- und Fi-
nanzbehörden.** Die Unternehmen von FERALPI STAHL pflegen mit den zuständigen
Zulassungs- und Überwachungsbehörden einen transparenten und offenen Dialog. Un-
aufgefordert werden benötigte Informationen und Daten über Betriebsabläufe, Umweltauswirkungen etc. an die Behörden weitergeleitet. Ein Zutritt zu allen Werksanlagen ist
jederzeit möglich.

Besichtigungen und Werksführungen. Nach vorheriger Anmeldung bei der Geschäftsführung werden jederzeit für interessierte Kreise Werksführungen organisiert (siehe ⊙ Abb. 6.7). Zusätzlich erfolgt mindestens jährlich die Veranstaltung eines Tages der
offenen Tür für die breite Öffentlichkeit. Im Jahr 2014 wurden an diesem Tag insgesamt
750 Besucher gezählt.

Dass unsere Kommunikationsstrategie Früchte trägt, belegt eine repräsentative Befragung der Bürger aus Riesa und Umgebung, die von der INWT Statistics GmbH in Kooperation mit der IM Field GmbH (früher: Institut für Marktforschung Leipzig) im Auftrag von
FERALPI STAHL im April 2015 durchgeführt wurde – und zwar analog zu Befragungs-
wellen vom Juni 2009, Juni 2011 und August 2013, um vergleichbare Werte zu schaffen.
Die Ergebnisse belegen: Der Großteil der Befragten fühlt sich weder vom Lärm noch von
einer Verkehrsbelastung gestört. Vier von fünf Befragten vertrauen FERALPI STAHL in
Sachen Umweltschutz schon jetzt. Und: Wer einmal bei uns gewesen ist, etwa beim Tag
der offenen Tür oder zu einer Werksführung, bewertet uns konsequent positiver. Dasselbe
gilt für alle, die einen Mitarbeiter an unserem Standort kennen. Das spricht nicht nur dafür, weiterhin an unserer transparenten Kommunikation festzuhalten, sondern auch für ein
weiterhin konsequentes Umsetzen unserer Unternehmensmaxime, und zwar in Form von
Investitionen und Engagement zugunsten einer umweltfreundlichen Stahlproduktion.

Ein gelebtes und klar kommuniziertes „Produzieren und Wachsen mit Rücksicht auf
den Menschen und die Umwelt" bleibt unser Schlüssel zum Erfolg – und unser Beitrag
zum Schutz der Welt, in der wir leben, die vom Stahl geprägt ist und mit Stahl bewahrt
werden kann.

Abb. 6.7 Werksführung bei FERALPI STAHL

6.7   Gemeinsam sind wir stark

Wir entscheiden in der Gegenwart über die Zukunft, in der unsere Kinder leben werden. Wer sich diese Tatsache, wie die FERALPI-Gruppe, bewusst macht, der kann gar nicht umhin, die Weichen richtig zu stellen. Die Erfahrung aus der Praxis, nicht nur am Standort Riesa, zeigt: Auch in einer energieintensiven Industrie wie der Stahlproduktion bestehen Möglichkeiten, sich täglich für Nachhaltigkeit einzusetzen – mit innovativer Technik, fachkundigen Mitarbeitern, ausgezeichneter Effizienz und transparenter Kommunikation gelingt das am besten.

Um aus dem Gefangenendilemma des Umweltschutzes, in dem sich die gesamte Menschheit befindet, auszubrechen, reicht das allerdings noch lange nicht. Für wahre Nachhaltigkeit sind wir alle gefordert, müssen unseren Beitrag leisten, müssen investieren, inspirieren und unsere Bemühungen intensivieren. Eine sehr weltliche Herausforderung, bei der ich zum Schluss ein geistliches Oberhaupt zitieren möchte. In seiner Umwelt-Enzyklika „Laudato si" schreibt Papst Franziskus jüngst: „Angesichts der weltweiten Umweltschäden möchte ich mich jetzt an jeden Menschen richten, der auf diesem Planeten wohnt" (Papst Franziskus, 2015).

Dem kann ich mich nur anschließen. So platt es auch klingen mag: Nur gemeinsam sind wir stark – nur gemeinsam schaffen wir es, nachkommenden Generationen eine lebenswerte Welt zu hinterlassen. Lassen Sie uns beginnen. Jetzt!

Bilder: Jörg Simanowski, René Gaens, Marko Kubitz

6.8   Über den Autor

Frank Jürgen Schaefer ist Werksdirektor der ESF Elbe-Stahlwerke Feralpi GmbH im sächsischen Riesa. Seit seinem Studium der Umformtechnik an der RWTH Aachen hat den Diplom-Ingenieur der Stahl nie losgelassen. Ab 1986 war Schaefer Leiter des Drahtwalzwerks Badische Stahlwerke GmbH in Kehl, ab 1989 Betriebschef der dortigen Walzwerke, ab 1994 schließlich Geschäftsführer des Badischen Drahtwerkes. Mit mehr als 30 Jahren Erfahrung in der Stahlbranche sorgt Frank Jürgen Schaefer nun dafür, dass der Stoff, aus dem unsere Zivilisation gebaut ist, möglichst umweltschonend produziert wird. Gerade erst hat sein Feralpi-Stahlwerk in Riesa erneut die höchste Auszeichnung der Europäischen Union für freiwilliges Engagement im Umweltschutz erhalten: die EMAS-Zertifizierung, die nur wenige Stahlhersteller in Europa erhalten.

Literatur

BDSV-Newsletter Ausgabe 31, 19.03.2008.

Bundesministerium für Umwelt, Naturschutz, Bau und Reaktorsicherheit (2015) Wirtschaften im Einklang mit der Umwelt. Pressemitteilung Nr. 141/15. 16.06.2015. Berlin.

European Comission (2013) JRC Reference Report. Best Available Techniques (BAT) Reference Document for Iron and Steel Production. Publications Office of the European Union. Luxembourg.

European Comission (2013) JRC Reference Report. Best Available Techniques (BAT) Reference Document for Iron and Steel Production. Publications Office of the European Union. Luxembourg.

Hauff Volker (1987) Unsere gemeinsame Zukunft. Der Bundtland-Bericht der Weltkommission für Umwelt und Entwicklung. Eggenkamp Verlag. Greven.

Hmielorz Annemone, Löser Nardine (2007) Klimawandel und seine Präsenz in regionalen Medien. Eine Analyse der Ostsee-Zeitung. Coastline Reports, 8/2007. Baltic Sea Research Institute Warnemuende (IOW). Rostock.

Papst Franziskus (2015) Enzyklika Laudato si. Über die Sorge für das gemeinsame Haus. Katholisches Bibelwerk.

Nachhaltigkeit im Weinbau 7

Stefan Fleischer

7.1 Einleitung

Es ist eine Errungenschaft unserer Generation, dass der Begriff der Nachhaltigkeit einen festen Platz im öffentlichen Bewusstsein etabliert hat. Das Interesse an der Frage, wie und mit welchen Auswirkungen die Produkte, die wir konsumieren, hergestellt werden, hat einen zunehmenden Einfluss auf unternehmerische Entscheidungen. Leider ist Nachhaltigkeit in dieser Entwicklung zu einem stark abgenutzten Schlagwort unserer Zeit geworden. Alles muss heute nachhaltig sein. Dabei wird der Begriff schnell zur abgedroschenen Marketingphrase. So kommt heute kein Geschäftsbericht eines börsennotierten Unternehmens ohne ein Kapitel über die eigenen Fortschritte in diesem Bereich aus. Banken schreiben über ihr soziales Engagement für die Verlierer der Globalisierung und Energieunternehmen über ihre Errungenschaften bei der Energiewende vorwegzugehen. Für uns im Weinbau ist Nachhaltigkeit nichts Neues. Wir arbeiten 25 Jahre und mehr mit der gleichen Pflanze, Weinberge werden von Generation zu Generation weitervererbt. Sie bilden die Grundlage unserer Existenz, deshalb kalkulieren wir bei jeder Maßnahme, die wir durchführen, die langfristigen Auswirkungen mit ein.

7.2 Der ökologische Aspekt

7.2.1 Nachhaltigkeit im Weinberg

Der ökologische Aspekt ist ohne Zweifel der wichtigste Aspekt, wenn man über Nachhaltigkeit in der Landwirtschaft oder speziell im Weinbau spricht. Im Gegensatz zur Mehrheit der Landwirtschaft ist der Lebenszyklus der Weinreben nicht auf ein Jahr limitiert, sondern erstreckt sich über 25 Jahre und mehr. Die Gesundheit und Vitalität des Ökosystems, der

Schutz der Ressourcen Boden und Grundwasser sind im Weinbau die Grundlage unserer Existenz. Hier muss man klar feststellen, dass Weinberge nicht die romantisch verklärte Naturlandschaft von Urlaubsfotos sind, sondern eine Kulturlandschaft. Genau genommen gehören sie zur schlimmsten Form der Kulturlandschaft, der Monokultur.

Kräutereinsaaten in den Bearbeitungsgassen geben uns die Möglichkeit, die Vielfalt unseres Ökosystems zu bereichern und es damit zu stärken. So können wir Vorausset-zungen schaffen, um Pflanzenschutz und Düngung grundlegend zu verändern. Die erste wichtige Pflanzengruppe ist die der Stickstoffsammler. Verschiedene Wickenarten, Klee-sorten und Luzerne sammeln Stickstoff aus der Luft und speichern diesen in Knöllchen an ihren Wurzeln. So kann der Bedarf nach Dünger, der von außen ins Ökosystem ein-gebracht wird, merklich verringert werden. Zusammen mit Pfahlwurzlern wie Ölrettich oder Senf sorgt ihr Wurzelgeflecht für eine Auflockerung und bessere Durchlüftung des Bodens und fördert so das organische Bodenleben. Die bunte Blütenvielfalt der Kräuter sieht nicht nur schön aus, sondern fördert auch die Population von Nutzinsekten. Um-gekehrt haben speziell Pflanzen mit ätherischen Ölen die Wirkung Schädlinge aus dem Weinberg fernzuhalten. Der Faktor des Erosionsschutzes durch Bodenbedeckung spielt bei uns im Gegensatz zu steileren Lagen eine untergeordnete Rolle. Da die für den öko-logischen Weinbau entwickelten Saatgutmischungen wie die Wollf-Mischung einen zu hohen Wasserbedarf für unsere Region haben, arbeiten wir an unseren eigenen Mischun-gen mit regionale Pflanzen, die an unsere Witterung angepasst ist. Ziel ist es, die optimale Kombination der positiven Effekte zu maximieren ohne durch zu hohen Wasserverbrauch das gesamte Ökosystem zu schwächen. Durch die Pflanzenvielfalt wird die Monokultur aufgebrochen und das Ökosystem gestärkt. Zusätzlich ziehen diese Pflanzen Nützlinge an, die das Bodenleben verbessern und Schädlinge fressen (vgl. ◉ Abb. 7.1).

Biodiversität im Weinberg kann einen wichtigen Beitrag leisten, aber sie kann Dün-ge- und Pflanzenschutzmaßnahmen nicht vollständig ersetzen. Chemisch hergestellte mineralische Dünger haben die Landwirtschaft im 20. Jahrhundert grundlegend verän-dert. Genauso wenig wie Vitaminpräperate natürliche Vitamine von gesunder Ernährung ersetzen können, kann Kunstdünger organische Dünger gleichwertig ersetzen. Die Ver-wendung von Melasse (einem Abfallprodukt aus der Zuckerherstellung) sowie Pferdemist oder Hühnerdung bietet hier sehr gute Alternativen. Regelmäßige Bodenanalysen, um den wirklichen Bedarf festzustellen, sind auch unabdingbar.

Pflanzenschutz ist wohl das größte Thema in der Nachhaltigkeitsdiskussion im Wein-bau. Der Verzicht auf Herbizide ist ein wichtiger Baustein für ökologischen Anbau. Im konventionellen Weinbau werden mit ihnen „Unkräuter" direkt unterhalb der Rebzeile beseitigt. Dies ist wichtig, um eine optimale Belüftung des Ökosystems zu gewährleisten und Konkurrenz um Sonne zu vermeiden. Jahrzehntelange Herbizidbehandlung führt je-doch dazu, dass in diesem Bereich das Bodenleben soweit zerstört ist, dass hier nur noch Moos wächst. Die Bearbeitung mit einer Scheibe, die ähnlich wie ein Pflug den Boden umwirft und so einen Teil der Pflanzen entwurzelt und den anderen Teil mit Erde abdeckt, ermöglicht uns die mechanische Entfernung dieser unerwünschten Pflanzen.

Abb. 7.1 Kräuter im Weinberg

Wir kommen auch ohne Insektizide aus. Der wichtigste tierische Schädling im Weinberg ist der Traubenwickler. In seinen unterschiedlichen Phasen kann er erhebliche Schäden an Blüten und Trauben anrichten. Neben der Förderung natürlicher Feinde können wir mit Pheromonfallen, die im Weinberg aufgehängt werden, gezielt den Traubenwickler im Paarungsverhalten verwirren und so ohne einen negativen Einfluss auf Nützlinge die Population dieses Schädlings minimieren.

Der Hauptbereich des Pflanzenschutzes beschäftigt sich jedoch mit den Fungiziden. Der echte und der falsche Mehltau, auch Oidium und Peronospora genannt, sowie Botrytis stellen die größten Herausforderungen für Nachhaltigkeit im Pflanzenschutz dar. Die im ökologischen Anbau verwendeten Mittel wie Schwefel und Backpulver stellen für Oidium eine gute Alternative zu systemischen Spritzmitteln dar. Botrytis läßt sich sehr gut mit Pflanzenstärkungsmitteln wie Kaliwasserglas oder Schachtelhalmextrakt vorbeugen. Diese stärken die Traubenschale und machen sie so widerstandsfähiger gegen Pilzbefall. Ein ökonomischer und ökologischer Nachteil in diesem Bereich ist die Häufigkeit der Anwendungen. Mit eineinhalb- bis zweimal so vielen Spritzungen verbraucht man entsprechend mehr Diesel. Der Preis für ein nachhaltigeres Ökosystem Weinberg geht also hier zu Lasten der Ökologie insgesamt.

Peronospora ist wohl die Achillessehne des ökologischen Weinbaus und der Hauptgrund, warum wir mit dem Weingut der Stadt Mainz 2015 aus dem Bioanbau wieder ausgestiegen sind. Es erscheint grotesk, dass biologischer Anbau nach EU-Zertifizierung weder ökologisch noch nachhaltig ist. Nachdem das Mittel Frutogard auf Betreiben Frankreichs 2014 aus der EU-Liste der Pflanzenstärkungsmittel gestrichen wurde, ist

Kupferhydroxid als das wesentliche Mittel gegen den falschen Mehltau verblieben. Die Argumentation lautet, Kupfer ist ein natürlich vorkommender Wirkstoff, der nicht in den Saftkreislauf der Pflanze eindringt, also nicht systemisch wirkt. Dass Kupfer allerdings auch ein Schwermetall ist, welches in höheren Konzentrationen das Bodenleben massiv schädigt (Miersch, 2009), wird in dieser Argumentation zweckdienlich verschiegen. Laut einer Studie des Öko Institut e.V. sind aber genau die Inhaltstoffe von Frutogard, Salze der phosphorigen Säure und ein Algenpräparat, neben anderen natürlichen Pflanzenstärkungsmitteln und besseren Prognosemodellen die beste Strategie um die Kupfermengen zu minimieren (Diesner et al., 2014). Der internationale Vergleich von Eco-Consult zeigt, dass in Frankreich und Italien mit 6 kg pro Hektar die jährlich erlaubte Ausbringmenge doppelt so hoch ist wie im deutschen Bioanbau (Hofmann, 2012). Für mich ist diese Entwicklung nur damit zu erklären, dass Bioweine auf dem internationalen Massenmarkt mittlerweile eine feste Größe sind und gerade im Geschäft mit Handelsketten der Preisdruck entsprechend groß ist, dass ökologische Standards ökonomischen Interessen zum Opfer fallen. Da Boden und Grundwasser unsere wichtigsten Ressourcen sind, war von uns der Ausstieg aus dem zertifizierten biologischen Anbau die logische Konsequenz. Auf ein Biosiegel, welches mich daran hindert, ökologisch zu wirtschaften, kann ich verzichten.

7.2.2 Kellerwirtschaft

Die Kühlung des Mostes während der Gärung ist essenziell, um die Gärgeschwindigkeit zu kontrollieren. Durch den Gärprozess entsteht Wärme und je wärmer der Most wird, desto schneller die Gärung. An warmen Tagen können wir die Temperatur des Leseguts durch die Ernte am frühen Morgen reduzieren, aber dies kann die Kühlung nicht ersetzen. Aus diesem Grund haben wir in Zusammenarbeit mit der Bürgerenergiegenossenschaft Urstrom eine Solaranlage mit 80,64 KWp auf dem Dach unserer Betriebsgebäude installiert. So erzeugen wir den benötigten Strom nicht nur vor Ort, sondern auch zu dem Zeitpunkt, an dem wir ihn benötigen. Je mehr Sonne scheint, desto mehr Strom benötigen wir zur Kühlung. Nicht nur in ökologischer Hinsicht ist dies ein wunderschönes Nachhaltigkeitsprojekt, sondern auch unter ökonomischen und sozialen Gesichtspunkten. Wir haben unsere Dachflächen an Urstrom vermietet und die Genossenschaft, die sich durch private Anteilseigner finanziert, ist Eigentümer der Solaranlage. Wir kaufen unseren Strom wiederum von der Genossenschaft. Die Erhöhung der EEG-Umlage hat uns hier eine weitere groteske Situation geschaffen. Mittlerweile ist der Strom, der vor Ort produziert wird, teurer als der Ökostrom, den wir aus dem Stromnetz beziehen. Selbst wenn ich selbst der Eigentümer der Solaranlage wäre, müsste ich für die Stromproduktion ein separates Unternehmen gründen und mir den Strom selbst verkaufen, selbstverständlich inklusive EEG-Umlage. Mit dem Erneuerbare-Energien-Gesetz straft die Politik Unternehmen, die in Nachhaltigkeit investieren.

7.2.3 Klimaneutralität

Der CO_2-Fußabdruck ist ein weiteres populäres Thema im Nachhaltigkeitsdiskurs. Viele Unternehmen aus verschiedensten Sparten werben damit, dass sie durch erworbene CO_2-Zertifikate klimaneutral seien. Man kann Briefe und Pakete klimaneutral verschicken und durch Flugreisen verursachtes CO_2 ausgleichen. Es ist bezeichnend, dass es eine der führenden Wirtschaftsberatungen war, die sich diesen Zertifikatehandel ausgedacht hat. Das Prinzip der freien Marktwirtschaft wird schonungslos auf die Nachhaltigkeit angewandt mit all seinen Unzulänglichkeiten und Schwächen. Die Wirtschaftswoche umschreibt den Handel 2009 mit der Überschrift „Moderner Ablasshandel für Klimasünder" (Gerth, 2009). Herr Gerth zitiert in seinem Artikel die Klimaschutzexpertin Juliette de Grandpré des WWF, dass seriöse Klimaagenturen gar nicht so leicht zu finden seien. Zwei Beispiele verdeutlichen das Problem: Der Anbieter Myclimate investiert in Klimaschutzprojekte wie dem Solarkocherprojekt in Madagaskar. Lokale Familien können subventionierte Solarkocher kaufen. Myclimate errechnet die CO_2-Einsparung der nächsten Jahrzehnte mit der Annahme, dass die Familie in Madagaskar den Solarkocher über Jahrzehnte nutzt, damit das Essen zubereitet und die Verbrennung von Holz einstellt (Myclimate). Laut der Gesellschaft für technische Zusammenarbeit, einem Arm der deutschen Entwicklungszusammenarbeit, sind Solarkocher als hochproblematisch einzustufen: „Die Regel ist bislang, dass die Mehrheit der Nutzerinnen und Nutzer, abgesehen von isolierten Enthusiasten, den regelmäßigen Gebrauch der Kocher einstellt, sobald das Projekt zu Ende ist" (Schichtel, 1999, Seite 12).

Ein anderes Modell mit Klimazertifikaten Geld zu verdienen ist, man kaufe sich einen Wald, holze ihn ab, und pflanze schnell wachsende Bäume darauf, wie z. B. Pappeln. Diese kann man dann fällen und zu Streichhölzern oder Pellets für westeuropäische Heizungen verarbeiten. Mit jeder Neupflanzung erhält man so neue CO_2-Zertifikate, obwohl der gebundene Kohlenstoff mit dem Abbrennen wieder freigesetzt wird (Andersch, 2015). Die Grundidee für Treibhausgase, die man selbst nicht vermeiden kann, in Projekte zu investieren, wo noch Einsparungsmöglichkeiten vorhanden sind, ist nicht prinzipiell schlecht. Leider funktioniert das bestehende System des Zertifikatehandels äußerst mangelhaft. Auf diesem Hintergrund stimme ich mit Frau Grandpré vom WWF überein: Es ist viel sinnvoller, nach Möglichkeiten im eigenen Handeln zu suchen, mit dem man den Ausstoß von CO_2 verringern kann. Die Vermeidung von 41 Tonnen CO_2 durch unsere Solaranlage (Urstrom Projektspiegel) ist ein kleiner Beitrag in dieser Richtung. Ein weiterer kleiner Baustein ist unsere Umstellung auf LED-Beleuchtung in Keller und Lagerhallen. Abgesehen von der direkten Stromersparniss hat diese den zusätzlichen Nutzen, dass sie im Gegensatz zu Neonlicht keine Wärme erzeugt und so den Bedarf an Kühlung verringert.

Für uns als Familienbetrieb geht ökologische Nachhaltigkeit jedoch weit über die Verpflichtungen für ein Bio- oder Nachhaltigkeitssiegel hinaus. Jeder muss sich im Rahmen seiner Möglichkeiten für den Schutz von Resourcen einsetzen, damit wir auch künftigen Generationen einen intakten Planeten hinterlassen können. 2013 haben wir zusammen

Abb. 7.2 50° Nord Etikett

mit der Stiftung Wilderness International das 50° Nord Projekt gestartet. Für jede Flasche dieses Weins spendet das Weingut der Stadt Mainz fünf Quadratmeter Regenwald
in Westkanada. So sind mit dem ersten Jahrgang von 1.500 Flaschen 7.500 Quadratmeter Regenwald zusammengekommen, die von der Stiftung per Grundbucheintrag gekauft
werden und somit dauerhaft vor der Abholzung geschützt sind. Die Leidenschaft der beiden Stiftungsgründer für ihre Sache hat mich von Beginn an begeistert. Das ist ein Projekt,
welches zu unserem Verständnis von Nachhaltigkeit passt. Erst in meiner Recherche für
diesen Beitrag habe ich erfahren, dass diese 7.500 Wald in ihrer Biomasse die sagenhafte
Menge von 786 Tonnen CO_2 speichern. Der 2014er-Jahrgang wird mit 2.000 Flaschen
über 1.000 Tonnen CO_2 schützen. Die Frage bleibt bestehen: Ist ein Wald mit 500 Jahre
alten Ahornbaumriesen, der Heimat von Grizzlybären und Waldsalamandern ist, nicht
mehr wert als das CO_2 seiner Biomasse?

Ein wichtiges Ziel von Wilderness International ist es, Bewusstsein für diesen von der
Holzwirtschaft bedrohten Lebensraum zu generieren. Ich freue mich, dass es uns gelun-
gen ist, dies auch auf dem Etikett des 50° Nord Weins umzusetzen (vgl. ⊚ Abb. 7.2). Das
Ahornblatt und das Weinblatt mit dem kurzen Titel 50° Nord werfen die Frage nach dem
Warum auf. Sowohl der Wein in Rheinhessen als auch der mit dem Erlös geschützte Re-
genwald in Westkanada befinden sich auf dem 50-ten Grad nördlicher Breite. Die meisten
Menschen (mich selbst eingeschlossen) wissen nicht, dass es temperierten Regenwald in

unseren Breiten überhaupt gibt. So erfüllt der Wein den zusätzlichen Nutzen Menschen auf diese schützenswerte Natur aufmerksam zu machen.

7.3 Ökonomische und soziale Aspekte

Von den drei Kreisen, die den ökologischen, ökonomischen und sozialen Aspekt der Nachhaltigkeit bildlich verdeutlichen, ist die Schnittmenge der ökonomischen und sozialen Gesichtspunkte wohl am größten. Da diese häufig miteinander verknüpft sind, möchte ich sie in diesem Kapitel gemeinsam behandeln.

Nur ein Unternehmen, welches ökonomisch erfolgreich ist, hat die Ressourcen in Nachhaltigkeit zu investieren. Hier liegt eines der größten Probleme unserer heutigen Landwirtschaft. Kein Land in Europa hat so viele Discounter wie Deutschland. Die „Geiz ist geil"-Mentalität hat verheerende Folgen für die Herstellung unserer Lebensmittel. Die französische Landwirtschaft bekommt immer wieder vorgeworfen, sie sei nicht wirtschaftlich, da die Betriebsgrößen zu klein seien. In Deutschland hingegen haben wir wettbewerbsfähige Landwirtschaftsbetriebe. Das sind Großbetriebe, die sich beispielsweise auf Milch- und Fleischproduktion spezialisiert haben und durch ihre Größe zu günstigeren Kosten produzieren können. Die ökologischen, ökonomischen und sozialen Folgen sind gravierend: Da die Agrarfläche nicht proportional mitgewachsen ist, verursacht die überschüssige Gülle ungeachtet vom Staat geförderter, nachhaltiger Biogasanlagen nitratverseuchtes Grundwasser, da sie „in den Hochburgen der Fleischproduktion … auf den Feldern regelrecht entsorgt" wird (Vorholz, 2014). Trinkwasserbrunnen müssen stillgelegt werden. Landwirte, die für die Vermarktung ihrer Produkte auf Handelsketten angewiesen sind, sind nicht zu beneiden.

Auch im Weinbau existieren ähnliche Probleme. In meiner Zeit als Weinimporteur in China waren 58 Cent pro Flasche für spanischen Landwein mit Abstand das niedrigste Angebot was ich erhalten habe. Preise von knapp über 1 € waren keine Seltenheit. Mit meinen Produktionskosten im Weingut in Deutschland kann ich zu diesem Preis nicht einmal den Inhalt der Flasche herstellen, ohne über die Kosten von Flasche, Kork, Etikett oder Karton überhaupt nachzudenken.

Ich befinde mich in der glücklichen Situation, dass meine Eltern schon seit Ende der 1960er-Jahre das Flaschenweingeschäft aufgebaut haben. Nach dem Motto „Unser Wein selbst ist seine beste Werbung" haben sie durch Weinproben, Veranstaltungen und freundlichen Service jeden einzelnen Kunden von der Qualität ihrer Produkte überzeugt. Wir vermarkten sämtliche Erträge unserer Weinberge in der Flasche, den größten Teil davon direkt an Endverbraucher. Außerdem sind wir vor allem in der regionalen Gastronomie gut vertreten. Ironischerweise haben wir mehr Metzgereien in Mainz als Kunden als Weinläden außerhalb von Mainz. Ich bin besonders stolz, dass die Namen Fleischer und Weingut der Stadt Mainz von Kunden häufig mit guter Qualität und moderaten Preisen assoziiert werden. Regionalität und Vertrauen sind für uns wesentlich wichtigere Faktoren als ein Biosiegel. Trotz unserer Umstellung auf ökologischen Anbau seit 2009 haben wir lediglich vom 2013er Jahrgang 4 Weine mit einer Gesamtfüllmenge von ca. 4000 Flaschen mit Biosiegel abgefüllt. Es hat mich selbst verwundert, wie wenig sich unsere Kunden dafür interessiert haben. Meine beste Erklärung liegt in unserer Vertriebsstruktur. Viele unserer Kunden kennen die Familienmitglieder von ihrem Einkauf im Weingut persönlich. Ich hätte auch mehr Vertrauen zur Qualität von vielen Lebensmitteln, wenn ich die Personen, die sie herstellen, kennen würde. Den Kunden direkt zu kommunizieren, wie wir unsere Weine herstellen, was wir unternehmen, um nachhaltig zu produzieren, ist für einen Familienbetrieb wie uns nicht ein Pflichtteil des Geschäftsberichts, sondern eine Selbstverständlichkeit, die in der Leidenschaft für unseren Beruf begründet ist. Dafür sind Konsumenten auch bereit einen höheren Preis als im Supermarkt zu bezahlen.

Der Mindestlohn ist ein weiteres ökonomisches Thema, das in Politik und Medien viel diskutiert wurde. Auch hier zeigt sich sehr deutlich der Einfluss der Unternehmensgröße auf die Praxis mit der Nachhaltigkeit gelebt wird. Auch in der Landwirtschaft gibt es eine Anzahl von Reportagen und Berichten über spezialisierte Großbetriebe z. B. im Erdbeer- oder Spargelanbau, wo ausländische Saisonarbeiter für einen Hungerlohn schwere körperliche Feldarbeit verrichten und unter zum Teil unvorstellbaren Verhältnissen untergebracht sind. Ähnliche Beispiele aus Weinbaubetrieben sind mir nicht bekannt. Für uns ist es eine Selbstverständlichkeit, dass die Arbeit im Weinberg angemessen honoriert werden muss. Auch die Mindestanforderung von 8 Quadratmeter Wohnraum pro Person ist nichts, was ich einem Menschen, der für mich arbeitet, zumuten möchte. Wenn unser Unternehmen irgendwann nicht mehr in der Lage sein sollte, allen unseren Mitarbeitern einen vernünftigen Lebensunterhalt zu finanzieren, werde ich die Familientradition lieber an den Nagel hängen. Dies gilt offensichtlich auch für die Mehrheit meiner Berufskollegen. Die wesentliche Kritik richtet sich nicht gegen den Mindestlohn an sich, sondern gegen dessen Ausführungsbestimmungen (Krupp, 2015). Ein Merkblatt zum Mindestlohngesetz hat bei mir nur noch Verwunderung ausgelöst. Die Praxis in der Vergangenheit war, dass die Saisonarbeiter sich wöchentlich kleinere Beträge für die Bedürfnisse des täglichen Lebens haben auszahlen lassen und den größten Teil am Tag vor ihrer Heimreise. Jetzt muss ich jedem den Monatslohn spätestens am fünften Arbeitstag des Folgemonats auszahlen und mir dies quittieren lassen. Dann darf ich ihnen quittieren, dass ich es wieder für sie in Verwahrung nehme bis zum Tag ihrer Abreise. Ich habe erst einmal im Kalender nachgesehen, ob nicht doch der 1. April ist. Dass Arbeit angemessen bezahlt wird, sollte in Europa eine Selbstverständlichkeit sein. Dass wir solch abstruse Bestimmungen benötigen, um die Ausbeutung von Arbeitern zu verhindern, zeigt, dass wir noch einen weiten Weg vor uns haben, um ökonomische Nachhaltigkeit zu einem Allgemeingut zu machen.

7.4 Fazit

Nachhaltigkeit ist eine Herausforderung, die sich langfristig nur global lösen lässt. Selbst in einem wirtschaftlich entwickelten, demokratisch regierten Land wie Deutschland haben wir noch einen weiten Weg vor uns. Die Politik ist gefragt bessere Regeln und Anreize zu schaffen als beispielsweise den CO_2-Zertifikate-Handel, um den Schutz unserer Ressourcen gegenüber wirtschaftlichen Einzelinteressen zu stärken. Vor allem aber brauchen wir ein Umdenken in der Gesellschaft. Dass Nachhaltigkeit, Klimaschutz, fairer Handel, etc. Themen sind, die immer größere öffentliche Beachtung finden, ist ein gutes Zeichen.

Durch meine persönlichen Erfahrungen bin ich der Überzeugung, dass die Betriebsgröße einen großen Einfluss auf die Umsetzung des abstrakten Begriffs Nachhaltigkeit in die unternehmerische Praxis haben kann. In kleinen und mittelständigen Unternehmen, die vom Eigentümer geführt sind, besteht ein direktes persönliches Verhältnis zu allen Interessengruppen, seien es Zulieferer, Mitarbeiter oder Kunden. Gerade die Direktvermarktung und kurze Vertriebsstrukturen bieten ein hervorragendes Umfeld in dem unternehmerische Verantwortung für Ressourcen über gesetzliche Mindestanforderungen hinausgehen kann und Nachhaltigkeit auch vom Konsumenten honoriert wird.

7.5 Über den Autor

 **Stefan Fleischer** ist mit seiner Familie Pächter des Weinguts der Stadt Mainz. Weinbau lässt sich in der Familie bis 1742 zurückverfolgen. Familie Fleischer bewirtschaftet 30 ha Weinberge südlich von Mainz und produziert jährlich etwa 250.000 Flaschen Weißwein, Rotwein und Sekt. Das Weingut ist vielfach für seine Weine ausgezeichnet worden. Der Weg zurück ins elterliche Weingut hat den studierten Sinologen und Volkswirt über einige Umwege geführt. Nach dem Studium in Köln und Peking hat er an der School of Oriental and African Studies der Universität London seinen Master in Volkswirtschaft mit Schwerpunkt auf Entwicklung erworben. Nach kurzer Tätigkeit für die Industrieentwicklungsorganisation der Vereinten Nationen in China hat er seinen Weg zurück in die Weinbranche gefunden. Nach weiteren sieben Jahren im Weinmarketing, Import und Vertrieb in China ist er 2012 ins Familienunternehmen zurückgekehrt und hat 2015 die Leitung des Familienunternehmens übernommen.

Literatur

Andersch, Kai (2015) Präsident der Stiftung Wilderness International Telefoninterview geführt vom Autor am 2.8.2015

Diesner, Mark-Oliver et al. (2014) Kupfer im Bio-Landbau: Hintergrund, Herausforderungen und Handlungsempfehlungen. Öko-Institut e.V. Freiburg

Krupp, Norbert (2015) Politiker diskutieren über die Auswirkungen des Mindestlohns für Landwirtschaft und Weinbau an der Nahe. Allgemeine Zeitung, Rhein-Main-Presse 29.4.2015
http://www.allgemeine-zeitung.de/lokales/bad-kreuznach/landkreis-bad-kreuznach/politiker-diskutieren-ueber-die-auswirkungen-des-mindestlohns-fuer-landwirtschaft-und-weinbau-an-der-nahe_15278487.htm

Miersch, Michael (2009) Biobauern spritzen Schwermetalle. Die Welt 18.02.2009
http://www.welt.de/wissenschaft/article3228140/Biobauern-spritzen-Schwermetalle.html

Gerth, Martin (2009) Moderner Ablasshandel für Klimasünder. Wirtschaftswoche 30.11.2009
http://www.wiwo.de/unternehmen/energie/co2-freikauf-im-selbstversuch-moderner-ablasshandel-fuer-klimasuender/5143566.html

Hofmann, Uwe (2012) Kupfer als Pflanzenschutzmittel – Was passiert in anderen EU-Staaten?, Eco-Consult. Geisenheim
http://kupfer.jki.bund.de/dokumente/upload/20710_hofmann_ecoconsult.pdf

Myclimate, Mit Solarkochern zurück zur grünen Insel, Zugriff am 3.8.2015
http://www.myclimate.org/de/klimaschutzprojekte/projekt/madagaskar-effiziente-kocher-solar-7116/

Schichtel, Cornelia Redaktion (1999) Solarkocher in Entwicklungsländern, Gesellschaft für technische Zusammenarbeit
http://www.leap01.de/docs/gtz-Akzeptanztest-Solarkocher.pdf

Urstrom Projektspiegel
http://www.urstrom-projektspiegel.com/expose/05_Expose_Weingut_Fleischer.pdf

Vorholz, Fritz (2014) Das Wasser wird schlecht. Die Zeit Ausgabe 37
http://www.zeit.de/2014/37/massentierhaltung-guelle-grundwasser-bruessel

Flughafen München: Stellschrauben einer nachhaltigen Entwicklung

8

Michael Kerkloh

8.1 Der Flughafen München – Daten und Fakten einer bayerischen Erfolgsgeschichte

Die 1949 gegründete Flughafen München GmbH (FMG) betreibt den Münchner Flughafen, der am 17. Mai 1992 an seinem heutigen Standort eröffnet wurde. Gesellschafter der FMG sind der Freistaat Bayern mit 51 %, die Bundesrepublik Deutschland mit 26 % und die Landeshauptstadt München mit 23 %.

Konzernweit beschäftigt die FMG mit ihren 14 Tochtergesellschaften rund 8.000 Mitarbeiter. Fast 60 % der Beschäftigten der FMG kommen aus den umliegenden Landkreisen Erding, Freising und München. Mit insgesamt mehr als 32.000 Beschäftigten bei über 550 Unternehmen gehört der Flughafen München zu den größten Arbeitsstätten Bayerns. Die Zahl der Mitarbeiter am Campus hat sich dabei zwischen 1994 und 2012 mehr als verdoppelt.

Der Münchner Flughafen hat sich nach seiner Inbetriebnahme binnen weniger Jahre zu einer bedeutenden Luftverkehrsdrehscheibe entwickelt und fest im Kreis der zehn verkehrsstärksten Flughäfen Europas etabliert. Seit seiner Eröffnung im Jahr 1992 haben sich die Passagierzahlen bei gleichzeitiger Verdoppelung der Flugbewegungen verdreifacht. Der Münchner Airport bietet heute Flugverbindungen zu über 200 Zielen in aller Welt und verbuchte 2014 ein Passagieraufkommen von knapp 40 Millionen.

Die Erfolgsgeschichte des Flughafens München findet heute weit über die Grenzen Bayerns und Deutschlands hinaus Beachtung. „Bayerns Tor zur Welt" bietet effiziente Verkehrsabläufe, umfassenden Service, hohe Aufenthaltsqualität und ein erstklassiges Dienstleistungsangebot. Millionen von Passagieren haben München bei weltweiten Befragungen wiederholt zum besten Flughafen Europas gekürt.

Gute Voraussetzungen also, den Münchner Flughafen als Jobmotor und Standortfaktor nachhaltig weiterzuentwickeln. Neben einer modernen Personalstrategie zur Steigerung der Attraktivität der Arbeitsplätze und einem verantwortungsvollen und von Respekt geprägtem Umgang mit den Flughafenanrainern gehört dazu auch die Sicherung der wirtschaftlichen Grundlagen des Flughafenbetriebs, sowie eine bedarfsgerechte Ausbauplanung unter Beachtung der ökologischen Auswirkungen.

8.2   Flughäfen: Wegbereiter der Globalisierung vs. Verursacher ökologischer Auswirkungen

Wie kein anderes Verkehrsmittel hat die internationale Luftfahrt der Globalisierung den Weg geebnet und die weltweite Vernetzung von Menschen, Märkten und Metropolen vorangetrieben. Aber neben den zahleichen Vorteilen, die die Luftfahrt für grenzüberschreitende zwischenmenschliche, kulturelle, wirtschaftliche und sportliche Begegnungen sowie den Austausch von Gütern und Dienstleistungen gebracht hat, sind in den letzten Jahren auch zunehmend die ökologischen Auswirkungen des Luftverkehrs ins Bewusstsein der Öffentlichkeit gerückt. So werden heute – wenn es um die Bedeutung der Luftfahrt geht – neben deren positiven Impulsen für Konjunktur und Beschäftigung auch die Einflüsse auf die Umwelt, wie Lärm und CO_2-Emissionen intensiv diskutiert.

Der Klimawandel hat in den letzten Jahren zu einem drastischen Umdenken in der Politik und der Formulierung eines integrierten Klima- und Energieprogramms geführt. „The Climate Change Package" wurde im Dezember 2008 von der EU mit dem anspruchsvollen Ziel aufgenommen, Treibhausgase bis zum Jahr 2020 um 20 % zu reduzieren. In diesem Zusammenhang ist die systematische Entwicklung einer nachhaltigen Verkehrsinfrastruktur eine wichtige Maßnahme, um diesem Anspruch gerecht zu werden. Für die Luftfahrt beinhaltet dies die Verpflichtung zu weitreichenden Anpassungen und Innovationen, mit denen branchenweite Klimaziele erreicht werden können.

Weltweit ist der Luftverkehr aktuell für ca. 3 % aller durch fossile Brennstoffe verursachten Treibhausgase verantwortlich. Im europäischen Kontext sind es gar nur 0,5 %. Ungeachtet dessen bleibt die Luftverkehrsbranche in der Pflicht, alle Anstrengungen zu unternehmen, um den Ausstoß klimarelevanter Emissionen weiter zu reduzieren. Flughäfen stehen in diesem Zusammenhang besonders im Fokus. Sie sehen sich meist einer Reihe von teils widersprüchlichen Anforderungen und Interessen gegenüber und müssen immer wieder Zielkonflikte austarieren, die sich aus den unterschiedlichen Ansprüchen lokaler, nationaler, europäischer und internationaler Institutionen und Stakeholder ergeben. Eine besondere Herausforderung besteht dabei darin, erforderliche Kapazitätserweiterungen so zu gestalten, dass sie keine Steigerungen der CO_2-Emissionen verursachen.

Der Flughafen München ist sich seiner besonderen Verantwortung bewusst. Ein Bewusstsein für ökonomische, sozial-gesellschaftliche und ökologische Nachhaltigkeit ist zentraler Teil der Konzernstrategie und prägt die tägliche Arbeit im ganzen Konzern. Schon seit Beginn der Planungen für den Bau des Flughafens im Erdinger Moos lag ein besonderes Augenmerk auf der ökologischen Verträglichkeit von Flughafen und Natur.

8.3   Nachhaltige Entwicklung von Beginn an

Auch wenn der Bau des Flughafens München zwangsläufig Eingriffe in den Naturhaushalt zur Folge hatte, wurde die Kulturlandschaft Erdinger Moos bereits vor Baubeginn intensiv landwirtschaftlich genutzt und war keineswegs mehr unberührte Natur. Schon Jahrzehnte vor den ersten Planungen für den Airport war viel vom ursprünglichen Erscheinungsbild des Erdinger Mooses und der Isarauen verloren gegangen, zumal das Gebiet bereits im 19. Jahrhundert großräumig entwässert und durch den Bau von Kanälen weiter trockengelegt worden war.

Um die ökologisch negativen Auswirkungen dennoch möglichst gering zu halten, enthielt der Planfeststellungsbeschluss für den Bau des Flughafens München zahlreiche Ausgleichs- und Ersatzmaßnahmen – insbesondere in der Flughafenrandzone und im Flughafenumland. Von den knapp 1.600 Hektar des Flughafengeländes sind heute circa zwei Drittel Grünflächen, davon wiederum rund 640 Hektar naturschutzfachlich hochwertige Wiesen. Die Gestaltungsmaßnahmen in der Randzone und die Ausgleichs- und Ersatzflächen im Umland umfassen gegenwärtig rund 720 Hektar. Die neben den beiden Start- und Landebahnen liegenden Flughafenwiesen besitzen eine zentrale Bedeutung für die ökologische Einbindung des Flughafens in seine Umgebung, denn sie bieten hochwertigen Lebensraum für Vogel- und Pflanzenarten.

Die landwirtschaftlich geprägte Umgebung in der Randzone, also im unmittelbaren Nahbereich des Flughafengeländes, erhielt durch die Anlage und Förderung von Grünland, die Renaturierung von Gewässern sowie durch Pflanzungen von Gehölzen und Bäumen im Umfang von mehr als 250 Hektar eine ursprünglichere Struktur. Auf diese Weise wurde zusätzlich ein effektiver Erosions- und Gewässerschutz geschaffen. Außerdem erfüllt die Randzone eine „Pufferfunktion": Sie bindet den Flughafen in die Landschaft ein und verknüpft die moderne Infrastruktur mit der grünen Umgebung.

Die Ausgleichs- und Ersatzmaßnahmen, die aufgrund des Flughafens in seiner heutigen Form realisiert worden sind, umfassen mittlerweile gut 350 Hektar. Diese Flächen verbinden zum Beispiel die in der Umgebung noch verbliebenen wenigen Auen- und Niedermoorreste und ermöglichen dadurch den Austausch und die Wanderung der ortstypischen Tier- und Pflanzenarten. Eine weitere naturschutzfachliche Aufwertung erfolgt gegenwärtig auf circa 120 Hektar Kompensationsflächen im Rahmen eines Ökopools für mögliche Ausbaumaßnahmen. Diese Flächen haben schon heute – ohne verpflichtende Auflage – eine wesentlich hochwertigere ökologische Funktion für die Natur als viele der umliegenden und anderweitig genutzten Flächen, die zum Beispiel von der Landwirtschaft in Anspruch genommen werden.

Neben ökologischen und gesellschaftlichen Einflüssen haben seitdem vor allem ökonomische Effekte, wie neue Arbeitsplätze und die Ansiedlung zahlreicher Firmen in der Flughafenregion, einen maßgeblichen Einfluss auf die Mitarbeiter, das direkte Flughafenumland sowie die Wirtschaftsstandorte München, Bayern und Deutschland. Der positive Strukturwandel in der Region wurde durch den Flughafen München in den letzten beiden Jahrzehnten beschleunigt. Seit Inbetriebnahme hat sich die wirtschaftliche Strahlkraft deutlich erhöht und die funktionalen Verflechtungen mit der Region haben stark zugenommen.

Heute ist der Flughafen München ein wesentlicher Träger von Wachstum und Wohlstand im Freistaat Bayern und eine erstklassige Adresse für Firmen, Geschäftskunden und Besucher aus aller Welt. Es gilt aber auch in Zukunft, die Standortqualität Bayerns als einem der leistungsstärksten Wirtschaftsräume Europas zu wahren und die Chancen der exportorientierten deutschen Volkswirtschaft in einer vielfach vernetzten Welt nachhaltig zu sichern.

8.4   Weichenstellungen für die Zukunft

In der Wahrnehmung vieler Nutzer aus aller Welt ist der Airport mit seiner bayerischen Gastfreundschaft die erste Adresse, mit der ein Aufenthalt in der Landeshauptstadt beginnt. Für andere ist der Airport das Eintrittstor zu einzigartigen Naturerlebnissen in den Alpen oder der bayerischen Seen- und Schlösserwelt. Wieder andere nutzen den Flughafen München als Drehscheibe, um von einer Zubringermaschine auf einen Langstreckenflug wechseln.

Auch in Zukunft soll der Flughafen München ein attraktives Drehkreuz mit einer Vielzahl schneller und zuverlässiger Verbindungen in alle Welt bleiben. Bis zum Jahr 2030 wird das Passagieraufkommen in Deutschland nach einer Prognose des Bundesverkehrsministeriums um circa 65 % wachsen. Der Flughafen München gehört als eines der beiden nationalen Drehkreuze zu den Standorten, die für diese Wachstumsentwicklung eine zentrale Rolle spielen.

Damit er den Verkehrsbedarf von morgen bewältigen kann und unsere Verbindungen zu den globalen Wirtschaftszentren langfristig auszubauen, müssen die Kapazitäten seines Bahnsystems erweitert werden. Mit einer dritten Start- und Landebahn erhält der Flughafen München neue Perspektiven für seine künftige Entwicklung. Damit wird seine Drehkreuzfunktion nachhaltig gestärkt, denn zusätzliche Kapazitäten auf dem Bahnsystem ermöglichen eine Vielzahl neuer Flugverbindungen ab München.

8.5   Nachhaltigkeit – zentraler Bestandteil der Konzernstrategie

Der Betrieb eines stetig wachsenden Großflughafens ist unstrittig auch mit Belastungen für das unmittelbare Umfeld verbunden. Nachhaltigkeit wird auch deshalb bei der Flughafen München GmbH (FMG) großgeschrieben und ist in den strategischen Zielen des Unternehmens verankert. Die Konzernstrategie 2025 des Flughafens München baut auf dem Grundsatz einer nachhaltigen Entwicklung auf und adressiert die wichtigsten strategischen Chancen und Herausforderungen für den Flughafen München.

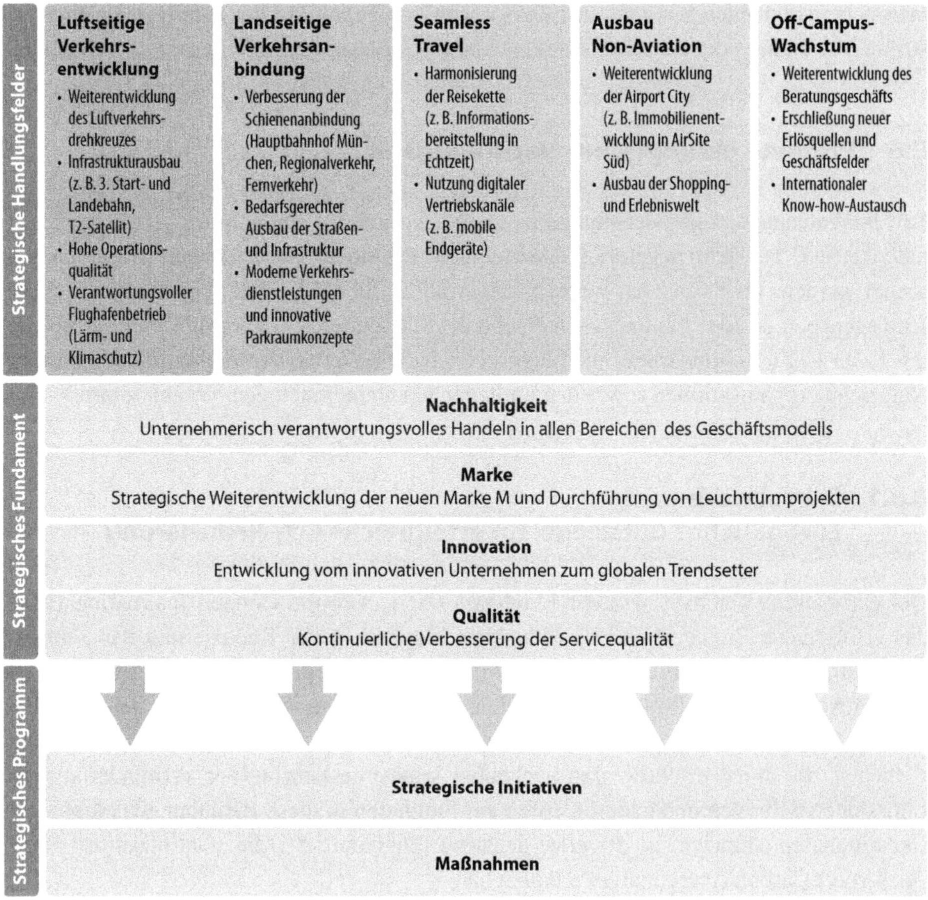
Strategische Handlungsfelder
Luftseitige Verkehrs-entwicklung
• Weiterentwicklung des Luftverkehrs-drehkreuzes
• Infrastrukturausbau (z. B. 3. Start- und Landebahn, T2-Satellit)
• Hohe Operations-qualität
• Verantwortungsvoller Flughafenbetrieb (Lärm- und Klimaschutz)
Landseitige Verkehrsan-bindung
• Verbesserung der Schienenanbindung (Hauptbahnhof München, Regionalverkehr, Fernverkehr)
• Bedarfsgerechter Ausbau der Straßen- und Infrastruktur
• Moderne Verkehrs-dienstleistungen und innovative Parkraumkonzepte
Seamless Travel
• Harmonisierung der Reisekette (z. B. Informations-bereitstellung in Echtzeit)
• Nutzung digitaler Vertriebskanäle (z. B. mobile Endgeräte)
Ausbau Non-Aviation
• Weiterentwicklung der Airport City (z. B. Immobilienent-wicklung in AirSite Süd)
• Ausbau der Shopping- und Erlebniswelt
Off-Campus-Wachstum
• Weiterentwicklung des Beratungsgeschäfts
• Erschließung neuer Erlösquellen und Geschäftsfelder
• Internationaler Know-how-Austausch
Strategisches Fundament
Nachhaltigkeit
Unternehmerisch verantwortungsvolles Handeln in allen Bereichen des Geschäftsmodells
Marke
Strategische Weiterentwicklung der neuen Marke M und Durchführung von Leuchtturmprojekten
Innovation
Entwicklung vom innovativen Unternehmen zum globalen Trendsetter
Qualität
Kontinuierliche Verbesserung der Servicequalität
Strategisches Programm
Strategische Initiativen
Maßnahmen

Abb. 8.1 Fünf strategische Handlungsfelder

Zur Erreichung der Strategieziele wurden im Rahmen der Konzernstrategie 2025 fünf strategische Handlungsfelder abgeleitet und mit konkreten Inhalten hinterlegt (vgl. ◉ Abb. 8.1). Diese stehen auf einem strategischen Fundament, das die wichtigsten konzernübergreifenden Querschnittsthemen zusammenfasst. Das Fundament ist die Grundlage für alle strategischen Unternehmensentscheidungen sowie die künftige Entwicklung innerhalb der Handlungsfelder.

Das aus der Konzernstrategie abgeleitete Nachhaltigkeitsprogramm der FMG enthält zahlreiche Initiativen und Maßnahmen in den Bereichen „Unternehmen und Management", „Dialog und gesellschaftliche Verantwortung", „Mitarbeiter und Arbeitswelt" sowie „Umwelt und Klimaschutz". Im Bereich Umwelt und Klimaschutz handelt es sich um klar definierte Maßnahmen zum Ausbau des Umweltmanagements, Lärmschutzmaßnahmen, die Reduzierung von Treibhausgasemissionen und Luftschadstoffen sowie Maßnahmen zum schonenden Umgang mit Ressourcen, der Erhaltung der Biodiversität und die strikte Anwendung der Leitsätze eines nachhaltigen Bauens bei allen Ausbaumaßnahmen.

8.6 Projekte ökologischer Nachhaltigkeit

Seit Jahren engagiert sich der Flughafen mit Nachdruck für einen umweltgerechten Flughafenbetrieb, bei dem negative Auswirkungen auf ein unvermeidliches Minimum begrenzt werden. Im Folgenden werden ausgewählte Initiativen und Projekte des Flughafens München aus der ökologischen Nachhaltigkeitsdimension vorgestellt. Diese treiben die FMG in Zusammenarbeit mit Fluggesellschaften, Verbänden der Luftfahrtindustrie, Naturschutzorganisationen sowie den umliegenden Gemeinden gemeinsam voran.

8.6.1 Energieverbrauch: Europäisches Gütesiegel für erfolgreiche CO_2-Reduzierung

Der europäische Dachverband der Flughäfen (ACI, Airports Council International) hat das erfolgreiche Engagement des Münchner Flughafens zur Reduzierung der Kohlendioxidemissionen im Februar 2014 erneut mit dem Gütesiegel des angesehenen „Airport Carbon Accreditation"-Programms zertifiziert. Von den vier Bewertungsstufen erreichte der Münchener Flughafen „Level 3 Optimierung". Diese Auszeichnung wird an Flughäfen verliehen, die durch effektive und nachhaltig wirksame Schritte zur Verminderung der Emissionen beitragen und andere Partner am Flughafen in diese Bemühungen einbinden. Der Flughafen München ist der erste deutsche Flughafen, der die „Optimisation"-Stufe der Airport Carbon Accreditation erhalten hat.

Insgesamt haben sich durch diese Initiative neben europäischen Flughäfen auch Airports aus dem asiatisch-pazifischen und afrikanischen Raum zur freiwilligen Reduzierung der CO_2-Emissionen verpflichtet. Seit 2012 sind 75 europäische Flughäfen akkreditiert, die 59 % des europäischen Luftverkehrs abwickeln beziehungsweise über 929 Millionen Passagiere abfertigen. Weltweit werden 22 % des Passagierverkehrs über „Airport Carbon Accreditation"-zertifizierte Flughäfen abgefertigt.

Die CO_2-Bilanz der FMG ist das Ergebnis der effizienten Maßnahmen, die sie sowohl im eigenen Zuständigkeitsbereich als auch in der Zusammenarbeit mit Luftverkehrsgesellschaften und anderen am Flughafen engagierten Unternehmen entwickelt hat. Das umfassende Klimaschutzprogramm der FMG umfasst alle drei Scopes und gliedert sich in die drei Handlungsfelder „Nachhaltige Energiebereitstellung", „Steigende Effizienz bei der Nutzung von Energie" und „Nachhaltiges Bauen". Im Jahr 2014 hat die FMG beispielsweise verstärkt effizientere Fahrzeuge im Fuhrpark eingesetzt, die Gebäudesteuerung und Belüftung der Terminals optimiert und die Umstellung der gesamten Vorfeldbeleuchtung auf LED-Technik weitergeführt.

Das systematische CO_2-Monitoring und eine eigene CO_2-Datenbank sind dabei zu unverzichtbaren Instrumenten eines konsequenten Umweltmanagements geworden.

8.6.2 Biodiversität: Arten- und Landschaftsvielfalt erhalten

Die Flächengestaltung ist ein weiteres Handlungsfeld des ökologischen Nachhaltigkeitsengagements der FMG. Fast zwei Drittel des heutigen Flughafengeländes bestehen aus Grünflächen beziehungsweise für den Naturschutz bedeutsame Wiesen.

Bereits seit 1992 führt der Flughafen München ein spezielles Biotopmanagement durch. Dadurch entwickelten sich hochwertige nährstoffarme, sogenannte „magere" Wiesen mit einem weit höheren ökologischen Wert als zum Beispiel intensiv bewirtschaftete und nährstoffreiche Grünland- oder Ackerflächen außerhalb des Flughafenzauns. Die langjährig praktizierte, natürliche Bewirtschaftungsmethode steht im Einklang mit den Ansätzen des Vogelschutzes innerhalb des Flughafenzauns sowie mit der Vogelschlagverhütung auf dem gesamten Flughafengelände. Die Anlage von Trockenrasenflächen sowie deren intensive Pflege führte zu einer wesentlichen naturschutzfachlichen Aufwertung dieser 16 Flächen. So sind dort in den letzten Jahren viele seltene Vogelarten wie zum Beispiel der Große Brachvogel heimisch geworden.

In ganz Bayern gab es bei der letzten großflächigen Erhebung im Jahr 2006 nur noch circa 460 Brutpaare des Großen Brachvogels. Er steht deshalb auf der Roten Liste für gefährdete Arten in der Kategorie „vom Aussterben bedroht". Circa 50 Paare brüten jedes Jahr auf dem Flughafengelände. Hier finden die Vögel bei ihrer Ankunft im Frühjahr optimale Brut- und Aufzuchtbedingungen vor, da die Wiesen mager und im Frühjahr noch kurzrasig sind.

Der Flughafenzaun, aber auch die Rücksichtnahme bei Mäh-, Bau- oder Wartungsarbeiten auf dem Gelände, minimieren Störungen der empfindlichen Wiesenbrüter. Neben den großen Brachvögeln leben auf dem Flughafengelände auch weitere seltene Arten wie Feldlerche, Grauammer, Kiebitz, Wachtel oder Rebhuhn und hin und wieder der Wachtelkönig. Diese Wiesenbrüterarten, die sich während ihrer Brutzeit überwiegend in Bodennähe aufhalten, beeinträchtigen den Flugbetrieb nicht. Umgekehrt gilt aber auch: der Flugbetrieb stört das Brutgeschäft der Vögel nicht. Ein gelungenes Miteinander von Flughafen und Vogelwelt hat sich eingestellt.

Seit 2008 gehören die Flughafenwiesen und die nordöstlich an den Flughafen anschließenden Flächen zum Vogelschutzgebiet „Nördliches Erdinger Moos". Heute halten sich im 4.525 Hektar großen Gebiet 40 geschützte Vogelarten, vor allem Wiesenbrüter, auf.

Aber auch außerhalb des Flughafenzauns haben sich auf den ökologischen Ausgleichs- und Ersatzflächen, dem flughafeneigenen Gewässer- und Grabensystem sowie im Biotopverbundnetz um den Flughafen München wertvolle Pflanzen- und Tierarten etabliert. So finden sich beispielsweise Arten der Halbtrockenrasen, wie die Gemeine Küchenschelle und die Kugelblume, die andernorts selten geworden und zudem gesetzlich geschützt sind, in hoher Anzahl auf den Deichen der Entwässerungssysteme des Flughafens. Dort sind auch wertvolle Schmetterlingsarten oder zahlreiche Zauneidechsen anzutreffen. In den Feuchtbereichen sind viele zum Teil vom Aussterben bedrohte Arten wie das Karlszepter, die Sibirische Schwertlilie, verschiedene Orchideenarten, aber auch seltene Libellen- und Fischarten heimisch.

Anders als bei intensiver landwirtschaftlicher Nutzung schützt der Verzicht auf Düngung, wiederholte Bodenbearbeitung oder ungünstige Mähvorgänge auf den Ausgleichs- und Ersatzflächen Tiere, Pflanzen und gleichzeitig auch den Boden und das Grundwasser.

Dokumentiert werden sämtliche Maßnahmen zum Arten und Biotopschutz bei jährlichen Erfolgskontrollen der Flora und Fauna im Auftrag der FMG, unter Einbeziehung der Naturschutzbehörden und externer Fachleute.

8.6.3 Energiewirtschaft: eigene Erzeugung von Strom, Wärme und Kälte

Eine der Grundvoraussetzungen für den Betrieb und die erfolgreiche Entwicklung eines modernen Verkehrsflughafens ist eine zuverlässige, innovative, umweltschonende und wirtschaftliche Versorgung mit Energie, Trink- und Löschwasser wie die Abwasserbeseitigung. Das reibungslose Funktionieren all dieser Ver- und Entsorgungsleistungen trägt wesentlich zur Attraktivität eines Flughafenstandortes, zur Zufriedenheit der Fluggäste, Airlines, Besucher und Beschäftigten sowie nicht zuletzt zur Akzeptanz im Flughafenumland bei.

Die Flughafen München GmbH besitzt seit 8. Juli 1988 den Status eines Energieversorgungsunternehmens gemäß § 3 Energiewirtschaftsgesetz. Sie betreibt auf dem Flughafengelände Erzeugungsanlagen für Strom, Wärme und Kälte sowie die entsprechenden Verteilernetze für Strom, Wärme, Kälte und Gas. Das flughafeneigene Blockheizkraftwerk erzeugt etwa die Hälfte des Strom- sowie – durch Kraft-Wärme-Kopplung – rund 70 % des Wärme- und Kältebedarfs der FMG. Die FMG beliefert in dieser Funktion sowohl sich selbst und ihre Tochterunternehmen als auch ihre Mieter und andere Kunden mit Energie.

8.6.4 Erneuerbare Energien:
Nutzung von alternativen Treibstoffen und Solarenergie

Die Flughafen München GmbH setzt darüber hinaus auf weitere Energieträger, die mit den Zielen des Umweltschutzes und der Nachhaltigkeit gut übereinstimmen. Einige Beispiele sind in der Folge aufgelistet.

Alternative Antriebskonzepte im Fuhrpark
Seit 2007 setzt die Flughafen München GmbH alternative Treibstoffe aus regenerativen Energien („Biofuel") in ihrem Fuhrpark ein. Derzeit werden 115 Fahrzeuge mit einer Diesel-Pflanzenöl-Mischung und 39 Fahrzeuge mit Bioethanol betrieben. Tests mit

Biogas- und Elektroantrieb laufen. Ziel dieser Gegenüberstellung von alternativer und traditioneller Kraftstoffnutzung ist es, bei Beschaffung und Einkauf sowie bei der Infrastrukturentwicklung am Flughafen (zum Beispiel Tankstellen) durch aktiven Klimaschutz CO_2 einzusparen. Die Bayerische Staatsregierung nahm dieses Vorhaben als Leuchtturmprojekt in das „Klimaprogramm Bayern 2020" auf.

AdBlue neutralisiert Stickoxide
AdBlue ist ein zusätzlicher Betriebsstoff für Dieselfahrzeuge, der die umweltschädlichen Stickoxide, die bei der Dieselverbrennung entstehen, durch einen SCR-Katalysator in Wasserdampf und unschädlichen atmosphärischen Stickstoff umwandelt. AdBlue wird automatisch in den Abgasstrom eingespritzt und neutralisiert die Stickoxide fast vollständig.

Zusätzlich reduziert seine Anwendung den Feinstaubausstoß erheblich und den Kraftstoffverbrauch um bis zu 5 %. Somit trägt dieser Betriebsstoff zur Einhaltung der Euro4- und Euro5-Normen und damit zum Schutz der Umwelt bei.

Seit 2013 bietet der FMG diese ungefährliche Flüssigkeit, bestehend aus einem Drittel Harnstoff und zwei Dritteln destilliertem Wasser, an ihren Tankstellen an. Zudem verwendet sie AdBlue in Bussen und Lkw mit separatem AdBlue-Tank und SCR-Katalysator. 2013 wurden 1.880 Liter des Betriebsstoffes genutzt.

Technische Innovation: solare Kühlung
Zur Kühlung und Entfeuchtung der Kantine im Frachtbereich des Flughafens wurde 2011 eine sorptionsgestützte solare Klimatisierung eingebaut. Der Entfeuchtungsteil besteht aus einem Absorber und einem Regenerator. Im Vergleich zu einer konventionellen Lüftungsanlage mit Kühlregister und Kompressionskältemaschine spart die solare Kühlung bis zu 25 Tonnen CO_2 pro Jahr ein. Die Anlage liefert wichtige Erkenntnisse zum Realbetrieb dieser innovativen Technik über einen längeren Zeitraum.

Die Erfahrungen aus diesem Pilotprojekt sollen später dazu genutzt werden, diese Technik auch in anderen Bereichen des Flughafens einzusetzen. Die Anlage am Flughafen München hat das Potenzial, die solare Klimatisierung einen guten Schritt in Richtung Wirtschaftlichkeit voranzubringen und so Maßstäbe für eine moderne Umwelttechnologie zu setzen.

Solarstromanlagen
Auf dem Dach des Terminals 2 ist seit dem Jahr 2003 eine der größten Photovoltaikanlagen auf einem Verkehrsflughafen in Betrieb. Die Solarstromanlage ist ein Gemeinschaftsprojekt von BP Solar, Deutsche BP AG, B.A.U.M. e.V., Deutsche Lufthansa AG, der FMG und privaten Beteiligungsgesellschaften.

Die Anlage besteht aus 2.856 Modulen aus Siliziumzellen bei einer Gesamtfläche von 3.594 Quadratmetern und hat eine maximale Drehstrom-Einspeiseleistung von 395 kW. Die jährliche Stromproduktion beträgt circa 445.000 kWh. Dies entspricht dem Jahresstromverbrauch von ungefähr 155 Durchschnittshaushalten.

8.6.5   Luftschadstoffe: Messungen bestätigen hohe Luftgüte

Die von den Flugzeugen beim Landen und Starten ausgestoßenen Luftschadstoffe werden weit über die Grenzen des Flughafens hinaus verteilt. Die Abgase unterliegen dabei teilweise Um- und Abbauprozessen. Nur die in Bodennähe ausgestoßenen Luftschadstoffe haben einen Einfluss auf die Luftqualität im Umland des Flughafens. Allerdings wirken sich dort auch der lokale Straßenverkehr sowie die Industrie, Landwirtschaft oder Hausfeuerungsanlagen auf die Luftqualität aus. Um festzustellen, welchen Teil dieser Immissionen der Flughafen München verursacht, werden Immissionsmessungen an den Grenzen des Betriebsgeländes, sogenannte „Zaunmessungen", durchgeführt.

Darüber hinaus bietet der Flughafen München eine mobile Luftgüte-Messstation an, die den umliegenden Gemeinden für sechs Monate unentgeltlich zur Verfügung gestellt wird. Jüngstes Beispiel ist die Messstation in der Gemeinde Eitting, welche die Luftqualität am örtlichen Kindergarten gemessen hat. Hierzu wird in der rund 100.000 Euro teuren Anlage die zu messende Außenluft mit mehreren Ansaugstutzen in vier Metern Höhe auf dem Dach eines Containers positioniert. Zusätzlich dient eine bis zu acht Meter lange Stabantenne zur Messung weiterer aufschlussreicher meteorologischer Daten. Das Ergebnis der Immissionskonzentration überzeugte mit einer Schulnote 2. Gemäß Langzeitluftqualitätsindex waren die Konzentration sowohl von Benzol als auch Stickstoffdioxid und die Partikel PM deutlich unter den gesetzlich vorgegebenen Grenz- und Zielwerten. Die Messungen, durchgeführt vom unabhängigen Prüfinstitut Müller BBM, ergaben, dass die Luftgüte in Eitting der hohen Qualität ebenso gerecht wird, wie es in anderen ländlichen Gebieten auch der Fall ist.

8.6.6   Fluglärmschutz:
umfangreiche Messungen und Schutzmaßnahmen

Jede Sekunde ein Messwert – das trifft nicht nur auf die Güte der Luft, sondern auch auf die Lärmbelastung zu. Hier dienen ebenfalls ortsfeste Messanlagen, die im Umkreis von etwa 20 Kilometern um den Flughafen positioniert sind und darüber hinaus freiwillig drei mobile Messstationen, für eine valide Datenbasis zur Auswertung und Optimierung zum Schutz der Anwohner.

Fluglärmschutz ist eine spezielle Herausforderung für Flughäfen, die die FMG zusammen mit Industrie und Flugsicherung durch technische Neuerungen und bessere Flugverfahren aktiv meistern will. Die FMG will die Lärmsituation über das gesetzlich vorgeschriebene Maß hinaus verbessern, um die Belastungen durch Fluglärm für die Flughafenanwohner weiter zu verringern. Derzeit werden zahlreiche aktive Schallschutzmaßnahmen diskutiert und geprüft, die Lärm an seiner Entstehungsquelle vermindern oder vermeiden sollen.

Seit 2014 hat der Flughafen München für alle Landungen den kontinuierlichen Sinkflug eingeführt. Beim sogenannten „Continuous Descent Approach" – auch „Continuous Descent Operations" – sinkt das Flugzeug mit minimaler Triebwerksleistung (idealerweise im Leerlauf) und vermeidet weitestgehend Horizontalflugphasen. Dieses Verfahren spart Treibstoff und verringert den Ausstoß von CO_2. In Bereichen des seitlichen Gegenanflugs reduziert sie zugleich Lärm bis zu 6 dB(A) wegen des Höhenunterschieds zum bisherigen Standardverfahren. Zusätzliche Verringerungen der Fluglärmbelastung können durch die Änderung des Anfluggleitwinkels, Optimierung von Flugrouten zur Entlastung einzelner Ortschaften sowie neue Entwicklungen in der Triebwerkstechnologie und Umrüstungen bei den Flugzeugflotten erreicht werden. Zudem erhebt der Flughafen München lärm- und emissionsabhängige Landeentgelte von den Airlines.

Die FMG schafft Transparenz zum Fluglärm für Betroffene. Neben einem Lärmbeschwerdemanagement sowie einem Lärmtelefon sorgt seit Mai 2014 eine neue, zentrale Plattform zum Thema „Fluglärmüberwachung am Flughafen München" im Internet für mehr Information und Transparenz zwischen Airport und Region. (Link: www.munich-airport.de/flumo).

Über dieses Online-Angebot lassen sich ganz einfach die aktuellen Daten der 16 stationären Messstellen im Flughafenumland rund um die Uhr abrufen. Zusätzlich zu den Lärmmessdaten finden Interessierte auch Angaben über den Flugverlauf, die Flughöhe oder den jeweiligen Flugzeugtyp. Die Anzeige erfolgt in 20 minütiger Verzögerung und kann bis zu zwei Monate zurückverfolgt werden. Das Tool erlaubt aber auch einen Blick zurück: Für alle Fluglärmmessstellen bildet es auf Wunsch Tabellen und Grafiken der verschiedenen akustischen Mess- und Kenngrößen zusammen mit den relevanten Verkehrsdaten aus den vergangenen Jahren ab. Eine äußerst realitätsnahe Darstellung liefert das „virtuelle" Haus: Der Nutzer kann mit seiner Computermaus an jeden beliebigen Ort in der Flughafenregion klicken und sieht dann dort den vom Flugzeug ausgehenden berechneten Lärm sowie die exakte Entfernung des Flugzeugs zur ausgewählten Position. Mit dieser Darstellung der Lärmsituation an verschiedenen Standorten übernimmt der Flughafen München eine Vorreiterrolle in Deutschland.

8.7 Flughafen München: Verlässlicher Partner der Region

Unsere Vorreiterrolle in Sachen Nachhaltigkeit wollen wir auch in Zukunft weiter ausbauen. Dabei spielt die Kooperation mit dem direkten Flughafenumland eine zentrale Rolle. Ziel der FMG ist es, den Interessen der Airport-Anwohner frühzeitig Rechnung zu tragen.

Der Nachbarschaftsbeirat, den die FMG und ihre Gesellschafter im Herbst 2005 ins Leben gerufen haben, ist ein Forum für Dialog und Diskussion zwischen dem Münchner Airport und der Flughafenregion. Mitglieder des Beirats sind unter anderem die betroffenen Landkreise und Gemeinden, Vertreter der Wirtschaft, die Flughafen München GmbH sowie die Schutzgemeinschaft Erding Nord, Freising und Umgebung.

Der Nachbarschaftsbeirat sorgt seit nunmehr knapp zehn Jahren für Transparenz in Infrastrukturprojekten und entscheidet über die Verteilung von finanziellen Mitteln, die an den geplanten Flughafenausbau gekoppelt sind. So verabschiedeten die Mitglieder zum Beispiel gemeinsame Verkehrsresolutionen für eine verbesserte Schienen- und Straßenanbindung der Flughafenregion. Im Rahmen der Diskussionen im Nachbarschaftsbeirat hat sich die FMG – ohne gesetzliche Verpflichtung – bereiterklärt, einen Umlandfonds in Höhe von 100 Millionen Euro zur Verfügung zu stellen. Mit dieser freiwilligen finanziellen Unterstützungsleistung der FMG sollen Härten und Belastungen, die im Zusammenhang mit dem geplanten Bau der dritten Start- und Landebahn stehen, ausgeglichen werden. Die Mittel werden mit Beginn der Baumaßnahmen einer dritten Start- und Landebahn bereitgestellt.

Die Summe wird ausschließlich für Projekte und Maßnahmen eingesetzt, die über die rechtlichen Verpflichtungen der FMG hinausgehen. Neben den Kommunen sollen auch besonders betroffene einzelne Bürgerinnen und Bürger vom Umlandfonds profitieren.

Die Region rund um den Flughafen erhielt somit von Anfang der Ausbauplanungen im Jahr 2005 an die Möglichkeit, alle Fragen zum Flughafenausbau und zur Erschließung des Münchner Airports offen zu erörtern und ihre Interessen in direktem Dialog mit der FMG in die Planungen mit einzubringen. Dieses transparente Vorgehen und das Angebot zusätzlicher Mittel sind einmalig bei großen Infrastrukturprojekten in Deutschland.

Der bereits seit Langem geführte Dialog mit den Flughafenanrainern wird auch in Zukunft konsequent fortgesetzt. Die FMG wird die berechtigten Anliegen der Bürgerinnen und Bürger im Rahmen der Diskussionen im Nachbarschaftsbeirat in bestmöglicher Weise berücksichtigen.

8.8   „Gut für Bayern": Flughafen München will weiterhin Vorbild bleiben

Wir, die Flughafen München GmbH, sind uns unserer Rolle als Vorbild in der Gesellschaft bewusst. Nicht umsonst sind die Werte der Marke M „Verantwortung", „Innovation", „Partnerschaft" und „Kompetenz". Wir sehen dieses Wertgerüst als Grundvoraussetzung, um mit unserem Unternehmen dauerhaft erfolgreich am Markt agieren zu können. Kompetente und zufriedene Mitarbeiterinnen und Mitarbeiter, die Minimierung von Umweltauswirkungen, ein partnerschaftlicher Umgang und die Übernahme von Verantwortung in der Region sehen wir als wichtige Säulen unserer Unternehmenstätigkeit, die miteinander in Einklang gebracht und fortlaufend gestärkt werden müssen.

Wir möchten die Zukunft unseres Landes, unserer Region bewusst gestalten und nachhaltig handeln. Die Verantwortung liegt bei uns, doch sind wir auf die Unterstützung durch unsere Bürgerinnen und Bürger angewiesen.

Damit Bayern auch in Zukunft viele Gäste beherbergen kann, ist es essentiell, dass wir die Weichen mit der dritten Start- und Landebahn Richtung Zukunft stellen – für eine starke regionale und nationale Wirtschaft Deutschlands. „Wohlstand für Alle" – das Leitbild Ludwig Ehrhards – wird nur realisiert werden können, wenn Wirtschaften nicht nur als ein Mehr an materiellen Gütern verstanden wird. Vielmehr sind wir es der Natur, unseren Mitmenschen und den nachfolgenden Generationen schuldig, schon heute Rücksicht für morgen walten zu lassen.

Gemeinsam, so lautet das Resümee, können wir Werte schaffen, Zukunft gestalten und zuversichtlich nach vorne sehen.

8.9 Über den Autor

Seit September 2002 steht **Dr. Michael Kerkloh** an der Spitze der Flughafen München GmbH (FMG). Er ist Vorsitzender der Geschäftsführung und bekleidet zugleich das Amt des Arbeitsdirektors. Michael Kerkloh, geboren 1953 im westfälischen Ahlen, studierte nach Abitur und Wehrdienst in Göttingen, London und Frankfurt. Er schloss sein Studium 1979 als Diplom-Volkswirt ab und promovierte an der Universität Frankfurt als Dr. rer. pol. Bevor er zum Flughafen München wechselte, war er in leitender Funktion an den Flughäfen in Frankfurt und Hamburg tätig.

Am Flughafen München zeichnet er unter anderem für den Geschäftsbereich Aviation sowie die Konzernbereiche Personal und Unternehmenskommunikation verantwortlich. Seit 1. Januar 2013 ist er Präsident der Arbeitsgemeinschaft der Deutschen Verkehrsflughäfen (ADV). Im Juni 2015 wurde er zum 1. Vizepräsidenten des Airport Council International (ACI), dem europäischen Dachverband der internationalen Verkehrsflughäfen gewählt. Zudem gehört er dem Board von ACI World an, der weltweiten Interessengemeinschaft der Flughäfen.

In seiner Freizeit entspannt sich Michael Kerkloh gerne beim Joggen oder Golfen und geht seinen vielseitigen kulturellen Interessen nach. Musik schätzt der Westfale nicht nur als Zuhörer, er greift am Piano auch gerne selbst in die Tasten und spielt außerdem Gitarre und Geige.

Sprachen lernen – schnell, einfach und nachhaltig 9

Josua Kohberg

Im Jahre 921 n. Chr. reist Ahmad Ibn Fadlan im Auftrag des Kalifen von Bagdad an die Wolga. Dort treffen seine Begleiter und er auf eine Horde Wikinger. Zunächst können der Anführer der Nordmänner und der arabische Gesandte nicht miteinander kommunizieren, da keiner die Sprache des anderen beherrscht. Doch nach einer gemeinsamen Nacht am Lagerfeuer, das eine magische Wirkung auf Ibn Fadlan hat, versteht dieser plötzlich, was die Wikinger zu ihm sagen – und kann ihnen schlagfertig und fehlerfrei antworten. So ges(ch)ehen im Film „Der 13. Krieger" aus der Feder von Michael Crichton mit Antonio Banderas in der Rolle des Botschafters und Kriegers aus dem Orient.

Die Information hinter dieser Filmszene ist sehr aufschlussreich. Wir können nur das sprechen, was wir vorher gehört haben. Ganz pragmatisch auf unsere Neuzeit bezogen, können wir das bei jedem lernenden Kleinkind beobachten. Ein Kind „hört" die ersten Monate seines Lebens, dann beginnt es einzelne Wörter zu brabbeln, irgendwann wird daraus verständliches Sprechen von Wörtern. Noch einen Schritt weiter startet dann die Sprache von kompletten Sätzen.

Was haben Antonio Banderas in „Der 13. Krieger" und das neugeborene Kind gemeinsam? Sie haben eine absolut klare Absicht. Sie *wollen* die Sprache *verstehen* und dann *sprechen*. Das ist der Schlüssel in allen unseren Trainings, der berühmte erste Schritt. Wenn dieser Schritt nicht erfüllt ist, wird Lernen schnell zu Qual, es ermüdet uns und die Ergebnisse lassen zu wünschen übrig.

Wenn wir also den „natürlichen" Lernvorgang eines Kleinkindes mit dem vergleichen, was heute als Sprachtraining in Schulen und in der Erwachsenen Bildung angeboten wird, wird sehr schnell klar, warum es so unglaublich schwierig ist. Und es wird auch klar, warum es meistens nicht funktioniert. Wer heute einen klassischen Sprachunterricht nutzt, wird sofort Grammatikregeln und Vokabelpauken konfrontiert. Dabei könnte es so einfach sein. Denn wenn ich heute eine Person frage, was sie sich als Ergebnis von einem Spra-

Abb. 9.1 Info-Grafik

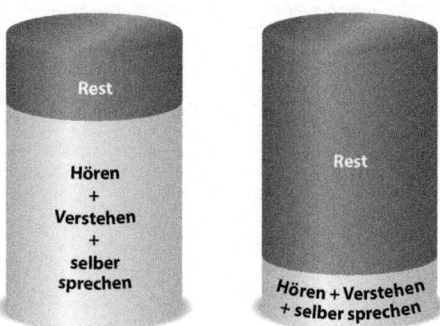

chunterricht erwartet, ist die Antwort immer die gleiche. Es geht darum, die neue Sprache zu hören und zu verstehen und dann soll natürlich selbst gesprochen werden.

In ⦿ Abb. 9.1 ist deutlich zu sehen, wie verschoben der Ansatz in aktuellen Sprachtrainings ist. Links sehen Sie die Nachfrage, das, was ein Sprachlernender heute in der Regel wünscht. Rechts sehen Sie das vorherrschende Angebot. Wir werden mit dem gesamten Rest konfrontiert, den wir gar nicht möchten. Hören und verstehen wird komplett vernachlässigt, flüssiges Sprechen ist oft erst nach einigen Jahren möglich.

Was wir suchen, bekommen wir nicht. Dafür gibt es eine unüberschaubare Menge an Übungen, Regeln und Verwirrungen. Und was noch unglaublicher dabei ist – seit den 1930er-Jahren belegen zahlreiche Studien immer und immer wieder, dass diese Art des Sprachtrainings eher eine Qual statt eine Freude ist. Und wir alle wissen, dass Dinge, die uns quälen wohl nicht als fördernd bezeichnet werden können. Ich möchte an dieser Stelle eine Langzeitstudie von Alfie Kohn anführen. Er berichtete in „The Schools our Children Reserve" darüber, dass Highschool-Schüler 4 Jahre lang in ihrer Muttersprache Englisch nicht mehr klassisch mit Grammatikübungen gequält wurden, sondern stattdessen aktiv mit der Sprache arbeiteten. Es wurde gelesen, Theater gespielt und anderweitig aktiv mit der Sprache gearbeitet. Die Sprache wurde erfahren, statt theoretisch vermittelt. Das Ergebnis war eindeutig. Diese Schüler, die ihre Muttersprache ohne klassische Grammatikübungen erfasst und erfahren hatten, wurden in der Folge von den Colleges ohne Sprach-Eingangstests aufgenommen. Die Vermutung im Rahmen der Studie war, das diese Schüler in der College-Stufe nicht mithalten könnten, da das gesamte theoretische Wissen um die Grammatik fehlte.

Diese Annahme stellte sich allerdings als falsch heraus. Sie waren auf dem Papier mit den klassisch ausgebildeten High-School-Absolventen (vier Grammatik-Übungen) absolut gleich. Das Fortkommen im Unterricht wie auch die Notenstrukturen waren völlig vergleichbar. Und doch gab es einen gewaltigen Unterschied. Die alternativ unterrichteten Schüler hatten nicht nur mehr Zeit „zu leben", sie haben auch vielfältige Erfahrungen gesammelt. Sie spielten Theater oder Instrumente und waren in Sport-Teams.

Die Frage ist – warum lassen sich die Sprachlernenden so ein Angebot überhaupt gefallen? Warum geben wir uns damit zufrieden? Meine Erkenntnis aus tausenden von

Kundengesprächen fördert eine Antwort zu tage, die so simpel wie erschreckend ist. Im Normalfall nimmt der Kunde einfach an, er selbst sei das Problem. Und ich möchte das an dieser Stelle gerne mit dem Einkauf einer anderen Leistung vergleichen.

Stellen Sie sich vor, Sie möchten ein neues Auto kaufen. Sie erwerben das Fahrzeug und stellen fest, dass es statt der gewünschten Höchstgeschwindigkeit von 190 km/h tatsächlich nur auf 30 km/h kommt. Der Verbrauch liegt nicht wie angegeben bei sieben Liter pro 100 Kilometer, sondern bei 90 Litern. Und noch dazu ist der Wagen unglaublich laut und die Bremsen funktionieren auch nicht. Und Sie sitzen als Kunde in diesem neu gekauften Wagen und glauben tatsächlich, dass *Sie* das Problem sind.

Sie würden sich niemals zu einer solchen Sichtweise hinreißen lassen. Doch beim Sprachenlernen sind wir genau so strukturiert. Sie können sich nicht vorstellen, wie viele Menschen mir in den letzten Jahren glaubhaft versichert haben, sie seien einfach untalentiert, Sprachen zu lernen. Und wissen Sie, was das Beste daran ist? Auch ich habe das behauptet. Ich war bis zum Alter von 26 Jahren sogar der festen Meinung, dass ich nicht einmal Englisch lernen könnte. Und dann habe ich genau diese Sichtweise verändert – inspiriert durch Vera F. Birkenbihl. In einem Management-Training hat sie einen Satz gesagt, der mich nachhaltig inspiriert und mein gesamtes Leben verändert hat: „Jeder Mensch, der in seiner Muttersprache fließend sprechen kann, wird diese Fähigkeit auch in jeder anderen Sprache entwickeln können. Es ist tatsächlich nur eine Frage der *Lernstrategie*.“

Erst nachdem ich meine Sichtweise geändert hatte, konnte ich ein nachhaltiges Englischtraining starten. Und ich habe nicht nur Englisch gelernt, ich beschäftige mich seither sehr tiefgreifend mit dem Thema Lernen. Und dazu gehört natürlich auch das Lernen von Sprachen und mentalen Mustern. Eines der Ergebnisse aus dieser persönlichen Veränderung ist ein unscheinbares, kleines Kästchen, das an einen gewöhnlichen MP3-Player erinnert. Sein Name: neoos®. „Néos“ steht im Altgriechischen nicht nur für „neu“, sondern auch für „ungewöhnlich“, „revolutionär“. Und diese Bezeichnung trägt das Gerät zu Recht, davon bin nicht nur ich als Entwickler überzeugt, sondern auch tausende meiner Kunden.

Nehmen wir das Beispiel unsere Sprachtrainings. Mit dem neoos® ist jeder Mensch in der Lage, eine Sprache schnell, einfach, mit geringstem Zeitaufwand und nachhaltig zu lernen. Und das mit minimalen Aufwand, da wir die neue Sprache über den neoos® immer und immer wieder unbewusst aufnehmen. Das nachhaltige Training ist revolutionär – denn Sprache wird hier gecoacht, nicht mehr gepaukt. Was steckt also drin in diesem Wunderkästchen?

So viel sei bereits jetzt verraten: Es ist zwar keine Magie, aber es hat eine fast unglaubliche Wirkung! Die Funktionsweise des neoos® basiert auf einem Prinzip, dessen Grundlage Ihnen jeder Mediziner oder Naturwissenschaftler bestätigen wird – dem Hören über die Haut®! Natürlich reagieren die meisten Menschen zuerst einmal mit Skepsis – und das, obwohl viele Menschen genau das schon am eigenen Leib erlebt haben. Wer schon einmal das charakteristische „Klicken“ von Delfinen gehört hat, ist selbst der beste Beweis dafür, dass die Methode des neoos® funktioniert. Denn Delfine kommunizieren im Ultraschall-Bereich, für menschliche Ohren unhörbar.

Dass wir die Laute der Meeressäuger trotzdem wahrnehmen, liegt daran, dass unsere Haut die Schallwellen für unser Gehör umwandeln kann, wenn diese über das Wasser als Trägermedium auf die Haut treffen.

Mit Ultraschall ins Unterbewusstsein – diese Technik ist tatsächlich eins zu eins von der Natur abgeschaut. Mein wissenschaftlicher Hintergrund – die Bionik – verfolgt genau dieses Modell. Alles was in der Natur vorkommt, kann auch technisch umgesetzt werden. Und was noch wichtiger ist – was in der Natur vorkommt, ist für uns und unsere Umwelt zu 100 Prozent sicher und förderlich. Der neoos®, am Gürtel befestigt, erzeugt verschiedene Ultraschallfrequenzen und sendet diese über zwei kleine Kontakte – genannt Schwingungs- geber – über die Haut seines Nutzers. Die Frequenzen – ausschließlich natürlich und für den Körper förderlich – sind dann aber noch gar nicht die wirkliche Besonderheit. Auf die Ultraschalltöne auf moduliert transportiert der neoos® von Muttersprachlern gesprochene Dialoge – in Englisch, Französisch, Spanisch oder einer anderen Sprache Ihrer Wahl. Diese Konversationen können wir zwar nicht hören, unser Unterbewusstsein aber schon.

Und es geht hier nicht nur um eine neue und sehr erstaunliche Erfahrung, wenn wir das erste Mal über die Haut hören®. Vielmehr ist die Vision, so vielen Menschen wie möglich einen lange schlummernden Traum zu erfüllen. Den Traum, eine zweite, dritte oder vierte Sprache zu beherrschen. Und mit beherrschen meine ich nicht, einen englischen Satz von einem deutschen unterscheiden zu können. Sondern das selbstverständliche Sprechen und Verstehen wie ein Muttersprachler.

Was wie ein schöner Traum klingt, wird in unseren Kursen hörbare Realität. Denn die sind das zweite Erfolgsgeheimnis der „kosys-Methode". Der Ansatz des neoos® – Hören über die Haut® – wird hier mit den modernsten Erkenntnissen der Sprachlernforschung kombiniert. Viele unserer Ansätze hat bereits Vera F. Birkenbihl über die Grenzen der Fachwelt hinaus bekannt gemacht hat.

Wie genau kann ein Mensch in nur acht Wochen die Basis einer Sprache erlernen? Um noch einmal auf den neoos® zurückzukommen – wer sprechen will, muss hören. Das ist und bleibt die wichtigste Regel, und auch das ist in der Natur genau sichtbar und klar nachvollziehbar. Ich reflektiere an dieser Stelle noch einmal auf unsere Muttersprache. Die ersten 12 bis 15 Monate wird „gehört".

In der Praxis sieht das folgendermaßen aus. Der Nutzer verwendet vier Wochen lang einen neoos®. Sein Unterbewusstsein taucht in dieser Zeit regelrecht in die neue Sprache ein. Ein Effekt, der normalerweise nur bei einem Kleinkind oder einem langen Auslands- aufenthalt eintritt. Wohlgemerkt – das geschieht vollkommen passiv, weder Vokabellisten noch Grammatikregeln stehen auf dem Programm. Parallel dazu schaut der Lerner sich dreimal täglich ein kurzes Video an oder arbeitet mit gedruckten Unterlagen, je nachdem wie er persönlich strukturiert ist. Und auch hier gibt es keine Vokabellisten oder Gram- matikregeln. Der Teilnehmer beschränkt sich auf das, was er wirklich bestellt hat, was er erwartet. Verstehen und selbst sprechen, mehr steht hier nicht auf dem Programm.

Nach vier Wochen versammelt sich dann die jeweilige Sprachgruppe zu einem ge- meinsamen Zweitages-Workshop unter Anleitung eines professionellen Sprachtrainers.

Für alle, die Sprachen bislang nur auf konventionelle Weise gelernt haben, passiert hier ein kleines Wunder: Die Teilnehmer sprechen in ganzen Sätzen, im Klang der jeweiligen Sprache – und können es oft selbst gar nicht glauben. Dieses Erlebnis motiviert so stark, dass sie sich danach mit Begeisterung und Leichtigkeit auf die alltagsnahen Übungen stürzen, die sie im Anschluss noch vier Wochen lang bearbeiten.

Wir werden natürlich immer wieder von unseren Kunden gefragt, wie es möglich sein kann, in acht Wochen die neue Sprache zu lernen. Denn ein Kleinkind benötigt ja ein bis eineinhalb Jahre. Der Unterschied ist auch hier ganz einfach nachvollziehbar. Ein Kleinkind lernt nicht nur die Sprache. Es muss sein komplettes Weltbild aufbauen. Was ist ein Glas? Wozu benutzt man das Glas? Wer ist Mama? Wer ist Papa? Wie sehen die beiden aus? Wie verhalten sie sich, wenn sie gut gelaunt sind und wie verhalten sie sich, wenn sie schlechte Laune haben? All diese Informationen muss das Neugeborene in seiner Wahrnehmung einsortieren, und das dauert natürlich. Ganz nebenbei lernt es, seinen Körper zu koordinieren, es beginnt die komplexen, sozialen Strukturen des Umfeldes zu durchdringen und so weiter und so fort. All das belegt Zeit, Aufnahmekapazität und damit natürlich bewusste und unbewusste Ressourcen.

Bei uns sieht die Situation dann etwas anders aus. Wir haben in der Regel ein relativ klares Weltbild. Zumindest von der Welt, die uns direkt und unmittelbar umgibt. Wir müssen nicht überlegen, wozu ein Wasserglas gut ist, wie wir dieses benutzen und warum es kaputt geht, wenn es zu Boden fällt. Wir müssen nur noch eine einzige Sache tun – und zwar den Code in der neuen Sprache mit dem Bild in unserem Kopf verknüpfen.

Wenn wir den Satz „Ich nehme ein Glas Wasser" in Deutsch mit einer konkreten und klaren Handlung vor unserem geistigen Auge verknüpfen können, ist das in jeder anderen Codierung auch möglich. Und das ist das wirklich Faszinierende in unserer Methode. Wir arbeiten an dem Verständnis des Codes und verbinden diesen neuen Code ganz einfach mit unserem schon bestehenden Weltbild. Und das ist der Grund für die Geschwindigkeit in unserem Sprachtraining.

Und ja, bevor der Kritiker in Ihrem Kopf zu laut schreit – wir haben natürlich auch einen massiven Nachteil gegenüber einem Kleinkind. Wir haben im Erwachsenen-Alter eigenartige Programmierungen am Start, wie eben „ich habe kein Talent, eine neue Sprache zu lernen" oder ähnliches. Aber darauf gehe ich zu einem späteren Zeitpunkt noch ein.

Jetzt schauen wir uns zuerst noch einmal die einzelnen Schritte unseres Sprachtrainings an. Und zu jedem Schritt werde ich die Idee der Nachhaltigkeit im Detail erläutern. Denn als Mitglied des BdW ist eine unserer Kernaussagen „Lernen Sie eine neue Sprache – schnell, einfach *und* nachhaltig". Und hier kommen auch schon detailliert die einzelnen Schritte für Sie.

In der Erklärung der konkreten Schritte gehe ich immer davon aus, dass Sie deutscher Muttersprachler sind. Das Prinzip ist für einen englischen, italienischen oder polnischen Muttersprachler natürlich genau das gleiche. Und Sie können jeden dieser Schritte mit völlig eigenen, individuellen Lerninhalten ausführen. Ich benutze zur Verdeutlichung unsere kosys-Sprachkurse, da hier die Inhalte bereits komplett aufbereitet und somit einfach nachzuvollziehen sind.

9.1   Zum Start – bringen Sie sich in eine mentale Höchstform

Bevor Sie mit den wirklichen Lernschritten beginnen, schauen wir uns noch einmal die Basis für jeden Lernerfolg an. Ich greife dazu die mentale Haltung eines Kleinkindes auf. Es hat noch keinerlei „negative" Glaubensmuster angelegt. Es ist im wahrsten Sinne beseelt von einem Wunsch – und dieser Wunsch ist so einfach wie nachhaltig. Es will so schnell wie möglich „verstehen" und dann natürlich „selbst mitreden".

Sprache ist die Basis jedweder Kommunikation. Und solange wir nicht mitreden können, müssen wir uns über Weinen, Grunzen, Lächeln oder Bewegung verständlich machen. Nicht gerade der bequeme Weg, und genau das ist dann auch gleich die Basis für erstaunliche Lernfortschritte.

In meiner langjährigen Forschung zum Thema mentale Muster und Lernstrategien habe ich etwas sehr Simples festgestellt. Wir neigen dazu, jede Unbequemlichkeit so schnell wie möglich zu verändern. Daher gleich meine erste Frage an Sie: Was ist unbequemer? Die gewünschte Sprache zu sprechen oder sie nicht zu sprechen? Wenn die Antwort lautet, es ist unbequemer, die Sprache zu sprechen, werden sie voraussichtlich dabei bleiben. Wir Menschen bevorzugen tatsächlich immer den bequemen Weg. Alles was unbequem, neu oder schmerzhaft ist, wird von uns grundsätzlich erst einmal umschifft. Ich möchte Ihnen das an dem folgenden Bild aufzeigen. Das Prinzip stammt aus der Lernpsychologie, auch wenn es heute immer wieder in den Bereich der Motivation hineingezogen wird um dort in einer kastrierten Form einen falschen Eindruck zu erwecken. Denn die meisten Motivations-Trainer verwenden sehr marktschreierisch den Begriff „Komfortzone" um dann aufzufordern, eben diese zu verlassen. Doch dabei fehlt noch etwas Entscheidendes. Außerhalb der Komfortzone kommen wir zwar in die Lernzone, doch direkt dahinter lauert auch schon die Panikzone (⊙ Abb. 9.2). Und in dieser Zone ist ein Lernerfolg genauso unwahrscheinlich zu erwarten wie in der Komfortzone. Eine Basis für nachhaltige Lernerfolge ist der zielsichere und lange Aufenthalt in der Lernzone. Und genau das erreichen wir, indem wir uns in die entsprechende, mentale Verfassung bringen.

Auf den nächsten Seiten schildere ich den Einsatz und die Verwendung mentaler Techniken. Ich zeige hier auch die Verbindung mit neoos®, denn alle kosys-Sprachtrainings haben bereits ein eingearbeitetes Mental-Training. Wenn Sie sich gerne tiefer mit den Möglichkeiten des neoos® beschäftigen möchten, besuchen Sie bitte die Website meines Unternehmens unter www.kosys-group.com. Denn selbstverständlich lässt sich Mental-Training in jedem Bereich unseres Lebens einsetzen. Im Sprachtraining genauso wie im Profi- und Amateursport, um Ernährungs- und Bewegungsmuster anzupassen, Ängste bei Schul- und Prüfungssituationen zu minimieren, Erfolgsmuster und Selbstliebe zu installieren. In diesem Bereich ist richtig viel Luft, denn jeder von uns hat seine speziellen Themen, die uns immer wieder an Grenzen stoßen lassen.

Was ist die Idee hinter meinen Mentaltrainings? Es geht ganz einfach um den Ansatz der intrinsischen Motivation. Die Definition des Wortes „intrinsisch" bringt es hervorragend auf den Punkt. „Intrinsische Motivation bezeichnet das Bestreben, etwas um seiner

Panik Zone
Der Schritt aus der Komfort Zone ist zu groß, wir geraten in die Überforderung und sehr schnell in Panik. Strategien sind nicht mehr möglich. Wir flüchten, werden aggressiv, gehen auf Angriff oder fallen in einen Black Out.

Lern Zone
Wir werden aus dem Gleichgewicht gebracht! Unsicherheit entsteht! Wir MÜSSEN neue Strategien entwickeln. Das Ergebnis – WIR LERNEN!

Komfort Zone
Hier fühlen wir uns wohl. Wir haben alles im Griff. Wir besitzen Strategien, die wir anwenden können. Wir müssen uns nicht bemühen, den aktuellen Standard aufrecht zu erhalten.

Abb. 9.2 Komfort-, Lern- und Panikzone

selbst willen zu tun (weil es einfach Spaß macht, Interessen befriedigt oder eine Herausforderung darstellt). Bei der extrinsischen Motivation steht dagegen der Wunsch im Vordergrund, bestimmte Leistungen zu erbringen, weil man sich davon einen Vorteil (Belohnung) verspricht oder Nachteile (Bestrafung) vermeiden möchte" (Wikipedia, Stichwort Intrinsische Motivation, 2015).

In dem Zustand der „intrinsischen Motivation" ist Lernen plötzlich *genial einfach*. Warum? Ganz einfach, weil es uns interessiert, weil wir es lernen wollen. Und genau darum geht es im Mental-Training. Wir arbeiten hier mit der gezielten Anwendung von hörbaren und unhörbaren Frequenzen, um verschiedenen Ebenen unseres Bewusstseins zu stimulieren.

Glückliche und erfolgreiche Menschen motivieren sich selbst ständig und andauernd aufs Neue. Und genau hier leisten die Mental-Trainings hervorragende Dienste. Es gibt ja nun unzählige gute Methoden und Konzepte zur Steigerung des persönlichen Glücks und des persönlichen Erfolgs. Und alle Methoden haben ihre Berechtigung. Es gibt allerdings nur wenige Menschen, die diese Methoden dauerhaft und konsequent anwenden. Ich habe tausende von Menschen in Seminaren erlebt – und die meisten von ihnen hatten wirklich tolle Erfolge. Sie haben am eigenen Leib erlebt, wie all diese Methoden funktionieren. Und trotzdem bleiben die meisten Menschen nicht dauerhaft am Ball. Wenn sich dann nach einigen Wochen die Lebensqualität wieder verschlechtert, suchen Sie nach einer neuen Methode, anstatt die bereits getestete Methode einfach noch mal zu verwenden. Das ist mir übrigens auch bei mir selbst aufgefallen.

Die Frage ist – warum passiert uns das? Ganz einfach: Unser gesamtes System ist so ausgelegt. Wenn wir etwas erreichen wollen, müssen wir Vollgas geben. Und es gibt dagegen immer die Stimme in unserem Inneren, die flüstert „Hey, das funktioniert doch gar nicht, lass uns entspannen, warum sollten wir uns so anstrengen!". Unser Nervensystem verfügt auch über diese beiden Ebenen – der Sympathikus gibt Vollgas, der Parasympathikus steht auf der Bremse. Der Sympathikus hat eine so genannte ergotrope Wirkung, das heißt, er erhöht die nach außen gerichtete Handlungsbereitschaft. Er wirkt bei Angriffs- oder Fluchtverhalten und bei außergewöhnlichen Anstrengungen. Der Parasympathikus dagegen wird als „Ruhenerv" bezeichnet. Er dient dem Stoffwechsel, der Regeneration und dem Aufbau körpereigener Reserven, sorgt also für Ruhe, Erholung und Schonung.

Gaspedal und Bremse werden also tatsächlich gleichzeitig getreten – und was so eigenartig klingt, ist in Wirklichkeit überlebenswichtig. Stellen Sie sich einen Sportler vor, der keine Bremse hat – er würde sich so überanstrengen, dass er tot umfällt. Der Parasympathikus kann aber nicht entscheiden, ob das Treten des Gaspedals notwendig ist, er bremst einfach nur. Wenn eine Energieaufwendung wichtig ist, wird der Sympathikus den Energieaufwand einfach gegen den Parasympathikus durchsetzen. Oder glauben Sie wirklich, dass unser Sympathikus mit dem Parasympathikus diskutiert, wenn ein Löwe hinter uns her ist? In diesem Moment ist die Gefahr so hoch, dass der Sympathikus automatisch in den Vordergrund tritt und wir eine außergewöhnliche Anstrengung in Form von schnellstmöglichem Rennen aufbringen. Der Sympathikus wird alleine durch unsere Motivation gesteuert!

Deswegen funktioniert es auch nicht, wenn wir uns einfach mal so nebenbei sagen „also ich würde ja schon mal gerne Italienisch lernen (oder was auch immer), da muss ich halt mal sehen was sich da so ergibt!". Das ist keine Motivation – und unser Parasympathikus stoppt die Nummer sofort. Denn es würde sich um reine Energieverschwendung handeln – die Motivation ist viel zu schwach, wir werden sowieso kein Ergebnis erzielen.

Um es noch deutlicher zu machen – würden wir uns wirklich um einen Lebenspartner bemühen, wenn der oder diejenige zu uns sagt „Du bist ja schon ganz nett, aber ich muss jetzt erstmal sehen wie sich mein Leben so entwickelt und da draußen rennen so viele interessante Menschen rum, da kann ich mich beim besten Willen jetzt noch nicht für Dich entscheiden. Aber bleib mal hier stehen, ich melde mich in zwei Monaten wieder bei Dir!"?

Wir würden die Bremse voll durchtreten, oder? Und so ist das mit unserer Motivation. Wenn wir uns bewusst für etwas entscheiden, die Entscheidung aber so halbseiden getroffen wurde, dass unbewusst keine Kraft freigesetzt wird, werden wir scheitern. Ein einfaches Beispiel: Sie möchten wirklich gerne Italienisch lernen. Sie wissen, dass Sie dafür mit dem kosys-Sprachtraining tatsächlich nur 8 Wochen konzentrierte Aktionen investieren müssten. Acht Wochen lang 3 x 8 Minuten täglich, 2 Tage Seminar. Ein Teil von Ihnen will das wirklich, der andere Teil sagt andauernd „hey, ich habe soviel Arbeit, ich schaffe das nicht. Wo soll ich denn jetzt noch 3 x 8 Minuten abzwicken, das ist nicht zu schaffen!".

Um es auf den Punkt zu bringen – vom Verstand her ist es Ihnen wichtig, die Sprache zu lernen. Vom Gefühl kriegen Sie es einfach nicht auf die Spur.

Das führt zu einer massiven, inneren Verwirrung. Und das ist nicht wirklich lustig. Die Verwirrung kann nur dann gelöst werden, wenn es vorab eine bewusste Entscheidung gibt.

Eine bewusste Entscheidung für *meine persönliche* neue Überzeugung – für den neuen Glaubenssatz, den wir künftig wie eine Fahne vor uns tragen wollen.

Über eine klare Entscheidung kommen wir in die sogenannte Lernzone. Wenn Sie sich die Grafik der drei Zonen anschauen, wird schnell klar, wo Lernen funktioniert. In der Komfortzone läuft alles, wir brauchen uns nicht anstrengen, werden aber auch keine Entwicklung erleben. Wenn ich meine Muttersprache im „Schlaf" beherrsche, kann ich diese tatsächlich Tag und Nacht ohne jede Anstrengung nutzen. Möchte ich jetzt aber vom alltäglichen Gebrauch meiner Muttersprache zum Beispiel zum Schreiben eines Buches aufsteigen, überspringen viele Menschen die Lernzone und geraten in die Panikzone. Dann kommen Schreibblockaden hoch und es macht sich tatsächliche Panik breit.

Je bewusster wir in unsere Lern- und Entwicklungsprozesse einsteigen, desto einfacher können wir gezielt in die Lernzone eintauchen. Haben Sie Prüfungsangst? Dann brauchen Sie im ersten Schritt ein Verständnis über diese Angst. Solange Sie immer wieder ohne bewusstes Erkennen in die Angst hineinfallen, landen Sie nicht in der Lernzone, sondern in der Panikzone. Und in der Panikzone ist keine Veränderung möglich. Erst wenn Sie die Angst „verstehen", können Sie die Angst „verändern". Und das passiert in der Lernzone.

Das ist der Grund, warum ich beim Mental-Training über drei Ebenen arbeite. Diese drei Ebenen dienen einzig und allein dem Zweck, dass Sie eine bewusste Entscheidung für eine neue Überzeugung treffen und diese neue Überzeugung dann anschließend über Emotion und Wiederholungsrate in Ihrem Unterbewusstsein als Gewohnheit verankern.

Die erste Ebene besteht aus dem Hörbuch, mit dem Sie bewusst arbeiten. Nehmen wir als Beispiel das Training „Sprachen beherrschen", denn dieses Training ist im Lieferumfang der kosys-Sprachkurse bereits enthalten. Über das Hörbuch sind Sie in der Lage, die bewusste Entscheidung für die Kompetenz in der neuen Wunschsprache zu treffen. Das bedeutet, dass Sie sich im Klaren sind, *warum* Sie diese Sprache beherrschen möchten.

Mit dem Hörbuch werden Sie innerhalb von nur 20 Minuten die bewusste Entscheidung treffen, den Code Ihrer neuen Sprache zu verstehen. Die bewusste Entscheidung zum Eintritt in die Lernzone. Was für ein gewaltiger Schritt. Wenn Sie die bewusste Entscheidung getroffen haben – und damit Klarheit über das *Wie*, das *Warum* und die Strategie gewinnen konnten, gehen Sie in die zweite Ebene.

Die zweite Ebene ist die Fähigkeit zur Umsetzung. Sie arbeiten mit der Trance, welche Sie bewusst in eine tiefe Entspannung bei gleichzeitig hoher Konzentration führt. Mit diesem Programm arbeiten Sie zwei bis dreimal die Woche – und entwickeln dabei die Fähigkeit, gezielt mit Ihrem inneren Kritiker zu kommumnizieren. Sie ziehen damit das Gefühl der Klarheit immer wieder an die Oberfläche. Sie wissen ja bereits, *warum* Sie den Code verstehen und benutzen, und nun *fühlen* Sie es auch.

Während des Trainings der ersten beiden Ebenen erschließt sich ganz automatisch die dritte Ebene – das Gefühl der Zuständigkeit. Sie erkennen, dass nur *Sie allein* für Ihren Lernfortschritt zuständig sind, niemand anders wird Ihr Gaspedal treten. Wenn *Sie* diesen Code nicht entschlüsseln, wird es niemand tun. So einfach ist das. Und jetzt wird es richtig interessant – sehen Sie das Ziel der neuen „Sprachkompetenz" als wertvoll genug an, dauerhaft auf dem Gaspedal zu bleiben? Und genau hier kann der neoos® eine große Hilfe leisten. Er informiert unser Unterbewusstsein per Subliminaltraining mit mehr als 10.000 Wiederholungen pro Stunde über den Wert unseres Zieles. Nur wenn wir unbewusst und bewusst das gleiche Ziel verfolgen, können wir auf die volle, unbewusste Power zurückgreifen. Unser Unterbewusstsein ist unser intrinsischer Motivator. Nur wenn wir unser Unterbewusstsein dazu bringen, sich andauernd mit der neuen Sprachkompetenz zu beschäftigen, erkennen wir die Werthaltigkeit und setzen das *Wissen* in *Tun* um.

Das Subliminaltraining finden Sie als MP3-File auf jedem unserer Mental-Trainings. Nutzen Sie eines unserer Sprachtrainings, ist das Mental-Training bereits integriert. Sie hören also nicht nur die Dialoge Ihrer neuen Zielsprache über die Haut, gleichzeitig nehmen Sie auch noch das Mental-Training unbewusst auf.

Zeitgleich werden Sie durch Ihren neoos® in körperliche Balance gebracht. Sie genießen ein ausgewogenes Verhältnis zwischen Anspannung und Entspannung, was Ihre Wahrnehmung grundsätzlich positiver gestaltet. Wenn unsere Wahrnehmung positiver ist, sind wir vitaler, aktiver und gesünder. Wir sehen mehr Chancen, sind erfolgreicher und glücklicher.

Diese körperliche Balance wird über die Bioresonanz-Frequenzen des neoos® hergestellt. Innerhalb von nur 8 bis 12 Minuten gelangen Sie mit dem Einsatz des neoos® in die Balance zwischen Anspannung und Entspannung. Ein dynamischer Zustand, der sich am besten mit „entspannter Konzentration" beschreiben lässt. Ideal, um den Code einer neuen Sprache aufzunehmen.

Und damit kommen wir auch schon zu den nächsten Schritten, dem Verstehen und Sprechen der neuen Zielsprache. Denn auch hier unterscheidet sich nachhaltiges Lernen ganz massiv von den klassischen Methoden. Es geht auch hier wieder darum, soviel wie möglich unbewusst aufzunehmen. Im ersten Lernschritt beschäftigen wir uns tatsächlich noch gar nicht mit der Zielsprache, wir bleiben in unserer Muttersprache. Sie werden auch gleich nachvollziehen, warum wir so vorgehen.

9.2   Schritt 1 – die Lektion verstehen und visualisieren

Im ersten Schritt lesen Sie eine Geschichte in Ihrer Muttersprache. Diese Geschichte dient dann als Basis für Ihre aktuelle Lektion in der neuen Zielsprache. Sie gehen dabei sehr konzentriert vor. Sie lesen den deutschen Text aufmerksam durch und stellen sich die Handlung so bildhaft wie möglich vor. Fragen Sie sich: Worum geht es in diesem Text? Diese Übung soll aus dem geschriebenen Text einen fantasievollen Film machen, der vor Ihrem geistigen Auge abläuft. Je lebendiger Sie sich die Handlung vorstellen, desto leichter wird Ihnen im nächsten Schritt das Verstehen der fremden Sprache fallen.

Damit sich Ihnen das Prinzip erschließt, möchte ich Ihnen gerne ein Beispiel dazu geben. Sie waren sicher schon einmal in einem Kinofilm, der Sie fasziniert hat, deren Handlung Sie förmlich mitgerissen hat. Wenn Sie sich Tage, Wochen oder Monate später an diesen Film zurück erinnern, können Sie große Teile der Handlung wiedergeben. Das liegt daran, dass Sie zu 100 Prozent bei der Handlung waren, dass diese Handlung bunt und ausgeschmückt dargestellt wurde, mit starken Charakteren und ganz sicher auch mit einer starken und nachhaltig beeindruckenden Dramatik.

Diese Bilder kleben im wahrsten Sinne des Wortes in Ihrem Kopf. Immer dann, wenn Sie von etwas beeindruckt und „berührt" werden, müssen Sie sich nichts mehr merken. Und genau diese einfache und – sehr nachhaltige – Methode ziehen wir jetzt in das Sprachtraining. Bauen Sie die deutsche Geschichte so eindrucksvoll wie möglich auf, bunt und übertrieben, mit allen Sinnen, die Ihnen zur Verfügung stehen. Lassen Sie die Protagonisten so verblüffend und faszinierend wie möglich aussehen, stellen Sie sich die Locations so spannend wie möglich vor. Wenn Sie das tun, haben Sie eine phantastische Basis für den nächsten Lernschritt gelegt.

Damit Sie die Methode ganz praktisch verstehen können, habe ich einen Mustersatz vorbereitet. Bitte lesen Sie den Satz durch und machen Sie sich ein konkretes Bild zu dem folgenden Satz:

Willkommen. Ihr seid gerade dabei, eine Reise anzutreten. Eine Reise in die italienische Sprache. Lernen mit der richtigen Methode macht Spaß und ist einfach.

Falls Sie sich fragen, wie das Bild zu dem Satz aussehen könnte – stellen Sie sich vor, Sie buchen eine Zugfahrkarte, und auf der Karte steht als Reiseziel „fließend Italienisch sprechen".

Das ist natürlich sehr eigenartig, denn als Reiseziel nur schwer vorstellbar. Das Schöne dabei – je abgefahrener und kreativer das Bild ist, desto einfacher werden Sie es sich merken können. Stellen Sie sich doch einfach vor, dass Sie in die italienische Sprache hineinfahren, Sie tauchen ein in die Welt des Dolce vita, die Welt von Antipasti, Vino und Pasta. In die Welt der Liebe – und schon hören Sie „amore". Und da sind wir schon bei einem großen und wichtigen Punkt. In zahlreichen unabhängigen Studien wurde festgestellt, dass Menschen immer dann schnell und einfach eine Sprache lernen, wenn Sie sich in einen Partner der gewünschten Sprache verlieben.

Ich meine damit jetzt nicht, dass Sie zwingend auf Partnersuche gehen sollten oder müssen. Ich möchte Ihnen damit einfach nur veranschaulichen, dass Sie sich auch in die neue Sprache „verlieben" können. Ich denke, der Rückschluss zu unserem ersten Schritt – der mentalen Haltung – ist damit noch einmal deutlicher nachvollziehbarer.

Während Sie in alle Teile der neuen Sprache eintauchen, stellen Sie fest, wie viel Spaß Sie dabei haben und wie einfach es ist. Ich weiß ja nicht genau, was Ihnen in Ihrem Leben Spaß macht und dabei auch noch einfach ist, doch es wäre äußerst hilfreich, wenn Sie genau das mit dem De-Kodieren der italienischen Sprache verbinden würden.

Mit diesen Bildern in Ihrem Kopf möchte ich Sie bitten, den Satz noch einmal ganz bewusst und langsam zu lesen. Direkt im Anschluss lehnen Sie sich zurück, schließen Sie die Augen und testen Sie, ob Sie sich an den Satz erinnern können.

Willkommen. Ihr seid gerade dabei, eine Reise anzutreten.
Eine Reise in die italienische Sprache.
Lernen mit der richtigen Methode macht Spaß und ist einfach.

Ist Ihnen bewusst geworden, wie einfach und genussvoll lernen sein kann? Sie glauben, bis jetzt noch gar nichts gelernt zu haben? Ich darf Sie beglückwünschen – Sie haben bereits sehr, sehr viel gelernt. Sie haben einen sprachlichen Inhalt so aufgebaut, dass es vollkommen gleichwertig ist, ob Sie an diese Bilder nun den Code der deutschen, der englischen oder italienischen Sprache hängen. Und das ist so unglaublich faszinierend, dass viele Menschen im ersten Schritt fast nicht glauben können, das es so einfach ein soll. Falls Sie im Moment auch so eine Tendenz wahrnehmen – gehen Sie nochmal einige Seiten nach vorne. Dort haben Sie ja bereits gelesen, wie entscheidend Ihre mentale Haltung dem Erlernen der neuen Sprache gegenüber ist.

Fassen wir also noch einmal zusammen – Sie haben sich mental vorbereitet, Sie haben den Inhalt der Lektion mit einem lebhaften und eindrucksvollen Film verbunden. Und jetzt geht es zum nächsten, wichtigen Schritt – dem Verstehen. Und das passiert, indem Sie den Code durchdringen.

9.3   Schritt 2 und 3 – De-Kodierung und aktives Hören

Sie haben ein buntes und bewegtes Filmerlebnis vor Ihrem geistigen Auge erschaffen. Und damit starten Sie jetzt in die sogenannte De-Kodierung, um den Film mit der neuen Sprache zu verbinden. Denn tatsächlich ist es Ihrem Geist vollkommen gleichwertig, ob Sie diesen Film – Ihr ganz persönliches Weltbild – mit einem Code für Deutsch, Italienisch, Englisch oder Russisch unterlegen. Die Frage ist nur eine – wie können Sie einen „neuen" Code für sich so schnell wie möglich entschlüsseln. Und hier, bei diesem Schritt – kommt meine langjährige Mentorin Vera F. Birkenbihl ins Spiel. Ich habe Sie Mitte der 1990er-Jahre kennen gelernt, und wie ich weiter vorne schon beschrieben habe, war ich zum damaligen Zeitpunkt davon überzeugt, dass ich unfähig wäre, Englisch zu lernen.

Mit der vorliegenden De-Kodierung, die ich zum ersten Mal von Frau Birkenbihl gelernt habe, ist es tatsächlich sehr einfach und spielerisch möglich, in einen neuen „Sprachen Code" einzutauchen. Ich werde auch gleich den massiven Unterschied zu klassischen Lernmethoden aufzeigen, aber zuerst einmal zum System der De-Kodierung. Diese von Vera F. Birkenbihl bekannt gemachte Methode wurde zum ersten Mal in den 1930er-Jahren publiziert. Dort wurde die Methode „Mittelsprache" genannt. Mittelsprache deshalb, weil es sich um eine direkte 1 : 1 Übersetzung der neuen Sprache in die verwendete Muttersprache handelt. Eine „Vermittlung", daher Mittelsprache. Mir persönlich gefällt der von Birkenbihl geprägte Begriff De-Kodierung noch besser, weil er das Prinzip des Sprachenlernens so perfekt auf den Punkt bringt. Verstehen wir den Code, können wir die Sprache nutzen.

Salve. State   per iniziare   un   viaggio. Un   viaggio nella lingua   italiana.
Hallo. [Sie-]sind bei anfangen eine Reise.   Eine Reise   in-die Sprache italienische.

Imparare è semplice e   divertente   con il   metodo giusto.
Lernen   ist einfach   und vergnüglich mit der Methode richtigen.

Abb. 9.3 De-Kodierung

Schauen wir uns also die De-Kodierung an dem oben vorbereiteten Mustersatz an (◉ Abb. 9.3)

Wenn Sie ein Smartphone mit QR-Code-Scanner zu Hand haben, scannen Sie bitten den Code, welchen Sie oben neben der Abbildung sehen. Damit laden Sie sich die Stimme der Muttersprachlerin auf Ihr Handy. Alternativ öffnen Sie den Link http://dersatz.kosys. de

Im echten Leben würden Sie sich jetzt auch noch einen Farbstift bereit legen. Was nun passiert – Sie hören den italienischen Text (in diesem Fall ist das natürlich nur ein Satz, im echten Training würden Sie einen kompletten Dialog hören).

Gleichzeitig *lesen* Sie die deutsche Wort-für-Wort-Übersetzung. Der Effekt ist immer wieder faszinierend. Sie beginnen, die Bilder in Ihrem Kopf mit einem neuen Code zu verbinden, nämlich dem Code der italienischen Sprache. Kritiker werfen hier oft die Frage ein – was ist das denn für ein verkorkstes Deutsch? Die Antwort lautet – Deutsch können wir bereits, hier geht es darum, Italienisch zu lernen.

Wichtig – sorgen Sie bei der De-Kodierung wirklich dafür, dass Sie die Geschichte bildlich wahrnehmen. Lesen Sie die deutsche De-Kodierung langsam durch, und stellen Sie sich das Gelesene bildlich vor. Sorgen Sie dafür, dass Sie wirklich verstehen, worum es geht, was passiert, wer zu wem spricht etc.

Auch wenn die wortwörtliche Übersetzung teilweise sehr amüsant wirkt, so lassen Sie sich spielerisch und mit Neugierde auf diese Erfahrung ein. Der Text wird mit dieser einfachen Methode in der neuen Sprache vom ersten Wort an transparent.

Ganz entscheidend – wenn Sie noch keinerlei Vorkenntnisse haben, dann lesen Sie zu diesem Zeitpunkt bitte ausschließlich den deutschen Text der De-Kodierung! Kümmern Sie sich überhaupt noch nicht um die fremdsprachigen Wörter. Was vielen unserer Kunden sehr hilft – malen Sie das Deutsche mit einem farbigen Stift an, damit Ihre Augen dieser „Spur" leichter folgen können.

Wenn Sie hingegen bereits Vorkenntnisse haben und wenn Sie schon in Ihrer neuen Sprache lesen können, dann lesen Sie den fremdsprachigen Text langsam, aber nur solange Sie jedes Wort sofort und gut verstehen können. Sie wollen ganz genau verstehen, was der Text vermitteln mochte! Wann immer Sie jedoch auf ein Wort treffen, das Ihnen nicht sofort im ersten Ansatz klar ist, dann gilt: Malen Sie die deutsche De-Kodierung unter diesem Wort an. So werden Ihre Augen später an dieser Stelle automatisch das farbig markierte deutsche Wort erfassen!

Eine weitere Methode – markieren Sie in unterschiedlicher Art die Worte, welche Sie nicht verstehen, welche Sie verstehen und welche Sie vielleicht schon zuordnen können, aber noch nicht komplett verstehen. Bei mir sieht das folgendermaßen aus. Alle verstandenen Wörter markiere ich grün. Die nicht verstandenen Wörter unterstreiche ich rot (sodass ich Sie im nächsten Schritt grün markieren kann). Bei den nicht komplett verstandenen Wörtern wähle ich gelb als Unterstreichung. Nehmen wir den Beispielssatz. Haben Sie noch nie Italienisch gesprochen, wäre klassisch für grün (also sofort verstanden) z. B. italiana, metodo, salva oder iniziare. Iniziare konnte ich z. B. über meine Computervergangenheit sofort zuordnen. Wenn ich ein Laufwerk initialisiere, lösche ich es und beginne von vorne. Für nicht komplett verstanden könnte lingua, giusto oder il in Frage kommen. Völlig neue Wörter wie z. B. viaggio, imparare usw. würde ich rot unterstreichen.

Sie werden feststellen, dass Sie nur wenige Durchläufe benötigen, um alle Wörter zu verstehen. Wir starten in unseren Trainings mit sehr einfachen Lektionen, sodass Sie pro Tag in der Regel zwischen 40 bis 80 Wörter verstehen. Und jetzt kommt der Zeitaufwand – wir empfehlen täglich dreimal acht Minuten als Lerneinheiten. Und ja, es dürfen natürlich auch dreimal zehn oder fünfzehn Minuten sein.

Wenn Sie Einsteiger/in sind, hören Sie jetzt Satz für Satz, und lesen Sie dabei die deutsche De-Kodierung mit. Satz für Satz bedeutet im Klartext, dass Sie zunächst wirklich nach jedem Satz auf die Pause-Taste drücken. Dies gibt Ihnen genügend Zeit, sowohl den fremdsprachigen Klang auf sich wirken zu lassen als auch die Bedeutung zu registrieren!

Wenn Sie Vorkenntnisse haben, können Sie gleich den fremdsprachigen Text mitlesen, wobei Sie neue fremdsprachige Wörter überspringen, weil Sie an deren Stelle die deutschen Wörter lesen, die Sie ja bei Schritt 1 farbig markiert haben.

Sie erinnern sich, dass Sie mit der kosys-Methode jeweils nur einen einzigen Aspekt trainieren. Im Schritt 1 war dies das Verständnis des Textes. Im Schritt 2 binden Sie dieses Verständnis an den Klang der fremdsprachigen Wörter. Das ist enorm wichtig! Schritt 2 müssen Sie langsam durchlaufen! Bedenken Sie bitte, dass Sie insgesamt enorm viel Zeit sparen, weil Sie ja anders vorgehen als früher. Da musste man zuerst Vokabeln büffeln und den Text mühselig entziffern. All das fällt ja jetzt weg! Deshalb können Sie sich beim aktiven Hören wirklich Zeit lassen: Je mehr Zeit Sie sich jetzt lassen, desto mehr Zeit werden Sie später einsparen!

Auf diese Weise gehen Sie den Abschnitt so lange (ganz langsam und gemütlich) durch, bis Sie den de-Kodierten Text nicht mehr brauchen. Sie können jetzt jeden Satz dieses Abschnittes verstehen, ohne den deutschen Text mitzulesen. Am Ende von Schritt 2 ist es für Ihr Gehirn vollkommen egal, ob Sie diesen Text in der neuen Sprache oder in Ihrer Muttersprache hören, weil Sie ihn auf jeden Fall hervorragend verstehen werden!

Eine Besonderheit, die den Lernerfolg fordert, besteht darin, dass Sie sich bei der kosys-Methode immer nur auf einen einzigen Aspekt konzentrieren. In diesem Schritt geht es daher nur um das Verständnis. Ist der de-kodierte Text dem „guten Deutsch" sehr ähnlich, dann ist diese Art von Satz für uns leicht zu lernen (z. B. „Michele hat ein Auto"). Weicht die Wort-für-Wort-Übersetzung („Pseudo-Deutsch") hingegen vom „guten Deutsch" ab, so registrieren Sie dies unbewusst und können sich diese Struktur genauso leicht (unbewusst) einprägen, wie Sie einst die typischen Strukturen Ihrer Muttersprache gelernt haben (z. B. „Michele will kaufen ein Auto").

Beim Lesen der Wort-für-Wort-Übersetzung darf gelacht werden! „Pseudo-Deutsch" kann sehr erheiternd wirken, da ja die Satzkonstruktion in der neuen Sprache der deutschen nicht immer entspricht. Allerdings sollte uns klar sein, dass gerade jene „witzigen" Satzstrukturen für anders sprachige Menschen, die Deutsch lernen, sehr schwierig sind, weil unsere sprachliche Form ihnen genauso komisch erscheint. Das vergessen wir oft, wenn uns die „fremde" Formulierung eigenartig anmutet.

Vielleicht können Sie sich noch an die Wutrede des FC Bayern Trainers Giovanni Trappatoni erinnern. Ein Auszug aus seiner Rede: „*Müssen zeigen jetzt, ich will, Samstag, diese Spieler müssen zeigen mich e seine Fans, müssen allein die Spiel gewinnen. Ich bin müde jetzt Vater diese Spieler, eh, verteidige immer diese Spieler! Ich habe immer die Schulde über diese Spieler. Einer ist Mario, einer, ein anderer ist Mehmet! Strunz dagegen egal, hat nur gespielt 25 Prozent diese Spiel! Ich habe fertig!*".

Wie klingt das für Sie? Ja, wie eine Wort für Wort Übersetzung, eine De-Kodierung. Dieses Ergebnis ist natürlich auf der Basis einer emotionalen Wutrede entstanden, und doch zeigt es uns ganz klar, wie Sprache funktioniert. Trappatoni hat die De-Kodierung einfach nur andersherum angewandt. Er hat die Struktur – den Code – seiner Muttersprache unter deutsche Wörter gebaut. Wir gehen in unserem Trainings den einfachen Weg. Wir nutzen das Verständnis der neuen Sprache – das Verstehen des Codes – um diese Sprache einfach und nachhaltig zu lernen. Wir kopieren tatsächlich wie ein Kleinkind, und das ist genial einfach und spielerisch. Und es erspart uns peinliche Auftritte á la Trappatoni.

9.4   Dauerhaft passiv hören

In diesem Schritt lernen Sie nicht bewusst, sondern unbewusst, während Sie Ihrem Hobby oder der Arbeit nachgehen. Ihr Unterbewusstsein sollte sich nun an das Klangbild und die Sprachmelodie (Aussprache) der Zielsprache gewöhnen.

Gleichzeitig lernen Sie auch die Satzstruktur, die Sie durch die De-Kodierung bereits registriert haben und die sich bei jeder weiteren passiven Wiederholung tiefer ins Unterbewusstsein einschleift! Das geht kinderleicht, da Sie bei jedem Horen/Passiv einen mehrstündigen Aufenthalt im Zielland erleben. Einen Aufenthalt, der Sie keine Extraminute Ihrer wertvollen Zeit kostet.

Ich weiß, dass viele Menschen die Idee des passiven Lernens zunächst ablehnen, weil der so genannte gesunde Menschenverstand (d. h. unsere „Programmierung" aus der Kindheit) dagegen spricht. Bitte bedenken Sie jedoch, ehe Sie diesen Schritt vielleicht ablehnen: Passives Lernen kostet keine einzige Minute Ihrer wertvollen Zeit! Passives Hören läuft völlig nebenbei ab! So sehen Sie sich z. B. einen spannenden Krimi im Fernsehen an und lassen gleichzeitig über Ihren neoos®-Sprachtrainer im Hintergrund Ihr Sprachtraining „laufen". Je mehr Sie sich auf den Film konzentrieren, desto besser! Oder Sie nutzen den neoos® während Sie arbeiten, Autofahren, Musik hören, lesen usw. – es kostet Sie ja keine Zeit, das Experiment zu wagen, oder?!

Beachten Sie, dass die verschiedenen Arbeitsschritte parallel durchgeführt werden: Während Sie die Sprachkurs Inhalte täglich über mehrere Wochen passiv – und damit vollkommen unbewusst – aufnehmen, trainieren Sie wie in Schritt 1 und 2 beschrieben sehr aktiv mit der Sprache. Gleichzeitig läuft Ihr Mental-Training. Sie nutzen Ihre Zeit also dreimal so effektiv wie bei einem klassischen Training.

9.5 Weitere Schritte für die Praxis! Sprechen – Lesen – Schreiben!

Jetzt, nachdem Sie die Texte verstehen und dutzende von Stunden unbewusst und bewusst in der Sprache gebadet haben, beginnen Sie mit weiteren Aktivitäten. Diese sehr gezielten Lern-Aktivitäten werden Sie aufgrund der Vorbereitung mit großem Erfolg planen und durchführen. Diese Lernschritte beinhaltet sehr viele Möglichkeiten, unsere Trainings nach Ihren speziellen Wünschen zu gestalten.

Sie werden sehr schnell und einfach ins „Sprechen" kommen, gerade wenn Sie eines unserer Sprachtrainings mit zwei Aktivierungstagen besuchen. Es ist sehr viel leichter, als Sie vielleicht erwarten. Wer in der Schule Probleme mit dem Sprechen einer Fremdsprache hatte, der erinnere sich: Wir mussten immer viel zu früh sprechen! Beim Vokabellernen sollten wir die Wörter zumindest halblaut murmeln, d. h. zu einem Zeitpunkt, als wir noch gar nicht wussten, wie sie klingen würden. Klar, es fehlte die Vorbereitung. Wir können nur schwer oder auch gar nicht aussprechen, was wir vorher noch nie gehört haben. Und im klassischen Unterricht sollten wir Sätze sagen, deren Sinn wir noch gar nicht begriffen hatten!

Allerdings gab es einmal eine hervorragende Technik, das Sprechen zu lernen, nämlich das gemeinsame Sprechen im Chor mit der Klasse. Wer eine Sprache auf diese Weise gelernt hat, der kann noch zwanzig Jahre danach ganze Passagen rezitieren und weiß auch genau, was er da erzählt. In unseren Kursen lebt genau diese Technik wieder auf. Sie können mit Ihrer CD/Ihrem MP3 Player im Chor sprechen, wann immer, wo immer und wie oft Sie wollen. Das geht so: Zuerst drehen Sie die Lautstärke relativ stark auf, während Sie ziemlich leise mitsprechen. Nach einer Weile können Sie den Ton Ihrer Vorbilder auf der CD immer leiser drehen, weil Sie jetzt lauter und mit mehr Selbstvertrauen sprechen.

Nach einigem Training ist der CD-Ton fast nicht mehr zu hören, er dient jetzt als „Stütze". Genauso, wie Sie das De-Kodierte „Pseudo-Deutsche" nur vorübergehend als „Krücke" benutzen, brauchen Sie den Originalton lediglich als Stütze. Und so sollte Lernen auch vonstattengehen: Als Kind sind Sie auf allen Vieren gekrochen, ehe Sie laufen konnten. Aber als Sie sich dann aufgerichtet haben, konnten Sie sehr schnell ohne Stütze gehen und bald auch laufen, springen, Rollschuh laufen und vieles mehr!

Wenn Sie einen Text auf diese Weise durch die vier Schritte „gezogen haben", dann heißt das: Alles, was die Personen in den Lektionen sagen oder denken, können Sie hinterher mit derselben Sicherheit sagen oder (laut bzw. leise) denken! Und Ihre Aussprache klingt nicht „typisch deutsch", sondern (fast) wie die eines Einheimischen. Man muss es erprobt haben, um zu erleben, wie leicht es geht!

Wer einen Text mit der Chor-Methode trainiert, wird später – im „richtigen" Leben – in vergleichbaren Situationen mit ganzen Sätzen aus der Lektion reagieren, und zwar automatisch! Darüber muss man nicht nachdenken, es „passiert" einfach. Wenn es das erste Mal geschieht, ist man meistens selbst völlig verblüfft und fragt: „Habe ich das gesagt?" Ja, das haben Sie gesagt, denn durch das Lernen Schritt für Schritt nach der kosys-Methode haben sich die Grundstrukturen und Satzmuster der neuen Sprache in Ihr Unterbewusstsein eingeschliffen. In einer konkreten Situation in (z. B. in dem Land Ihrer neuen Sprache, beim Anschauen eines Filmes usw.) werden diese Muster aktiviert; wenn Sie nun sprechen, wiederholen Sie nicht nur die Ihnen bekannten Sätze aus dem Sprachtraining, sondern Sie sind automatisch in der Lage, innerhalb der Ihnen vertrauten Muster einzelne Elemente nach Bedarf spontan zu variieren, also Ihre „eigenen" Sätze zu bilden. Das muss so laufen, weil Sie durch die kosys-Methode in die neue Sprache gewissermaßen „eintauchen", d. h. Sie lernen, in der neuen Sprache zu denken!

Genauso können Sie Lesen lernen. Beschäftigen Sie sich mit dem fremdsprachigen Text. In unseren Kursen finden Sie diesen immer komplett abgedruckt, ohne De-Kodierung. Sie möchten schreiben? Auch sehr einfach – schreiben Sie die Texte ab und lassen Sie sich die Texte von der CD als „Diktat" vortragen (hervorragend in der langsamen Variante).

Zum Abschluss möchte ich Ihnen gerne noch einmal die Nachhaltigkeit verdeutlichen. Wenn Sie eine Sprache regelmäßig – idealerweise täglich – aufnehmen, führt das zu einem nachhaltigen Lerneffekt. Nur so entwickeln Sie eine unbewusste Kompetenz, sprich Sie können die Sprache vollautomatisch wie Ihre Muttersprache anwenden. Das liegt ganz daran, dass wir ein beobachtetes Verhalten ganz einfach kopieren. Wieder zurück zu dem Kleinkind: Was hört es den ganzen Tag, was beobachtet es? Menschen, die seine „Muttersprache" verwenden. Töne und Melodie sind vertraut, da sie schon im Mutterleib wahrgenommen wurden.

Erschließen Sie sich neue Horizonte. Ahmad Ibn Fadlan hat übrigens tatsächlich gelebt und in einem Reisebericht seine Erinnerungen für die Nachwelt festgehalten. Im Film nutzt er seine beeindruckenden Sprachkenntnisse nicht nur zu philosophischen Gesprächen mit den Wikingern, sondern auch, um gemeinsam eine Strategie im Kampf gegen einen übermächtigen Feind zu entwickeln. Dank der Kooperation mit dem Araber können die Nordmänner die finale Schlacht für sich entscheiden. Die Sprache war also der Schlüssel zum Erfolg. Welche persönlichen und beruflichen Ziele könnten Sie mit einer neuen Sprache erreichen? Einer Sprache, die Sie noch dazu nachhaltig erlernt haben und daher fließend beherrschen?

9.6   Über den Autor

Josua Kohberg – Europas führender Lernstratege – ist motivierender Redner bei Mitarbeiter- und Kundenveranstaltungen, Kick-Offs, Kongressen, Events oder Tagungen. Er zeigt einfach und direkt, wie Wissen, Verhaltensmuster und Zielorientierung gelernt und sofort praktisch umgesetzt werden.

Niveauvolles Edutainment, tiefgreifende Erkenntnisse und sehr viel Spass erwartet Sie in seinen Vorträgen. Denn hier trifft Neurowissenschaft auf Humor. Seine mitreißenden Auftritte begeistern genauso wie seine vielfältigen, direkten und sofort umsetzbaren Impulse.

Er ist zutiefst davon überzeugt, dass Menschen sich nur dann verändern, wenn sie sich auch verändern WOLLEN. Und Unternehmen werden immer dann besser, wenn deren Mitarbeiter besser werden. Genau deshalb steht der MENSCH immer im Mittelpunkt der Forschungen von Josua Kohberg.

Er macht sich stark für mehr Glück, mehr Erfolg, mehr Reichtum und Gesundheit im Leben seiner Zuhörer. Und in einem Punkt können Sie sich sicher sein – soviel Energie und Ruhe hatten Sie noch nie auf Ihrer Bühne stehen.

Weitere Informationen zu Josua Kohberg finden Sie unter www.josuakohberg.com.

Literatur

Der 13te Krieger – Michael Chrichton – ASIN B00004W0XM

10 Jahre thinkman® – ich bin dann mal schlau – ISBN 3981217810

Sprachen lernen leicht gemacht – Vera F. Birkenbihl – ISBN 3868822119

Genial einfach lernen – Josua Kohberg, kosys Verlag 2014

Mental Training Sprachen lernen – Josua Kohberg, kosys Verlag 2013

https://de.wikipedia.org/wiki/Motivation#Quellen_der_intrinsischen_und_extrinsischen_Motivation

Nachhaltigkeit im Tourismus bei dem Reiseveranstalter ONE WORLD Reisen mit Sinnen

10

Kai Pardon

10.1 Authentisch, nachhaltig, genussvoll und aktiv

10.1.1 20 Jahre Reisequalität

ONE WORLD Reisen mit Sinnen wurde 1995 gegründet und gilt in der Branche als innovativer, ungewöhnlicher Spezialveranstalter. Nicht umsonst sind wir Exklusivpartner von ZEIT REISEN und der TAZ. Seit Bestehen wurde das Unternehmen mit 21 Tourismuspreisen ausgezeichnet. ONE WORLD war zudem 1998 aktiv an der Gründung des Dachverbandes forum anders reisen e.V. beteiligt und der ONE WORLD-Chef Kai Pardon war von 1998 bis 2004 aktives Vorstandsmitglied und ist es wieder seit 2012.

Wir haben uns der Nachhaltigkeit im Tourismus verschrieben und sehen es daher als unsere Aufgabe, möglichst faire, umweltverträgliche und sozial-verantwortliche Reisen mit hoher Reise- und Erlebnisqualität zu entwickeln. Viele unserer Angebote sind auf dem Markt einzigartig. Sie bieten eine echte Alternative zu gängigen Angeboten von Konzernen, denen es vor allem auf Masse ankommt. Wir nehmen unsere Reisegäste und deren Reisebedürfnisse dagegen sehr ernst.

Seit der Gründung von ONE WORLD Reisen mit Sinnen im Jahr 1995 sind Nachhaltigkeit im Hinblick auf Umwelt- und Sozialverträglichkeit sowie Integrität Grundlage und tragende Säulen unseres Konzeptes und unserer Reisen. Mit Hilfe der CSR-Reporting-Initiative im Tourismus ist es möglich, nachhaltiges Arbeiten auch objektiv, anhand von einheitlichen Standards zu prüfen. Als eines von nur 15 Pilotunternehmen wurde ONE WORLD von einem unabhängigen, neutralen Gremium anhand dieser Standards auf Corporate Social Responsibility (CSR) und verantwortungsvolles wirtschaftliches Handeln, hin geprüft und auf der weltgrößten Touristikmesse ITB in Berlin im März 2009 zum ersten Mal mit dem *EU-geförderten Gütesiegel für nachhaltiges Reisen* ausgezeichnet. 2011 und 2014 wurde dieses Engagement in einer Rezertifizierung bestätigt.

Abb. 10.1 Katalogtitel 2015, ONE WORLD Reisen mit Sinnen

10.1.2   Das Leitbild

Um für unsere Partner und Verbraucher transparent zu sein, haben wir schon vor etwa 10 Jahren ein Leitbild entwickelt, das auch in den Katalogen und auf den Websites veröffentlicht wird. So weiß jeder, worauf es uns ankommt.

Nachhaltiger Tourismus. Als Mitglied des forum anders reisen e.V. erfüllen wir die Kriterien für eine nachhaltige und zukunftsorientierte Entwicklung des Tourismus. Sozialverantwortliches Reisen ist uns ebenso wichtig wie eine umweltgerechte Umsetzung unserer Reisekonzepte. Dazu gehört die Beteiligung der lokalen Bevölkerung an der Ausgestaltung und den wirtschaftlichen Erträgen im Tourismus. Wir bezahlen unseren Partnern und Mitarbeitern angemessene Preise, die existenzsichernd sind und zur Entwicklung des Gemeinwohls beitragen. Ebenso wichtig sind uns faire Arbeitsbedingungen sowie der Schutz von Kindern vor sexueller und wirtschaftlicher Ausbeutung.

Kompetente Ansprechpartner und Beratung. Wir kennen unsere Reiseländer, halten engen Kontakt zu den Partnern vor Ort und garantieren eine schnelle und individuelle Buchungsabwicklung.

Maximale Transparenz. Durch ehrliche Katalogausschreibung und Beratung sowie detaillierte Reiseinformationen.

Aktualisierte Reiseverläufe. Wir überprüfen und aktualisieren kontinuierlich unsere Touren, damit sich unsere Reisen auch langfristig durch hohe Qualität auszeichnen. Dabei bleibt das Feedback unserer Gäste nie unberücksichtigt.

Abwechslungsreiche Reisegestaltung. Vielfältige und landestypische Fortbewegungsmittel (Bus, Bahn, Rikscha, Boot, Kamel ...) sind uns wichtig. Aktive Reiseinhalte wie Wandern und Radfahren gehören bei uns dazu.

Aktives Erleben. Bei unseren Aktivitäten steht eindeutig das Erlebnis und nicht die Leistung im Vordergrund.

Erlebnis mit Tiefgang. Unsere Reisen haben den Anspruch, im engen Kontakt mit Mensch und Natur die wahre Seele der Länder und die Realität vor Ort zu entdecken.

Erfahrene Reiseleitung. Unsere sympathischen ReiseleiterInnen kennen die Länder, in die sie unsere Reisenden begleiten, und sind so in der Lage, einen Erlebnismehrwert zu schaffen. Oft werden unsere Reisegäste auch noch von Local Guides begleitet. Einheimische kennen ihr Land am besten und können, da sie für uns sprachliche Barrieren überwinden, so manche Türe öffnen.

Ideale Unterbringung. Unsere Wahl fällt in der Regel auf landestypische Unterkünfte der gehobenen Mittelklasse. Wir bevorzugen Hotels und Restaurants in einheimischer Hand. Das Ambiente hat für uns einen höheren Stellenwert als die Sterne. Einfachere Übernachtungen in Jurte, Baumhaus oder Privatunterkunft sind oft Teil der Reise. Dies erhöht den Erlebniswert und unterstützt die lokale Wirtschaft.

Kleine Gruppen. Kleine Gruppen ermöglichen eine größere Flexibilität und somit besondere Erlebnisse. Die Größe unserer Gruppen liegt zwischen 4 und 14 Gästen.

10.1.3   Soziales und ökologisches Engagement bei ONE WORLD

Bei ONE WORLD Reisen mit Sinnen ist Integrität neben der Nachhaltigkeit eine der wichtigsten Säulen des unternehmerischen Handelns. Unsere Reisekonzepte und -angebote sind – anders als bei Konzernen, die meist aus nur den beiden Leistungen Hotel und Flug ein Paket zusammenstellen, ein Mosaik aus Hunderten von Einzelleistungen. Eine touristische Dienstleistung ist ein immaterielles Gut. Der Verbraucher entscheidet hier oft aus dem Bauch heraus, seine Wahl fällt auf den Anbieter, dem er vertraut. Zudem zahlt der Kunde den kompletten Reisepreis vor der Inanspruchnahme der Leistungen. In kaum einer anderen Branche gibt es ähnliche Geschäftspraktiken zwischen Händler und Käufer.

Die Tourismusindustrie erzeugt beim Verbraucher Träume. Um diese Träume zu nähren, kreieren die touristischen Unternehmen Bilder, die oft sehr klischeehaft sind. Das

Wort „Paradies" wird in den Reisekatalogen nur zu gern verwendet. Ein Hochglanzcover zeigt eine Idylle. In den Prospekten, in den TV-Spots der Fremdenverkehrsämter nutzt man diese typischen Vorstellungen von anderen Ländern und ihrer Menschen in aller Regel gern, zeigt gastfreundliche Einheimische, unberührte Natur und menschenleere Palmenstrände. Aber gibt es diese Paradiese wirklich?

Eine erprobte Strategie, die noch immer funktioniert, vor allem beim Massentourismus. Scheinbar wollen viele Urlauber noch immer die schöne, heile Welt. Mit der Realität haben solche Bilder nichts zu tun.

Wir dagegen möchten informieren und beraten. In einer globalen Welt hat unser mündiger Kunde das Recht informiert zu werden und wir die Pflicht, die reale Situation zu kommunizieren. Die aktuelle und wirkliche Situation im Zielland, wie Umweltaspekte, Menschenrechtssituation oder die politische Realität, wird nicht ausgeblendet.

Wir machen sehr positive Erfahrungen damit. Auch nutzen wir in der Ausschreibung unserer Reiseangebote weniger ausschmückende Adjektive wie herrlich, bezaubernd, einmalig und unberührt. Wir bemühen uns darum, mittels kleiner Geschichten und verbaler Bilder zu überzeugen.

10.1.3.1 forum anders reisen e.V. – ein Verband mit Kriterien

Gemeinsam Ziele erreichen. Im Jahre 1998 entstand das forum anders reisen e.V. als Verband kleiner und mittelständischer Reiseveranstalter. Die Mitglieder legen bei ihren Produkten Wert auf die Belange der Umwelt und der Menschen in den bereisten Ländern. ONE WORLD war von Anfang an an der Entwicklung des Verbandes beteiligt. Wir erfüllen den strengen Kriterienkatalog für ein umweltgerechtes und sozialverantwortliches Reisen und plädieren, wie inzwischen über 120 andere Unternehmen, für einen auf Nachhaltigkeit aufgebauten Tourismus mit besonderer Qualität. Die Mitglieder im forum anders reisen streben eine Tourismusform an, die langfristig ökologisch tragbar, wirtschaftlich machbar sowie ethisch und sozial gerecht für ortsansässige Gemeinschaften sein soll. Das ist unsere Definition des Tourismus der Zukunft!

Das forum anders reisen setzt sich für eine Verbesserung und Verbreitung des Reiseangebotes aus Deutschland gemäß den Grundsätzen eines nachhaltigen Tourismus ein. In gesellschaftliche und politische Debatten bringt sich das forum anders reisen aktiv ein. Auf Messen, Veranstaltungen und über die Medien schaffen wir ein stärkeres Bewusstsein für die ökologischen, ökonomischen und kulturellen Auswirkungen des Reisens und setzen durch konkrete Angebote und Programme Impulse für einen verträglichen und sanften Tourismus. Das forum anders reisen engagiert sich dafür, dass die Freude am Reisen nicht zu Lasten der Menschen und der Umwelt in den Urlaubsländern geht.

Die Mitglieder des forum anders reisen verpflichten sich zur Einhaltung eines umfassenden Kriterienkatalogs für umwelt- und sozialverträgliches Reisen. Darin wird definiert, wie Reisen möglichst nachhaltig gestaltet werden können. Der Kriterienkatalog weist ökonomische, ökologische und soziale Dimensionen einer Reise genauso aus wie die Verantwortung gegenüber den Reisenden und den Mitarbeitenden im Unternehmen. Die Reisedauer bei Flugreisen ist abhängig von der Entfernung des Zielgebietes. Bei einer Entfernung von über 3.500 km muss die Reise mindestens eine Länge von 14 Tagen haben.

10.1.3.2 Klimaschutz: Die notwendige große Transformation

Unsere zunehmend globalisierte Gesellschaft bringt auch wachsende Mobilität mit sich, sowohl im Berufs- als auch im Privatleben. Bei allen Vorteilen kommt dabei aber auch der Faktor Klima ins Spiel: Die Erdatmosphäre verträgt bis zum Jahr 2100 nur eine bestimmte, knappe Menge an CO_2. Und da die meisten modernen Verkehrmittel mit fossilen Brennstoffen betrieben werden, stößt weiteres Wachstum schnell an klimaverträgliche Grenzen.

Organisationen wie der wissenschaftliche Beirat der Bundesregierung Globale Umweltveränderung (WBGU) haben aufgezeigt, dass sich unsere gesamte Gesellschaft dringend und grundlegend transformieren muss, um die naturgegebenen Klimaschutzvorgaben einzuhalten. Technologische Innovation, wie der Einsatz von erneuerbaren Energien, ist ein notwendiger Bestandteil davon, genauso wie der bewusstere Umgang mit den natürlichen Ressourcen. Es ist aber derzeit absehbar, dass diese Transformationsprozesse zu langsam ablaufen und so das Klima Schaden nimmt, mit Folgen für Menschen weltweit.

Schwerpunkt Flugverkehr

Ein wichtiges Projekt, das auf Initiative des Forums in Zusammenarbeit mit dem Bundesumweltministerium entstand, ist atmosfair, ein Projekt zur Verdeutlichung der Flugproblematik. Durch eine freiwillige Zahlung können die Reisenden dazu beitragen, die beim Fliegen entstandenen Schadstoffemissionen durch Einsparungen an anderer Stelle zu kompensieren. Das gespendete Geld fließt in entsprechende Energiesparprojekte in einzelnen Entwicklungsländern.

Atmosfair übernimmt eine Aufgabe in diesem Transformationsprozess: Für den Flugverkehr gibt es derzeit noch keine technische Lösung wie Biotreibstoffe oder das Null-Emissions-Flugzeug. Wie es heute schon das Bahnticket mit erneuerbaren Energien gibt, im Strombereich Wasserkraft oder Windräder, so wird es in der Flugzeugindustrie aber irgendwann die erneuerbare Lösung geben, vielleicht das solare Wasserstoffflugzeug. Solange diese Lösung nicht verfügbar ist und solange auf der gewünschten Strecke keine klimafreundlichere Alternative vorhanden ist, können Flugpassagiere mit atmosfair die Klimagase ihrer Flugreise kompensieren.

Kompensation als Klimaschutzbeitrag

Flugpassagiere zahlen freiwillig einen von den Emissionen abhängigen Klimaschutzbeitrag, den atmosfair dazu verwendet, erneuerbare Energien in Ländern auszubauen, wo es diese noch kaum gibt, also vor allem in Entwicklungsländern. Damit spart atmosfair das CO_2 ein, das sonst in diesen Ländern durch fossile Energien entstanden wäre. Und gleichzeitig profitieren die Menschen vor Ort, da sie häufig zum ersten mal Zugang zu sauberer und ständig verfügbarer Energie erhalten, ein Muss für Bildung und Chancengleichheit.

Weil wir unsere Gäste nicht alleine vor dieser Problematik stehen lassen möchten, haben wir uns als Gründungsmitglied des forum anders reisen e.V. für die Saison 2014 erstmals entschieden, vier Reisen aus dem Programm komplett zu kompensieren, inklusive An- und Abreise und dem Landprogramm. Bei diesen Reisen wird die Kohlendioxid-Emission komplett kompensiert. Damit sind wir in Deutschland als Pilotunternehmen mit komplett kompensierten Reisen unterwegs.

Zudem werden alle Reisen in unserem Zusatzkatalog Luxus Natur komplett kompensiert. Sie wurden in fünf Disziplinen auf ihre Klimafreundlichkeit geprüft und bewertet: Mobilität, Unterkunft, Lebensmittel, Aktivitäten und Naturschutz. Eine Ampel auf den Reiseseiten des Luxus-Natur-Katalogs zeigt die Klimafreundlichkeit einer Reise. Den berechneten CO_2-Ausstoß einer Reise pro Reisegast plus 30 % Risikoaufschlag kompensieren wir mit atmosfair.

Kompensation kann das Klimaproblem nicht lösen, weil sie nichts an den eigentlichen CO_2-Quellen ändert. Sie ist aber so lange als zweitbeste Lösung notwendig, solange die beste Lösung noch nicht existiert.

10.1.3.3 Sorgfalt in puncto Menschenrechte

Eine tragende Säule im Leitbild von ONE WORLD sind faire Beziehungen mit Leistungsträgern und Geschäftspartnern in unseren Destinationen und die Übernahme unserer unternehmerischen Verantwortung. ONE WORLD berücksichtigt als Gründungsmitglied des forum anders reisen e.V., die im Kriterienkatalog ausgewiesenen Merkmale für einen sozialverantwortlichen Tourismus. Die soziale Verantwortung ist somit seit 17 Jahren Bestandteil unseres Nachhaltigkeitsmanagements.

Aus diesen Gründen haben wir uns 2013 mit sieben anderen Reiseveranstalten dazu entschlossen das Commitment zu Menschenrechten im Tourismus zu erarbeiten und zu unterzeichnen. Alle acht erklären sich unter anderem dazu bereit, eine Menschenrechtsstrategie zu entwickeln und diese konsequent in ihre Unternehmensabläufe und in die Zusammenarbeit mit Geschäftspartnern und Lieferanten einzubinden. Zudem wollen sie die Auswirkungen ihres Handelns auf die Menschenrechte systematisch erfassen und einen Beschwerdemechanismus entwickeln, damit Verstöße angemessen und zeitnah behoben werden können.

Die Seriosität wird dadurch untermauert, dass viele ernst zu nehmende Akteure diese Intitiative tatkräftig unterstützen. Dazu gehören Organisationen wie Brot für die Welt, Tour Cert, Tourism Watch, die Hamburger Stiftung für Wirtschaftsethik, Respect (Naturfreunde International), der Arbeitskreis Tourismus und Entwicklung (akte) und das forum anders reisen.

10.1.3.4 Kinderschutzkodex

ONE WORLD Reisen mit Sinnen hat den Kinderschutzkodex im Januar 2014 unterzeichnet. Wir freuen uns Mitglied zu sein und nehmen die uns übertragene Verantwortung sehr

ernst. Das Team von ONE WORLD wurde geschult, aktiv zu informieren und auf Rück-
fragen adäquat antworten zu können. Zudem werden Erkenntnisse aus der Mitgliedschaft
in die Angebotsgestaltung mit einfließen.

Die in Bangkok ansässige Organisation The Code vertritt den Verhaltenskodex für den
Schutz von Kindern vor sexueller Ausbeutung im Tourismus. The Code bietet zusammen
mit dem Kinderschutzkodex touristischen Unternehmen ein konkretes Instrument, um
Kinderschutz in ihren Geschäftstätigkeiten zu implementieren.

Die für Deutschland zuständige Vertretung Arbeitsgemeinschaft zum Schutz der Kinder vor sexueller Ausbeutung (ECPAT) unterstützt alle interessierten Unternehmen bei der
Entwicklung konkreter Schritte zur Umsetzung des Kinderschutzkodex, d. h. insbesondere bei der Prävention und dem Vorgehen gegen sexuelle Ausbeutung von Kindern. In
Deutschland haben aktuell 15 Unternehmen/Verbände den Kodex unterschrieben.

10.2   Zurück zur Integrität

10.2.1   Integrität heißt: Versprechen halten

Die Vordenker eines positiv definierten ontologischen Integritätsmodells um Werner Erhard unterscheiden Integrität von Moral und Ethik in der folgenden Weise: Integrität bedeutet, dass man seinWort hält oder wörtlich – ehrt (honoringone'sword).

Jensen (und seine Koautoren, Werner Erhard und Steve Zaffron) definieren und diskutieren Integrität als einen Zustand des Seins, der vollständig, unversehrt und nicht beeinträchtigt ist. So verstanden ist Integritätein reinpositives Phänomen. Es hat nichts mit
gut und schlecht, richtigem oder falschem Verhalten zu tun. Jenseits von Moral und Ethik
beansprucht Integrität als positive Annahme, dass eine Person bzw. Organisation oder ein
Unternehmen ganz und unversehrt, leistungsfähiger und erfolgreicher ist, weil sie das Vertrauen ihrer Mitmenschen, Kunden und Partner gewinnt und nachhaltig bestätigt.

Eine Person hat also Integrität, wenn sie ihr Versprechen bzw. ihr Wort hält: Falls sie ihr
Versprechen nicht halten kann, kommuniziert sie das mit den Betroffenen rechtzeitig und
ist bemüht, die daraus entstehenden Folgen bestmöglich zu beseitigen.

Eine Unternehmensführung, die Integrität authentisch vorlebt und diese den Mitarbeitern und Partnern glaubwürdig vermittelt, erhöht den Erfolg (workability) der Organisation bzw. des Unternehmens, was in der Folge zu mehr Effizienz und zu einer höheren
Kunden- und Mitarbeiterzufriedenheit führt. Das alles sichert den nachhaltigen Erfolg des
Unternehmens. Die personellen und organisatorischen Vorteile, wenn man Zusagen und
Versprechen hält, also laut Professor Michael C. Jensen sein Wort „ehrt", sind riesig – sowohl für den Einzelnenals auchfür ein Unternehmen. Im Alltag bleibt diese wichtige und
einfache Tatsache oft unbeachtet bzw. in ihrer Bedeutung unterschätzt.

10.2.2   Handeln muss Substanz haben – mit Integrität Werte schaffen

Gerade wenn ein Werbemotto wie „Urlaubsschnäppchen" oder „Geiz ist geil" als erfolgs-versprechend und paradigmatisch für eine preisbewusste Kundschaft gilt, lohnt es sich, sich auf die Substanz zu konzentrieren und die Qualitätsmerkmale der Reisemarke ver-stärkt nach außen zu kommunizieren:

> *„Die vertrauensvolle Beziehung zwischen Kundschaft und Marke sichert das Überle-ben im Wettbewerb und ist die Voraussetzung für die nachhaltige Ertragskraft des Un-ternehmens"*, schreibt Jan Biallas, Executive Consultant am Institut für Markentechnik in Genf. (Jan Biallas, 2008)

Handeln muss also Substanz haben. So schreibt etwa Manfred Schmidt:

> *„Die Natur macht es uns vor: Dort hat alles, was vor sich geht, Substanz. Aus dem Ur-sache-Wirkungs-Prinzip folgt also als Handlungsmaxime für den Markenproduzenten:*
>
> *1. Ich will Gutes anbieten.*
> *2. Für meine Leistung will ich einen angemessenen Preis erzielen.*
> *3. Ich ziehe den Umkehrschluss in keiner Weise in Zweifel, der lautet: Alle Lieferanten der Wertschöpfungskette – der Handel eingeschlossen – erhalten einen angemesse-nen Preis für ihre Leistung, und die Kunden bekommen ordentliche Ware und sehen sich auch nach dem Kauf nicht getäuscht."* (Manfred Schmidt, 2011)

Noch nie war die Entscheidungs- und Handlungsfreiheit größer als heute: Mit Hilfe des Internets können die Reisekonsumenten aus einem riesigen, jederzeit und überall verfüg-baren Leistungsangebot wählen und die Reiseunternehmen können ihre Leistungen und Preise praktisch nach Belieben anpassen. Die Versuchung ist groß, diese Möglichkeiten situativ zu nutzen. Doch wer als Marke erfolgreich sein will, so eine andere Erkenntnis aus der Markentechnik, die die Marke als „lebendiges Wesen" und substanziellen Wert eines Unternehmen auffasst, muss sich von dieser Freiheit verabschieden und die vom eigenen Markenerfolg geschaffenen Grenzen annehmen. Denn es gilt auch im Zeitalter des E-Commerce: Nur die guten, ehrlichen Markenleistungen setzen sich langfristig durch! Denn nur sie sind in der Lage, Kunden nachhaltig zu überzeugen und sie dauerhaft an sich zu binden.

10.2.2.1 Qualität hat ihren Preis oder die Macht der Marke

Eine starke Marke steht für Leistungen und Qualität, die beharrlich und mit Integrität über Jahre aufgebaut wurden. Wenn Unternehmen wirtschaftlich unter Druck stehen, wird der Ausweg oft in Kostensenkungen gesehen, was den Wert einer Marke verkennt und folg-lich riskiert. Eine integritätsorientierte Unternehmens- und Markenführung bietet echte Alternativen, da sie eine nachhaltige Stärkung der Ertragskraft von Unternehmen darstellt.

Gerade im Wettbewerb mit Billiganbietern gilt es, die eigenen inneren Qualitäten zu stärken. Während der Vorsprung durch Einkaufsvorteile und den Einsatz neuer Technologien wie Dynamic Packaging gerade im Reisegeschäft schnell eingeholt wird, bietet eine integritätsbasierte Unternehmenskultur einen unnachahmlichen Wettbewerbsvorteil und einen nachhaltigen Erfolgsfaktor. Mit der Reaktion, selbst die Qualitäten und die Preise zu reduzieren, untergraben die Marken ihre eigene Wettbewerbsposition.

Der einzige Weg für Marken, sich gegenüber Billiganbietern zu behaupten, ist, ihre angestammte Wertposition kontinuierlich weiter zu stärken und sich völlig unvergleichbar zu machen.

Womöglich gehört Integrität zu den „inneren, schwer nachprüfbaren Qualitäten", die eine Marke unvergleichbar machen. Vertrauensvorschuss seitens der Kunden wir hierbei gewährt.

In der heutigen Zeit großer politischer und wirtschaftlicher Unklarheiten sowie einer tiefgreifenden Verunsicherung des Einzelnen kann Integrität als Ankerpunkt persönlichen und unternehmerischen Handelns wieder Vertrauen und Orientierung schaffen – und damit ganz wesentlich zur Markenbildung des Unternehmens beitragen sowie gleichzeitig zur Keimzelle einer nachhaltigen gesellschaftlichen Genesung werden.

10.2.2.2 Integrität als Bedingung für Qualität und Nachhaltigkeit im Tourismus

Eine touristische Dienstleistung ist bekanntlich ein immaterielles Gut. Es ist ein Versprechen, das spätestens bei der Realisierung der Reise eingelöst wird. Wenn „die Stunde der Wahrheit" kommt, stellt sich für den Reisenden die Frage, ob die qualitativ hochwertige und nachhaltige Reise auch tatsächlich so ist, wie sie ihm im Katalog, bei der Reiseberatung oder im Angebot versprochen wurde. Qualität ist ein Versprechen, für das die Marke ONE WORLD Reisen mit Sinnen seit zwanzig Jahren Verantwortung trägt. Dieses Qualitätsversprechen zu halten, verlangt von allen Mitarbeitern und Leistungsträgern Integrität und Authentizität im täglichen Handeln, denn ohne diese Werte bleibt ein verantwortungsbewusstes und nachhaltiges Reisekonzept seelen- und wirkungslos. Integrität fördert Arbeitsfähigkeit und diese führt in der gesamten Reise-Wertschöpfungskette zu mehr Verbindlichkeit, Zuverlässigkeit, Qualität, zu mehr Beziehung und Bindung sowie letztendlich zum unternehmerischen und persönlichen Erfolg – auch für die Mitarbeiter.

Mit wirksamer Kommunikation und konsequenter Umsetzung einer integritätsbasierten Unternehmensführung bilden Reiseveranstalter, Incoming-Agentur und andere Leistungsträger durch die enge Verzahnung und vertrauensfördernde Interaktion im Tourismus eine „Allianz der Integrität", die den Kundenerlebniswert stets im Auge behält und die Qualitätsstrategie von der Reiseberatung bis zur Reisedurchführung vor Ort kompromisslos und glaubwürdig umsetzt. Die Maxime des „Versprechen-Haltens" von Anfang an, also von der Reiseberatung bis zur -durchführung setzt eine Erfolgsspirale in Gang, die durch Wissenstransfer Produkt- und Prozessinnovationen stimuliert, kontinuierliche Verbesserungen ermöglicht und in den Kunden-, Mitarbeiter- und Partnerbeziehungen Vertrauen schafft.

Abb. 10.2 Begegnungen und Reisen mit allen Sinnen

Alexander Deichsel, Mitglied des Direktoriums am Institut für Markentechnik Genf, definiert Vertrauen als Basis für weitere Kundschaft:

> *„Wer das Vertrauen der Kundschaft willentlich täuscht und enttäuscht, schwächt zuerst seine eigenen Leistungen, dann seine Belegschaft, schließlich sein gesamtes Unternehmen und damit letztlich das Gemeinwesen, also auch sich selbst. Deshalb sei also daran erinnert: Allein Anstand, also Integrität − erzeugt Kundschaft."*
> (Alexander Deichsel, 2014)

In der Reisepraxis fehlt es nicht an negativen Beispielen, die bei genauem Hinsehen aus mangelnder Integrität resultieren. Trotz jahrzehntelanger, ernsthafter Bemühungen um einen nachhaltigen, sanften Tourismus sind wenig nennenswerte Erfolge zu verzeichnen. Änderungen des Kundenverhaltens und des Bewusstseins hin zu ökologischer und sozialer Verantwortung werden von anderen Prioritäten verhindert. Der Preis ist häufig das bestimmende Kriterium, gefolgt von einem vermeintlichem Luxus- und Prestigedenken.

Auch in den Reisedestinationen lassen sich die positiven Auswirkungen eines verantwortungsbewussten Reisekonzeptes nur in wenigen Einzelfällen feststellen. Reiseveranstalter nutzen nicht selten die positive öffentliche Wahrnehmung und geben sich nach außen hin ein grünes Image. Doch eine inhaltliche Umsetzung lässt sich kaum entdecken. Diese Beobachtungen führen zu der Schlussfolgerung, dass ein Mangel an Integrität seitens der Verbraucher und der Tourismusindustrie besteht. Dieses ambivalente Verhalten von Verbrauchern, Funktionären, Medien und der Tourismuswirtschaft führt zu einer Beeinträchtigung der Glaubwürdigkeit hinsichtlich nachhaltiger touristischer Zielsetzungen. Nachhaltiges Reisen ist also bei vielen Akteuren nicht mehr als ein Marketingkonzept. Das Versprechen wird nicht eingelöst. An diesem Umstand können auch die vielen Qualitäts- und Nachhaltigkeitszertifikate nicht viel ändern.

Für das touristische Alltagsgeschäft bedeutet Integrität natürlich konkret, dass im Katalog keine Reise angepriesen wird, die eklatante Diskrepanzen zwischen Werbetext und tatsächlichem Reiseinhalt aufweist, dass die Reiseberater beim Kundengespräch nur das verspricht, was bei der Reisedurchführung auch tatsächlich realisierbar ist und dass die Incoming Agentur oder der lokale Reiseleiter den Gästen keine touristische Folklorisierung vorspielt oder mit Shopping-Besuchen Provisionsgeschäfte macht. Das würde einem qualitativ hochwertigen, nachhaltigen Reisekonzept zuwiderlaufen.

10.3 Nachhaltigkeit im Tourismus

Seitdem der Begriff der Nachhaltigkeitim 18. Jahrhundert in der Literatur zur Sicherung langfristiger Erträge der sächsischen Forstwirtschaft zum ersten Mal erwähnt wurde, erstreckt er sich auf immer mehr Bereiche. Besonders seit den 1980er-Jahren veranlassten die wachsende Armut in den Entwicklungsländern und die weltweit zunehmende Umweltverschmutzung zur Sorge und es setzte sich, zunächst auf politischer, später auch auf wirtschaftlicher Ebene, die Erkenntnis durch, dass globale Verhaltensänderungen unumgänglich sind. Das Konzept einer globalen sozialen Gerechtigkeit und eines schonenden Umgangs mit Ressourcen fand immer mehr Anklang in der Öffentlichkeit. Die heute gebräuchlichste Definition nachhaltiger Entwicklung stammt aus dem im Jahre 1987 verfassten Abschlussbericht Our Common Future der Brundtland-Kommission der Vereinten Nationen:

„Sustainable development is development that meets the needs of the present without compromising the ability of future generations to meet their own needs."
(United Nations, 2010)

Tourismus ist eine globale Boom-Branche. Weltweit sind daher immer mehr Naturräume und Völker von den Auswirkungen eines zunehmenden Tourismus, der sogenannten „Touristifizierung", betroffen. Um die Touristenströme so lenken zu können, dass die Bereisten, die Reisenden und die Reiseanbieter sowohl momentan als auch in Zukunft von der Reise in ökologischer, ökonomischer und soziokultureller Hinsicht profitieren, müssen unterschiedliche Interessen berücksichtigt werden.

Reiseveranstalter nehmen in der Entwicklung des Tourismusgefüges eine zentrale Rolle ein, da sie mit Tourismusleistungsträgern und -konsumenten in Kontakt stehen und diese

Abb. 10.3 Begegnungen mit Einheimischen auf Augenhöhe

durch die Gestaltung ihrer Reisen beeinflussen können. Die Motivation der Veranstalter, nachhaltige Reisen anzubieten, beruht jedoch nicht nur auf sozioökologischen Motiven. Für die Veranstalter kann das Anbieten nachhaltiger Reisen schon allein aus finanzieller Sicht sinnvoll sein, da es sowohl die Effizienz steigern als auch die Kosten – vor allem im Bereich Ressourcenverbrauch – und die Risiken verringern kann. Des Weiteren können nachhaltige Produktionswege die Produktqualität steigern, neue Marketingmöglichkeiten eröffnen, das Unternehmensimage verbessern, den Markenwert erhöhen und letztlich zur Akzeptanz der lokalen Bevölkerung in den Destinationen sowie zur Neugewinnung und Bindung von Kunden, Partnern und Mitarbeitern führen. Auf Kundenebene profitieren Reiseveranstalter momentan von einer wachsenden Nachfrage nach nachhaltigem Touris-mus. So bezeugte 2013 fast die Hälfte der befragten Deutschen, dass sie bei der Auswahl ihrer Reiseprodukte Wert lege auf umwelt- und sozialverträglichen Tourismus. In Zukunft wird, bei einer erwarteten Polarisierung der Kundennachfrage bzw. Abnahme der Nach-frage nach gewöhnlichen Reisen zu durchschnittlichen Preisen, die Spezialisierung auf Qualität und Nachhaltigkeit Wettbewerbsvorteile bieten. Letztlich ist ein Mindestmaß an Nachhaltigkeit für die Veranstalter allein zur Erhaltung der Destinationen als langfristi-ge Grundlage der Produkte notwendig, da beispielsweise verschmutzte Strände Touristen fernhalten.

Auf tourismuspolitischer Ebene wurde im Jahre 2000 die Tour Operators' Initiative for Sustainable Tourism Development (TOI) mit Unterstützung der United Nations World Tourism Organization (UNWTO) gegründet. Diese Initiative von 15 großen Reiseveranstaltern bietet kleineren Veranstaltern weltweit Hilfsmittel zum nachhaltigeren Wirtschaften sowie eine Plattform, um diesen Bereich zu erforschen und zu verbessern. In Deutschland bietet, wie schon erwähnt, der Verein forum anders reisen e.V. als Dachverband von etwa 130 klein und mittelständischen Reiseveranstaltern einen umfangreichen Maßnahmenkatalog zur Gestaltung nachhaltiger Reisen an. Diese beiden Verbände sind besonders wichtig für kleine und mittelständische Reiseveranstalter, bei denen die Umsetzung von Nachhaltigkeitsprinzipien oft an geringen finanziellen, zeitlichen und personellen Mitteln scheitert.

10.4   Corporate Social Responsibility

10.4.1   Die Idee CSR – Hintergründe

Der Grundgedanke der CSR ist die Idee von wirtschaftlichem Erfolg durch aktive Investitionen in sozialen Zusammenhalt und Umweltschutz. Dementsprechend hat die Europäischen Kommission CSR als

„ein Konzept definiert, das den Unternehmen als Grundlage dient, auf freiwilliger Basis soziale Belange und Umweltbelange in ihre Unternehmenstätigkeit und in die Wechselbeziehungen mit den Stakeholdern zu integrieren."
(Europäische Kommission, 2001)

Diese Definition betont die Freiwilligkeit der Verpflichtungen und die Verantwortung gegenüber den Stakeholdern, also gegenüber allen unternehmensinternen und -externen Akteuren, die von der Geschäftstätigkeit betroffen sind oder diese beeinflussen. Die Begrenzung auf die Stakeholder (Anspruchsgruppen) macht die Verantwortlichkeit für die Unternehmen überschaubar und kontrollierbar. Die Betonung der Freiwilligkeit verdeutlicht außerdem, dass CSR kein Ersatz für gesetzliche Regeln ist, sondern über das reine Einhalten von staatlichen Anforderungen hinausgeht.

Das System CSR weist eine interne und eine externe Dimension auf. Die interne Dimension bezieht sich hauptsächlich auf die Belegschaft. Wichtige CSR-Bereiche sind hier das Humanressources-Management, der Arbeitsschutz und sozial verantwortliche Unternehmensumstrukturierungen. Außerdem ist die Verantwortung des Unternehmens beim Umwelt- und Ressourcenmanagement ein wichtiger Bestandteil der internen CSR. Die externe CSR umfasst darüber hinaus die Beziehungen zu lokalen Gemeinschaften und Organisationen, Geschäftspartnern, Zulieferern und Kunden. Wichtige Bestandteile sind hierbei z. B. die Achtung von Menschenrechten und grenzüberschreitender Umweltschutz.

CSR ist die Verantwortung der Unternehmen für die Auswirkungen ihrer Geschäftstätigkeit auf Gesellschaft und Umwelt. Um diese gesellschaftliche Verantwortung wahrzunehmen, müssen die Unternehmen ihr Kerngeschäft unter Einhaltung sozialer und ökologischer Anforderungen gestalten und zu nachhaltiger Entwicklung beitragen. Es geht nicht um einzelne „gute Taten", sondern eine im gesamten Unternehmen verankerte strategische Ausrichtung, die Berücksichtigung der Stakeholder und eine ethische Unternehmenskultur.

In Europa gibt es verschiede Systeme, um CSR zu zertifizieren. In der deutschen Tourismusbranche bietet z. B. das CSR-Siegel von TourCert konkrete Kriterien zur Implementierung und Überprüfung von CSR. Zahlreiche weitere Zertifikate nachhaltigen Unternehmertums verdeutlichen, dass sich immer mehr Unternehmen, auch in der Tourismusbranche, ihrer globalen Verantwortung bewusst werden.

Im *CSR-Prozess* werden alle wichtigen Firmenbereiche entlang der gesamten Wertschöpfungskette auf Nachhaltigkeitskriterien hin überprüft. Die systematische Erfassung reicht vom Papierverbrauch im Büro bis zur Größe der Reisegruppen und der Art der Anreise. Die Ergebnisse der Datenerhebung werden in sogenannten Nachhaltigkeits- oder CSR-Berichten festgehalten. Ein Zertifizierungsrat unabhängiger Fachleute aus Tourismus, Wissenschaft, Politik sowie Umwelt- und Entwicklungshilfe-Organisationen prüft in einem weiteren Schritt die Nachhaltigkeitsberichte anhand von festgelegten Schlüsselindikatoren wie z. B. dem durchschnittlichen CO_2-Verbrauch pro Reisegast und Tag. Werden alle Anforderungen erfüllt, erhält das Unternehmen abschließend das Zertifikat *CSR-Tourism-Certified*. Der gesamte Vorgang wird mindestens alle drei Jahre wiederholt, um zu gewährleisten, dass sich ein Unternehmen nicht auf den erworbenen Lorbeeren ausruht.

Somit bedeutet eine erfolgreiche Zertifizierung nicht, dass das eigene Unternehmen schon umfassend nachhaltig arbeitet, sondern dass es permanent auf dem Weg ist und die richtigen Weichen stellt, um mit jedem Tag etwas besser zu werden. Die TourCert-Zertifizierung ist demnach eine gute Chance für Unternehmen, egal wo sie stehen, sich auf den Weg zu machen. Stillstand in diesem Bereich bedeutet Rückschritt. Egal, ob man in seiner Firma schon nachhaltige Strukturen aufgebaut hat und auf einem höheren Level beginnt oder ob man noch ganz am Anfang steht; die TourCert-Zertifizierung fokussiert den Fortschritt.

In den Jahren 2009, 2011 und 2014 wurde ONE WORLD in allen Unternehmensbereichen auf Nachhaltigkeit geprüft und mit dem CSR-Siegel ausgezeichnet. Dies zeigt, dass wir auf dem richtigen Weg sind und die Nachhaltigkeit im Tourismus stark in unserem Unternehmen verwurzelt ist.

Dank des CSR-Siegels können Kunden nun den Reiseveranstalter erkennen und auswählen, der in seinem Handeln und seinen Angeboten neben ökonomischen auch soziale und ökologische Ziele verfolgt.

10.4.2   Zertifizierungsprozess & Ergebnisse 2014

Die Zertifizierung erfolgt anhand mehrerer Kernindikatoren zu den Themen Wirtschafts-
daten, Reiseangebote, Kundenzufriedenheit, Mitarbeitende, Unternehmensökologie und
Leistungsträger in der gesamten touristischen Wertschöpfungskette.

Dabei erhebt das Unternehmen regelmäßig Daten zu folgenden Themen:
1. Ökonomische Nachhaltigkeit
2. Reiseverkauf
3. Grad der Nachhaltigkeit der touristischen Angebote
4. CO_2-Emission durch die verkauften Reisen
5. Kundenzufriedenheit
6. Mitarbeitendenzufriedenheit
7. Unternehmensökologie
8. Leistungsträger in der Wertschöpfungskette

10.4.2.1 Lokale Wertschöpfung
Die Ausgaben im Reiseland konnten bei ONE WORLD Reisen mit Sinnen im Vergleich
zu 2010 mehr als verdoppelt werden, hingegen sind die internationalen Ausgaben lediglich um 50 % des Betrages von 2010 gestiegen. Dies zeigt, dass wir es geschafft haben,
vermehrt Leistungen direkt in den Zielregionen einzukaufen, und weniger von internationalen Firmen beziehen müssen.

Die lokale Wertschöpfung ist von 40,91 % auf 47,54 % gestiegen. Damit verbleibt beinahe 50 % aller Reiseleistungen im Reiseland. Dies zeigt unser starkes Engagement in den
Gastländern. Die Stärkung lokaler Strukturen ist eines unserer Hauptanliegen. Von den
Ausgaben für die Reisen bleibt der Anteil, der an unsere Partner vor Ort geht, weiterhin
komplett im Land.

Die lokale Wertschöpfung würde wohl noch größer ausfallen, wenn die Flugkosten, die
wir teils an die Agenturen bezahlen, nicht als internationale Kosten zählen würden.

10.4.2.2 Soziale und ökologische Komponente
Grundsätzlich wird bei der Gestaltung der Produkte stark darauf geachtet, dass die lokale Bevölkerung partizipiert. Wir möchten, dass die Wertschöpfung im Land bleibt und
auch nicht im Tourismus Beschäftigte profitieren. Natürlich legen wir Wert darauf, mit
zuverlässigen Partnern zu kooperieren, denen Nachhaltigkeit und eine hohe Qualität selbst
ein Anliegen sind. Wird die Entscheidung soziale oder ökologische Komponente notwendig, so hat meist die soziale Komponente Vorrang (z. B. Priorität des Transfers mit einheimischen Transportmitteln vor besonders ökologisch geprüften Verkehrsmitteln). Wo
möglich, werden Sozial-, Artenschutz- oder Umweltschutzprojekte mit einbezogen und
unterstützt.

Mit den meisten Agenturen arbeiten wir seit sehr vielen Jahren zusammen und pflegen freundschaftliche Beziehungen. Neue Agenturen werden von uns geprüft, Treffen zum Kennenlernen auf Tourismusmessen sind obligatorisch. Niemals wird eine neue Agentur aus dem Internet aufgenommen und sofort als Partner eingesetzt. Wir schließen mit den Partnern Agenturverträge abschließen, die nicht nur Zahlungsbedingungen und systemische Fragen regeln, sondern beispielsweise auch Nachhaltigkeitsaspekte beinhalten.

Den Großteil unserer Hotels, vor allem in sich entwickelnden Destinationen, buchen wir über unsere Partner-Agenturen, nur die wenigsten direkt. Da uns mit unseren Partnern ein Vertrauensverhältnis verbindet, schätzen wir ihre Meinung sehr und respektieren sie. Hotelempfehlungen werden von uns zum Teil vor Ort bei Erkundungsreisen überprüft.

Grundsätzlich passen wir in ökologisch oder sozial sensiblen Gebieten die Gruppengröße an die Bedingungen an, sodass der negative Einfluss auf ein Minimum reduziert werden kann. Wir weisen Reisende und Reiseleiter in Unterlagen und Telefonaten auf ein angemessenes Verhalten hin. Der Reisende ist für uns in touristisch weniger entwickelten Ländern ein Repräsentant und sollte sich dementsprechend verhalten. Ebenso ist es uns ein Anliegen, die Müllproduktion auf unseren Reisen zu minimieren. In sehr heißen Reiseländern haben wir mittlerweile große Wasserkanister dabei, um Plastikmüll zu vermeiden.

10.4.2.3 CO$_2$-Emissionen der Reisen

Bei einer Reise wird täglich CO$_2$ produziert. Der größte Verursacher ist sicherlich die Anreise per Flugzeug. Aber auch vor Ort entsteht Kohlenstoffdioxid, bei der Herstellung von relevanten Produkten, in den Unterkünfte, bei Transfers etc. Wir versuchen stets die Emission so gering wie möglich zu halten, durch inteligente Reiserouten, durch eine bewusste Auswahl von Hotels und Transportmitteln und durch einen ökologisch sensiblen Reisestil.

Vergleicht man die Werte zur CO$_2$-Emission bei unseren Reisen aus den Berichten von 2010 und 2014, so lässt sich eine klare Tendenz erkennen:

	CSR-Bericht 2010	**CSR-Bericht 2014**
CO$_2$-Emission insgesamt	4.541,10 t	6.253,47 t
CO$_2$-Emission pro Gast/Tag	304,19 kg	300 kg

Es lässt sich festhalten, dass im Berichtsjahr 2014 rund 2.000 t CO$_2$ mehr verursacht wurden als noch im letzten CSR-Bericht von 2010. Allerdings haben sich die Anzahl unserer Reiseangebote sowie die Anzahl der Reisenden nahezu verdoppelt. Daher ist ein Anstieg um 2.000 t, was ca. 30 % entspricht, ein sehr guter Wert. Unsere Bemühungen um ökologisch verträgliche Reiseprogramme haben sich bereits ausgezahlt.

10.4.2.4 Kundenzufriedenheit

Die umfassende Kundenzufriedenheit ist natürlich Hauptmotor einer touristischen Unternehmung. Diese konnten wir in den letzten drei Jahren um 10 % auf einen Wert von über 90 % steigern.

Vor allem eine gute Reiseleitung kann eine gute Reise zu einer sehr guten Reise machen. Daher arbeiten wir sehr intensiv an der Schulung und Ausbildung unserer Guides. Jede Reiseleiter erhält unsere Reiseleiterstandards in schriftlicher Form.

Natürlich sind auch ein intelligent zusammengestellter Reiseverlauf und die Wahl der Unterkünfte entscheidend. Jede ONE WORLD-Reise entsteht in Handarbeit, daher sind die Programmbestandteile und Unterkünfte handverlesen. Dies macht sich natürlich in der Qualität bemerkbar.

10.4.2.5 Unternehmensökologie

An unserem Bürostandort in Dortmund achten wir besonders auf einen ökologischen Arbeitsplatz. Wir beziehen seit vielen Jahren Ökostrom. Alle Mitarbeiter sind dazu angehalten, sparsam mit Wasser und Strom umzugehen. Die Toilettenspülungen im Büro haben Stopp-Funktionen, alle Lampen haben Energiesparbirnen. Bei kürzeren Pausen sollen alle Computer auf Standby gestellt und die Monitore ausgeschaltet werden, bei längeren Pausen und abends sind alle Geräte abzuschalten und möglichst über angebrachte Steckerleisten komplett vom Strom zu nehmen.

Wenn möglich werden Dienstreisen mit dem Zug unternommen, bei Messefahrten sind teilweise für den Transport der Materialien Pkws nötig. Weitere Dienstreisen betreffen Reisen zu Planungs- und Besprechungszwecken in die angebotenen Destinationen. Hier erfolgt die Anreise mit dem Flugzeug. Die CO_2-Emission bei Dienstreisen wird zu 100 % über atmosfair kompensiert.

Es wird beim Druck von Werbebroschüren und Katalogen ausschließlich Altpapier verwendet und im Duplexdruck gedruckt. Der Papierverbrauch pro Reisenden liegt bei 6 kg. Eingerechnet sind hier die 30.000 gedruckten Kataloge pro Jahr. Im Vergleich zur Datenerhebung 2010 konnte dieser Wert um 3 kg von ursprünglich 9 kg pro Reisenden reduziert werden. Die Druckmaterialien werden komplett klimaneutral produziert.

Bei der Auswahl des Büromaterials wird fast ausschließlich bei einem ökologischen Versandanbieter bestellt. Die im Büro gestellten Produkte wie Kaffee, Milch oder Tee sind ausschließlich fair gehandelte Öko-Produkte.

10.5   Das Produkt ONE WORLD

ONE WORLD-Gäste begegnen dem realen Leben, lernen den Alltag der Menschen ein Stück weit kennen. Natürlich erfahren sie vieles über die gegenwärtige Situation des Landes, seine Wirtschaft, über Gesellschaft und Politik.

Abb. 10.4 Reisen zu Freunden

Ein Bestandteil der Reise ist auch die Vermittlung von Kultur und Geschichte. Dabei besuchen wir Sehenswürdigkeiten und treffen bei z. T. geplanten Begegnungen auf die einheimische Bevölkerung. Uns ist es wichtig, nicht nur in Kontakt mit dem folkloristischen, eher ländlichen Leben zu kommen, sondern auch die Mittelschicht in den Ländern zu treffen und einer anderen Kultur möglichst sensibel, rücksichtsvoll und offen zu begegnen. Kulinarik, landestypische Spezialitäten und Genuss sind ebenfalls Säulen unserer Reiseplanung.

Die sozialen Strukturen versuchen wir zu stärken, indem wir die Wertschöpfung im Land fördern und sinnvolle Projekte fördern, indem wir sie mit unseren Reisegästen besuchen. Auch Natur- und Artenschutz betreiben wir nicht nur in der Theorie: Wir unterstützen Projekte ganz konkret. Viele unserer Gäste erhalten einen Einblick in die Arbeit der beteiligten Organisationen vor Ort.

Ganz wichtig sind uns moderate Aktivitäten. Selber tun ist besser und rekreierender als sich beispielsweise nur passiv bei Führungen Vorträge anzuhören. Wanderungen und Radtouren sind somit Teil jeder ONE WORLD-Reise.

Es heißt in unserem Katalog 2015: „Mit uns das Besondere nachhaltig und genussvoll erleben". Uns liegt die Erde, die Sie mit uns bereisen, am Herzen. Wir sehen die Verantwortung, die wir haben – sowohl für unser gegenwärtiges Handeln als auch für zukünftige Generationen. Das betrifft unseren Umgang mit der Natur, den Ressourcen und den Menschen vor Ort. Die Einbeziehung von ökologischen und sozialen Komponenten gehört genauso zur Planung einer Reise wie die Recherche und Buchung der zu unserem Reisekonzept passenden, oftmals persönlichen Unterkünfte oder die Planung der intelligentesten Route.

10.5.1   Gruppenreisen: Kleine Gruppen = Erlebnismehrwert

Meist reisen wir mit maximal zehn, zwölf oder 14 Gästen. Das ist angenehmer, z. B. beim Besuch von landestypischen Restaurants oder bei geplanten oder ungeplanten Begegnungen. Mehr ist hier zu viel! Unsere Mindestteilnehmerzahl liegt oftmals bei vier bis sechs Teilnehmern und nie über acht. Der Vorteil: Die Durchführung der Reisen ist damit sehr sicher.

Durch mehr Authentizität und Einfühlungsvermögenentsteht ein Erlebnismehrwert auf kultureller Ebene. Bei naturkundlichen oder aktiven Reiseprogrammen reisen wir intensiver und hinterlassen weniger schädliche Spuren.

Unsere Reiseleiter haben mehr Zeit, sich um die persönlichen Anliegen und Wünsche der Gäste zu kümmern – im Vergleich zu üblichen Gruppengrößen von 25 Gästen und mehr. Neben dem ausgeschriebenen Programm haben die individuellen Interessen unserer Gäste so mehr Raum.

Auch Alleinreisende fühlen sich sehr gut aufgehoben in unseren kleinen, persönlichen Reisegruppen. Wir haben den Anspruch, dass unsere Reiseprogramme vielfältige Blickwinkel schaffen. Im Tourismus werden sehr häufig Klischees bedient. Wir sind uns sicher, dass dies Gästen mit einem weltoffenen Blick auf die Dinge nicht genügt.

Unsere Reisen werden nach folgenden Kriterien kreiert:
- Mit Respekt möglichst nah dran am Leben. Vermittlung der Alltagskultur und der realen Lebenssituation, beispielsweise auf gesellschaftspolitischer Ebene.
- Begegnungen werden teilweise für die Reisenden vorab organisiert. In jedem Land dieser Erde gibt es interessante und interessierte Menschen, denen wir auf Augenhöhe begegnen und mit denen wir uns direkt ohne Dolmetscher unterhalten können. Ein positives, gleichberechtigtes Ereignis für beide Seiten. Natürlich achten wir auch darauf, unterwegs spontan mit Menschen in Kontakt zu kommen, sei es bei einer Radtour oder Wanderung.
- Aktive Reiseelemente erfrischen und inspirieren mehr als langes Busfahren oder ermüdende Standardvorträge. Intelligente Routen gegen Kilometer fressen für ein Höchstmaß an Erlebnismöglichkeiten.

10.5.1.1 Begegnungen auf Augenhöhe in Vietnam – ein Beispiel
Vietnam ist eines der faszinierendsten Länder Südostasiens. Die Menschen sind aufgeschlossen – sie suchen intensiv Kontakt zur Außenwelt. Besucher Vietnams sind von seiner landschaftlichen Schönheit überwältigt. Zwischen den fruchtbaren Gärten des

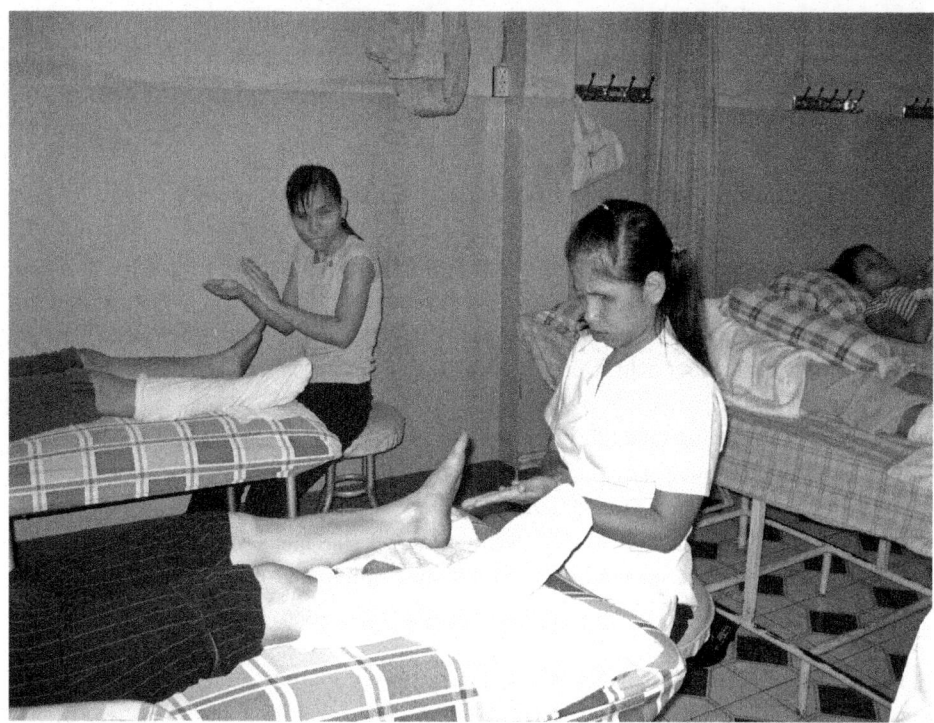

Abb. 10.5 Blindenmassageprojekt „Seeing Hands"

Mekong-Deltas im Süden und dem Delta des Roten Flusses im Norden liegt die über 3.000 km lange Küste mit unberührten Stränden. Das sich anschließende Hochland mit seinem gemäßigten Klima ist teilweise noch mit tropischem Regenwald überzogen.

Auf dieser Reise nutzen wir immer wieder das gleiche Verkehrsmittel, wie große Teile der einheimischen Bevölkerung – das Fahrrad. Diese beschauliche Art des Reisens erleichtert uns die Kontaktaufnahme zu den überaus interessierten Vietnamesen und ein „Sich-Anlächeln" auf Augenhöhe. Es erwartet die Reisenden Reisfelder, Pagoden, Kleinhandwerk und überall das ländliche Leben. Auf Ruderbooten mischen wir uns auf schwimmenden Märkten unter die Händler, vom Deck des Mekong-Schiffes erleben die Gäste das vorbeiziehende Leben am Ufer. Wir blicken auf der Reise auch durch Hintertüren, erhalten bei Besuchen und Gesprächen Erkenntnisse vom Leben im Heute. So führt uns ein Architekt durch die verwinkelten Gassen Hanois, die Reiseteilnehmer haben die Möglichkeit sich mit einem buddhistischen Mönch auszutauschen oder mit einem deutschen Auswanderer über Vietnam zu reden. Wir besuchen das Blindenmassageprojekt „Seeing Hands" (siehe ⊙ Abb. 10.5). In einem Land wie Vietnam, weitestgehend ohne soziale Absicherung, haben Betroffene damit die Möglichkeit Geld zu verdienen.Und das sind nur Beispiele für diese Art von wirklichen Kontakten.

Wir vermeiden auf der Reise unnötige Inlandsflüge, von Hue nach Ninh Binh nehmen wir beispielsweise den Nachtzug, wir gehen mit unseren Gästen – es sind nie mehr als 12 Personen – in Restaurants essen, die von Einheimischen betrieben und frequentiert werden. Die Wertschöpfung soll zu einem großen Teil im Land bleiben.

Während einer Wanderung im Cuc-Phuong-Nationalpark haben die Gäste die Möglichkeit die beschütze Flora und Fauna kennen zu lernen, auch bei einem Gespräch mit einem lokalen Ranger. Beim anschließenden Besuch des angrenzenden Primaten-Schutzprojektes können wir uns einen exklusiven Eindruck von der Arbeit der Tierschützer verschaffen.

Um Vietnam so authentisch wie möglich zu vermitteln und um die lokale Wirtschaft zu fördern, begleitet, neben dem qualifizierten ONE WORLD Reiseleiter, auch ein lokaler Guide die Gruppe. Die Person kann das Reiseland aus anderen Blickwinkeln darstellen und einen ungezwungenen Kontakt herstellen.

ONE WORLD legt großen Wert auf Unterkünfte, die in einheimischer Hand sind. Wir vermeiden ganz bewusst große Hotelketten und All-Inclusive-Unterkünfte.

10.5.1.2 Luxus Natur – exklusiver und gesunder Genuss vor der Haustür

Mit Luxus Natur reisen wir klimafreundlich zu nahen Zielen, mit Luxus Natur gehen wir auf spannende Entdeckungen in Deutschland und unseren direkten Nachbarländern – immer begleitet von Personen aus der Region. Experten erklären zum Beispiel in der Vulkaneifel Zusammenhänge des Vulkanismus oder der Geologie, geben Einblicke in den Klimawandel. Die CO_2-Emissionen des kompletten Programms werden über atmosfair kompensiert.

Bei Reisen in andere Regionen bringen auch Künstler, Köche, Winzer oder Ranger die Kultur und Natur ihrer Heimat den Gästen auf persönliche Art näher. Alle Reisen bieten einen extrem hohen Erlebniswert. Sanfte Mobilität, gesunde, regionale Küche, verantwortungsvolle Unterkünfte und ein aktives und abwechslungsreiches Programm sind die Säulen dieses innovativen und auf dem deutschen Reisemarkt einmaligen Konzepts.

Luxus Natur im Geopark Vulkaneifel: Feuer und Lava. Man muss kein Romantiker sein, um der Schönheit der Eifellandschaften zu huldigen. Doch nicht nur das – die Vulkaneifel präsentiert dem Besucher mit ihren weltbekannten Kraterseen, den Maaren, mit den Basaltbrüchen und Lava-Aufschlüssen die Entstehung der Erde. Hunderte Orte erzählen von der feurigen und spannenden Entstehungsgeschichte der Vulkaneifel, viele davon illustrieren wissenschaftliche Phänomene. Gemeinsam mit Archäologen und Klimaforschern verbinden wir diese sagenhaften Plätze behutsam miteinander. Bei exklusiven Ausgrabungen sehen unsere Gäste Klimaforschung live. Im Boden der Maare lassen sich Jahreszeiten Tausende von Jahren zurückverfolgen. Welche Tiere besiedelten einst die Eifel, wie gestaltete sich Flora und Fauna?

10.5.2   Individuelles Reisen: Maximal persönlich

Bei einer individuell, nur für den Reisegast, gestalteten Reise bringen unsere Kunden Ihre Vorstellungen und Reisewünsche mit in die Reiseplanung ein und sind mit einem lokalen Guide oder per Mietwagen unterwegs.

Der Reisende setzt die eigenen Schwerpunkte und profitiert dabei von unsere Erfahrung, da wo sie gebraucht wird sowie von unseren guten Partnerschaften vor Ort. Die Reise als persönliches Wunschkonzert sozusagen – ONE WORLD übernimmt die Planung und Ausarbeitung der individuellen Reise.

10.6   Ausblick mit Weitblick

Die Tourismusindustrie entwickelt sich rasant weiter. Um erfolgreich am Markt bestehen zu können, ist es für uns als Reiseveranstalter wesentlich, uns ständig zu hinterfragen und auch weiterzuentwickeln. Wichtige Konstanten sind und bleiben Nachhaltigkeit sowie Integrität. Das bedeutet Glaubwürdigkeit, zufriedene Mitarbeiter und Kunden. Wir sehen es als unsere Aufgabe, unsere Gäste zu begeistern, aber auch zu sensibilisieren und zu informieren. Was wir aber auf keinen Fall wollen, ist mit erhobenem Zeigefinger zu ermahnen.

Eine notwendige und längst überfällige Veränderung in der Urlaubsindustrie ist die klischeefreiere Vermarktung von Reiseprodukten. Es ist wichtig, dass dem Urlauber bewusst wird, dass durch seine Reise eventuell Folgeschäden verursacht werden. Nur so kann langsam aber stetig ein positiver Wandel vollzogen werden.

Wir als Nischenanbieter fördern natürlich Bewusstseinsbildung unserer Kunden, die globalen Strukturen verändern wir selbstverständlich nicht. Wir werden unseren Prozess der kleinen, effizienten Schritte weitergehen und hoffen dabei auch in Politik und Wirtschaft viele Themen anstoßen zu können. Wir sehen unseren Weg sehr optimistisch.

10.7 Über den Autor

Kai Pardon, Geschäftsführer und Gründer von ONE WORLD Reisen mit Sinnen, Dipl.-Ing. Raumplanung
- Seit 20 Jahren als Reiseveranstalter aktiv
- Vorstandsmitglied im nachhaltigen Unternehmerverband „forum anders reisen"
- Gründung von Tourismus-Agenturen, z. B. auf den Kapverden

Die Entwicklung der Gesellschaft und der Märkte in Deutschland wird zunehmend von ökologischen und sozialen Einflüssen mitgeprägt. Sozialverträgliche und umweltorientierte Konzepte gehören inzwischen dazu. ONE WORLD steht seit langem für Sozial- und Umweltverträglichkeit, für Innovation, Kreativität, Qualität, intelligentes Networking, ungewöhnliche Marketingkonzepte und besitzt eine große Akzeptanz bei Kunden und Partnern.

Die Biografie führte Kai Pardon sehr konsequent zur Gründung eines ambitionierten Reiseunternehmens. Das Studium der Raumplanung an der Technischen Universität Dortmund brachte ihn nur scheinbar von seiner späteren Berufswelt ab: Pardon lebte und forschte über Monate bei den Iban, einem Naturvolk, lernte die malaiische Sprache und schrieb seine Diplomarbeit zum Thema „Borneo – Auswirkungen des Tourismus auf Altvölker und Entwicklung eines behutsamen Tourismuskonzepts".

Schon Anfang der 1990er-Jahre ging es ihm um eine nachhaltige Entwicklung im Tourismus, obwohl der Begriff der Nachhaltigkeit erst Jahre später so verstanden wurde wie heute. Mit der professionellen Umsetzung von sozialverträglichen und umweltschonenden Reisekonzepten begann Kai Pardon 1995 mit der Gründung von ONE WORLD Reisen mit Sinnen. 1998 gehörte er zur Gründergeneration des forum anders reisen e.V.

Später lebte er eine Zeitlang auf den Kapverdischen Inseln, um an touristischen Strukturen mitzuwirken, Konzepte aufzustellen und den Tourismus weiterzuentwickeln. Er gründete mit der Incoming Agentur vista verde tours eine kapverdische Dependance, die den nachhaltigen Reisen-mit-Sinnen-Stil auf dem Archipel wirkungsvoll umsetzt. Ein Schulungszentrum für die Qualifizierung der einheimischen Bevölkerung im Tourismus wird zurzeit auf den Weg gebracht.

Literatur

Biallas, Jan (2008): creativ verpacken 3/2008, „Ohne Vertrauen – keine Marke"

Deichsel, Alexander (2014): Institut für Markentechnik, Schweiz; Markenartikel 9/2014, Jahrestagung Markenverband, „Marke ist gebundene Freiheit", Seite 22 ff

Europäische Kommission (2001): Europäische Rahmenbedingungen für die soziale Verantwortung der Unternehmen, Brüssel 2001

Schmidt, Manfred (2011): Institut für Markentechnik, Schweiz; Markenartikel 9/2011, „Versprechen halten", Schweiz, Seite 48 ff

United Nations (2010): Report of the World Commission on Environment and Development: Our Common Future (Brundtlandbericht)

Nachhaltige Personalarbeit dank messbarer Werte **11**

BestFit-Management: Der richtige Mensch zur passenden Rolle

Karin Ferchl und Horst Veitl

Du kannst dein Leben nicht verlängern und du kannst es auch nicht verbreitern.
Aber du kannst es vertiefen!
Gorch Fock (1880–1916), dt. Schriftsteller

11.1 Einleitung

Entsprechend der ursprünglichen Verwendung des Begriffes Nachhaltigkeit soll aus einer Forstwirtschaft nicht mehr Holz entnommen werden, als nachwachsen kann. Bedeutet dies nun, übersetzt auf die Personalarbeit, dass Unternehmen nicht mehr Mitarbeiter „fällen" sollen, als sie „(be)setzen" können? JA! Natürlich ist diese Aussage bildhaft und plakativ, zeigt jedoch viele nützliche Parallelen. Auf den kommenden Seiten finden Sie ein paar Gedanken von uns niedergeschrieben, welche Ihnen helfen werden, weniger „fällen" zu müssen, denn dann müssen Sie auch weniger „(be)setzen".

„Mitarbeiter fällen"? Was soll das bedeuten? Das sind Fluktuation, Krankenstände und Präsenzzeiten, Produktivitätsverluste durch Dienst nach Vorschrift und weitere Faktoren, welche täglich Zeit, Geld und Nerven kosten. So erschließt sich der Bogen zur Nachhaltigkeit, denn ökologische, ökonomische und soziale Aspekte finden sich hier wieder.

Ein Beispiel für den Zusammenhang von Zeit und ökologischen Aspekten ist der Außendienst. Hetzt dieser mit Vollgas von Termin zu Termin, so bedeutet dies mit isoliertem Blick auf den Kraftstoffverbrauch, dass mehr CO_2 ausgestoßen wird, als wenn ökologisch gereist werden kann. Die ökonomischen Effekte, also das liebe Geld, wird in Unternehmen als Erstes und leider meist auch als Einziges sichtbar. Nimmt man das Beispiel der Fluktuation auf, welches das Endstadium der oben genannten Vorläufer darstellt, wird jedes Mal, wenn ein Mitarbeiter „gefällt" wird, an dessen Stelle ein Loch im Gefüge entstehen. Hinzu kommt, dass der Wurzelstock noch lange im Boden verankert ist, auch wenn der Stamm schon abtransportiert wurde. Während der Stamm fällt, reißt er den umliegenden Bäumen die Äste ab und beschädigt diese. Im zweiten Schritt, als Folge dieses Weggangs, bei dem das Unternehmen nicht nur Know-how verliert, sondern der Wettbewerb dieses gewinnt, wird an der kahlen Stelle ein neuer Baum „gesetzt" und die Wunden der umliegenden „gepflegt". Passt der neue Baum nun nicht in die Umgebung, „setzen" Sie also einen Pfahlwurzler auf eine dünne Humusschicht, unter der sich dann harter Fels befindet, kann dieser nicht anwachsen und gedeihen – die Probezeit platzt. Dabei ist der Unterschied zwischen einem Flachwurzler (Fichte), einem Herzwurzler (Lärche) und einem Pfahlwurzler (Kiefer) gar nicht so groß – es sind alles Nadelbäume. Übersetzt auf die Personalarbeit zeigt dieses Bild also, dass es sowohl auf die Individualität wie auf die Umgebung ankommt, also den Menschen und seine Arbeitsumgebung mit deren Anforderungen an ihn. Dies führt zum dritten Nachhaltigkeitsaspekt – dem Sozialen. Die Wechselbeziehungen unter Menschen sind für uns alle überlebenswichtig, wenn auch nicht immer einfach. Wie in einem Wald verflechten sich auch die Wurzeln von Teams zum Teil gegenseitig festigend und stützend, teilweise jedoch auch um die Nährstoffe des Bodens konkurrierend. Zur Optimierung der Ausbeute wurden auch in der Forstwirtschaft lange Zeit Monokulturen angelegt. Kennen Sie die Parallele im Personal? Homogene Teams, welche die Führungskraft spiegeln – jedoch bitte auf einem Niveau, welches dieser nicht gefährlich wird. In beiden Fällen ist die Pflege leichter und der kurzfristige Ertrag höher, jedoch die nachhaltige Bewirtschaftung mit langfristigen Ergebnissen vernachlässigt. Deshalb werden viele Wälder Stück um Stück auf Mischwald umgestellt und Ihre Personalstrategie sollte somit klar definieren, ob Sie homogene oder heterogene Teams benötigen. Homogene Teams können Sie zum Beispiel benötigen, wenn Sie an einer Service-Hotline oder am Empfang immer den gleichen „Auftritt" zeigen möchten. Heterogene Teams werden meist benötigt, wenn ein Teil kreativ Neues entwickeln und ein anderer Teil akribisch die Qualität sichern soll. Wie der Boden für Bäume, welcher felsig, sandig oder lehmig sein kann, ist Ihr Unternehmen der Untergrund für Ihre Belegschaft. Vom Regen bis zum Sturm zeigt der Markt seinen nährstoffspendenden bis vernichtenden Einfluss. Die Sonne bringt die Energie für den Erfolg und lässt neue Triebe sprießen, kann jedoch auch blenden und verbrennen. Sicher fallen Ihnen weitere Analogien zwischen der Natur im nachhaltigen Forstbetrieb und der Natur Ihres Unternehmens ein, wenn Sie den nächsten „Spaziergang" mit Ihren Kunden und Mitarbeitern durch Ihr Unternehmen machen.

Der Brückenschlag zwischen der erstmals 1713 durch Hans Carl von Carlowitz erwähnten Nachhaltigkeit, im Sinne eines langfristig angelegten verantwortungsbewussten Umgangs mit einer Ressource, und der Personalarbeit, also dem langfristig angelegten verantwortungsbewussten Umgang mit Human Resources, ist nicht schwer. Rund dreihundert Jahre später hat die Wirksamkeit des Konzeptes nichts von ihrer Gesetzmäßigkeit verloren. In der Personalarbeit kommen durch Fachkräftemangel und demografischem Wandel verschärfende Faktoren dazu. Die Mannigfaltigkeit des Faktor Mensch, der Wunsch nach Ertrag und Wachstum, Wettbewerb und Globalisierung – dies alles beeinflusst die Nachhaltigkeit. Die Frage, welche wir uns stellen müssen, lautet: „Was war zuerst da, Henne oder Ei?" Benötigen wir zuerst gesicherte und astronomische Gewinne, damit wir in die richtigen Menschen auf den passenden Rollen investieren können … oder kommen die Erfolge quasi von selbst, wenn der Faktor Mensch im Unternehmen von vornherein passt? Müssen sich Menschen verbiegen, um in die Organisation zu passen?

Dann dürfen wir auch keine Authentizität und Identifikation verlangen! … oder bauen wir als Chefs möglichst passende Umgebungen, damit sich die Menschen entfalten können? Die Lösung: Die Kombination macht's! Beide Parteien, Mensch wie Rolle, haben ihre Historien und Rahmenbedingungen. Sobald wir es schaffen, die Werte des Unternehmens mit denen des Menschen und seiner Rolle darin in Einklang zu bringen, verringern wir Fluktuation, Krankenstände, Präsenzzeiten und schaffen Identifikation, Motivation und damit Produktivität.

11.2 Werte, die Basis für Nachhaltigkeit

Jeder Mensch zeichnet sich durch seine Individualität, dem singulären Konzept, aus. Basierend auf den unterschiedlichsten Veranlagungen und Einflüssen, mit welchen jeder aufwächst und heranreift, hat jeder sein eigenes „Setup". Bei der Betrachtung von Persönlichkeit, Motivationen, Verhalten, Kompetenzen und Präferenzen werden unterschiedlichste Modelle verwendet, um diese zu beschreiben. Hierbei dient die Sprache auf der einen Seite als Kommunikationsmedium, birgt jedoch auch gleichzeitig durch seine Unschärfe die Gefahr des Missverständnisses. Was bedeuten zum Beispiel: Freiheit, Sicherheit, Einsatzfreude, Loyalität und sicheres Auftreten für Sie? Sobald Sie mit jemand anderem dazu sprechen und versuchen genau zu hinterfragen, ob Sie beide das Gleiche darunter verstehen, werden Sie feststellen, wie subjektiv die Belegung der Begrifflichkeiten ist. Dies mag in einer unterhaltsamen Gruppe abendfüllend sein, im geschäftlichen Kontext zeigt sich das Risiko jedoch meist erst, wenn es schon zu spät ist. Sicher kennen Sie aus der einen oder anderen Stellenbeschreibung auch Formulierungen wie den „durchsetzungsstarken Teamplayer" oder den „flexiblen Qualitätssicherer". Professioneller gegriffen lassen sich sogar diese scheinbaren Widersprüche auflösen, wie Sie am Ende des Artikels feststellen werden. Die Folge solcher widersprüchlichen, unscharfen oder zumindest zu wenig durchdachten Formulierungen sind dann allzu oft Fehlbesetzungen mit gescheiterten Probezeiten, schwierige Integrationen, mangelnde Identifikation, Produktivitätsverluste und unnötig hohe Fluktuationsquoten – im Kontext des Fach-/Führungskräftemangels und dem Generationenwechsel unternehmerische Herausforderungen, welche absolut Chefsache sind.

Um aus dieser grenzenlosen Vielfalt und schwer greifbaren Komplexität dennoch belastbare und abgesicherte Entscheidungen fällen zu können, bedarf es also deutlich mehr, als dem wohlgeschätzten „guten Bauchgefühl". Deshalb bedienen sich Profis auch spezieller Modelle und Methoden. Hierzu gibt es ein paar grundliegende Aspekte zu berücksichtigen, um diese unterscheiden und auswählen zu können:

11.2.1 Handlungsebenen

Beginnen wir mit einem Auszug der unterschiedlichen Ebenen, welche unser Handeln steuern und die jeweilige Aussagekraft im Sinne der Nachhaltigkeit. Um einen Menschen überfachlich zu beschreiben, wird generell zwischen Verhalten, Einstellungen, Werten und der Identität unterschieden. Die Stabilität, also die Nachhaltigkeit, steigt in dieser Reihenfolge.

11.2.1.1 Verhalten

Das Verhalten ist die Oberfläche, welche wir leicht beobachten, bewusst steuern und damit auch formen können. Am deutlichsten sehen Sie dies jeden Tag im Fernsehen oder wenn Sie ins Theater gehen. Schauspieler zeigen ein einstudiertes Verhalten, welches abhängig von der definierten Rolle in jedem Stück anders sein kann. Kennen Sie das auch aus Ihrem täglichen Leben? ... wie aus dem beruflichen Umfeld? Ein bildhaftes Beispiel zeigt deutlich die geringe Aussagekraft: Stellen Sie sich vor, Sie nehmen eine Gruppe unterschiedlicher Personen und laden diese zu einem Verhaltenskurs „Korrektes Verhalten in einem Fünfsternerestaurant" ein. Einen ganzen Tag wird der Gruppe beigebracht, welches Besteck und welches Glas zu welchem Gang genutzt wird, wie man sich zu Tisch verhält und wie nicht. Am Ende des Trainings kommt dann der Auditor und bewertet die (Arbeits-)Probe, bei welcher den Teilnehmern ein Sieben-Gänge-Menü serviert wird. Jeder erhält seine Punktzahl und einer ist der Gewinner. Was haben Sie nun herausgefunden? Lediglich, wer sich in der kurzen Zeit den Regeln angepasst hat. Welcher Teilnehmer jedoch lieber am Imbissstand die Currywurst mit Pommes wählen würde, konnten Sie nicht herausfinden. In die Arbeitswelt übersetzt bedeutet dies, dass ein gezeigtes Verhalten nicht immer mit einer Identifikation zur Aufgabe gleichzusetzen ist. Dies ist der Grund, warum Trainings nicht bei jedem gleich wirken. Sie können Vertriebsmethoden oder Prozessmodelle nicht einfach auswendig lernen lassen, denn jeder nimmt diese unterschiedlich an und setzt sie entsprechend mehr oder weniger erfolgreich um. Hinzu kommen die sozialen Beziehungen, da unser Verhalten durch die Interaktion mit unserer Umgebung stark beeinflusst wird.

11.2.1.2 Einstellungen

Auf der nächsten Stufe bewegen wir uns im Bereich der Einstellungen. Es geht also um die erfahrungsgestützte Bereitschaft, in bestimmter Weise auf die Umgebung zu reagieren. Annahmen und Überzeugungen im kognitiven, Gefühle und Emotionen im affektiven Verhalten drücken dies zum Beispiel über Sympathie, Antipathie, Vorurteile und den Selbstwert aus. Einstellungen werden einer Entscheidung mehr (kognitiv) oder weniger (affektiv) bewusst zugrunde gelegt. Unsere Einstellungen steuern also über die gemachten Erfahrungen unsere Zuneigung oder Ablehnung von bestimmten Verhaltensmustern. Da nun nicht mehr die akuten Umgebungsreize, sondern die mentale und neurale Bereitschaft, einen steuernden Einfluss auf uns nehmen, sind unsere Einstellungen schon fester verankert als das kurzfristige und oftmals opportunistische Verhalten. Die Wechselbeziehung zwischen Einstellungen und Verhalten zeigt sich in der Unterscheidung von unbewussten, impliziten Beurteilungen und expliziten Bewertungen, welche zum Beispiel durch soziale Unerwünschtheit beeinflusst werden. Ein Teil ist also in uns herangereift, ein anderer wird durch die Erwartungshaltung und Signale unserer Umgebung beeinflusst.

11.2.1.3 Werte

Werte oder Wertvorstellungen sind noch fester verankert. Zur Abgrenzung des Begriffs sei hier erwähnt, dass es nicht um die volks-, betriebs- oder finanzwirtschaftlichen Werte geht. Es handelt sich hier um die individuellen Bezugspunkte, welche anziehend oder abstoßend wirken – somit um das Verständnis der Welt, welches dann auch als Richtlinie für Einstellungen und abgeleitetes Verhalten wirkt. Diese Werte bilden in der Gemeinschaft, ob Unternehmen oder gesamtgesellschaftlich – die Kultur. Es besteht eine Wechselbeziehung zwischen den individuellen Werten und externen Wertemodellen mit ihren Regeln. So wird das soziale Gebot „Du sollst nicht lügen!" individuell unterschiedlich interpretiert. Hier zeigt sich der Unterschied von motivierenden Werten zur restriktiven Wirkung von Normen.

11.2.2 Was ist „gut"?

Werte bewegen uns aus unserem Innersten und legen fest, was für uns „gut" ist. Versuchen wir „gut" zu beschreiben, erleben wir in Diskussionen die individuelle Vielfalt dieses scheinbar so einfachen Begriffs. Wir hören Formulierungen wie: „Ein gutes Essen", „Ein guter Partner", „Ein guter Job" oder „Ein guter Chef". Es wird also meist ein Kontext verwendet. Wie können wir die Frage: „Was ist gut?" generischer greifen? Eine sehr gute Erkenntnis lautet hier: „Gut ist, was seinen Zweck erfüllt." – ohne dabei zu meinen, dass der Zweck alle Mittel heiligt. Merken Sie sich diese Formulierung und hinterfragen Sie diese bei Ihrer nächsten Entscheidung. Dazu wird gehören, den Zweck (oder das Problem, die Herausforderung) klar zu erfassen. Eine Entscheidungsmatrix stellen wir Ihnen weiter unten dazu vor. Werte sind also eine sehr stabile, nachhaltige Basis unseres Seins und stehen über Einstellungen und Verhalten. Widerspricht ein Verhalten unserem Wertemodell, so können wir dieses nicht akzeptieren oder glaubwürdig verkörpern. Für Unternehmen bedeutet dies nun, dass die von der Unternehmensleitung wohl definierten Werte unter Umständen einen anderen Zweck verfolgen, als es die Belegschaft oder der Kunde möchte. Dann wird die Frage: „Was ist gut?" unterschiedlich beantwortet. Die Folge ist dann, dass diese Werte nicht gelebt werden und die Kultur nicht stimmig ist. Produktivitätsverluste, erhöhter Aufwand an der Kundenfront, Fluktuation oder sogar ein schlechtes Arbeitgeberimage sind dann bekannte Effekte, welche die nachhaltige Entwicklung des Unternehmens erschweren. Führungskräfte erleben, wenn es zur Kluft zwischen definierten und gelebten Werten kommt, die Situation in besonderer Härte. Auf der einen Seite haben sie die Unternehmenswerte zu verkörpern und die Unternehmensziele zu verfolgen, auf der anderen werden sie täglich mit den individuellen Werten und Zielen der Untergebenen konfrontiert – sie befinden sich in der „Sandwich-Position". Die Komplexität wird dann auch noch durch die eigenen persönlichen Werte gesteigert. Die Kommunikation ist durch die Unzulänglichkeit der Sprache und der dafür verfügbaren Zeit ohnehin eine tägliche Herausforderung. Da die Werteebene auf der einen Seite so stabil und nachhaltig ist, auf der anderen jedoch auch noch formbar, kommt ihr eine besondere Bedeutung zu. Eine definierte Stärke von Werten ist, dass wir sie teilen können. Ein Modell, welches hier die Definition und Kommunikation durchgängig ermöglicht, stellen wir Ihnen weiter unten vor. An oberster Position der vier eingangs erwähnten Begriffe finden wir über Verhalten, Einstellungen und Werten – die Identität. Diese ist die Gesamtheit der von allen anderen unterscheidenden Eigentümlichkeiten. Es geht darum, welche Merkmale im Selbstverständnis von Individuen oder Gruppen als wesentlich erachtet werden und somit die momentane Reife eines Menschen abbilden. Die Selbstreflexion stellt hierfür einen elementaren Vorgang dar. Die Identifikation bezeichnet hierbei in Gruppen das „Wir-Gefühl". Die Identifikation mit der aktuell zugeordneten oder selbst erwählten Rolle bringt Erfüllung – wenn sie fehlt: das Gegenteil. Die Identität ist das am längsten und langsamsten reifende Element unserer Persönlichkeit. Zusammenfassend stellen wir also fest, dass der Bereich der Werte die Vorteile der Nachhaltigkeit, als innere Basis für Einstellungen und Verhalten, mit den Möglichkeiten der mittel- bis langfristigen Formbarkeit vereint. Werte, im Sinne von Erwartungshaltungen und haltgebendem Rahmen, können im gesellschaftlichen, unternehmerischen und individuellem Sinne definiert werden. Wie kann man sie jedoch messbar machen? Als Entscheider benötigen wir immer möglichst aussagekräftige und treffsichere Informationen, ohne die auch eine nachhaltige Personalarbeit nur wenig Aussicht auf Erfolg hat.

11.2.3 Wertedimensionen

Wie zuvor schon geschildert, ist es nicht einfach Werte sprachlich zu beschreiben. Unterschiedliche Interpretationen und eine fast unendlich erscheinende Vielzahl an Wertebegriffen erschweren die Kommunikation. Vor ein paar Jahren wurden wir gebeten, einen Vortrag zum Thema zu halten. Um gut vorbereitet zu sein, nahmen wir eine Recherche im Internet vor, was Unternehmen als „Werte" auf Ihrer Homepage veröffentlichen. Schon nach kürzester Zeit hatten wir eine Liste mit mehreren Hundert Begriffen erstellt. Neben den sprachlichen Herausforderungen erkannten wir die Ursache für diesen Werte-Dschungel auch in unserer eigenen Historie: Jeder versucht eigene Werte zu „erarbeiten" und auf der Homepage unter „unsere" Werte einzusortieren. Wie oben bereits erläutert, geht es jedoch darum, Werte zu teilen. Erst dann entsteht Identifikation. Um Werte nun, in unserer modernen, digitalen Welt, verständlich teilen zu können, dürfen wir uns jedoch nicht mit eigenen Wortkreationen unterscheiden – auch wenn dies bedeutet, dass wir uns klar bekennen und festlegen müssen. Eine Vereinfachung, und nicht die Ausschmückung, ist hierfür der richtige Weg – eine praktikable Lösung, basierend auf ValueProfilePlus, stellen wir Ihnen nun vor.

Regelwerke und Strukturen helfen uns, Ordnung zu schaffen und die Kommunikation zu verbessern. Auf diesem Gedanken aufbauend stellen wir Ihnen hier ein axiologisches (wertewissenschaftliche) Modell vor, welches Ihnen helfen soll, Ihre „Wertewelt" besser beschreiben und teilen zu können. Mit diesem Aufbau reduzieren und strukturieren Sie die Betrachtung, fördern die sachlich lösungsorientierte Entscheidungsfindung, ohne dabei den Menschen außen vor zu lassen. Wir beschreiben Ihnen zuerst die einzelnen Komponenten und bauen diese dann am Ende zum Gesamtbild zusammen:

11.2.3.1 Formal

Im ersten Schritt die formale Ebene: Dies ist der Bereich der theoretischen Definitionen, also Bereiche wie Gesetze, Richtlinien, Verordnungen, Regeln, Hierarchie, Sprache und die Mathematik. Wenn Sie jemanden auffordern, einen Kreis auf ein Blatt Papier zu zeichnen, dann bauen Sie darauf, dass Ihr Gegenüber die theoretische Definition, dass ein Kreis die Menge aller Punkte einer Ebene mit konstantem Abstand zum Mittelpunkt ist, auch kennt. Diese Regeln müssen also erst erlernt werden. Im zweiten Schritt betrachten Sie sich dann das Gemälde und stellen fest, ob es ein Kreis ist oder nicht. Die Entscheidung fällt also binär aus, 0/1, ja/nein, schwarz/weiß. Daher erhält diese Wertedimension eine Zweiwertigkeit (2). Die formale Ebene kennzeichnet sich also durch Einfachheit, Klarheit und Entscheidungskraft, jedoch auch durch große Abstände, wenn die Urteile unterschiedlich sind: die berühmten Grabenkämpfe, wenn es um Entscheidungen geht. Formales dient also der Absicherung und gibt Halt (z. B. Qualitätsmanagement, Budget, Prozessdefinitionen, Hierarchien, …).

11.2.3.2 Praktisch

Die praktische Ebene betrachtet Lösungen. Hier erkennen wir die Definition: „Gut ist, was seinen Zweck erfüllt" in seiner Reinform. Um Lösungen zu generieren, muss das Problem erkannt werden und die richtigen Schlussfolgerungen gezogen werden. Hierfür werden Eigenschaften betrachtet und generisch gilt: Umso mehr Eigenschaften etwas hat, desto wertvoller wird es. Vergleichen wir also ein multifunktionales Taschenmesser mit einem 35 cm langen Brotmesser, so bietet das Taschenmesser einen größeren Wert, da es mehr Funktionen bietet. Dies gilt so lange, bis wir eine Anforderung (einen Zweck) hinzu definieren. Möchte ich nun einen 2,5 kg Bauernbrotlaib in Scheiben schneiden, sehen diese mit dem großen Brotmesser sicher schöner aus, als mit der 6 cm-Klinge des Taschenmessers. Wir müssen in dieser Wertedimension also bewusst darauf achten, nicht gleich in gut/schlecht zu denken, denn beide Lösungen sind für sich wertvoll. Um die passende Lösung zu finden, definieren wir also den Zweck und vergleichen die dazu passenden

Eigenschaften. Definieren wir also, dass wir ein Möbelstück suchen, mit dem man am Tisch essen und es gelegentlich auch mal als Leiterersatz verwenden kann, um ein Buch aus dem obersten Fach des Regals zu holen: einen Stuhl. Genauer beschrieben, einen Stuhl mit vier gleich langen Beinen, einem stabilen Stand, einer Sitzfläche in Kniehöhe und einer Rückenlehne. Soweit die Definition des Zwecks und meiner favorisierten Lösung. Nun gehe ich in ein Möbelhaus und suche. Dabei gehe ich, ohne mich umzuschauen, durch die Schlafzimmer- und Badabteilungen, denn zur Lösungssuche gehört das Clustern. Im zweiten Stock angekommen, schaue ich mich um und sehe einen Schaukelstuhl: passt nicht, denn der Griff ins Bücherregal wird zum Balanceakt; ein Barhocker: sehr unbequem am Esstisch; ein Melkschemel: kein stabiler Stand. Gedanklich machen wir also eine Tabelle auf, in der wir in der linken Spalte die gesuchten Eigenschaften untereinander schreiben und in der Kopfzeile die möglichen Lösungen (Schaukelstuhl, Barhocker, Melkschemel, …) erfassen. Nun kreuzen wir gedanklich an, welche Lösung wie viele der gesuchten Eigenschaften erfüllt. Steht in einer Spalte kein Kreuz, ist es keine Lösung – sind alle Felder angekreuzt, ist es die passende Lösung. Bei diesen Extremen fällt die Entscheidung leicht, wie in der formalen Wertedimension in ja/nein. Dazwischen zeigen sich die berühmtberüchtigten „suboptimalen" Lösungen als mehr oder weniger granulare Graustufen. Die Komplexität ist also davon abhängig, wie viele gesuchte Eigenschaften wir mit welcher Anzahl möglicher Lösungsansätze vergleichen. Daher erhält diese Ebene eine Wertigkeit von „n" für die Anzahl möglicher Varianten.

11.2.3.3 Menschlich

Last but not least folgt die „menschliche" Wertedimension. Nach dem Schwarz-Weißen der formalen und den Graustufen der praktischen Ebenen wird es hier nun bunt. Wir können das „Menschliche" als singuläres Konzept in keiner Bewertungstabelle erfassen. Die Vielfalt ist so groß, dass wir maßstabslos zu werden scheinen. Es geht um die Gefühlsebene in all seinen schillernden Farben. Am schönsten ist dies bei einer Familienfeier zu beobachten. Stellen Sie sich einen heißen Sonntagnachmittag vor. Die kleinen Kinder haben Schokoladeneis bekommen und Hände wie Münder zeigen dies mit der guten Laune. Da kommt der verspätete Onkel doch noch in seinem luxuriösen Sportwagen vorgefahren und steigt in seinem neuen Maßanzug aus. Die Kleinen erspähen ihn, freuen sich und stürmen auf ihn zu … um sich mit den schokoladeneisverschmierten Händen am Hosenbein festzuhalten. Der Onkel ärgert sich über den verschmutzten teuren Anzug und die Mutter erklärt den Kleinen: „dass man so etwas doch nicht macht"! Was ist geschehen? Die Kinder haben die theoretische Definition, also die formale Wertedimension, noch nicht gelernt und konnten diese somit nicht mit berücksichtigen. Sie haben rein emotional, also auf der menschlichen Wertedimension, agiert und verstehen nun nicht, warum es schlecht ist, wenn man sich über den Onkel spontan freut. Am Ende der Familienfeier soll nun der liebe Nachwuchs bei der Erbtante mit dem berühmten Abschiedsküsschen glänzen. Hier sieht der stille Beobachter auch gleich, welches Kind die Erbtante lieb hat und welches den Kopf zur Seite dreht – denn der praktische Nutzen des Erbes wird nicht einbezogen, sondern Gefühle ehrlich gezeigt. In der menschlichen Wertedimension geht es also um die komplexe Welt der Gefühle. Diese können wir nun weder binär noch in einer Tabelle greifen. Daher erhält diese Wertedimension eine unendliche Wertigkeit.

11.2.3.4 Werte und Wertigkeit

Warum haben wir den drei Wertedimensionen Wertigkeiten vergeben? Ganz einfach: Darüber wird die generische Wertehierarchie greifbar: Menschlich ist mehr wert als praktisch und praktisch ist mehr wert als formal. Aus der anderen Richtung betrachtet bedeutet dies: Das Formale sichert den praktischen Nutzen, welcher den Menschen dienen soll. Mit nur drei Wertedimensionen, sozusagen Meta-Werten, lassen sich also alle wichtigen Faktoren greifen, welche wir für Entscheidungen benötigen. Lassen wir eine weg, oder fokussieren wir uns nur auf eine, so werden unsere Aktionen auf Dauer zum Scheitern verurteilt sein und Nachhaltigkeit bleibt ein Wort aus dem Marketinglexikon.

Wenn Sie nun sagen: „So einfach kann es nun doch nicht sein!", dann geben wir Ihnen Recht. Es gehört noch mehr dazu. Ein Element ist der Bezug, welchen wir Werteraum nennen. Wir unterscheiden zwischen außen und innen. Bezogen auf den einzelnen Menschen sind dies seine Umwelt und sein Selbst, für ein Team das „wir" und „die anderen", für das Unternehmen die Belegschaft und der Markt. Abhängig vom Kontext, in welchem Sie die drei Wertedimensionen bewerten, ist es also wichtig, diese beiden Perspektiven nicht aus den Augen zu verlieren. Bauen Sie nicht mehr Blickwinkel ein, sonst wird das Gebilde wieder so komplex, dass Sie am Ende aus dieser formalen Absicherung wieder keinen praktischen Nutzen ziehen können. Nehmen Sie lieber andere Unterteilungen, welche Ihnen mehr nutzen, vor. Hier wird zwischen Plan-A und Plan-B unterschieden. Plan-A ist das Lösungskonzept, welches Sie im Alltag, wenn alles läuft, zum Einsatz bringen. Was machen Sie aber, wenn dieses nicht mehr wirkt? Stellen Sie sich vor, Sie fahren in eine schmale Sackgasse und die Seitenspiegel streifen schon fast an den Mauern der Häuser. Ganz vorne erkennen Sie eine feste Mauer – das Ende der Sackgasse. Es hilft nun nichts, im ersten Gang so lange gegen diese zu fahren, bis das Auto nicht mehr kann. Da ist es doch besser, einen Rückwärtsgang zu haben und diesen dann gezielt zu nutzen – der Plan-B. Diesen benötigen wir, wenn Plan-A nicht mehr greift, also im Konflikt, wenn es knirscht oder sich die Balken biegen. Im Plan-A definieren Sie zum Beispiel, dass Ihre Rechnungen ein Zahlungsziel von zehn Tagen haben und am Zwanzigsten eine höfliche Erinnerung versendet wird. Am Dreißigsten schalten Sie jedoch auf Plan-B und starten den Mahnlauf. Die Parallele in einem einzelnen Menschen könnte zum Beispiel sein, dass er im Plan-A zusammen mit seinen Kollegen den Kunden glücklich macht, kommt das Projekt jedoch in Schieflage, bringt er sich in den Vordergrund und übernimmt das Ruder – Sie merken es? Der „durchsetzungsstarke Teamplayer" kann nun situationsgerecht beschrieben werden. Drehen wir Alltag und Konflikt um, dann soll Ihr Mitarbeiter so lange als Einzelkämpfer aktiv sein, bis er an seine Grenzen stößt, um dann das Team einzubinden.

Werteräume	Umwelt (außen, interpersonal)		Selbst (innen, innerpersonal)	
Konzept	Plan A ○	Plan B ☐	Plan A ○	Plan B ☐
Menschlich	Empathie	Sozialkompetenz	Ego	Leistung
Praktisch	Nutzen	Ergebnis	Erfolg	Positionierung
Formal	Strukturen	Strategie	Ziel	Ausdauer

Abb. 11.1 Wertematrix von ValueProfilePlus (© 2012 Ferchl & Veitl)

Bauen wir nun die drei Wertedimensionen (menschlich, praktisch, formal) mit den beiden Werteräumen (außen, innen) und den beiden Situationen (Plan-A, Plan-B) in einer Matrix zusammen, so ergeben sich daraus zwölf Handlungsfelder (vgl. ⊛ Abb. 11.1).

Wie oben erwähnt, lassen sich diese Handlungsfelder auf andere Konstellationen portieren, wie zum Beispiel außen der Kunde sein könnte und dann formal der Preis stimmen muss, nach innen zur eigenen Firma die Zahlung. Ein Beispiel finden Sie auch auf unserer Homepage http://www.profiling24.com auf der „Über uns"-Seite.

11.2.3.5 Kapazität vs. Intensität

Nochmals auf die Pyramide von Verhalten, Einstellungen, Werten und Identität zurückgekommen, ergibt sich noch ein letztes Differenzierungspaar: die Treffsicherheit/Klarheit und der Umgang mit dem Erkannten. Nennen wir den ersten Aspekt Kapazität, welche sich in der Psychologie als Lernvermögen versteht, sich also aus Wissen und Erfahrung zusammensetzt. Beim Umgang mit Situationen betrachten wir die Intensität, wie die Stärke eines ausgelösten Erdbebens, ob aus dem Erkannten eine (Re-)Aktion erfolgt oder nicht. Mit diesem zweiachsigen Aufbau können Sie nun unterscheiden, ob jemand zum Beispiel etwas treffsicher erkennt und aktiv umsetzt oder nicht. Werden Zusammenhänge treffsicher erkannt, sprechen wir von einer hohen Kapazität, liegt man meist daneben von einer niedrigen. Setzt man das Erkannte aktiv ein, spricht man von einer betonten Intensität – werden die Erkenntnisse der Kapazität hinten angestellt bis nicht angewendet, so zeigt dies eine gedämpfte Intensität. Ein verdeutlichendes Beispiel: Stellen Sie sich vor, zwei Personen schlendern am Abend durch die beleuchtete Fußgängerzone. Da erblicken beide ein weinendes und schluchzendes zehnjähriges Mädchen in einem schummrigen Hauseingang zusammengekauert. Beide erkennen, dank ihrer hohen (treffsicheren) Kapazität, dass es dem Kind schlecht geht. Der erste, mit einer extrem betonten Intensität setzt das Erkannte in Form eines Helfersyndroms um, geht auf das Mädchen zu und fragt: „Mein armes Kind, ich sehe, dass es dir schlecht geht. Was ist denn passiert? Was kann ich tun, damit du wieder lachst?". Der zweite, welcher ebenso erkannt hat, dass das Mädchen traurig ist, hat jedoch eine gedämpfte Intensität und denkt sich nur: „Kann sich ja melden, wenn sie Hilfe möchte. Geht mich nichts an." ... also argwöhnisch und eingeigelt. Was nun das Richtige ist, können wir erst beurteilen, sobald wir wissen, ob im dunklen Eck des Hauseingangs der große Bruder mit dem Baseball-Schläger für einen Überfall lauert und das Mädchen der Lockvogel ist oder ob das Mädchen wirklich Kummer plagt und Hilfe willkommen ist. In Unternehmen zeigt die formale Wertedimension oftmals ganz klar, wie unterschiedlich die Menschen mit ihr umgehen. Bei der Regel „Ober sticht Unter" hängt es von der Kapazität ab, ob jemand diese treffsicher einschätzen kann – wenn nicht, kommt es immer wieder zur Kompetenzüberschreitung. Denken Sie dann an die kleinen Kinder mit den schokoladeneisverschmierten Fingerchen zurück, die die Regeln auch erst noch lernen mussten. Es könnte auch fehlende Information sein, was nach Unverschämtheit des Gegenübers aussieht. In der Intensität prallen nun der Freigeist und der Dogmatiker aufeinander. Der Freigeist ist „frei von theoretischen Definitionen" und zeigt eine extrem gedämpfte Intensität in der formalen Wertedimension. Im Extrem ist er wechselmütig bis labil und hält sich an keine Regeln, auch wenn er diese bei einer hohen Kapazität erkennen mag. Dies beflügelt ihn zu Ideen, welche oftmals als unrealistisch zurückgewiesen werden; bis auf die eine, bei der jeder sagt: „Da wär' ich nie drauf gekommen!". Für eine stark betonte Intensität steht nun der Dogmatiker. Er argumentiert binär, achtet auf Risiken und sagt auch mal: „Das haben wir noch nie so gemacht! Warum sollen wir das ändern?". Dies kann bremsend wirken, jedoch auch bewahrend. Der erste kommt nicht auf den Punkt, der zweite macht einen Knopf dran. Begegnen sich die beiden jedoch, wird es spannend, ob die Glaubenskämpfe ausgefochten oder unterdrückt werden.

11.2.3.6 Konsequenz für nachhaltige Personalarbeit

Wäre es da nicht einfacher, immer nur den gleichen Typus einzustellen? Ja – das wäre einfacher und leider findet sich diese „homogene Zusammenstellung" sehr oft auch in Umgebungen, in welchen heterogene Teams benötigt werden. Eine deutliche Mehrzahl der Unternehmen benötigen unterschiedliche Menschen. Den Kreativen für die Entwicklung, den Korrekten für die Qualitätssicherung. Als Führungskraft benötigt man also Mut zur Andersartigkeit und eine klare Personalstrategie. Da sich diese nicht jeden Monat ändern darf, um nachhaltig zu sein, ist sie Chefsache – wie die Etablierung eines Wertemodells zur abgesicherten Umsetzung. Wie diese aussehen kann, beschreiben die folgenden Absätze.

11.3 Personalauswahl/-recruiting

Warum gibt es eine Probezeit? Warum greift das Kündigungsschutz gesetzt nicht gleich am ersten Tag des Beschäftigungsverhältnisses? Weil für beide Seiten, Unternehmen wie Bewerber, nach der Personal-/Stellenauswahl immer ein Unsicherheitsfaktor bleibt.

Wie wichtig eine professionelle Auswahl ist, wird auch durch die DIN 33 430 sichtbar, in welcher die Qualitätskriterien für berufsbezogene Eignungsbeurteilung beschrieben sind und zu lesen ist, dass eine „ausreichende Qualifizierung der am Auswahlprozess beteiligten Personen" Voraussetzung ist. In vielen Unternehmen haben wir erlebt, dass jedoch der erste „Eingangsfilter für Bewerbungen" durch die Assistentin oder Werksstudenten in der Personalabteilung vorgenommen wird. Sind diese wirklich qualifiziert und können eine Führungskraft, den Chef, ersetzen? Zum Teil. Alle klar definierbaren und messbaren Kriterien, also Mindestanforderungen, können mit entsprechender Einweisung wie die Administration und Organisation abgegeben werden. Sobald diese quantitative Umgebung verlassen wird und zum Beispiel anhand von Bildern, Schreibstil oder einem halbstündigen Telefoninterview der Mensch beurteilt wird, muss die Frage nach Professionalität gestellt werden. Wenn Sie nachhaltige Personalarbeit möchten, dann beginnt diese ganz am Anfang des Prozesses – hier wird Qualität geschaffen, am Ende nur noch gemessen.

„Probezeitplatzer" liegen zu über 90 % nicht in fachlichen oder technologischen „Mängeln" des Bewerbers begründet. Ursachen wie fehlende Identifikation mit den Aufgaben, mangelhafte Teamintegration, unscharfe Klärung der Erwartungshaltungen und der Führungsstil sind viel mehr die Basis für das ungewünschte Ende der „Zeit des Probierens". Die Herausforderung ist also das BestFit-Management zwischen Mensch und Rolle. Hierbei ist es unerheblich, ob es sich um die Auswahl von externen oder internen Bewerbern, einer Bewerberflut (z. B. auf Ausbildungs-/Studienplätze, Studenten oder Auszubildende) oder wenigen Bewerbern (Fach-/Führungskräftemangel) handelt. Einmal muss eine nahezu unüberschaubare Menge fachlich sehr eng beieinander liegender Bewerber auf ein wirtschaftlich bearbeitbares Maß ausgefiltert und im anderen Fall die Abwägung des Risikos erfolgen. In allen Fällen ist der Faktor Mensch, und allzu oft die Klarheit der Anforderungen an diesen, die schwierig greifbare Komponente. Im fachlich/technologischen Filter sind die am Prozess beteiligten Entscheider versiert, kommt dieser doch meist aus dem Bedarf und ist leicht greifbar (Ausbildung, Auszeichnungen, organisatorische Zuordnung, Gehalt, u. v. a. m.). Um die Individualität des Bewerbers mit einzubeziehen, werden Gespräche geführt, Eindrücke gesammelt und mehr oder weniger Methoden eingesetzt. Eine objektive Bewertung, wie bei den quantitativen Merkmalen, scheint jedoch kaum möglich zu sein. Studien haben nachgewiesen, dass das oftmals so beliebte unstrukturierte Interview, vor allem im Bewerbungsprozess aber auch im Jahresgespräch, lediglich eine 4 %ige Aussagekraft auf die Übereinstimmung zwischen Rolle und Mensch aufweist. Zusätzlich eingesetzte Vorgehensweisen wie Arbeitsproben, Assessments und strukturierte Interviews, verbessern die Vorhersagegenauigkeit zwar, bleiben kumuliert jedoch immer wieder an der Hürde der Subjektivität der Auditoren hängen und hinter den Erwartungen zurück. Selbstverständlich verbessert die Kombination der verschiedenen Methoden die Aussagekraft, die Frage ist: „Mit welchem Aufwand?".

Um die Qualität im Auswahlprozess zu verbessern und die nachhaltige Besetzungsquote zu erhöhen, gibt es ein paar einfach umzusetzende Schritte. Der erste ist, den Menschen über die Fachlichkeit zu stellen. Auch wenn sich dies einfach anhört und Sie den Eindruck haben, dass Sie dies schon so machen, so stellen Sie sich folgende Fragen:

- Sind die Anforderungen an den Menschen vor der Suche ebenso klar und messbar dokumentiert wie die fachlichen?
- Enthält die Beurteilungstabelle auch die überfachlichen Anforderungen?
- Werden die Anforderungen an die Passung zwischen Mensch und Rolle stärker gewichtet als die Fachlichkeit?

Spätestens beim letzten dieser drei Punkte blicken wir regelmäßig in erstaunte Gesichter. Betrachten wir uns hierzu zwei Aspekte. Sobald eine Bewerbung eingeht, erfolgt die Beurteilung, ob der Bewerber den Job auch machen kann. Zeigt er nicht die erforderliche Qualifikation, fällt er gleich durch dieses erste Sieb. Schafft er es in den Prozess der potentiell tauglichen Bewerber, müssen wir zwischen Weiterbildung und Weiterentwicklung unterscheiden. Fachliches Wissen und Erfahrung unterliegen einer immer kürzer werdenden Halbwertszeit. Dies bedeutet nicht zwingend, dass Wissen unwahr wird, sondern sich so schnell erweitert und geteilt wird, dass der Wert sich halbiert. Speziell technologisches- und IT-Wissen unterliegen diesem Effekt und veralten zwischen fünf und zehn Jahren so, dass Innovation oder Vorsprung für Unternehmen damit nicht mehr möglich sind. Dies bedeutet, dass Weiterbildung immer erfolgen muss und das Konzept des lebenslangen Lernens berücksichtigt werden muss. Dies sind also Investitionen, welche durch externe Einflussfaktoren für jeden Mitarbeiter getätigt werden müssen – im Gegensatz dazu die Weiterentwicklung: Von dieser sprechen wir, wenn es um den Menschen geht und wir diesem helfen, sich näher an den Anforderungen aufzustellen. Dieser Vorgang dauert länger, ist teurer und nicht immer erfolgreich. Deshalb ist es wichtig, dass Mensch und Rolle zusammenpassen. Sobald dies übereinstimmt, ist Konzentration, Weiterbildung, Einsatz, Erfolg und Zufriedenheit kein Thema mehr. Denken Sie an eine Tätigkeit, welche Sie ungern tun und eine, für die Sie brennen. Bei welcher denken Sie „I don't like Mondays!" und bei welcher „wie schnell die Zeit doch vergeht!"? Für nachhaltige Besetzungen sollte also die Passung zwischen Mensch und Rolle in Ihrer Personalauswahl stärker gewichtet sein als die fachlichen Qualifikationen.

Bauen wir nun das zuvor beschriebene Wertemodell in den Prozess ein, so wird gleich mit den fachlichen Anforderungen auch die Kapazität und Intensität für jedes der zwölf Handlungsfelder festgelegt. Dies baut klare Beurteilungskriterien auf, welche sich dann in der Folge auch messen lassen. Dadurch wird es erst möglich, diesen Bereich überhaupt zu delegieren, um eine Entlastung zu erreichen, ohne die zuvor beschriebenen Qualitätsverluste hinnehmen zu müssen. Damit die Messung wirtschaftlich und wissenschaftlich abgesichert (valide, reliabel, objektiv) erfolgt, empfiehlt es sich ein webbasierendes System wie ValueProfilePlus einzusetzen. In diesem lassen sich die Anforderungen über unterschiedliche Methoden, bis hin zum „Cloning" („So wie der Mitarbeiter, jedoch mit etwas mehr Eigenantrieb!"), abbilden. Die Bewerber führen online durch und die Überprüfung, wie Mensch und Rolle zusammenpassen (das Matching), kann in drei Stufen modular abgerufen werden. Die Hilfskraft, welche die fachlichen Hardfacts beurteilt, erhält dann in diesem frühen Prozessstadium erste klare Informationen, ob der Bewerber Aussicht auf ein erfolgreiches Gespräch bietet oder nicht. „Gut" passende Menschen können so schnell eingeladen werden, bevor der Wettbewerb diese vom Markt abgreift. Bei den anderen kann man sich für die Bewerbung bedanken und sich den Aufwand einsparen. Umso weiter man im Prozess voranschreitet, desto tiefer bezieht man dann das Matching ein.

Nachhaltige Personalarbeit beginnt also sehr früh mit der reproduzierbaren Definition der Anforderungen, einem dafür standardisierten Wertemodell, welches dann bezogen auf den Bewerber gemessen werden kann und klare Handlungsempfehlungen gibt, um eine schnelle und passende Auswahl arbeitsteilig vornehmen zu können.

11.4 Team-Management/Kommunikation

Wie wird aus einer Arbeitsgruppe ein Team? Welche Spannungen und welche Synergien lassen sich optimieren? Welche (neuen) Dynamiken ergeben sich, wenn ein Team umstrukturiert oder ein neues Teammitglied integriert wird? Fragen, welche für Themen Produktivität und Fluktuation entscheidend sind.

Im Gegensatz zum vorherigen Abschnitt „Personalauswahl" betrachten wir nun also nicht mehr die Passung zwischen einer Einzelperson und einer Rolle im Vergleich zu anderen Einzelpersonen, sondern die Gruppendynamik. Auch hier ist es wieder existenziell, auf die Anforderungen einzugehen. Diese finden ihre Abbildung in der Personalstrategie, welche wieder im überfachlichen Fokus heterogen oder homogen sein kann. Homogene Teams finden sich in Umgebungen wie Call-Centern, Service-Einheiten und anderen Bereichen, in welchen man möchte, dass der Kunde ein einheitliches Auftreten von der Firma wahrnehmen soll. In Abteilungen, welche Neues entwickeln sollen, lebt die Innovation von der Heterogenität. Dort werden kreative wie qualitätssichernde Kräfte benötigt. Auch unterschiedliche Disziplinen wie Vertrieb, Produktion, Buchhaltung oder Führungsebenen von der Hilfs- über die Fachkraft, den Teamleiter zur Führungsebene und Geschäftsleitung unterscheiden sich in den Anforderungen. Dieser Mix, welcher unser arbeitsteiliges Prinzip der Wirtschaft abbildet, bringt auch automatisch unterschiedliche Schwerpunkte mit sich, aus denen sich Spannungen ergeben. Als Beispiel nehme ich einen Menschen heraus, welcher sehr kreativ und unbefangen Neues erdenken soll und einen Kollegen, der für die Absicherung der Qualität und Machbarkeit die Verantwortung trägt. Übertragen in unser Wertemodell wird der größte Unterschied in der Intensität der formalen Wertedimension sichtbar. Der kreative ist hier sehr gedämpft unterwegs, stellt also die vorhandenen theoretischen Definitionen hinten an, um sich als Freigeist zu entfalten. Der langfristig aufgestellte und risikoorientierte (formal betonte) Kollege hingegen prüft alles auf seine Korrektheit entsprechend der Regeln. Treffen sich diese beiden zur Besprechung und sind sie sich ihrer Rollen nicht bewusst, sind die Lösungsmodelle diametral. Da die formale Wertedimension auf ja/nein bzw. richtig/falsch aufbaut, kommt es zu Grabenkämpfen, in welchen der Freigeist dem Dogmatiker vorwirft, dass man die Firma so nicht weiterbringen kann und umgekehrt kommt die Kritik, dass der Gegenüber erst einmal nachdenken solle, bevor er die nächste unhaltbare Idee in den Ring wirft. Die Lösung liegt hier in der Transparenz, basierend auf einer klaren Kommunikation. Zeigt die Führungskraft auf, dass die beiden Kollegen bewusst und ergänzend mit unterschiedlichen Polen aufgestellt sind, entsteht Verständnis und Respekt. So kann erreicht werden, dass der Kreative, sobald er den Wald vor lauter Bäumen nicht mehr sieht, den Dogmatiker fragen kann, welche Idee nun das geringste Übel für diesen ist und der Qualitätsmanager kann sich Anregungen holen, wenn er keine Alternative mehr sieht, weil diese nicht vordefiniert ist.

Eine weitere Entspannung von Eskalationen bietet das Modell von Plan-A als Alltags- und Plan-B als Konfliktlösung. Wird verdeutlicht, dass das Konfliktmodell eine wichtige und wertvolle Komponente zur Lösung von besonderen Situationen ist, wird die negative Prägung der Verhaltensänderung entschärft. Anstelle Haltungen wie „welche Laus ist dem über die Leber gelaufen" oder „der ist heute wohl mit dem falschen Fuß aufgestanden" wird die Frage: „Bist du im Konflikt?" nicht zum Angriff, sondern zu einer sehr wertvollen Kommunikation. Der Gefragte kann nun mit „Ja" antworten und der Dialog in die Frage „Warum?" gelenkt werden. Mit diesem kleinen Schritt findet im Hintergrund ein Wechsel der Wertedimension von der formalen auf die praktische statt und aus schwarz/weiß werden Graustufen. So können nun unterschiedliche Lösungsansätze verglichen und diskutiert werden. Die Situation entspannt sich und es entsteht wieder eine produktive Umgebung. Längerfristig ergeben sich dadurch weniger angespannte Situationen, weniger Reibereien und eine geringere Fluktuation.

Um diesen Kulturwandel zu initiieren ist es hilfreich, die Teamkonstellation wertebasierend zu messen und darzustellen (zum Beispiel mit ValueProfilePlus). In einem Teamworkshop kann die notwendige Transparenz geschaffen und geübt werden. Dies führt zu einer nachhaltigen Verbesserung der Teamdynamik und -kommunikation, wodurch Produktivität gesteigert und Fluktuation verringert werden.

11.5   Personalentwicklung/Coaching, Talentmanagement

Wer soll sich anpassen, der Mensch oder die Umgebung? Lohnt sich die Investition in Weiterentwicklung oder ist diese die Eigenverantwortung der Betroffenen? Ist die beste Fachkraft auch als Führungskraft prädestiniert? Die Antworten auf diese Fragen sind sicherlich fallabhängig und nicht immer einfach zu beantworten.

Allen Personalentwicklungsmaßnahmen gemein ist das Ziel der Optimierung. Die Auslöser, warum etwas nicht mehr zusammenpasst, können dabei vielseitig sein. Die Klassiker hierbei sind Veränderungen in der Umgebung wie beispielsweise Nachfolgeregelungen und Umorganisationen oder auch der Karrierewunsch des Mitarbeiters bis hin zu Junior-Management-Programmen. Die neue Position im Blick, wird der Weg dorthin jedoch oftmals nur mit einem Auge betrachtet. Diese eingeschränkte Sicht fokussiert dann

wieder auf fachliche Aspekte wie die Weiterbildung „Betriebswirtschaft für Ingenieure"
oder „Führungsmethoden in modernen Unternehmen". Dieser Teil ist lediglich die Weiterbildung, welche wie bereits erwähnt, zum lebenslangen Lernen als Basis dazugehören
sollte. Meist geht es jedoch um eine Umstellung der Maximen (Einstellungen) beziehungsweise des Verhaltens, also der Wertvorstellungen für eine erfolgreiche Umsetzung.
Ein häufiges Phänomen ist hierbei das „Loslassenkönnen". Als Fachkraft gilt es anzu-
packen und der Erfolgsmaßstab baut auf dem eigenen Tun auf. Nehmen wir das Beispiel
Vertrieb. Wechselt der Erstverkäufer zum Verkaufsleiter, so entziehen wir ihm seinen Erfolgsmaßstab, die selbstgenerierten Umsätze im direkten Kundenkontakt mit dessen externer Anerkennung. Die neue Aufgabe bedeutet andere zu befähigen, zu kontrollieren und
die Unternehmensziele umzusetzen. Übersetzt ins Wertemodell ergibt dies eine Änderung
in der praktischen Wertedimension, in der eine betonte Intensität „Gas geben" und eine
gedämpfte „Lösungen anderer unterstützen" beinhaltet. Der Paradigmenwechsel wird also
wieder darstell- und begreifbar, wodurch sich ein klares Ziel für die Entwicklung definieren und dessen Erreichung messen lässt, ohne in die Interpretationsfalle der undeutlichen
Formulierungen zu tappen.

Es gilt außerdem, sich die Frage zu stellen, ob ein nicht Einfluss nehmendes Coaching
den Zielen des Unternehmens gerecht wird. Viele Coaching-Ansätze verfolgen das Ziel,
Stärken zu stärken und über Selbsterkenntnis das Beste aus jemand herauszuholen. Generell ist dies gut und richtig, stellen Sie sich jedoch die Frage, ob dies durch eine „weg
von"-Motivation getrieben oder eine „hin zu"-Perspektive mehr Aussicht auf den gemeinsamen Erfolg hat. Die meisten Menschen können sehr schnell und umfangreich beschreiben, was sie nicht wollen. Das Ziel, welches erstrebenswert und besser als der aktuelle
Zustand ist, können nur wenige klar formulieren. Hier hilft die Anforderungsdefinition,
welche das unternehmerische, organisatorische Ziel für die Weiterentwicklung definiert.
Diese Basis, gemeinsam zu einem Zielbild zu gelangen, sichert vor der Maßnahme die
Bereitschaft ab. Das Matching zeigt dann den Veränderungsbedarf und die Wegstrecke
auf. Somit kann gleich am ersten Tag gezielt in die richtige Richtung gearbeitet und am
Ende wiederum der Erfolg gemessen werden.

Die Nachhaltigkeit zeigt sich auch hier in der Fluktuationsquote, nicht nur bezüglich
gescheiterten oder gelungenen Beförderungen, sondern auch im Erhalt des Teams unter
neuer Führung. Mit dem Weggang von Teammitgliedern verliert man nicht nur selbst
Know-how, sondern der Wettbewerb gewinnt dieses auch noch hinzu.

Zufriedenheit/Gesundheit/psychischer Arbeitsschutz
Altbekannt und jährlich in der Gallup-Studie ausgewiesen ist, dass nur wenige so zufrieden mit ihrer Aufgabe sind, dass sie sich mit dieser auch identifizieren. Wer kennt ihn
nicht, den Lehrsatz: „Ein gesundes Unternehmen braucht gesunde Mitarbeiter"? Die seit
Ende 2013 gesetzlich geklärte Pflicht zur psychischen Gefährdungsbeurteilung im Ar-
beitsschutzgesetz darf dabei nicht heruntergespielt werden.

Beginnen wir mit dem Thema Zufriedenheit. Haben Sie auch schon erlebt, dass eine Mitarbeiterzufriedenheitsumfrage gemacht wurde und im Anschluss über die Glaubwürdigkeit der Ergebnisse heftig diskutiert wird und dies das Ergreifen von Maßnahmen ausgebremst hat? Aus unterschiedlichsten Unternehmen haben wir diese Problematik mitbekommen. Die Unternehmensleitung blickt zufrieden auf die Ergebnisse und beruhigt, dass es doch gar nicht so schlimm sei; die Arbeitnehmervertretung hält dagegen, dass auf dem „Flurfunk" ganz anderes zu hören ist. Ursache für diese Symptomatik ist, dass die meisten einfachen Mitarbeiterbefragungen über Fragebögen erfolgen, deren Inhalte die Auswirkung auf das Ergebnis erkennen oder zumindest erahnen lassen. Die Belegschaft traut sich dann entweder nicht ehrlich zu sein und „hübscht auf" oder dramatisiert für eine „Retourkutsche an die da oben". Ob jemand zufrieden ist hängt stark davon ab, ob die Rolle zu ihm passt. Ist dies der Fall, wird Einsatz und gute Arbeit gezeigt, wodurch Anlässe für verdientes Lob entstehen. Im inneren Werteraum beeinflussend wirken dann die Klarheit der eigenen Zieldefinition und deren zeitliche Ausrichtung (eigene Maßstäbe, kurz- oder langfristige eigene Ziele, formale Wertedimension).

Im Bereich der psychischen Gefährdungsbeurteilung und Gesundheit zeigt sich eine ähnliche Herausforderung. Im Arbeitsschutz schon lange etabliert ist die Unterscheidung zwischen Belastung und Beanspruchung. Plakativ formuliert ist die Belastung der Effekt, welcher auf den Menschen von außen und die Beanspruchung, wie es im einzelnen Individuum wirkt. Im körperlichen Bereich sind die Analyse der Belastungen und das Ergreifen geeigneter Maßnahmen gängig. Befindet man sich in einer Werkstatt, werden Sicherheitsschuhe vorgeschrieben, auf dem Bau wird ein Helm getragen und Bürostühle müssen ergonomisch gestaltet und genutzt werden. Diese Belastungen gelten für alle Menschen gleich und können über generelle Maßnahmen entschärft werden. Die Beanspruchung, wenn eine schwere Palette auf einem ungeschützten Fuß abgestellt wird, ist bei allen gleich – der Zeh wird gequetscht. Im psychischen Bereich hingegen dreht sich das Verhältnis um. Ob ein Einzelbüro als Beanspruchung („Ehre" oder „Mobbing") empfunden wird, hängt sehr stark von der Person ab, welche dort hineingesetzt wird. Für den einen ist die Anhäufung ungelöster Aufgaben „Ansporn", für den anderen „negativer Stress". Deshalb ist es wichtig, bei der psychischen Gefährdungsbeurteilung diesen Paradigmenwechsel von der Belastungs- zur Beanspruchungsanalyse vorzunehmen. Wer nicht weiß, wie er am besten regeneriert und nicht darauf achtet, sich also aufopfert, läuft Gefahr zu verbrennen (zu erkennen in den Handlungsfeldern Ego und Leistung des obigen Wertemodells von ValueProfilePlus).

Effekte, welche sich aus beiden Aspekten ergeben, sind die Prävention gegen Ausfälle und die Senkung von Präsenzzeiten, also den Zeiten reiner Anwesenheit ohne Leistung. Letztere sind schwerer zu erfassen als die oftmals betrachteten Krankenstatistiken, bergen jedoch ein enormes Verlustpotential durch geminderte Produktivität dank Dienst nach Vorschrift.

11.6 BestFit-Management – Das neue Führungsprinzip

Wie Sie sicherlich bereits registriert haben, lässt sich mit der wertebasierenden Betrachtung in allen Bereichen der Personalarbeit vieles bewegen, um nachhaltige Effekte zu erzielen. Der Schlüsselmoment in der Umsetzung ist hierbei die Zusammenführung von Rolle und Mensch in einer möglichst optimalen Konstellation.

Es ist also, auch im Kontext der sich immer schneller verändernden Rahmenbedingungen, Aufgabe der Führung dafür Sorge zu tragen, dass „Der Mensch im Mittelpunkt" nicht zur Farce auf der Homepage verkommt, sondern durch ein wertebasierendes und transparentes Handeln nachhaltige Personalarbeit etabliert wird.

Die Investition in eine wertebasierende Führung zahlt sich schneller aus als man denkt. Eine beendete Probezeit kostet, abhängig von der Multiplikator-Wirkung auf Umsatz, Image und Belegschaft, zwischen 80 und 200 % eines Jahresgehalts. Nach der Probezeit, welche möglicherweise durch die Anstrengung das gewünschte Verhalten zu zeigen, überstanden wurde, wird es noch teurer. Eine Fehlentwicklung kostet das Unternehmen möglicherweise wertvolle Mitarbeiter, Marktposition und Arbeitgeberimage. Über das neue Führungsprinzip des BestFit-Managements lassen sich die positiven Effekte erreichen.

11.7 ValueBasedCompany

Nachdem nun die wichtigsten Bereiche der Personalarbeit angeschnitten sind, fällt der Blick nochmals von oben auf das gesamte Unternehmen. Wie eingangs geschildert, lässt sich das Wertemodell auch auf andere Zusammenhänge anwenden. Ein durchgängiger Ansatz ist hierbei, mit der Beschreibung der Unternehmenswerte zu beginnen, diese dann auf die Bereiche abzuleiten, bis hin zur Anforderungsdefinition der einzelnen Rolle. Nun lässt sich auch überprüfen, ob die Belegschaft die übergeordneten Werte und damit die Ziele des Unternehmens leben und umsetzen können. Die Vorgehensweise, Ziele nach unten zu vererben, ist sicher nichts Neues, dies mit einem wertebasierenden Modell so durchgängig zu machen, dass es mit ValueProfilePlus messbar wird, hingegen schon.

11.8   Über die Autoren

Horst Veitl und **Karin Ferchl** sind als Unternehmerpaar seit mehreren Jahrzehnten gemeinsam aktiv. Aus zwei sich ergänzenden Wurzeln kommend, der Erwachsenenpädagogik und dem MINT-Bereich, ergänzten sich Ihre Qualifikationen in ihrem Wirken bis zum heutigen Stand und in Zukunft kontinuierlich darüber hinaus. In ihrer Historie finden sich Stationen als Geschäftsführer, Interimsmanager, Sanierer und (Personal-) Berater. Nach dem Aufbau von Organisationen und Projekten im Kundenauftrag entschieden sie sich dazu, diese Erfahrung in eine eigene Unternehmung einfließen zu lassen – mit dem Ziel, dieses Wissen an andere Firmen und Menschen weiter zu geben. Die Mitwirkung bei der Gründung und dem Aufbau der Expertenräte Personal und Gesundheit sind nur ein Beispiel ihrer ausgeprägten Vernetzung. Karin Ferchl und Horst Veitl erhielten für Ihr Engagement die Auszeichnung zum Unternehmer des Jahres 2013. Die Quintessenz aus den Erfahrungen für ihr heutiges Portfolio ist das Ziel, die arbeitenden Menschen mit Unternehmensstrategien produktiv zusammen zu führen. Dies mündete in ihren heutigen Firmen, der profiling24.com mit der psychometrischen Lösung ValueProfilePlus. Die modular aufgebaute ValueProfilePlus-Suite wurde entwickelt, um den aktuellen Anforderungen an ein modernes Personaldiagnose-Verfahren wirtschaftlich gerecht zu werden und Entscheidungen in der Personalarbeit abzusichern. Die Lösung wurde durch Steinbeis untersucht und ist vielfach mit Innovations- und Industriepreisen der Initiative Mittelstand ausgezeichnet.

Wirtschaftsförderung und nachhaltiges Wirtschaften am Beispiel der Region Augsburg

12

Die Rolle der Wirtschaftsförderung als Impulsgeber für nachhaltiges Wirtschaften in Regionen

Andreas Thiel und Kristin Joel

12.1 Einleitung: Wirtschaftsförderung und Nachhaltigkeit – ein Gegensatzpaar?

Wirtschaftsförderung, eine freiwillige Leistung von Kommunen zur Unterstützung der ansässigen Wirtschaft oder auch zur Ansiedlungsförderung, verbindet man in ihrer üblichen Ausprägung nicht sofort mit dem Thema Nachhaltigkeit – weder in der äußeren Wahrnehmung noch von der Agenda, die sich die Wirtschaftsförderung allgemein und insbesondere die Wirtschaftsförderungs-Gesellschaften in Deutschland bislang selbst gegeben haben. Umfragen nach dem bedeutendsten Themen der Wirtschaftsförderung ergeben auf der einen Seite immer wieder ein ähnliches Bild: Die Betreuung der Unternehmen vor Ort, das Aufbauen von Clustern, die Standortwerbung und die Ansiedlung von Unternehmen, die damit verbundene Vermarktung von Gewerbeflächen und Gewerbeimmobilien, die Beratung und Betreuung von Gründern stehen immer sehr weit oben auf den entsprechenden Rankings der Portfolios der Wirtschaftsförderungsgesellschaften. Von immer größerer Bedeutung in den letzten Jahren wurde der Punkt „Fachkräfte", basierend auf dem wiederholt diagnostizierten wie auch diskutierten Thema des Fachkräftemangels. Aber auch die Energiewende und das schon „ältere" Thema Klimaschutz haben auf der anderen Seite Eingang in die Agenda der Wirtschaftsförderung gefunden, nicht nur im Sinne der Umwelttechnologie, sondern auch über die Beschäftigung von Wirtschaftsförderungsgesellschaften oder Regionalmanagements mit Klimaschutzprojekten und -konzepten. Sensibilisierung und Beratung zu Corporate Social Responsibility, kurz CSR, findet sich zwar nicht unter den Top-Themen der Wirtschaftsförderung wieder, hat aber in den letzten Jahren an Bedeutung gewonnen, übergreifend auf Themen von Produkt und Markt, Personal und Fachkräfte wie auch auf Ökologie und Soziales – die Gesellschaft – ausgerichtet. Von der Beschäftigung mit CSR hin zur Nachhaltigkeit bzw. zu nachhaltigem Wirtschaften ist der gedankliche Sprung dann nicht mehr groß.

Lenkt man den Fokus einer Wirtschaftsförderungsgesellschaft – und bei regionalen Gesellschaften ist dies oft der Fall – weniger auf die einzelbetriebliche Förderung und Beratung, sondern darauf, gerade die mittelständischen Unternehmen, kurz KMU, für langfristig wichtige Entwicklungen zu sensibilisieren, so steht heute jede kommunale und regionale Wirtschaftsförderung vor der Frage, wie sie sich mit dem Thema Nachhaltigkeit in einer langfristigen Perspektive auseinandersetzen möchte. Die Fragen, die sich hier stellen, reichen von der Zuständigkeit, gerade auch bei Wirtschaftsförderungen innerhalb von Verwaltungen, bei denen der Themenbereich oft dem Komplex Umwelt zugeordnet ist, bis hin zur Frage des richtigen Timings. Ist heute die Zeit reif, um lokal oder regional mit den Wirtschaftsakteuren nicht nur über Nachhaltigkeit zu diskutieren, sondern auch konkrete Schritte in Richtung nachhaltigen Wirtschaftens anzugehen? Diskussionsprozesse und die darauf basierenden konkreten Aktionen brauchen in einer größeren Region für einen notwendigen Konsens Breite und Tiefe – und damit (viel) Zeit. Und trotzdem brauchen große Ziele, wie sie sich etwa die Bundesrepublik Deutschland im Bereich Klimaschutz gesetzt hat, und wie die Energiewende klar macht, auch schon sehr kurzfristige und damit oft kleine und lokale oder regionale Umsetzungsschritte. Die Herausforderung Nachhaltigkeit kann man dazu durchaus parallel betrachten. Auch wenn es auf der einen Seite um globale Ansätze von fairem Handel oder ökologischer Nachhaltigkeit geht, so ist es durchaus möglich, auch im Bereich der Wirtschaft schon jetzt konkrete (kleine) Schritte zu unternehmen. Auch die Verbraucher sind zunehmend sensibilisiert für Themen der Nachhaltigkeit. Oft sind hier die zivilgesellschaftlichen Initiativen, in der Stadt Augsburg beispielsweise getragen von der Agenda 21, schon sehr viel weiter und versuchen, jetzt auch die Wirtschaft zu involvieren. Hier kann die Wirtschaftsförderung im Zweifelsfall auch ein gut geeigneter Katalysator sein, um zivilgesellschaftliche Initiativen mit Ansätzen der CSR oder der Nachhaltigkeit mit den Unternehmen zu verknüpfen.

Was machen die Regio Augsburg Wirtschaft GmbH und ihre Partner konkret auf dem Weg zu einer nachhaltigen Wirtschaftsregion Augsburg? Viele kleine Schritte und Mosaiksteinchen beherrschen das Bild: Sie bieten insbesondere für kleine und mittelständisch Unternehmen (KMU) Seminare zum richtigen Umgang mit CSR-Maßnahmen an, die Stadt Augsburg versucht mit einer eigenen Mitarbeiterin Corporate Volunteering zu stärken und bietet Einsatzmöglichkeiten für Freiwillige. Ökoprofit ist als Instrument der Region fest verankert. Die Region hat eine Energieagentur aus der Taufe gehoben, ein Klimaschutzkonzept auf den Weg gebracht und stellt demnächst Klimaschutzmanager ein. Die Fachkräfte-Initiative Wirtschaftsraum Augsburg versucht speziell KMU im Bereich der Personalentwicklung nachhaltige Instrumente an die Hand zu geben. Die Vereinbarkeit von Beruf & Familie ist in einer eigens bei der Wirtschaftsförderung eingerichteten Servicestelle regional verankert. Fair Trade wird nicht nur von der Stadt Augsburg für die von ihr verwendeten Produkte propagiert. Erste Unternehmen haben einen Nachhaltigkeitsbericht vorgelegt. Ressourceneffizienz ist in Forschung und Wirtschaft ein Schwerpunkt der Region, ähnlich wie Umwelttechnologie – und wird von der Wirtschaftsförderung mit dem Leuchtturmprojekt „Augsburg Innovationspark – Zentrum für Ressourceneffizienz" vorangetrieben.

Bewerbungen um Umweltpreise, Nachhaltigkeitspreise, CSR-Preise werden systematisch von Kommunen, Verbänden, der Wirtschaftsförderung und Unternehmen vorangetrieben. Agenda 21 und Wirtschaftsförderung arbeiten zusammen und befruchten ihre Arbeit gegenseitig, etwa bei einem Konsumentenportal für regionale Produkte. Viele kleine Projekte, lokal, regional, von der Wirtschaft, von Kommunen initiiert kommen hier zusammen.

Doch auch ein großangelegtes Projekt gehört zum regionalen Nachhaltigkeits-Portfolio: Die Region Augsburg hat als aufstrebendes Zentrum für Ressourceneffizienz, mit technologischen Schwerpunkten im Bereich Materialeffizienz, Energieeffizienz, Mechatronik & Automation, mit einem Schwerpunkt im Bereich der Umwelttechnologie und einem hervorragenden Besatz nicht nur im wissenschaftlichen Bereich, sondern auch in dem Bereich der Unternehmen eine gute Ausgangsposition. Auch die Friedensstadt Augsburg, eingebettet in ein starkes zivilgesellschaftliches Engagement bietet gute Ansatzpunkte für das Thema Nachhaltigkeit. Hier sei nochmals auf die Preisverleihung als nachhaltigste Großstadt in 2013 verwiesen. Auf dieser Basis und den oben genannten vielen Mosaiksteinchen fällt es auch einer Wirtschaftsförderungsgesellschaft leichter, aus den Herausforderungen des demografischen Wandels und der Fachkräftesicherung, des (regionalen) Klimaschutzes, der stetigen Herausforderungen von Ressourceneffizienz und Innovation heraus regional wegweisende Projekte zu entwickeln, die sich mit der langfristigen Nachhaltigkeit in der Region, deren Transformation hin zu nachhaltigem Wirtschaften beschäftigen, wie dies beim 2015 beendeten Forschungsprojekt ADMIRe A^3 der Fall gewesen ist. Dort wurde über mehr als drei Jahre hinweg zusammen mit der Universität Bayreuth und dem Forschungsinstitut F10 – Institut für nachhaltiges Wirtschaften gGmbH versucht, Strukturen und auch Projekte zu erarbeiten, die die Region Augsburg mit allen ihren Akteuren, vor allem aber mit einem Fokus auf dem Bereich der Wirtschaft, hin zu einer beispielhaften Nachhaltigkeitsregion entwickeln. Innerhalb dieses Projektes wurden und werden nach wie vor auch die Brücke von zivilgesellschaftlichen Initiativen hin zu den Vertretern der Wirtschaftsverbände und der Unternehmen geschlagen. Projekte wie ADMIRe A^3 bieten die Möglichkeit, mit entsprechender Unterstützung, wie hier durch das BMBF, in einem mehrjährigen Prozess Wege zu identifizieren, Konzeptionen zu entwickeln und auch erste Umsetzungsmaßnahmen auf den Weg zu bringen, wie langfristig der Entwicklungspfad in eine nachhaltig wirtschaftende Region gefunden werden kann. Die Wirtschaftsförderung und eine Vielzahl unterstützender Akteure sind in der Region Augsburg auf dem Weg, ein Programm für eine Region mit einem Horizont bis 2030 zu entwickeln. Augsburg und seine Region sind in ihrer Ausrichtung auf „nachhaltiges Wirtschaften" als Topthemen der Wirtschaftsförderung sicherlich noch eine Ausnahme und möchten dies auch im positiven Sinne bleiben, nämlich als beispielhaft. Sicherlich wird aber die Frage, wie sich Wohlstand und Wachstum mit Nachhaltigkeit verbinden lässt, zunehmend auch auf der Agenda der Wirtschaftsförderungsgesellschaften insgesamt an Bedeutung gewinnen.

Der vorliegende Beitrag widmet sich der Fragestellung, welche Handlungsspielräume die Wirtschaftsförderungen in Regionen als Wegbereiter der Nachhaltigkeit beziehungsweise für nachhaltiges Wirtschaften insbesondere mit Blick auf die ansässigen Unternehmen und sonstigen intermediären Wirtschaftsakteure haben und welche Rolle sie einnehmen können. Der Beitrag skizziert den Wandel der Wirtschaftsförderaktivitäten, der sowohl den ökonomisch-technologischen Strukturwandel als auch die sich ändernden politischen Rahmenbedingungen wiederspiegelt. Anschließend wird Nachhaltigkeit als ein neues Aufgabengebiet für Wirtschaftsförderungen diskutiert und aufgezeigt, welche Rolle letztere als Impulsgeber in der Region einnehmen können. Dabei wird auch ein Einblick in die Erfahrungen aus dem Forschungsprojekt ADMIRe im Wirtschaftsraum Augsburg gegeben.

12.2   Ziele und Aufgaben der Wirtschaftsförderung

Erste Definitionsversuche für die (kommunale) Wirtschaftsförderung stammen aus den 1950er- und 1960er-Jahren. Adenauer (1959) unterscheidet zwischen Wirtschaftsförderung im engeren und im weiteren Sinne. Als Wirtschaftsförderung im weiteren Sinne benennt er „Alle Maßnahmen (…), die der Staat zur Verbesserung der nationalen Wirtschaft durch gesetzgeberische Maßnahmen ergreift unter Einbeziehung aller sozialpolitischen, steuer- und finanzpolitischen und betreibwirtschaftlichen Regelungen." Als Wirtschaftsförderung im engeren Sinne definiert er „Jede Tätigkeit, die der Staat oder die Gemeinde unmittelbar zur Förderung wirtschaftlicher Einrichtungen ausübt, insbesondere die Hilfe, die sie in ihren jeweiligen Einflussbereich wirtschaftlichen Organisationen oder Wirtschaftsbetrieben angedeihen lassen" (vgl. Dallmann und Richter, 2012, S. 18). 1963 legte Möller den wohl bis heute umfassendsten, auch weitgehend akzeptierten Definitionsversuch der Wirtschaftsförderung vor. Für ihn ist die kommunale Wirtschaftsförderung „derjenige Teil der öffentlichen Gemeindeaufgaben, der primär eine Begünstigung der örtlichen Wirtschaft durch Verbesserung ihrer Standortbedingungen und damit ihrer Produktivität und als sekundäre Folgewirkung die harmonische Gestaltung des Verhältnisses aller öffentlichen Gemeindeaufgaben zu den an ihnen bestehenden Interessen der Wirtschaft mittels geeigneter Lenkungsmaßnahmen und -handlungen der Gemeinde zum Gegenstand hat" (vgl. Dallmann und Richter, 2012, Seite 19). Aktuell wird nach Dallmann und Richter (2012, S. 19) die Wirtschaftsförderung „zunehmend als umfassende Dienstleistung der Kommune für die örtliche Wirtschaft" verstanden". Held und Markert definieren 2001 (S. 11): „Kommunale Wirtschaftsförderung umfasst gezielte Aktivitäten und Maßnahmen der kommunalen Gebietskörperschaften zur Schaffung günstiger Rahmenbedingungen für die Bildung wirtschaftlicher Unternehmen und damit zur Verbesserung der allgemeinen Lebensbedingungen." Regionale Wirtschaftsförderung ist insoweit auch als kommunale Wirtschaftsförderung zu verstehen, als es sich in der Regel bei der regionalen Wirtschaftsförderung um eine interkommunale Kooperation handelt. Damit sind die Grundlagen der kommunalen und regionalen Wirtschaftsförderung durchaus vergleichbar. In der regionalen Wirtschaftsförderung schließen sich in der Regel mehrere Kommunen, oft aber auch flankiert von nichtkommunalen Akteuren aus den Bereichen von Kammern, Sparkassen, Banken, aber auch der Unternehmen und der Unternehmensverbände in einer privatrechtlichen Rechtsform zusammen.

In der Literatur werden weitgehend übereinstimmend drei Hauptziele der Wirtschaftsförderung benannt, deren Verfolgen beziehungsweise Erreichen wesentlich zur Festigung und Steigerung des Wohlstandes der Kommunen und ihrer Bevölkerung beitragen sollen:

- die Sicherung bestehender und die Schaffung neuer Arbeitsplätze,
- die Sicherung und Verbesserung der Wirtschafts- und Finanzkraft und
- die Schaffung einer ausgewogenen Wirtschaftsstruktur.

Grundlegend für die Aktivitäten der Wirtschaftsförderung sind zwei Strategien. In der exogenen Wirtschaftsförderung steht die Ansiedlungsförderung im Mittelpunkt, also die Summe aller Maßnahmen, die ein Standort suchendes auswärtiges Unternehmen zur Ansiedlung innerhalb einer Kommune oder Region bewegen sollen. Hier spielen die oft diskutierten Standortfaktoren als sogenannte Pull-Faktoren eine große Rolle, die im Falle von Standortentscheidungen von Unternehmen als positive Faktoren oder als Standortvorteile benannt werden.

Die zweite grundlegende Strategie der Wirtschaftsförderung besteht in der Bestandspflege, bei der noch einmal zwischen Bestandssicherung und Bestandsentwicklung unterschieden werden kann. Während die Bestandssicherung ein eher defensives, durchaus aber proaktiv zu verstehendes Element der Beseitigung von Risikosituationen bei ansässigen Unternehmen enthält, ist die Bestandsentwicklung zu dem inzwischen – am Ergebnis der gesicherten oder geschaffenen Arbeitsplätze gemessenen – wichtigsten Bestandteil der Strategien der Wirtschaftsförderung geworden. Unter dem Blickwinkel der Bestandsentwicklung sind die Nutzung endogener Potentiale, das Gründen und Wachsen von Unternehmen vor Ort, die Unterstützung im Bereich Technologietransfer und Innovation, die Internationalisierung etc. als Aufgaben zu benennen. In diesem Kontext hat sich die Wirtschaftsförderung in den vergangenen Jahrzehnten und insbesondere den letzten Jahren sehr stark modernisiert und professionalisiert und ist zu einem Impulsgeber gerade auch für eine langfristige Regionalentwicklung avanciert. Sie betätigt sich zunehmend, als Managementinstanz im Bereich von Unternehmernetzwerken und greift erste Elemente einer nachhaltigen Entwicklung auf. Beispiele sind hier die Gründungsförderung, die Clusterentwicklung bis hin zu Aktivitäten im regionalen Klimaschutz, die auch eine Wegbereitung für nachhaltige Entwicklung ermöglichen können. So können Gründungen und Netzwerkbildung in den „Green Technologies", im Bereich Ressourceneffizienz und der Umwelttechnologie zur Bestandsentwicklung und Steigerung der Innovationspotenziale in Regionen beitragen.

Floeting und Hollbach-Grömig gehen in ihrem Beitrag „Neuorientierung der kommunalen Wirtschaftsförderungspolitik" (2005, S. 11 f.) sehr gut auf die veränderten Rahmenbedingungen des kommunalen Handelns und hier insbesondere der kommunalen Wirtschaftspolitik und der Wirtschaftsförderung ein (vgl. Floeting und Hollbach-Gröming

2005, S. 11 f.). Sie führen zum einen den technologisch-ökonomischen Strukturwandel, zum andern die Globalisierung mit ihren Effekten und Herausforderungen als Megatrends an, die gerade die kommunale Wirtschaftsförderung in ihren Strategien, Aufgaben und Instrumenten erheblich beeinflussen. Der zunehmende Druck auf immer kürzere Innovationszyklen, die Tendenz zur Dienstleistungs- und Wissensgesellschaft sowie der durch Arbeitsteilung und insbesondere durch den technologischen Fortschritt im Bereich der Informationstechnologie weltweite Standortwettbewerb führten von der Ebene der Europäischen Union und deren Regionalpolitik bis hinunter zur kommunalen Wirtschaftsförderung zu einer grundlegenden Neuorientierung.

Floeting und Hollbach-Grömig (2005, S. 17 f.) nennen verschiedene Ansätze neuer kommunaler Wirtschaftspolitik:

- Die Kompetenzfeld-orientierten Ansätze kommunaler Wirtschaftsförderung, darunter die Entwicklungen von Exzellenzen, die Herausbildung von Unternehmernetzwerke und Clustern.
- Die Integration von Wirtschaftsförderung und Beschäftigungspolitik, insbesondere das Engagement der lokalen und regionalen Ebene in den Arbeitsagenturen und die enge Kooperation der Unternehmen und Bildungsträger.
- Existenzgründungsförderung, darunter die Gründungsberatung und der Aufbau von Gründerzentren und Netzwerken bis hin zu Existenzgründer-Wettbewerben.
- Nachhaltiges Wirtschaften, wobei der Nachhaltigkeitsbegriff an dieser Stelle nicht weiter vertieft wird, Floeting und Hollbach-Gröming allerdings betonen, dass von der Wirtschaftsförderung Impulse im Bereich Umwelt und Energie ausgehen können.
- Wissensorientierte Wirtschaftsförderung, was insbesondere den Bereich des Wissens- und Technologietransfers und das einfachere Erschließen des Wissens insgesamt anbelangt. Dazu gehört auch die Ansiedlung von Großforschungseinrichtungen, die Förderung von High-Tech Branchen etc.
- Strategische Allianzen, bei denen es um die Vernetzung von Wirtschaft und Verwaltung mit Bürgerinnen und Bürgern sowie gegebenenfalls auch weiteren Akteuren geht, etwa im Kontext der Begleitung von Großprojekten der Wirtschaft.
- Standortmarketing und Förderung weicher Standortfaktoren, wobei insgesamt der Bereich der weichen Standortfaktoren auch im Hinblick auf die zunehmende Bedeutung der Verbesserung der Lebensbedingungen wie Kultur, Steigerung der Attraktivität aber auch Unternehmensfreundlichkeit der Verwaltung als wichtige Standort- und Wirtschaftsfaktoren verstanden werden.

Trotz dieser neuen Tendenzen im Bereich der Wirtschaftsförderung erbringen Umfragen wie etwa die der ExperConsult Wirtschaftsförderung & Investitionen GmbH aus dem Jahre 2012 „Wo steht die Wirtschaftsförderung 2012?" Ergebnisse, die deutlich zeigen, dass der Bereich des Standortmarketings, der Immobilienvermarktung und der Ansiedlungsakquisition die Prioritäten der tatsächlich wahrgenommenen Aufgaben ausmacht. Gefolgt von Bestandsbetreuung, und – mit Werten unter 50 % der angegebenen wahrgenommenen

Aufgaben der Wirtschaftsförderungsorganisationen – Themen wie Clusterentwicklung, Innovationsförderung und Technologietransfer, oder Projekte zum demografischen Wandel. Nachhaltigkeit oder Corporate Responsibility sind an dieser Stelle mit nicht markanten Prozentzahlen unter den genannten Aktivitäten und Aufgabenfedern vertreten (siehe ExperConsult 2012, S. 23).

Dennoch urteilt Brandt (2014, S. 683 ff.) in seinem Aufsatz „Wirtschaftsförderung 3.0: Zur Strategie der Wirtschaftsförderung in der Innovationsökonomie" gerade im Kontext der EU-2020-Strategie: „Der Förderung von Innovation wird gerade im Hinblick auf die Entwicklung einer nachhaltigen Wirtschaftsweise (,,nachhaltiges Wachstum") in der nächsten Förderperiode eine noch größere Bedeutung zukommen. In der Zukunft bedarf es einer Ausrichtung der Wirtschaftsförderung, die den Gesichtskreis herkömmlicher Strategieansätze verlässt." Mit dem Projekt ADMIRe A[3] wird für diesen Weg im Wirtschaftsraum Augsburg ein Beispiel aufgezeigt.

12.3   Nachhaltigkeit als zukünftige Herausforderung der regionalen Wirtschaftsförderung

Heute steht die Gesellschaft und damit gerade die Sphäre der Wirtschaft vor großen Veränderungen einerseits durch die Notwendigkeit des effizienten Einsatzes von natürlichen Ressourcen (vor dem Hintergrund deren Knappheit und Zugänglichkeit), und andererseits durch die Herausforderungen des demografischen Wandels und des Erhalts beziehungsweise der stetigen Steigerung der Innovationsfähigkeit. Es vollziehen sich beträchtliche Veränderungsprozesse in der Bevölkerungszahl, ihrer Zusammensetzung und insbesondere deren Altersstruktur. Es zeigen sich die Auswirkungen knapper werdender Ressourcen in steigenden Preisen, geringerer und zunehmend unsicherer Verfügbarkeit; es steigt das Bewusstsein für nachhaltigen Konsum. All dies wirkt sich auf die Anpassungsfähigkeit von Regionen aus und erfordert verstärkt wirtschaftliche und gesellschaftliche Innovationen. Hier wird deutlich, dass die Herausforderungen der Zukunft nicht losgelöst voneinander betrachtet werden können, sondern elementar miteinander zusammenhängen. Die drei Megatrends "Ressourcenverknappung", demografischer Wandel und „Wissensgesellschaft" spiegeln soziale, ökologische und ökonomische Komponenten des Begriffs der Nachhaltigkeit wieder.

Das 21. Jahrhundert wird als das Jahrhundert der Nachhaltigkeit bezeichnet. Die Folgen des nicht-nachhaltigen Lebens schaffen nun Fakten und erzeugen die Dringlichkeit zu handeln. Das hat auch schon Hans Carl von Carlowitz vorausgesehen, der den Begriff Nachhaltigkeit vor 300 Jahren prägte. Um einen Mangel an Holz vorzubeugen, formulierte er das Prinzip, dass die Menschen nicht mehr Holz fällen sollten als nachwächst (vgl. z. B. Lexikon der Nachhaltigkeit). Dieser Ansatz lässt sich auf alle Bereiche des Lebens, in denen endlich verfügbare Rohstoffe genutzt und verbraucht werden, übertragen und ist somit sehr flexibel, gar universell einsetzbar. Somit hat Nachhaltigkeit eine Gegenwarts- und eine Zukunftskomponente und ist nicht nur ein ökonomisches Prinzip sondern auch eine soziale Verpflichtung. „Nachhaltige Entwicklung ist eine Entwicklung, die den Bedürfnissen der heutigen Generationen entspricht, ohne die Möglichkeit künftiger Generationen zu gefährden, ihre eigenen Bedürfnisse zu befriedigen" (vgl. Bundesregierung, 2011, S. 1). Nachhaltige Entwicklung kann somit ein Leitprinzip des Handelns und zur dauerhaften Aufgabe werden sowohl in der Politik, in Unternehmen als auch bei jedem einzelnen Bürger (vgl. Bundesregierung, 2012, S. 2).

Wie stellt sich das Prinzip der Nachhaltigkeit nun aus Sicht von Regionen dar? Warum können Regionen ein besonderer Schlüssel auf dem Weg zu einer nachhaltigen Gesellschaft sein? Und welche Herausforderungen ergeben sich für Regionen, um nachhaltiger zu werden?

Regionen weisen unterschiedlichste politische, technische und kulturelle Gegebenheiten und geographische Besonderheiten auf. Darüber hinaus setzen Regionen unterschiedliche Prioritäten in ihrer Profilbildung und zukünftigen Ausrichtung. Viele Regionen setzen das Leitprinzip Nachhaltigkeit unterschiedlich in greifbare Aktivitäten um. Einige haben sich nachhaltige Entwicklung bereits zum Leitbild ihrer regionalen Strategie gemacht, während andere Regionen anderen Prinzipien folgen. Einen allgemeingültigen, idealen Pfad für Regionen kann es deswegen kaum geben (vgl. WBGU Jahresgutachten, 2011, S. 7).

Mittels vielfältiger globaler und nationaler Politikansätze und Programme wird diese Pluralität aufgegriffen und Impulse gesetzt, um die Gesellschaft auf die sich einstellenden Änderungen in der Bevölkerungsstruktur, der Wirtschaft und des Konsums vorzubereiten. Regionen erweisen sich dabei als geeigneter Rahmen, in dem findige und handlungsfähige Akteure in ihrem Umfeld auch kurzfristig nach den besten Lösungen suchen können. Während Anstrengungen auf nationaler und internationaler Ebene noch zum Teil bei der Einigung auf gemeinsame Ziele verharren, können Regionen mit ihren handlungsbezogenen Governance-Regimen mehr Potenzial und Kräfte entfalten. So kann es gelingen, nachhaltige Entwicklungspfade auf regionaler Ebene zu erkunden. Die regionale Vielfalt ist eine Stärke, wenn es um Nachhaltigkeit geht. Denn Regionen können als Reagenzglas der Nachhaltigkeit dienen. Regionen können Wege und Lösungsansätze erproben, verschiedene „Zutaten" vereinen oder parallel oder sequentiell mehrere Versuche unternehmen, um zu mehr Nachhaltigkeit in der Region zu gelangen. Durch Erproben und Lernen können Regionen eigene Maßnahmen entwickeln. So können Regionen zu Vorbildern des Wandels werden und ihr Wissen und ihre Erfahrung an andere Regionen weiter geben. Im Wettstreit mit anderen Regionen können so die besten Lösungsansätze in einem Bottom-up-Prozess gefunden werden. Regionen können als erste Wegbereiter zu einem Schlüssel auf dem Weg zu einer nachhaltigeren Gesellschaft werden.

12.4   Die Rolle der Wirtschaftsförderung bei der Umsetzung regionaler Nachhaltigkeitsziele

Wie in Kapitel 1.2 ausgeführt befindet sich die Wirtschaftsförderung in Deutschland in einem grundlegenden Wandel. Ausgehend von Änderungen der Rahmenbedingungen, wie sie durch den technologisch-ökonomischen Strukturwandel, die Globalisierung und den Klimawandel ausgelöst werden, haben sich die „traditionellen" Strategien und Instrumente grundlegend gewandelt und wurden durch neue Aufgaben ergänzt. Eine nicht-repräsentative Umfrage der Prognos AG aus dem Jahr 2010 verdeutlicht das veränderte Verständnis der Wirtschaftsförderung. Ein Großteil der befragten Wirtschaftsförderer sieht sich im Jahr 2020 viel stärker als heute als wissensbasierter Dienstleister, der überwiegend Netzwerkarbeit betreibt und Umwelt- und Klimaschutz zum integralen Aufgabenbestandteil gemacht hat. Getrieben durch die aus dem Strukturwandel resultierenden Herausforderungen zur stetigen Steigerung der Ressourceneffizienz, zu anhaltend hoher oder gar steigender Innovativität und der Anpassung an den demografischen Wandel „sind neue Tätigkeitsfelder wie Technologietransfer, Fachkräftesicherung, Netzwerkmanagement, wissensbasierte Infrastrukturen und Umweltschutz bzw. Klimawandel bei Wirtschaftsförderungen mit auf die Agenda gerückt" (vgl. Prognos AG, 2010, S. 28).

Dieser Wandel hin zu einem breiteren ausdifferenzierten Tätigkeitsfeld lässt sich in dem Begriff der „integrierten Wirtschaftsförderung" (vgl. Rehfeld, 2012, S. 1 ff.) zusammenfassen. Auch hier geht es darum, aufbauend auf den hinzukommenden Aufgabengebieten die Wirtschaftsförderung in einem kontinuierlichen Lernprozess weiterzuentwickeln. Die Aktivitäten der Wirtschaftsförderung sind selbst fortwährend auf den Prüfstand zu stellen. Es gilt zu hinterfragen, welche Aktivitäten fortgeführt und welche aufgegeben werden sollten beziehungsweise wo welche Aufgaben vor dem Hintergrund der Herausforderungen sinnvoll angesiedelt sind. Eine zukunftsorientierte Wirtschaftsförderung muss für neue Themen und Herausforderungen offen sein. So prägt heute auch der globale Kontext Regionen. Mehr und mehr müssen sich Regionen die Frage nach ihrer Stellung in den globalen Wertschöpfungsketten beantworten und sich gleichzeitig fragen, wie sie mit diesem Umstand strategisch umgehen wollen. Ein diskutiertes Szenario ist gar, dass sich globale Wertschöpfungsketten in Zukunft wieder abflachen und regionale Wertstoffkreisläufe gestärkt werden. Auch für dieses Szenario gilt es, die Rolle der regionalen Wirtschaftsförderungen anzudenken. Und nicht zuletzt sind es nationale und europäische Förderprogramme, deren Bedeutung für Regionen zunimmt. Zwar geben diese immer noch genügend Spielraum für die Berücksichtigung regionaler Besonderheiten, haben aber bei der Setzung von Themen und Schwerpunkten immer mehr Deutungshoheit. Neue Themen wie die Stärkung von KMU, lebenslanges Lernen oder soziale Innovationen sind zum strategischen Rahmen geworden und zu den Themen der Ressourceneffizienz und nachhaltigen Entwicklung noch hinzugekommen (vgl. Rehfeld, 2012, S. 3).

Die regionale Standortpolitik hat ihren Ursprung in der Region selbst. Sie wird von den in der Region angesiedelten Akteuren selbst angestoßen und dort auch zum Teil oder komplett finanziell getragen. Regionale Standortpolitik verhilft Regionen im Wettbewerb mit anderen Regionen zu einer Steigerung der Standortattraktivität, zur Gewinnung „mobiler Ressourcen" wie qualifizierten Fachkräften und Investitionskapital. Die Stärke dieser als endogener oder egozentrierter Politik bezeichneten Herangehensweise ist, dass regionale Stärken und Schwächen in besonderem Maße berücksichtigt werden können. So können die Netzwerke und Kompetenzen sowie kontextbezogenen Faktoren in einer regionalen Strategie besser integriert werden. Die Herausforderung hierbei ist es, nicht an administrativen Grenzen haltzumachen sondern die oftmals gemeindeübergreifenden Handlungsräume der lokalen Wissensakteure zu Grunde zu legen. Auch sollten lokale Akteure aus Wissenschaft und Wirtschaft in regionale Governance-Strukturen eingebunden werden (vgl. Meng, 2012, S. 249).

Mit dem Thema Nachhaltigkeit ergeben sich neue Herausforderungen, die Auswirkungen auf das Tun und Handeln der regionalen Wirtschaftsförderung haben. So verursacht der Klimawandel Chancen und Risiken für Standorte, Infrastrukturen, Branchen und Unternehmen. Unter der Überschrift „Green Economy" setzen sich lokale Wirtschaftsakteure und Forschungseinrichtungen intensiver mit Fragen der Ressourcen-, Energie- und Materialeffizienz auseinander. Nachhaltige Produkte und Dienstleistungen werden von Konsumenten mehr und mehr nachgefragt. Der demografische Wandel in Regionen zwingt dazu, Antworten zu finden auf die Entwicklung einer alternden Gesellschaft, den Kampf um qualifizierte Arbeitskräfte und die Erschließung bislang arbeitsmarktferner Beschäftigungspotenziale. Hinzu kommen Mehrinvestitionen durch Firmen, Bildungseinrichtungen und lokale Verwaltung, um den Folgen der Ressourcenverknappung zu begegnen. Außerdem werden die erreichten Fortschritte auf dem Weg zur nachhaltigen Region Eingang in die Entscheidung von Fachkräften und Unternehmen bei ihrer Standortwahl finden. Nicht zu vergessen ist der enorme Beratungs-, Aufklärungs- und Kommunikationsbedarf in der Gesellschaft, der sich mit der Thematik Nachhaltigkeit sowie ihrer einzelnen soziologischen, ökologischen und ökonomischen Aspekte ergibt. An diesem kurzen, nicht abschließend formulierten Überblick wird deutlich, wie sehr Nachhaltigkeit zum Treiber künftiger wirtschaftlicher Aktivitäten wird.

So wird sich jede Region mit der Aufgabe befassen müssen, wie sie sich zum Thema Nachhaltigkeit positionieren will und ob beziehungsweise wie sie das Thema Nachhaltigkeit in die eigene regionale Profilbildung einbinden will. Ein weiterer Schritt ist die Identifizierung von Wissenslücken und Wissensträgern in der Region zum Thema Nachhaltigkeit, zum Beispiel in Form von regionalen Wegweisern und Wissensatlanten. Hier gilt es vor allem, die Bedeutung von Nachhaltigkeit für die einzelnen Akteure zu konkretisieren und bereits vorhandene Aktivitäten aufzugreifen und Anknüpfungspunkte zu finden. Eine Aufgabe ist auch die Erweiterung des Dienstleistungsspektrums der Wirtschaftsförderung, um Beratungsbedarfe bei den Unternehmen zu decken. Zu Fragen der Bestandsaufnahme, Finanzierung, Förderung und gegebenenfalls Risikominimierung bei Ressourcenengpässen sollten Wirtschaftsförderungen als Wissensbroker und Vernetzer agieren können. So können Informationsveranstaltungen und Berater- und Coachingpools, bei denen Wirtschaftsförderungen auch auf externe Expertise zurückgreifen können, geeignete Maßnahmen sein. Darüber hinaus ist es eine weitere Aufgabe, Anreize zu schaffen für ein proaktives und vorausschauendes Anpassen der Unternehmen einer Region an die Herausforderungen des demografischen Wandels, der Ressourcenverknappung und der Wissensgesellschaft (siehe Prognos AG, 2010, S. 28).

Neben den Förderprogrammen des Bundesministeriums für Bildung und Forschung wie zum Beispiel dem Förderschwerpunkt „Innovationsfähigkeit im demografischen Wandel", in dem auch das Projekt ADMIRe A^3 angesiedelt war, setzen auch die veränderten Förderschwerpunkte der neuen Strukturpolitik der Europäischen Union ab 2014 bereits den richtungsweisenden Rahmen. Mit der neuen Strukturpolitik werden Herausforderungen mit Bezug zum Thema Nachhaltigkeit aufgegriffen. Mit „Europa 2020 – Eine Strategie für intelligentes, nachhaltiges und integratives Wachstum" wird ein Zieldreieck aufgespannt, das sich genau den drei Eckpfeilern der Nachhaltigkeit widmet. Mit dem Ziel Intelligentes Wachstum werden Leitinitiativen und Maßnahmen für eine auf Wissen und Innovationen gestützte Wirtschaft umgesetzt. Verbesserte Rahmenbedingungen für Innovationen, eine gesteigerte Qualität der Bildung und der Ausbau der informationstechnischen Infrastruktur sollen den Weg für eine wissensbasierte Gesellschaft bereiten. Das Ziel eines Nachhaltigen Wachstums soll den Übergang zu einem ressourceneffizienten, umweltfreundlichen und wettbewerbsfähigen Wirtschaften ermöglichen. Durch das Ziel Integratives Wachstum sollen eine hohe Beschäftigung und ein wirtschaftlicher, sozialer und territorialer Zusammenhalt ermöglicht werden (siehe Rehfeld, 2013, S. 7).

So wird beim Herausgreifen einzelner thematischer Schwerpunkte deutlich, dass die Europäische Union aufgrund veränderter Rahmenbedingungen nachhaltige Impulse setzen will. Es ist ein Paradigmenwechsel beim Verständnis des Faktors Arbeit sichtbar, in dem die Arbeitskräfteknappheit als Herausforderung erkannt wird. Zum zweiten ist eine Rückbesinnung auf die Schlüsselrolle der Industrie erkennbar, als eine Lehre der Krise in 2008, unter gleichzeitiger Maßgabe eines ökologischen Umbaus der Industrie. Als dritten Paradigmenwechsel rücken soziale Innovationen in den Fokus. Soziale Innovationen meinen zum einen Fortschritte mit gesellschaftlichem Nutzen, die sich Fragen wie Klimawandel, Belastung der Gesundheitssysteme, Chancengleichheit widmen. Zum anderen wird darunter auch ein offenerer Innovationsprozess verstanden, in den Kommunen und Bürger eingebunden werden. So wird neben der Herausforderung des Transfers von wissenschaftlichen Erkenntnissen in die Unternehmen das europäische Problem der Erschließung von Märkten, am besten gesellschaftlich sinnvoller Märkte, in den Mittelpunkt gerückt. Mit einem breiteren Innovationsverständnis erweitert sich auch der Fokus von rein technologischen Innovationen hin zu sämtlichen Innovationen mit sozialer Dimension (siehe Rehfeld, 2013, S. 11).

Aus diesen sich verändernden politischen Rahmenbedingungen ergeben sich neue Tätigkeitsschwerpunkte für Wirtschaftsförderung. Diese können ihrerseits Impulse setzen, zum Beispiel im Bereich Vernetzung mit Mehrwert, Wissensbereitstellung und Wissenstransfer, Qualifizierung, strategische Ausrichtung, Begleitung Akteurs-übergreifender Zu-

sammenarbeit und durch das Erzählen von Erfolgsgeschichten. So können neue Entwicklungen des Standortes aufgegriffen und Services zum Thema Nachhaltigkeit angeboten
werden. Grundlage einer regionalen Profilierung hin zur nachhaltigen Entwicklung sollten
dabei die regionalen Besonderheiten, Stärken und Potenziale sein.

12.5   Die Rolle der Wirtschaftsförderung bei der Übersetzung von Nachhaltigkeit in den regionalen Kontext im Wirtschaftsraum Augsburg A³

Zur Erarbeitung einer regionalen Strategie der nachhaltigen Entwicklung können Regionen auf vielfältige vorhandene Konzepte und Ansätze zurückgreifen. Viele Vorstöße
existieren bereits, die auf wissenschaftlich fundierten erarbeiteten Konzepten beruhen.
Konzepte, Erkenntnisse und Empfehlungen aus Wissenschaft und Politik treffen in Regionen nicht auf luftleeren Raum, sondern meist auf ein bereits vorhandenes Geflecht an
Aktivitäten. Die Herausforderung ist es, einerseits bestehende Ansätze zu berücksichtigen
und aufzugreifen, und andererseits allgemeine Lösungen auf die Gegebenheiten und Besonderheiten der Region hin anzupassen und für die Region zu übersetzen.

Im Projekt ADMIRe A³ stellte sich eine vergleichbare Herausforderung, da der Wirtschaftsraum Augsburg bereits über ein breites Netz an Aktivitäten im Bereich der Nachhaltigkeit verfügt (Die folgenden Ausführungen zum Wirtschaftsraum basieren auf Thiel
2013).

Kennzeichnend für die Region ist eine beträchtliche Zahl von Akteuren aus Industrie, Handwerk, Verbänden und Kammern, Kommunalpolitik, Netzwerken, Vereinen und
Interessensgemeinschaften, die sich im von den drei Gebietskörperschaften Stadt und
Landkreis Augsburg sowie Landkreis Aichach-Friedberg aufgespannten Wirtschaftsraum
A³ bewegen, einige davon in Teilräumen, andere auch weit über A³ hinaus. Die Wirtschaftsregion verfügt über einen ausgesprochen hohen Grad an Netzwerkaktivitäten und
-verknüpfungen.

Die institutionelle Verknüpfung im Bereich der Wirtschaftsförderung zwischen den Gebietskörperschaften Stadt Augsburg, Landkreis Augsburg und Landkreis Aichach-Friedberg erfolgte im Jahr 2009 durch die Gründung der Regio Augsburg Wirtschaft GmbH, der
gemeinsamen Wirtschaftsförderungsgesellschaft der drei genannten Gebietskörperschaften. Die Regio Augsburg Wirtschaft GmbH verfolgt im Auftrag ihrer Gesellschafter unter
anderem das Ziel, die Vernetzung der Akteure in der Region – und auch die Vernetzung
der Netzwerke – voranzutreiben.

Dazu hat sie Formate entwickelt wie den Netzwerktag, einen Netzwerkführer im Print-
format und online sowie netzwerkübergreifende Veranstaltungen. Die Wirtschaftsförderung wirkt hier als ausgeprägter Knoten im Netzwerk der Wirtschaftsakteure im Wirtschaftsraum Augsburg. Mit dieser Verankerung ist sie beispielsweise der zentrale Akteur

für den Bereich der Fachkräftesicherung wie auch für den Technologietransfer und die Innovationsförderung über entsprechende Netzwerk-Initiativen in der Region.

A^3 sieht sich als Zentrum für Ressourceneffizienz mit dem Anspruch langfristig europäische bzw. internationale Bedeutung zu erlangen. Dieser wird getragen durch ausgezeichnete Kompetenzen in Technologien und Anwenderbranchen, den sogenannten Kompetenzfelder von A^3: Die Region verfügt über eine hohe Anzahl von Traditionsfirmen und Zulieferern der Luft- und Raumfahrt sowie über die entsprechenden Interessensgemeinschaften und Forschungszentren. Weltmarktführer entlang der gesamten Wertschöpfungskette sowie das ansässige Branchennetzwerk Carbon Composites e.V. vernetzen hier ihre Kompetenzen und treiben die Etablierung der Faserverbundtechnologie voran. Der Wirtschaftsraum Augsburg A^3 hat auch seinen Vorreiterstatus im Bereich Mechatronik & Automation in Europa aufgrund einer überdurchschnittlichen Anzahl an Unternehmen mit Technologieführerschaft, Fachkräften und Branchennetzwerken sowie einem dichten Netz an Forschungs- und Bildungseinrichtungen behauptet und weiter ausgebaut. Der Wirtschaftsraum Augsburg A^3 ist offizielles Umweltkompetenzzentrum in Bayern und versteht sich als ein Zentrum der Informations- und Kommunikations-Branche mit großer Entwicklungsdynamik.

Der Augsburg Innovationspark repräsentiert den Querschnitt der Kompetenzfelder und soll als Nukleus das Zentrum für Ressourceneffizienz entscheidend vorantreiben. Der Augsburg Innovationspark, dessen Grundidee auf die Jahre 2007/2008 zurückreicht, ist auch ein Produkt der zunehmenden Vernetzungen und Kooperationen der Wirtschaftsakteure in der Region A^3. Ausgehend von Überlegungen zur Sicherung des Produktionsstandortes entstanden in den Jahren 2006 und folgende unter Einbindung der Wirtschaftsförderung, der Wirtschaftsakteure aus Kammern und Verbänden und der strukturbestimmenden Unternehmen Ideen für Verbundprojekte, die sehr schnell in Überlegungen rund um das automatisierte Verarbeiten von CFK-Materialien mündeten. Über die Ansiedlung entsprechend komplementärer wissenschaftlicher Kompetenz zu den vorhandenen Kompetenzen in Unternehmen bis hin zu der Manifestierung der Planung in Universitätsnähe und der Gründung des Augsburg Innovationsparks war dann der konzeptionelle Bogen relativ schnell gespannt: Der Augsburg Innovationspark wurde, beginnend mit einem Masterplan des bekannten Architekten Kees Christiaanse, entsprechend projektiert. Dabei spiegelt der Augsburg Innovationspark nicht nur die Herausforderung der Faserverbundtechnologie wider, sondern er nimmt sämtliche genannten Kompetenzfelder in sein Spektrum auf und bildet daraus eine Schnittmenge im Bereich der Ressourceneffizienz. Er wird gerade auch durch die Herausbildung eines entsprechenden Schwerpunktes an der Universität Augsburg unterstützt, der in der Gründung des Instituts für Materials Resource Management gemündet ist. Die systematische Ansiedlung und Weiterentwicklung von angewandter Forschungskompetenz im Bereich der Ressourceneffizienz über Fraunhofer-Forschergruppen, einem Institut des Deutschen Zentrums für Luft- und Raumfahrt sowie die schwerpunktmäßige Entwicklung an der Universität und an der Hochschule

Abb. 12.1 Augsburg Innovationspark mit dem Technologiezentrum Augsburg, künftiges Zentrum für Ressourceneffizienz. In der Nachbarschaft entstehen demnächst noch die Green Factory der Fraunhofer Gesellschaft und das Institut für Materials Resource Management der Universität und der Hochschule Augsburg. Eingebettet sind die Institute in den rd. 70 ha großen Augsburg Innovationspark, ebenfalls im Schwerpunkt den Ressourceneffizienz-Technologien gewidmet. Quelle: Regio Augsburg Wirtschaft GmbH

Augsburg flankieren die Entwicklung hin zu dem projektierten Ziel eines Zentrums für Ressourceneffizienz von europäischem Rang.

Neben den inzwischen schon teilweise erfolgten Ansiedlungen im wissenschaftlichen und forschungsorientierten Bereich wird das Technologiezentrum Augsburg als Nucleus des Augsburg Innovationspark wirken und wissenschaftliche, angewandte Forschung und die Forschung und Entwicklung von Unternehmen auf engstem Raum verbinden. Entsprechende Beratungsdienstleistungen im Bereich des Technologietransfers, die Entwicklung von Expertennetzwerken zu Ressourceneffizienz, ein Kompetenzatlas etc. runden das Leistungsspektrum des Technologiezentrum Augsburg beziehungsweise des Augsburg Innovationspark ab.

Diese Entwicklung wird ganz wesentlich gestützt durch den schon seit 2008 vorhandenen Kooperationsverbund der Transfereinrichtungen Augsburg (TEA). Dies ist ein Verbundprojekt von Transferstellen, Anwenderzentren und der Regio Augsburg Wirtschaft GmbH, um im Bereich des Wirtschaftsraums Augsburg Technologietransfer gerade im Bereich der KMU zu forcieren. Bestandteile dieses Projektes sind eine zentrale Anlaufstelle, Marketingmaßnahmen, aktiver Vertrieb zu den Unternehmen hin und die Bündelung des Angebotes der Transferstellen und der Hochschuleinrichtungen. Dieses über viereinhalb Jahre vom Freistaat Bayern im Rahmen des EFS geförderte Projekt soll nun, nach dem Willen der alten wie auch der neu hinzugekommenen Projektpartner, deren

Anknüpfungspunkte rund um den Augsburg Innovationspark liegen, mit dem Fokus auf Ressourceneffizienz fortgesetzt und intensiviert werden. Hier haben die schon vorhandenen Netzwerke zu einer schnellen Integration der neuen Forschungseinrichtungen geführt.

Ein weiterer Katalysator, um in der Region den Bereich der Innovation noch stärker an die Unternehmen heranzutragen und die Chancen der neuen Forschungseinrichtungen gegenüber der Wirtschaft zu kommunizieren, war die sogenannte Zukunftsoffensive Wirtschaftsraum Augsburg. Hier haben über drei Jahre hinweg Akteure aus dem Bereich der Unternehmen, der Wissenschaft, der Wirtschaftsverbände unter Führung der Stadt Augsburg, überwiegend in dezentralen Arbeitskreisen, zusammengearbeitet. Ziel war es, Ansatzpunkte zur Verbesserung des Innovationsklimas in der Region A^3 zu schaffen. Die Zukunftsoffensive Wirtschaftsraum Augsburg war ein Ausfluss der Finanz- und Wirtschaftskrise der Jahre 2008/2009. Insbesondere die Wirtschaftskammern haben dort die Initiative ergriffen, um die Zeit der Krise für eine Sensibilisierung der Unternehmen im Bereich der Innovation und für die Qualifizierung der Mitarbeiter zu nutzen. Die stark produktionsorientierte Wirtschaft in der Region A^3 hat das Instrument der Qualifizierung, etwa durch das Programm WEGEBAU genutzt. Trotz der durchaus großen Betroffenheit der exportorientierten Wirtschaft wurde über Kurzarbeit und Qualifizierung der Beschäftigungsstand weitgehend erhalten. Die Zukunftsoffensive Wirtschaftsraum Augsburg hat ihren Beitrag dazu geleistet, insbesondere auf die Qualifizierung hinzuarbeiten und die Notwendigkeit stetiger Innovation, mit Blick auch auf den Erhalt der Wettbewerbsfähigkeit nach der Finanz- und Wirtschaftskrise, verstärkt in die Region hineinzutragen. Darauf setzten dann als Projekte der Augsburg Innovationspark wie auch das Projekt ADMIRe A^3 mit ihren Schwerpunkten im Bereich Innovation auf.

Der Herausforderung des demografischen Wandels als ein Bereich der nachhaltigen Entwicklung wird im Wirtschaftsraum mit der Fachkräfte Initiative Wirtschaftsraum Augsburg begegnet, in der die maßgeblichen Protagonisten des regionalen Arbeitsmarkt- und Demografiemanagements vereint an strategischen Aktionen zur Sicherung des Fachkräftebedarfs der ortsansässigen Industrie und Produktion einschließlich der KMU arbeiten und auch konzeptionell tätig sind:

Die Gründung der Fachkräfte Initiative geht auf das Jahr 2010 zurück, die Anfänge der regionalen Beschäftigung mit dem Thema Fachkräftesicherung auf das Jahr 2008. Schon damals gaben die drei Gebietskörperschaften und die beiden Wirtschaftskammern zwei Gutachten bei der Hochschule Augsburg in Auftrag, die sich mit Qualität und Quantität des drohenden Fachkräftemangels und den daraus resultierenden Anforderungen an das regionale Bildungssystem auseinander setzten. Durch die Finanz- und Wirtschaftskrise war das Thema Fachkräftemangel für rund zwei Jahre von geringerer Priorität, wurde aber danach relativ schnell wieder auf die regionale Agenda gesetzt. In zwei Workshops mit Unternehmen, Wirtschaftsverbänden und Vertretern der Bildungslandschaft, getragen von der Regio Augsburg Wirtschaft GmbH, wurden 2010 und 2011 konkrete Handlungsansätze, in Auswertung der vorliegenden Gutachten und auch unter Hinzuziehung aktuellerer Untersuchungen entwickelt.

Die begleitende Arbeitsgruppe wurde anschließend von den Akteuren in eine dauerhafte Einrichtung, die Fachkräfte Initiative Wirtschaftsraum Augsburg, umgewandelt. In der Initiative finden sich als Akteure neben der Regio Augsburg Wirtschaft GmbH, die mit der Federführung betraut ist, die Handwerkskammer für Schwaben, die Industrie- und Handelskammer Schwaben, die Agentur für Arbeit Augsburg und der Deutsche Gewerkschaftsbund Region Augsburg. Diese koordinieren durch etwa zweimonatliche Treffen ihre Aktivitäten rund um das Thema der Fachkräftesicherung und haben eine abgestimmte regionale Agenda entwickelt, die in einem jährlich fortgeschriebenen Aktionsprogramm ihren Ausfluss findet. Darin verankert sind wichtige, sich auch aus dem demografischen Wandel heraus ergebende Themen der Fachkräftesicherung und des regionalen Arbeitsmarktpotentiales wie etwa die Beschäftigung Älterer, die Integration von Migranten in den Arbeitsmarkt (Anerkennungsgesetz), die Vereinbarkeit von Beruf und Familie bzw. Pflege mit ihren vielfältigen Facetten, die für die Region sehr wichtige Gewinnung von auszubildenden Fachkräften für die MINT-Berufe, das lebenslange Lernen und auch der Bereich des regionalen Fachkräftemarketings, das sich sowohl nach innen, etwa in Form der Ausbildung einer Willkommenskultur und Bindungsmaßnahme richtet, wie auch derzeit auf ein nationales Recruiting ausgerichtet ist.

Die Fachkräfte Initiative Wirtschaftsraum Augsburg versucht im Schwerpunkt über Veranstaltungen und damit über Sensibilisierung und Information zu den genannten Themen, darüber hinaus gehend aber auch mit Beratungsangeboten, etwa im Rahmen der Servicestelle Vereinbarkeit Beruf und Familie bei der Regio Augsburg Wirtschaft GmbH, die gestellten Herausforderungen anzugehen. Im Bereich des Fachkräftemarketings agiert hier die Wirtschaftsförderung als Dienstleister und stellt entsprechende Materialien zur Verfügung. Als weitere Leistung, getragen von einem Netzwerk von Unternehmen, wurde eine Fachkräfte-Kampagne im Jahr 2013 initiiert und deren Umsetzung gestartet, die rein von Unternehmen finanziert, Arbeiten und Leben im Wirtschaftsraum Augsburg anhand authentischer Fachkräfte-Portraits zeigt. Auch bei dieser Kampagne wird Wert auf eine Ausgewogenheit im Sinne des Diversity-Gedankens gelegt wie auch bei den Themen der Fachkräftesicherung. Mit diesem ganzen Bündel an Maßnahmen ist es Aufgabe der Fachkräfte Initiative Wirtschaftsraum Augsburg, dem Fachkräftemangel und den Herausforderungen des demografischen Wandels auf der regionalen Ebene mit konkreten Projekten, dahinter stehenden Konzepten und Strategien zu begegnen.

Im Kontext der Umsetzung des Augsburg Innovationspark hat sich aus dem Bereich der Zukunftsoffensive Wirtschaftsraum Augsburg und auch aus dem TEA-Netzwerk der sogenannte Fachbeirat Ressourceneffizienz gegründet, der die Konzeption des Augsburg Innovationsparks begleitet hat. Inzwischen ist dieser Beirat als Organ der 2013 gegründeten Augsburg Innovationspark GmbH konstituiert. Hier findet sich zusätzlich die Expertise weiterer Lehrstühle der Universität Augsburg und auch der Hochschule Augsburg. Bei der Industrie- und Handelskammer Schwaben hatte sich ein Zukunftskreis entwickelt, der sich mit den technologischen Leitlinien der nächsten beiden Jahrzehnte auseinander setzt. Mit all den genannten Strukturen, dem Netzwerk der Transfereinrichtungen Augsburg, der

Abb. 12.2 Fokus N: Jährliche Konferenzen zu verantwortlichem Unternehmertum in Augsburg.
Quelle: www.basandesign.dev

Fachkräfte Initiative Wirtschaftsraum Augsburg und dem Beirat Augsburg Innovationspark besitzt die Region Augsburg einen hohen Aggregatsgrad bei der Vernetzung der Akteure innerhalb der drei Megatrends demografischer Wandel, Förderung der Innovationsfähigkeit sowie Ressourceneffizienz. 2015 kam die Plattform Ressourceneffizienz als regionales Netzwerk hinzu. Die Allianz des Projektes ADMIRe A^3 besteht ganz wesentlich auch aus Akteuren respektive Personen, die in den genannten Netzwerken verankert sind und hier auch als Multiplikatoren beziehungsweise für die Transmission gut geeignet sind.

Jenseits der Wirtschaftsakteure hat sich im Bereich der Stadt Augsburg und der benachbarten Landkreise insbesondere im zivilgesellschaftlichen Bereich eine Nachhaltigkeitsbewegung schon seit längerem etabliert, insbesondere mit der Agenda 21 für ein zukunftsfähiges Augsburg als Motor. Die Stadt Augsburg besitzt bereits ein Nachhaltigkeitskonzept mit entsprechender Berichterstattung. Als Kulminationspunkt der entsprechenden Bemühungen der Stadt Augsburg kann die Auszeichnung als nachhaltigste Großstadt im Jahr 2013 benannt werden. Die Agenda 21 der Stadt Augsburg hat sich jüngst verstärkt über ihren Arbeitskreis Unternehmerische Verantwortung dem Bereich Nachhaltigkeit beziehungsweise Corporate Responsibility in Unternehmen zugewandt. Die Aktivitäten, die hier aus dem zivilgesellschaftlichen Bereich heraus in Richtung der Wirtschaft entwickelt werden, treffen idealerweise mit den Aktivitäten im Projekt ADMIRe A^3 zusammen, die im Bereich der Wirtschaft eine vergleichbare Zielsetzung verfolgen. Von daher arbeiten hier die Akteure aus dem zivilgesellschaftlichen Agendabereich und der Wirtschaftsförderung eng zusammen, etwa bei der Umsetzung von Projekten und Veranstaltungen. Die

Abb. 12.3 Workshop im ADMIRe A³-Projekt: In zahlreichen Workshops haben regionale Akteure an Strategien, Instrumenten und Lösungsansätzen im Sinne einer ökologischen, sozial gerechten und wirtschaftlich leistungsfähigen Wertschöpfung zusammengearbeitet.
Quelle: Regio Augsburg Wirtschaft GmbH

Wirtschaftsförderung mit den Projekt ADMIRe A³ und die zivilgesellschaftlichen Akteure im Bereich der Nachhaltigkeit können sich hier ideal gegenseitig unterstützen.

Vor dem Hintergrund der zum Teil schon über zehn Jahre zurück reichenden Aktivitäten im Bereich der Nachhaltigkeit im zivilgesellschaftlichen Bereich, der Befassung mit Themen von Diversity im Bereich des Arbeitsmarktes, der Fachkräfte Initiative Wirtschaftsraum Augsburg seit dem Jahr 2010, der Befassung mit Innovation mit dem Kulminationspunkt Innovationspark, der gleichzeitig auch den Fokus auf den Bereich der Ressourceneffizienz setzt, die umfängliche Entwicklung im Bereich der Forschungs- und Wissenschaftlichen Einrichtungen rund um Ressourceneffizienz, ergänzt um die Kompetenz der Unternehmen ergibt in der Region A³ eine hervorragende Grundlage, um daraus einen beispielhaften Weg in ein nachhaltiges Wirtschaften und eine nachhaltige Region aufzuzeigen und zu entwickeln. Im Projekt ADMIRe A³ haben sich zwei Pfade herauskristallisiert, an denen entlang Instrumente und Lösungsansätze entwickelt, implementiert und erprobt werden. Wie in Kapitel 1.1 bereits erläutert, bestand die Aufgabe im Projekt ADMIRe A³ darin, zum einen inhaltliche Handlungsfelder und Maßnahmen zu erarbeiten, um in der Region eine Debatte, ein Umdenken und Handeln im Sinne einer ökologischen, sozial gerechten und wirtschaftlich leistungsfähigen Wertschöpfung zu erzeugen, die in eine langfristige Transformation in eine nachhaltige Wirtschaft münden soll. Zum anderen war das Ziel, die vielen bereits existierenden Initiativen und Ansätze in einer Plattform der Zusammenarbeit zu institutionalisieren, zu vereinen, gemeinsam auszurichten und zu verstetigen.

Für eine Beurteilung der Erfolge des Forschungsprojektes ADMIRe A[3] ist es noch zu früh. Seit Beginn des Projektes im Jahr 2012 haben sich jedoch Fragen der Umsetzung herauskristallisiert, die zu einem Lernprozess beigetragen haben und hier kurz skizziert werden sollen. So ist es eine Herausforderung im Wirtschaftsraum Augsburg, dass die Akteure erkennen müssen, warum die grundsätzlich als sinnvoll und notwendig erachtete regionale Ausrichtung auf Nachhaltigkeit – insbesondere im Kontext der zahlreichen regional schon etablierten Kooperationsstrukturen, Aktivitäten und Projekte – in die Form einer strategischen Allianz gegossen werden soll und worin der inhaltliche Mehrwert einer solchen Struktur liegt. Inhaltlich betrachtet ist eine Analyse der drei Megatrends und ihrer Zusammenhänge als Elemente der Nachhaltigkeit hierfür eine grundsätzliche Voraussetzung. Zusätzlich bedarf es jedoch einer Übersetzung der Themen in das Wirkungsfeld der einzelnen Akteure, um Akzeptanz, Vertrauen und Motivation zu erzeugen. Und auch hier zeigt sich, dass erarbeitete Konzepte und Instrumente erst in einem längeren Prozess angenommen werden müssen, bis sie umgesetzt werden können und dass hierbei auf Konkretem gegebenenfalls Vorhandenem aufzusetzen ist, mit dem sich die Allianzakteure identifizieren können.

Wie im Forschungsprojekt ADMIRe A[3] stehen regionale Entscheider und Akteure auf dem Weg zu einer nachhaltigen Entwicklung ihrer Region vor vielfältigen Aufgaben. So muss zunächst eine Bestandsaufnahme der Wissensträger und Experten gemacht und Wissenslücken identifiziert werden. Vorhandene Lösungswege und Maßnahmen, die wissenschaftlich entwickelt werden, sind an den regionalen Gegebenheiten zu spiegeln. Hierbei ist es essentiell, die lokalen Akteure frühzeitig in den Prozess einzubeziehen und Möglichkeiten zur Mitwirkung aufzuzeigen. Es gilt, vorhandene Aktivitäten und Initiativen einzubinden und ihr Engagement zu kanalisieren. Wichtig ist hierbei, allen Akteuren eine Dialog- und Erfahrungsaustausch-Plattform anzubieten. In einem Bottom-up-Ansatz können gemeinsam Lösungsansätze diskutiert, weiterentwickelt und an der Praxis und den bisherigen Erfahrungen gespiegelt werden. Vorhandene Konzepte und Lösungswege könne so frühzeitig zu Eigen gemacht und an die spezifischen regionalen Gegebenheiten angepasst werden. Somit werden vorhandene Instrumente und Leitfäden nicht einfach „von oben" aufoktroyiert, sondern werden zu einem lebendigen eigenen Bestandteil des regionalen Lern- und Entwicklungsprozesses. Die Einbeziehung regionaler Akteure in die Entwicklung von Strategien für die Region betrifft jedoch alle Themen und Ziele.

Die Besonderheit bei der Wegbereitung einer nachhaltigen Entwicklung liegt darin, dass hier verschiedene Bereiche ineinander übergreifen und es Wechselwirkungen gibt. Außerdem besteht eine Herausforderung darin, überhaupt erst einmal Wissen aufzubauen, das zum Teil noch gar nicht vorhanden ist. Regionen, die sich auf den Weg zu einer nachhaltigen Entwicklung begeben, müssen auch zunächst verinnerlichen, was nachhaltige Entwicklung für Akteure aus der Wirtschaft, den Bildungseinrichtungen und den verschiedenen Forschungs- und Wissenstransfereinrichtungen bedeutet. Außerdem ist eine Herausforderung, das konkrete Ziel der nachhaltigen Entwicklung zu benennen und hierfür auch Indikatoren und ein Erfolgskontrollsystem zu erarbeiten.

Wenn regionale Akteure sich auf der Schwelle zwischen erarbeiteten Konzepten und ihrer konkreten Umsetzung in die Praxis befinden, kann die Wirtschaftsförderung auch hier als zentrales Element zur Wegbereitung agieren. Die Wirtschaftsförderung kann als zentraler Player in regionalen Netzwerken und mittels Kontakten zu Multiplikatoren, Clustern und Netzwerken als die treibende Kraft für die Umsetzung übergeordneter regionaler Gesamtstrategien wirken.

12.6 Wirtschaftsförderung im transformativen Prozess von Regionen hin zum nachhaltigen Wirtschaften – eine Zusammenfassung

Die Wirtschaftsförderung in Deutschland befindet sich in einem Wandel vom traditionellen Geschäft hin zu wissensorientierten, langfristigen und strategischen Ansätzen unter gleichzeitiger Professionalisierung von Personal und eingesetzten Instrumenten. Dabei hat die Wirtschaftsförderung die Chance, eine entscheidende Rolle im Bereich der Regionalentwicklung und der regionalen Wirtschaftspolitik zu spielen und auch im Rahmen der kommunalen Verantwortung Impulsgeber und Treiber von zukunftsgerichteten Entwicklungen zu werden. Dies betrifft insbesondere natürlich die auf die ökonomische Entwicklung und den Wohlstand eines Standortes ausgerichteten Themen im Kontext des technologisch-ökonomischen Strukturwandels. Hierzu zählen die Globalisierung, die Tendenzen zu stärkeren Zusammenarbeit unter Beibehaltung von Arbeitsteilung, die Integration von Wirtschaftsförderung und Beschäftigungspolitik, die Orientierung auf gesamtgesellschaftliche Wohlstandseffekte und nachhaltiges Wirtschaften, die Einbindung nicht nur von Wirtschaftsakteuren, sondern auch weiterer gesellschaftlicher und bürgerschaftlicher Elemente, um nur einen Teil der neuen Aspekte der Wirtschaftsförderung zu benennen. Insgesamt reichen die Aufgabenstellungen der Wirtschaftsförderung weit über die Zielgruppe von Unternehmen hinaus oder beziehen in die entsprechenden Aufgabenfelder weitere Zielgruppen bis hin zu Bürger/innen mit ein. Dazu sind gute Beispiele, etwa der Bereich der Fachkräftesicherung, der bis hin zu der Einbeziehung von Kindern, Erziehern, Museumspädagogen etc. reichen kann, oder der Bereich der Corporate Social Responsibility, der Brücken zwischen Wirtschaft und anderen gesellschaftlichen Akteuren schlägt. Der Bereich der Nachhaltigkeit fordert die Integration weiterer Zielgruppen per se. Eine Wirtschaftsförderung mit einem solchen systemischen oder ganzheitlichen Ansatz ist sicherlich ein geeigneter Promotor, aber auch gegebenenfalls Projektmanager, wenn sie eine entsprechende Verankerung in der Kommune oder Region besitzt und in ihre Netzwerke auch Zielgruppen jenseits des engeren Kreises der Wirtschaftsakteuren mit einbezieht.

Die Wirtschaftsförderung in der Pilotregion des Projektes ADMIRe A³ hat im Rahmen des Forschungsprojektes erste Erfolge realisieren können. Mittels einer Stakeholderanalyse wurden die am Transformationsprozess hin zu nachhaltigem Wirtschaften beteiligten Akteure im Wirtschaftsraum Augsburg und ihre Interessenslage greifbar identifiziert. An dieser Stelle schon zeigt sich, inwieweit eine Wirtschaftsförderung in der Lage ist, in dem durch die Stakeholder aufgespannten Raum von Interessen als Impulsgeber für die Themenstellungen Nachhaltiges Wirtschaften oder Nachhaltigkeit geeignet ist. Eine Kernfrage ist neben einem entsprechenden Handlungsprogramm auch die strukturelle Verankerung eines transformativen Prozesses und der Themenverantwortung für den Bereich der Nachhaltigkeit. Hier gibt es im kommunalen Bereich, gerade auch mit Blick auf die zivilgesellschaftlichen Aktivitäten, die einen zeitlichen Vorsprung gegenüber dem Sektor der Wirtschaft haben, etablierte Akteure etwa im Bereich Umwelt oder Soziales. Mit diesen etablierten Akteuren muss eine Zusammenarbeit angebahnt werden und der Bereich der Wirtschaft und des nachhaltigen Wirtschaftens dort bestenfalls als wertvolle und notwendige Ergänzung empfunden werden. Ebenso muss auch innerhalb der Wirtschaftsakteure die Wirtschaftsförderung als Thementräger anerkannt und ein regionaler Konsens zur Wichtigkeit des Themas Nachhaltigkeit hergestellt werden, sowohl in Richtung der Kommunen wie aber auch etwa im Bereich der Verbände bis hin zu den Wirtschaftskammern.

Grundlage für die Definition der Ausgangslage, die Identifikation der „Treiber" im Transformationsprozess und deren Interessen, ist die Analyse des regionalen Innovationssystems und der regionalen Governance-Strukturen. Gemeinsam mit der Universität Bayreuth sind ausgehend vom Akteursnetzwerk in der Region die Bereiche identifiziert worden, von denen aus die Veränderung in der Pilotregion hin zur Transformation angestoßen werden kann. Dies betrifft zum Beispiel die Bereiche der Wissensproduzenten wie Forschungs- und Bildungseinrichtung ebenso wie die Bereiche der Wissensanwender, zum Beispiel der Konsumenten. Wirtschaftsförderungen als gut vernetzter Akteur in der Region können in diesen Bereiche direkt oder indirekt Vernetzung und Wissensaustausch befördern.

In diesem Akteurskontext ist auch die Frage zu klären, inwieweit etablierte oder auch neue Formen der Zusammenarbeit, wie etwa die einer strategischen Allianz im Projekt ADMIRe A^3, geeignete Träger wie auch Umsetzer des transformativen Prozesse sein können. Leichter zu lösen als die Frage einer strukturellen Verankerung, die über eigenständige Akteure oder auch durch die Einbindung des Themas in das Agieren schon vorhandener Akteure passieren kann, ist die Frage der Handlungskonzepte. Hier hat die entsprechende Regionalanalyse im Projekt ADMIRe A^3 einen umfänglichen Katalog an Handlungsfeldern und Projektideen erbracht, die mit vorhandenen Ansätzen der Region im Idealfall verknüpft werden und damit leichter akzeptiert und umgesetzt werden können. Ein schlüssiges Handlungskonzept mit überzeugenden Projekten ist ein notwendiger Bestandteil des Weges hin zur Transformation. Eine kontinuierliche Einbindung regionaler Player in die Handlungsfelder- und Projektideen-Entwicklung kann den Erfolg dieses Prozesses noch erhöhen. Im Projekt ADMIRe A^3 wurde der permanente Abgleich der konzeptionellen Arbeiten mit der kontext- und praxisorientierten Sicht der Akteure durch Workshops und in Feedbackschleifen durch die Wirtschaftsförderung ermöglicht.

Als sehr wichtig bei der Etablierung von Strukturen zeigt sich die Notwendigkeit, dass die Zielsetzung einer nachhaltigen Region und auch der transformative Prozess als Weg dorthin von den Spitzenvertretern der Wirtschaftsakteure akzeptiert und auch entspre-

Abb. 12.4 Großveranstaltung aus dem Projekt ADMIRe A³ in 2014 mit Prof. Dr. Ernst U. von Weizsäcker im Goldenen Saal des Rathauses der Stadt Augsburg.
Quelle: Regio Augsburg Wirtschaft GmbH

chend beworben wird. Denn gerade ohne den kommunalpolitischen Hintergrund sind Themen, die über den engeren Bereich der Wirtschaftsakteure hinausgehen und wesentlich gesamtgesellschaftliche Implikationen haben, auch durch die Wirtschaftsförderung nicht voranzutreiben. Aufgrund der begleitenden Entwicklung von steuerungs- und strukturgebenden Maßnahmen unter Zusammenarbeit mit dem faktor 10 – Institut für nachhaltiges Wirtschaften gGmbH konnte das Vorhaben in der Region eine Verbindlichkeit erreichen. Bisher konnten 27 Mitglieder der strategischen Allianz gewonnen werden, die sich mit einem Letter of Intent dazu bereit erklären, an der Allianz und der Umsetzung ihrer Ziele mitzuarbeiten. Ebenso wurden gemeinsame Ziele und eine Vision entwickelt, für deren Umsetzung sich die Allianzmitglieder einsetzen.

Neben der Festigung der Zusammenarbeit mit den Mitgliedern einer solchen strategischen Allianz ist es ebenso wichtig, die Sensibilisierung für Nachhaltigkeit auch nach außen in die Region voranzutreiben. Neben Öffentlichkeitsarbeit, Vorträgen und Vernetzung waren öffentlichkeitswirksame Großveranstaltungen mit hochkarätigen Gastrednern ein maßgebliches Kommunikationselement. Mit prominenten Referenten wie Ernst Ulrich von Weizsäcker und Siemens Deutschland-Chef Rudolf Martin Siegers sowie dem aktuellen Diskussionsthema „Wachstumsfaktor Nachhaltigkeit?!" konnten die Erkenntnisse des ADMIRe A³-Projektes einem breiten Publikum vorgestellt werden. Diese Veranstaltungen konnten, eingebettet in das Eventprogramm der Wirtschaftsförderung, von einem breiten Adressatenkreis wahrgenommen werden und somit ein weiterer Grundstein für nachhaltige Entwicklung gelegt werden.

Nach Abschluss des Forschungsprojekts ADMIRe A^3 wird erst in den kommenden Jahren deutlich werden, inwieweit der Anstoß, der durch die Wirtschaftsförderung erfolgt ist, tatsächlich inhaltlich und auch strukturell im Wirtschaftsraum Augsburg erfolgreich sein wird. Die Pflöcke sind aber beispielsweise durch die Aufnahme in ein langfristiges Programm des Regionalmanagements, das die Gebietskörperschaften auch finanziell mit tragen, eingeschlagen; eine weitere Umsetzung von Projekten, die nachhaltiges Wirtschaften befördern sollen, ist dadurch bis ins Jahr 2017 mit einem entsprechenden detaillierten Konzept abgesichert.

12.7   Über die Autoren

Andreas Thiel, 1966 im rheinland-pfälzischen Sobernheim geboren, studierte Wirtschafts- und Sozialgeografie, Politikwissenschaft und Volkswirtschaftslehre an der Johannes Gutenberg-Universität Mainz. Seit 1994 widmete er sich in verschiedenen Regionen Deutschlands Aufgaben der Regionalentwicklung, seit 2000 vor allem der Wirtschaftsförderung. Seine Tätigkeit in den 90er Jahren beim damaligen Regionalverband Harz, die Naturparkarbeit, Kulturförderung und Wirtschaftsförderung in sich vereinte, hat ihn für eine ganzheitliche Herangehensweise an Regionalentwicklung geprägt. Als Geschäftsführer der Regio Augsburg Wirtschaft GmbH nutzt er die vorhandenen regionalen Ansätze im Bereich technologieorientierter Ressourceneffizienz, Umweltkompetenz sowie zahlreiche Nachhaltigkeits-Initiativen, die u. a. 2013 in der Auszeichnung der Stadt Augsburg als nachhaltigste Großstadt kulminierten, um nachhaltiges Wirtschaften als ein junges, ambitioniertes und vor allem notwendiges Thema in der Wirtschaftsförderung zu etablieren. Über das BMBF-geförderte Forschungsprojekt ADMIRe A^3 versucht er mit der Regio Augsburg Wirtschaft GmbH auch bundesweit Nachhaltigkeits-Impulse im Bereich Wirtschaftsförderung zu setzen.

Kristin Joel hat Volkswirtschaftslehre mit dem Schwerpunkt Innovationsökonomik studiert und zu Wissensnetzwerken und regionalen Innovationssystemen promoviert. Nach Tätigkeiten in der F&E-Management-Beratung sowie im Forschungsförderer-Geschäft war sie bei der Regio Augsburg Wirtschaft GmbH als Projektleiterin des ADMIRe A^3-Projektes mit Nachhaltigkeit als Leitprinzip für Unternehmen und Regionen beschäftigt. Sie arbeitet mittlerweile als Branchenbetreuerin für IT an der IHK Schwaben.

Literatur

Brandt, A. (2014), Wirtschaftsförderung 3.0: Zur Strategie der Wirtschaftsförderung in der Innovationsökonomie, in: Zukunft der Wirtschaftsförderung, Nomos Verlagsgesellschaft, Baden-Baden.

Beck, C. B., Hinze, R. G., Schmid, J. (2014), Zukunft der Wirtschaftsförderung, Nomos Verlagsgesellschaft, Baden-Baden.

Bundesregierung (2002), Perspektiven für Deutschland. Unsere Strategie für eine nachhaltige Entwicklung.

Bundesregierung (2012), 10 Jahre Nachhaltigkeit „made in Germany". Nationale Strategie für eine nachhaltige Entwicklung, Kurzpapier zum Fortschrittsbericht 2012.

Dallmann, Bernd und Michael Richter (2012), Handbuch der Wirtschaftsförderung, Haufe Gruppe, Berlin.

ExperConsult (2012), Wo steht die Wirtschaftsförderung 2012? Ergebnisse der Befragung. http://www.experconsult.de/Wo-steht-die-Wirtschaftsfoerderung-in-Deutschland/278457,1031,142370,-1.aspx.

Hafner, S., Miosga, M. (2014), Regionalentwicklung im Zeichen der Großen Transformation, oekom, München.

Hafner, S., Miosga, M. (2015), Regionale Nachhaltigkeitstransformation, oekom, München.

Held, Holger und Peter Markert (2001), Bestandsaufnahme und Anforderungen, in: IMAKOMM (Hrsg.), Wirtschaftsförderung im 21. Jahrhundert. Konzepte und Lösungen, H.S.H.-Verlag, Aalen.

Floeting, Holger und Beate Hollbach-Grömig (2005), Neuorientierung der kommunalen Wirtschaftspolitik, in: Deutsche Zeitschrift der Kommunalwissenschaften, 44, 1, S. 10–39.

Meng, Rüdiger (2012), Räumliche Aspekte der Innovationsförderung – Hintergründe, Perspektiven und Kritik, in: Polyzentrale Stadtregionen – Die Region als planerischer Handlungsraum. Arbeitsbericht der Akademie für Raumforschung und Landesplanung.

Prognos AG (2010), Wirtschaftsförderung 2020. Wie sieht die Wirtschaftsförderung der Zukunft aus? Vortrag anlässlich der Jahrestagung 2010 der Arbeitsgemeinschaft Kommunale Wirtschaftsförderung in Nordrhein-Westfalen.

Rehfeld, Dieter (2012), Auf dem Weg zur integrierten Wirtschaftsförderung: Neue Themen und Herausforderungen. Forschung Aktuell, Institut Arbeit und Technik (IAT), Gelsenkirchen, Nr. 09/2012.

Rehfeld, Dieter (2013), Clusterpolitik, intelligente Spezialisierung, soziale Innovationen – neue Impulse in der Innovationspolitik. Forschung Aktuell, Institut Arbeit und Technik (IAT), Gelsenkirchen, Nr. 04/2013.

Thiel, Andreas, Dallner, L. und Hüther-Martelli, E. (2013), Erster Statusbericht Start-Rahmenbedingungen für die strategische Allianz ADMIRe A[3] (AP 2.5). Internes Arbeitspapier im Rahmen des Verbundprojektes „Strategische Allianz „Demografiemanagement, Innovationsfähigkeit und Ressourceneffizienz am Beispiel der Region Augsburg (ADMIRe A[3])".

Wissenschaftlicher Beirat der Bundesregierung Globale Umweltveränderung (WBGU) (2011), Welt im Wandel. Gesellschaftsvertrag für eine Große Transformation.

Heizung, Sanitär und Solar – Nachhaltigkeit aus einer Hand

13

Uwe Holzvoigt

13.1 Nachhaltigkeit als Unternehmensphilosophie

Der Begriff „Nachhaltigkeit" ist wohl einer der am häufigsten verwendeten Begriffe in der deutschen Wirtschaftswelt. Die Anzahl der Unternehmen, in denen eine nachhaltige Unternehmensstrategie oder die nachhaltige Produktion von Gütern fester Bestandteil der Firmenphilosophie ist, steigt stetig. Denn schließlich ist es Nachhaltigkeit, die über das langfristige Überleben der Menschheit entscheidet.

Inzwischen hat sich das Thema längst im Kerngeschäft unseres Unternehmens Schäch Haustechnik, dessen Leistungsspektrum sich über die Bereiche Heizungsbau, Sanitärinstallation und Solarenergie erstreckt, als wirtschaftlicher Faktor etabliert – nun gilt es, die Vorteile weiter auszubauen und auszuschöpfen. Hierfür bietet der Mittelstand, was den Aspekt der Authentizität anbelangt, aufgrund seiner „nahbaren" Position in der Öffentlichkeit die besten Voraussetzungen.

Nicht nur der Schutz des Klimas, die Schonung unserer Ressourcen oder faire Löhne in Entwicklungsländern sind Termini aus dem Bereich der Nachhaltigkeit, auch ökonomische Dimensionen wie Kosteneinsparung, Supply-Chain-Management und Prozessoptimierung haben Eingang in den Wortschatz der Nachhaltigkeit gefunden und sind ebenso wichtig wie ökologische Dimensionen. Auch Schäch Haustechnik, gegründet 1966 durch Joseph Schäch als Einzelunternehmen, zählt zu denjenigen Unternehmen, bei welchen eine Integration beider Komponenten in die Unternehmensstrategie bereits stattgefunden hat und somit weitere zukünftige Entwicklungsmöglichkeiten im Bereich Nachhaltigkeit geboten sind.

Familiengeführte Unternehmen wie die Schäch Haustechnik profitieren hierbei von einem großen Vorteil: Sie vermitteln Firmenwerte besonders glaubhaft. Jedes Unternehmen muss sich dabei individuell mit seiner gesellschaftlichen Verantwortung auseinandersetzen. Ein immer wiederkehrendes Problem ist hierbei jedoch, dass Investitionen des Mittelstandes in Nachhaltigkeit häufig nur gering von unserer Gesellschaft wahrgenommen werden, oftmals aufgrund mangelnder Öffentlichkeitsarbeit. Große Konzerne dagegen haben durch höhere Budgets die Möglichkeit, in der Öffentlichkeit als nachhaltig agierendes Unternehmen zu wirken.

Dass unternehmerische Verantwortung kein Selbstzweck ist, erkennt eine stetig wachsende Zahl von CEOs im Mittelstand. Soziales Engagement und Maßnahmen im Bereich des verantwortlichen Wirtschaftens sind hoch angesehen. Unternehmen, welche diese Maßnahmen konsequent verfolgen, erwirtschaften mehr Gewinn und erzielen einen höheren Unternehmenswert als Unternehmen, bei denen dies nicht der Fall ist. Ein umfassendes Nachhaltigkeitsmanagement geht vom Umweltschutz über Maßnahmen für die Vereinbarkeit von Familie und Beruf, den Arbeitsschutz, die Gesundheitsvorsorge bis hin zu den Aus- und Weiterbildungsmöglichkeiten für die Mitarbeiter.

Als Familienunternehmen achten wir das Prinzip der Nachhaltigkeit. Die ökonomische, ökologische und soziale Verantwortung gehört zu den Leitlinien unserer Unternehmensphilosophie. Die Umweltverträglichkeit der Prozesse und der verwendeten Materialien genießt bei uns einen hohen Stellenwert, deshalb fördern wir aktiv den Einsatz von erneuerbaren Energien mit dem Ziel des Klimaschutzes und dem Erhalt der natürlichen Lebensgrundlage.

Nicht nur für Schäch Haustechnik, sondern für jedes Unternehmen wird Nachhaltigkeit in Zukunft ein wesentlicher Erfolgsfaktor sein. Wir müssen mit der Umwelt schonend umgehen, die Ressourcen effizienter nutzen und Verschwendung vermeiden. Das für den Erhalt des Wohlstands notwendige Wachstum muss künftig durch intelligente Wertschöpfung erfolgen, nicht durch Raubbau an Ressourcen und Verschmutzung der Umwelt. Die Notwendigkeit die Umwelt zu schützen führt in der Heizungs- beziehungsweise Baubranche dazu, dass immer effizientere Techniken eingesetzt werden und erneuerbare Energien als zentraler Baustein jeder neuen Anlage gelten.

13.2   Was ist Nachhaltigkeit?

Nachhaltigkeit bezeichnet den sorgsamen und schonenden Umgang mit Ressourcen. Im Hinblick auf Unternehmen kann Nachhaltigkeit mit Hilfe des sogenannten Drei-Säulen-Modells erklärt werden, wonach Unternehmen gleichzeitig ökologische, ökonomische und soziale Ziele verfolgen sollten.

Bei der ökologischen Nachhaltigkeit geht es um den schonenden Umgang mit natürlichen Ressourcen. Dazu gehört ein geringer Ressourcenverbrauch, höhere Energieeffizienz oder der Einsatz erneuerbarer Energien.

Das Ziel der ökonomischen Nachhaltigkeit ist es, den Fortbestand des Unternehmens langfristig zu sichern sowie die Wettbewerbsfähigkeit zu erhalten oder zu steigern. Daraus folgt beispielsweise, dass nur so viel Betriebsvermögen entnommen werden darf, wie das

Unternehmen an Rendite erwirtschaftet. Wichtig ist, dass Unternehmen auf jedem Gebiet eine Effizienzsteigerung anstreben.

Die soziale Nachhaltigkeit gliedert sich in eine Vielzahl von Aspekten. Hierzu zählen unter anderem Fachwissen und Motivation der einzelnen Mitarbeiter. Aber auch Arbeits- und Gesundheitsschutz, die Unternehmenskultur, die Fort- und Weiterbildungsmöglichkeiten oder die Vereinbarkeit von Familie und Beruf zählen als Faktoren der sozialen Nachhaltigkeit. Ebenso spielen das gesellschaftliche Engagement, wie etwa Umweltschutz oder Spenden und Sponsoring eine Rolle.

13.3 Nachhaltigkeit im Bau- und Baunebengewerbe

Auch die Branche, in der Schäch Haustechnik tätig ist, nämlich das Bau- bzw. Baunebengewerbe kommt nicht ohne den Nachhaltigkeitsbegriff aus. So sind die Termini „nachhaltiges Bauen" und insbesondere „Energieeffizienz" für unser Unternehmen von großer Bedeutung – aber was ist darunter zu verstehen?

13.3.1 Nachhaltiges Bauen

Das Ziel im nachhaltigen Bauen liegt im Minimieren des Verbrauchs von Energie und Ressourcen. Dabei werden sowohl alle Lebenszyklen eines Gebäudes berücksichtigt, von der Planung, und der damit verbundenen Materialauswahl sowie dem Energiekonzept über die Bauphase bis hin zur Nutzung des Gebäudes. Hierbei findet auch die Betrachtung des Nutzerverhaltens Einfluss in das Gesamtsystem. Dies bedeutet, dass auch langfristige Auswirkungen auf die Umwelt und Gesellschaft zu berücksichtigen sind. Die soziale Verantwortung reicht hinein in den Umgang mit den Mitarbeitern auf der Baustelle, deren Arbeitsbedingungen und dem Schutz des Verbrauchers.

13.3.2 Energieeffizienz

Auch Energieeffizienz ist ein häufig wiederkehrender Begriff – hier ist es ebenso von entscheidender Bedeutung zu definieren, um was es sich dabei konkret handelt. Aus der Betriebswirtschaftslehre ist das „Ökonomische Prinzip" bekannt. In Anlehnung daran stellt Energieeffizienz ein Maß für den energetischen Aufwand dar, um einen bestimmten Nutzen, zum Beispiel die Bereitstellung von Wärme, zu erreichen. Da wir Wärme in Deutschland nach dem Minimalprinzip beziehen, wonach eine bestimmte Temperatur durch einen möglichst geringen Einsatz eines Wärmeträgers erreicht werden soll, kann dann von Energieeffizienz gesprochen werden, wenn dieser Nutzen (Temperatur) durch einen geringen Energieaufwand erreicht wird.

Während die Energiewende als Stromwende mit Elektromobilität und Trassenführung in der Politik diskutiert wird, ist die Energiewende als Wärmewende aktuell immer noch nicht in den Fokus der Politik geraten. Allein die Tatsache, dass fast 40 Prozent des Endenergiebedarfs in Deutschland auf den Gebäudesektor entfallen, wird deutlich, dass die Energieeffizienz in diesem Bereich von zentraler Bedeutung für die Energiewende in Deutschland ist (vgl. BMWi, 2014). Sie kann nur gelingen, wenn der Altbestand an Gebäuden energetisch saniert wird.

Als größter Energieverbraucher in Deutschland bietet der Wärmemarkt ein immenses Energieeffizienzpotenzial. 80 Prozent aller Gebäude in Deutschland verschwenden Energie, weil sie mit veralteter Technik beheizt werden. Auch im produzierenden Gewerbe und in der Industrie könnten bis zu 40 Prozent des Endenergieverbrauchs eingespart werden (vgl. dena, 2013).

Demnach ist Energieeffizienz für den deutschen Mittelstand und somit auch für Schäch Haustechnik ein sehr wichtiges Thema. Über 80 Prozent der Unternehmen im Mittelstand haben in den vergangenen drei Jahren in Maßnahmen zur Verbesserung ihrer Energieeffizienz investiert. Mehr als die Hälfte der Investitionen hat sich nach weniger als zehn Jahren amortisiert. Die durchschnittliche Amortisationsdauer belief sich auf 8,5 Jahre (vgl. PwC, 2015).

Somit ist die Verbesserung der Energieeffizienz ein wichtiges Instrument, um den Energiebedarf langfristig zu senken. Um dieses Ziel zu erreichen, kommen diverse Methoden und Technologien in unserem Unternehmen zum Einsatz, wie zum Beispiel die Nutzung von Biomasse zur Abdeckung des Grundwärmebedarfs. Fossile Energieträger werden nur bei Bedarf für die Spitzenlastabdeckung hinzugeschaltet.

Die Notwendigkeit der Energieeinsparung zum Schutz des Klimas führt nicht nur in der Heiztechnikbranche zu einer verstärkten Nutzung der erneuerbaren Energien und zu besonders energieeffizienten Produkten. Auch in der Kältetechnik kann der Einsatz sparsamer, umweltschonender Kühlsysteme einen wichtigen Beitrag zum Erreichen der von der Politik vorgegebenen Effizienzziele leisten. Zunehmend von Bedeutung sind dabei integrierte Lösungen, die Heiz-, Kühl- und Klimasysteme sowie ein maßgeschneidertes Energiemanagement umfassen.

Mit dem Strukturwandel hin zu Effizienztechnologien und zu den erneuerbaren Energien sind nicht nur Risiken und Herausforderungen, sondern auch große Chancen verbunden. Der Umwelt- und Energiesektor ist auf dem Weg zu einer Leitindustrie. Er hat die größten Zuwachsraten bei Investitionen und Arbeitsplätzen. Klimaschutz, Innovation und wirtschaftlicher Erfolg gehören heute untrennbar zusammen.

13.4   Einfluss auf Schäch Haustechnik

Nachhaltigkeit ist inzwischen zu einem festen Bestandteil der Schäch Haustechnik avanciert und stellt die Basis für Umsatz und Gewinn dar. Nicht erst seitdem die Energiewende in die politische Agenda aufgenommen wurde, ist in der breiten Öffentlichkeit das Bewusstsein gewachsen, dass Nachhaltigkeit immer mehr zu einem Wettbewerbsfaktor geworden ist. Unsere Gesellschaft fordert immer stärker nachhaltiges Wirtschaften, sodass dies inzwischen zum Pflichtprogramm eines jeden Unternehmens gehören sollte.

13.4.1 Maßnahmen auf Makroebene

Um im Unternehmen ganzheitlich für Nachhaltigkeit zu sorgen, ist eine Nachhaltigkeitsstrategie unabdingbar. Die Strategie unseres Unternehmens beschreibt Prozesse und Strukturen, mit der die Nachhaltigkeitsleistung kontinuierlich verbessert werden kann. Hierbei werden die strategischen und operativen Unternehmensziele, die bisherigen Nachhaltigkeitsaktivitäten, die gesellschaftlichen und politischen Rahmenbedingungen und Entwicklungen sowie die Erwartungen der relevanten Stakeholder berücksichtigt.

Wichtig ist eine kontinuierliche Weiterentwicklung der Strategie, da somit eine rasche Umsetzung der Nachhaltigkeitsprojekte möglich ist und nur so ein zukunftsorientiertes Unternehmen gewährleistet werden kann. Die immer stärker werdende und schneller stattfindende Digitalisierung der Wirtschaft macht auch vor den Unternehmen des Baunebengewerbes nicht halt. Das Nadelöhr, das das Handwerk derzeit noch darstellt, kann und wird seitens der Industrie auf Dauer nicht akzeptiert werden. Von daher werden die Unternehmen gezwungen sein, sich den Anforderungen des Marktes anzupassen. Hierfür ist eine zukunftsgerichtete Unternehmensstrategie, die sich den stetig ändernden Rahmenbedingungen schnell und flexibel anpassen kann, von entscheidender Bedeutung.

Mit Hilfe eines stetigen Reportings können Ziele, Kennzahlen, interne und externe Audits sowie Berichterstattung einer Analyse unterzogen werden und so für Verbesserungen innerhalb der Strategie sorgen.

Um eine geeignete Positionierung in jenen Handlungsfeldern zu bestimmen, die als zentral für das Unternehmen ermittelt wurden, müssen die externen Anforderungen mit den internen Möglichkeiten vereint werden. Nicht unbedingt muss sich ein Unternehmen in jedem Handlungsfeld zwangsläufig als Vorreiter positionieren. Im Sinne eines aktiven Managements von Chancen und Risiken kann die Bewertung des Handlungsbedarfs nach Risikodisposition oder Nutzendimensionen ganz unterschiedlich ausfallen. Als wichtiger Punkt, um die Akzeptanz der Stakeholder zu gewinnen und insbesondere um die Nachhaltigkeit greifbar zu machen, zählt die Authentizität der Maßnahmen. Hierbei ist zu beachten, dass die Handlungsfelder für nachhaltige Tätigkeit und Unternehmensführung an gesetzliche Vorgaben anknüpfen und sich über die gesamte Wertschöpfungskette erstrecken.

Bestandteil der Nachhaltigkeitsstrategie ist außerdem die Corporate Social Responsibility (CSR). Für den klassischen Mittelständler ist CSR, wie die unternehmerische Verantwortung gegenüber der Gesellschaft auch genannt wird, besonders relevant und oftmals auch am stärksten ausgeprägt. Der wichtigste Ansatzpunkt bei der Einführung von CSR ist auch hier die Authentizität. Diese führt dazu, dass sich sowohl die Kunden als auch die

Mitarbeiter mit den Aktionen, die im Rahmen der Nachhaltigkeitsprojekte durchgeführt werden, identifizieren. Nur mit einer von den Stakeholdern akzeptierten Strategie lassen sich wirksame CSR-Maßnahmen realisieren. Schäch Haustechnik engagiert sich im Bereich der sozialen Nachhaltigkeit zum Beispiel dergestalt, dass in Zusammenarbeit mit staatlichen Institutionen benachteiligten Jugendlichen eine Praktikumsplatz und bei Eignung eine Ausbildungsstelle zur Verfügung gestellt wird. Dies gilt sowohl für arbeitslose Jugendliche aus dem europäischen Ausland als auch für Flüchtlinge. Aber auch unseren älteren Mitarbeitern bieten wir mit Teilzeit und Teilverrentung die Möglichkeit einen gesicherten Übergang in den Ruhestand zu bewerkstelligen.

13.4.2   Maßnahmen auf Mikroebene

Welche Maßnahmen aus der Nachhaltigkeitsstrategie resultieren und somit auf Mikroebene unseres Unternehmens angewandt werden, wird im Folgenden anhand der Bereiche Heizungsbau, Sanitärinstallation und Solarenergie, in welche sich Schäch Haustechnik auffächert, erläutert.

13.4.2.1 Heizungsbau

Das Problem der meisten alten Heizungsanlagen ist, dass sie nicht besonders effizient arbeiten und zu viel Energie für die Wärmeerzeugung benötigen. Jedoch hat sich die Heizungstechnologie in den letzten Jahren zunehmend entwickelt. Wir bieten unseren Kunden moderne Brennwertanlagen in Verbindung mit regenerativer Energietechnik, die helfen den Energieverbrauch zu senken. Eine Investition in eine neue und moderne Heizungsanlage hat sich bereits nach wenigen Jahren amortisiert. Denn damit können inzwischen 30 bis 40 Prozent des Energieverbrauchs eingespart werden, was wiederum die CO_2-Emissionen deutlich senkt und die Umwelt entlastet. Für alle Heizungsanlagen gibt es Normen bezüglich der Abgase, die eingehalten werden müssen. Neben allen Normen ist aber die individuelle Nutzung des Gebäudes von entscheidender Bedeutung, so erstellen wir vor der Modernisierung eine Wärmebedarfsberechnung für unsere Kunden, sodass eine individuell angepasste Heizungsanlage, welche den jeweiligen Energiebedarf abdeckt, installiert werden kann. Die Wahl des richtigen Energieträgers hängt also von verschiedenen Faktoren ab.

13.4.2.2 Sanitärinstallation

Die Sanitärinstallation ist ein häufig vernachlässigter Bereich, dennoch sollte auch hier nachhaltig gehandelt werden. Generell herrscht bei uns in Deutschland keine Trinkwasserknappheit, aber bei der Nutzung von Trinkwasser zur Toilettenspülung oder zur Gartenbewässerung geschieht eben genau dies nicht: eine nachhaltige, verantwortungsbewusste Nutzung. Leider setzt sich die Regenwassernutzung nicht in dem eigentlich erforderlichen

Maße durch, da das Wissen um die Wichtigkeit unseres notwendigsten Lebensmittels, des Trinkwassers, in diesem Bereich erst rudimentär vorhanden ist.

In einem anderen Bereich der Sanitärinstallation ist die Entwicklung diesbezüglich bereits weiter vorangeschritten. Der Aspekt der Trinkwasserhygiene gewinnt, nicht nur bedingt durch die aktualisierte Trinkwasserhygieneverordnung, zunehmend an Bedeutung. Besonders die fortschreitenden Erkenntnisse der Mikrobiologie, aber auch der Chemie, liefern heute Hinweise, die bei der Planung, Installation und dem Betrieb von Trinkwasser-Anlagen berücksichtigt werden müssen und die zu einem Umdenken sowohl in der Branche als auch bei den Kunden geführt haben. Die vor Jahren durch die mediale Aufmerksamkeit sensibilisierten Benutzer, haben in erster Linie nur Bakterien wie Legionellen im Fokus ihrer Betrachtung, allerdings muss man sich heute zusätzlich unter anderem noch mit E-Coli, Enterokokken und anderen Mikroorganismen auseinandersetzen.

In diesem Zusammenhang drängt sich die Frage nach den Ursachen des Befalls auf. Eine der Ursachen ist sicherlich der Umstand, dass die Installationen in den letzten Jahren immer komplexer wurden. Komplexe Anlagen bieten weitaus mehr Möglichkeiten für den Eintritt und die Ansiedlung von Bakterien. Ein weiterer Punkt ist die verbesserte Diagnose von Krankheitssymptomen. Erst mit dem Fortschreiten der Technik und der Sensibilisierung der Menschen auf gesundheitliche Themen kam der Verdacht auf, dass viele Krankheitssymptome auf verunreinigtes Wasser zurückzuführen sind. Wohl kaum jemandem ist bewusst, dass die Möglichkeit besteht, sich beim Duschen mit Bakterien zu infizieren, die zu Harnwegserkrankungen oder einer Mittelohrentzündung führen können. Allerdings gibt es diese Fälle – in der Vergangenheit wurde das Trinkwasser hierfür jedoch nicht als Infektionsquelle erkannt.

Wie auch bei der Heizungsanlage ist die Aufnahme der Bedürfnisse des Kunden von oberster Wichtigkeit, denn nur so kann eine angemessen Trinkwasserinstallation erfolgen, die alle Risiken weitestgehend ausschließt.

13.4.2.3 Solarenergie

Solarenergie zählt als besonders umweltfreundliche Möglichkeit, Wärme zu gewinnen. Aus kostenloser Sonnenenergie wird Wärme erzeugt, welche für die Heizung oder das Brauchwasser wie zum Beispiel einer Dusche genutzt werden kann. Vorteile einer Solaranlage sind Umwelt- und Klimaschutz, kein Verbrauch von Rohstoffen sowie Energie- und Kosteneinsparung. Moderne Solaranlagen nutzen die Sonnenenergie überaus effizient und sind somit in der Lage, im Sommer den Warmwasserbedarf für das Brauchwasser zu 100 Prozent abzudecken. Im Jahresdurchschnitt kann der Wärmebedarf des Trinkwassers bis zu 60 Prozent abgedeckt werden. Dabei erwärmt die Solaranlage Wasser, um die Heizungsanlage zu unterstützen oder um die Wärme an das Brauchwassser abzugeben. Die Sonnenenergie wird über Kollektoren aufgenommen – im Detail wird eine Trägerflüssigkeit erwärmt, welche über einen Wärmetauscher an den Wasserspeicher abgegeben wird. Die Trägerflüssigkeit selbst tritt nicht mit dem Wasser des Speichers in Kontakt, sondern wird nach Entzug der Wärme wieder dem Kollektor zugeführt. Die Anlage kann auf den verschiedensten Dächern, egal ob Flachdachmontage, Indachmontage, Aufdachmontage oder Wandmontage befestigt werden.

Wichtig ist die Unterscheidung zwischen den Begriffen Solaranlage und Photovoltaikanlage – diese ist häufig unklar. Entgegen der in der Öffentlichkeit oft anzutreffenden Annahme, eine Solaranlage erzeuge Strom aus Sonnenenergie, macht genau dies die Photovoltaikanlage. Die (thermische) Solaranlage nutzt die Sonnenenergie, um Wasser zu erwärmen, welches für die Heizungsanlage und/oder das Brauchwasser genutzt wird. Eine Solaranlage erzeugt aus der Sonnenenergie also warmes Wasser, eine Photovoltaikanlage dagegen erzeugt Strom.

13.5 Herausforderungen für den Mittelstand

Wie bereits deutlich wurde, sind Ökologie und Ökonomie kein Widerspruch zueinander, ganz im Gegenteil. Jedoch hat sich der Mittelstand einigen Herausforderungen zu stellen, denn die Rahmenbedingungen des Wirtschaftens ändern sich derzeit fundamental. Konkret sind hier für die kleinen mittelständischen Unternehmen unserer Branche die Digitalisierung, die Individualisierung sowie der Demographische Wandel zu nennen.

Eine derzeit besonders große Herausforderung stellt der demographische Wandel dar. Für die Unternehmen in Deutschland wird es immer schwieriger, qualifizierten Nachwuchs zu finden. Bereits heute gibt es einen Wettbewerb um berufliche Talente. Um dieser Entwicklung entgegenzuwirken und die Wettbewerbsfähigkeit zu erhalten, hat Schäch Haustechnik gezielt Maßnahmen getroffen und eingesetzt, zum Beispiel flexible Arbeitszeitmodelle, Vereinbarung von Familie und Beruf auch für gewerbliche Mitarbeiter und gezielte Aus- und Weiterbildung. Um die Sicherheit, Gesundheit und Leistungsfähigkeit der Mitarbeiter auf Dauer zu gewährleisten, sind vielfältige Maßnahmen zum Arbeitsschutz von enormer Wichtigkeit. Auch die Nachwuchsgewinnung gehört zu den Herausforderungen des demographischen Wandels. Immer weniger Jugendliche sind bereit einen Handwerksberuf zu erlernen, sodass die Gefahr eines nicht unerheblichen Fachkräftemangels in der Zukunft besteht.

Gleichzeitig wird das Aufgabengebiet durch die voranschreitende Digitalisierung, die den Trend zur Individualisierung stützt, immer komplexer und vielfältiger. Auf Seiten der Kunden sollen durch digitale Unterstützung, Stichwort: Smart-Home, sowohl die Bereiche Komfort und Sicherheit als auch der Bereich Energiesparen verwirklicht werden. Die Kombination dieser Anforderungen führt zu einer erhöhten Komplexität in der Beratung als auch in der Anlagentechnik. Hierfür benötigen die Unternehmen qualifizierten und interessierten Nachwuchs.

Nur wenn ein Unternehmen auf diese Veränderungen reagiert, kann es langfristig als Vorbild im Hinblick auf nachhaltiges Wirtschaften fungieren. Zwar handelt es sich nicht um den ersten Umbruch, den die Wirtschaft erlebt, aber keiner der vorherigen Umbrüche erfolgte mit einer solchen Geschwindigkeit und Rasanz. Deshalb ist es wichtig, dass sich ein Unternehmen schnell an die neuen Rahmenbedingungen anpasst, sich im Wettbewerb eindeutig positionieren kann, seine Stärken kennt und die eigene Authentizität wahrt. Hierfür sind regelmäßige strategische Bestandsaufnahmen nötig. Diese Bestandsaufnahme gelingt am besten durch den engen Kontakt zu den maßgeblichen Herstellern und Händlern, die die maßgeblichen Trends weiter beeinflussen werden.

13.6   Ökologie, Ökonomie und soziale Verantwortung im Einklang

Die natürlichen Ressourcen der Erde werden immer knapper – am deutlichsten veranschaulicht das die Endlichkeit der fossilen Energieträger, deren Verbrauch sich seit 1970 verdoppelt hat. Bis zum Jahr 2035 wird mit einem weiteren Anstieg um 37 % gerechnet. Der Ausstoß von CO_2 wird im gleichen Zeitraum vermutlich um 25 % zunehmen und damit gravierende Auswirkungen auf das Klima haben (vgl. BP, 2015). Die Gestaltung einer umwelt- und ressourcenschonenden sowie gleichzeitig wirtschaftlichen Energieversorgung für die Zukunft ist deshalb wichtiger denn je. Die Bedeutung nachhaltigen Handelns nimmt in allen Lebensbereichen zu. Denn der Klimawandel und die Verknappung natürlicher Ressourcen sind große Herausforderungen unserer Zeit.

Erst zu Beginn des 18. Jahrhunderts wurde die Idee der Nachhaltigkeit, so wie wir sie heute verstehen, geboren. Damals stand Europa kurz vor einem Ressourcenkollaps: Die zentrale Ressource der damaligen Zeit, das Holz, wurde knapp. Bäume wurden als Material für Häuser und Schiffe abgeholzt oder als Brennholz verwendet. Erst als der Kahlschlag für weite Teile der Bevölkerung existenzbedrohende Ausmaße angenommen hatte, drang die Frage nach einer schonenden Nutzung des Waldes ohne diesen zu ruinieren in das Bewusstsein der Bevölkerung.

200 Jahre später griff die Brundtland Kommission – die Weltkommission für Umwelt und Entwicklung der Vereinten Nationen – den Begriff der Nachhaltigkeit in einer Definition auf, die Folgendes fordert: Die Wirtschaft soll die gegenwärtigen Bedürfnisse der Gesellschaft befriedigen, ohne zu riskieren, dass nachfolgende Generationen ihre Bedürfnisse nicht mehr decken können (vgl. bmub, 2014). Damit ist Nachhaltigkeit ein Generationenvertrag über ökonomische, ökologische und soziale Gerechtigkeit.

Allerdings ist die Energiewende hin zu einer hundertprozentigen Versorgung mit erneuerbaren Energien mit Herausforderungen verbunden. Noch tragen die fossilen Energieträger zu fast 80 Prozent der Energieversorgung bei (vgl. REN21, 2014). Allerdings schreitet die Nutzung von erneuerbaren Energien mit einer hohen Geschwindigkeit voran und dies nicht nur in Deutschland, sondern weltweit. Denn es geht um nicht weniger als um die Sicherung der Lebensgrundlagen künftiger Generationen.

Nachhaltiges Wirtschaften ist weder durch Unternehmen noch durch den Staat alleine zu bewältigen. Eine wirklich „nachhaltige" Entwicklung kann nicht verordnet werden, sondern erfordert das aktive Zusammenwirken von Gesellschaft und Staat. Jeder Teil der Gesellschaft, so auch unser Unternehmen, kann seinen Beitrag dazu leisten.

13.7 Über den Autor

Als geschäftsführender Gesellschafter der Schäch Haustechnik GmbH besitzt **Uwe Holzvoigt** langjährige Erfahrung in der Unternehmensführung, im Aufbau, der Restrukturierung und der strategischen Ausrichtung von Unternehmen. Zuvor war er Vorstand der Agraferm AG, eines Unternehmens, das sich mit dem europaweiten Bau von Biogasanlagen beschäftigt hat. Davor war Uwe Holzvoigt Geschäftsführer der Kessel GmbH und Generalbevollmächtigter für die Werke in Spanien. Seine berufliche Karriere begann Uwe Holzvoigt in der Beratung, wo er zunächst in der klassischen Wirtschaftsprüfung tätig war und anschließend Due-Diligence-Prüfungen insbesondere in Osteuropa erstellt hat. Der Autor des Textes diplomierte an der Universität der Bundeswehr und absolvierte ein Executive-Masterstudium an der Wirtschaftswissenschaftlichen Fakultät Ingolstadt und der Tongji Universität in Shanghai.

Literatur

BP (2015): BP Energy Outlook 2035: Wachsende Nachfrage nach Erdgas und veränderte Handelsströme. abrufbar unter: http://www.bp.com/de_de/germany/ueber-bp/Energie-Analysen/energy-outlook-2035.html <30.07.2015>

Bmub, Bundesministerium für Umwelt, Naturschutz, Bau und Reaktorsicherheit (2014): Nachhaltige Entwicklung als Handlungsauftrag. abrufbar unter: http://www.bmub.bund.de/themen/strategien-bilanzen-gesetze/nachhaltige-entwicklung/strategie-und-umsetzung/nachhaltigkeit-als-handlungsauftrag/ <12.07.2015>

Bmwi, Bundesministerium für Wirtschaft und Energie (2014): Energiedaten Gesamtausgabe abrufbar unter: http://bmwi.de/DE/Themen/Energie/Energiedaten-und-analysen/Energiedaten/gesamtausgabe,did=476134.html

Dena, Deutsche Energie-Agentur (2013): Präsentation im Rahmen des Viessmann Energieforums 2013

PwC, PricewaterhouseCoopers AG (2015): Energiewende im Mittelstand. abrufbar unter: http://www.pwc.de/de/mittelstand/wie-der-mittelstand-von-energieeffizienz-profitiert.jhtml <12.07.2015>

REN21, Renewable Energy Policy Network for the 21st Century (2014): Renewables 2014. Global Status Report. abrufbar unter: http://www.ren21.net/Portals/0/documents/Resources/GSR/2014/GSR2014_full%20report_low%20res.pdf

Nachhaltige Lösungen im Bereich Schüttgüter – Ökologie, Soziales, Ökonomie

Achim Brommer

14.1 Komponenten der Nachhaltigkeit

Nachhaltigkeit ist heutzutage ein allgegenwärtiger Begriff, zum Modewort avanciert und zudem im politischen Sprachgebrauch fest verankert. Durch die stetige Nachfrage nach verantwortungsbewusstem Handeln gilt Nachhaltigkeit inzwischen als wesentlicher Bestandteil unserer Gesellschaft. Das Wort Nachhaltigkeit impliziert mehr als nur wirtschaftliche Stabilität oder technischen Fortschritt im Zeichen des Umweltschutzes – denn ganzheitliches Denken und Handeln sind an dieser Stelle unabdingbar.

Aus der Sicht eines Unternehmens können die ökonomische, soziale und ökologische Nachhaltigkeit auf ihren Wirkungszeitraum bezogen differenziert werden. Eine Differenzierung, die insofern von Bedeutung ist, da jede einzelne Säule für viele Unternehmen auch hinsichtlich ihrer strategischen Relevanz häufig leider einen unterschiedlichen Stellenwert innerhalb der individuellen Unternehmensplanung einnimmt.

Konsequentes nachhaltiges Denken und Handeln beinhaltet jedoch notwendigerweise alle drei Säulen und widerspricht grundsätzlich dem Ansatz, dies nur als „modernes Projekt" mit begrenzter, kurz- oder mittelfristiger Laufzeit zu betrachten. Nachhaltigkeit fordert, alle drei Säulen sowohl im Bewusstsein der Gesellschaft als auch in der Unternehmensphilosophie als festen Bestandteil zu etablieren.

Grundsätzlich gilt, dass ressourcenschonendes Wirtschaften die Bedürfnisse gegenwärtig lebender Menschen befriedigen soll, und zwar mit Rücksicht auf die Bedürfnisse der kommenden Generationen.

Nach der oben beschriebenen zeitlichen Unterscheidung ist die ökologische Nachhaltigkeit die Säule, die in den meisten Fällen ihre Wirkung auf ein Unternehmen nur sehr langfristig entfaltet, ausgenommen singuläre Ereignisse wie Umweltkatastrophen. Daher werden ökologische Ziele, wenn überhaupt, nur in der langfristigen Planung eines Unternehmens Berücksichtigung finden.

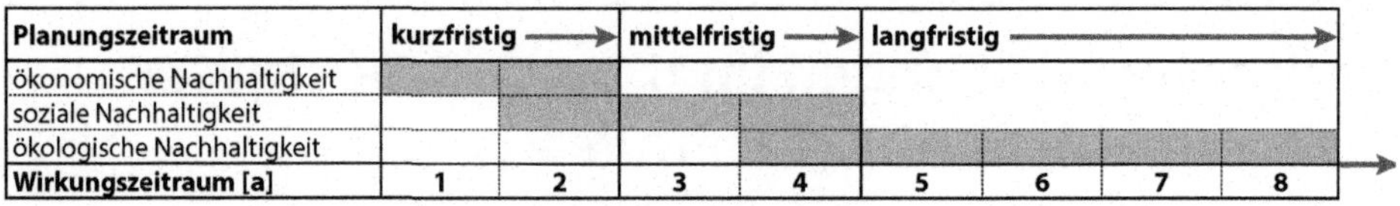

Planungszeitraum	kurzfristig ——→		mittelfristig ——→		langfristig ———————————————————→			
ökonomische Nachhaltigkeit								
soziale Nachhaltigkeit								
ökologische Nachhaltigkeit								
Wirkungszeitraum [a]	1	2	3	4	5	6	7	8

Abb. 14.1 Wirkungszeitraum der drei Säulen der Nachhaltigkeit

Die Auswirkungen, die sich bei Nichtbeachtung der ökologischen Nachhaltigkeit einstellen, betreffen letztendlich die gesamte Gesellschaft. Daher sind in einem ersten Schritt oft staatliche Vorgaben notwendig, um diese Säule überhaupt als strategisches Ziel in die Unternehmensplanung zu implementieren. Denn nachhaltig wirtschaften bedeutet zukunftssicher wirtschaften, nicht nur im Hinblick auf monetäre Sicherheit. Deshalb bedeutet Nachhaltigkeit weitaus mehr, als sich nur an bestehende Gesetze zu halten.

Anders als die ökologische Nachhaltigkeit wirkt soziale Nachhaltigkeit bereits sehr viel konkreter auf die individuelle Unternehmensentwicklung ein. Über die soziale Nachhaltigkeit eines Unternehmens wird heute häufig Einfluss auf die Wahrnehmung des Unternehmens, sowohl nach innen als auch nach außen genommen, zum Beispiel bei der Rekrutierung oder Bindung von Mitarbeitern. Daher liegt der Wirkungszeitraum der sozialen Komponente im Allgemeinen zwischen zwei und vier Jahren und kann somit als mittelfristig wirkendes Ziel eines Unternehmens definiert werden.

Die Nachhaltigkeitssäule, die am unmittelbarsten auf den Erfolg eines Unternehmens Einfluss nimmt, ist die ökonomische Nachhaltigkeit. Durch sie wird sichergestellt, dass das Unternehmen über ausreichend Mittel verfügt, um den Geschäftsbetrieb fortführen und weiterentwickeln zu können. Deshalb ist die ökonomische Nachhaltigkeit bei erfolgreichen Unternehmen als kurzfristiges Unternehmensziel ein fester Bestandteil innerhalb der gesamten Unternehmensplanung (vgl. ⊙ Abb. 14.1).

Bevor ich im Folgenden auf die einzelnen Säulen näher eingehe und mit Fallbeispielen aus unserem Unternehmen SHW Storage & Handling Solutions erkläre, möchte ich ein möglicherweise bestehendes Missverständnis ausräumen: Nachhaltiges Wirtschaften, das in der Umsetzung nicht alle drei Säulen beinhaltet, ist aus meiner Sicht keine ganzheitliche und echte Nachhaltigkeit – genauso wie eine Unternehmensplanung, die nicht den operativen, den taktischen und den strategischen Planungsansatz beinhaltet, keine echte Unternehmensplanung ist.

Wer ein Unternehmen nachhaltig führen möchte, muss eine Vorstellung über die Notwendigkeiten der Zukunft haben und dementsprechend ambitioniert handeln. Ein Beispiel: Die Völker im Mittelmeerraum vor 2.500 Jahren kannten den Begriff Nachhaltigkeit als solchen vermutlich nicht, dennoch war ihr Tun und Handeln stets darauf ausgerichtet. Verdeutlicht werden kann das am Beispiel des Olivenbaums, der erst 25 Jahre nach seiner Pflanzung den vollen Ertrag bringt. Somit ist die Anlage eines Olivenhains als Generationenvertrag anzusehen, war und ist visionäres Handeln.

Dabei muss mit zukunftssicherem, rücksichtsvollem Handeln auch Geld verdient werden. Eine Überzeugung darf nicht wirtschaftlich erfolglos sein, sonst wird sie nicht dauerhaft zu etablieren sein.

14.2 Das Unternehmen

Um die im Anschluss beschriebenen Fallbeispiele verständlich zu machen, ist es erforderlich, unser Unternehmen und unser Geschäftsmodell kurz vorzustellen.

Die SHW Storage & Handling Solutions GmbH hat sich auf schwer fließende Schüttgüter spezialisiert und liefert Anlagen zur Aufbereitung, Förderung und Lagerung solcher Produkte an Kunden in viele Länder der Welt. Unter schwerfließenden Schüttgütern versteht man solche, die nur über eine entsprechende Austragsmaschine in Bewegung gebracht werden können, wie zum Beispiel Holzspäne, Hackschnitzel, Schlämme oder auch Gips, da sie ohne diese Aktivierung sofort Brücken ausbilden würden. Zielgruppen sind vor allem die Holz verarbeitende, die Papier- und Zellstoffindustrie sowie Bereiche im Recycling beziehungsweise der Entsorgung von festen Abfällen.

Die SHW Storage & Handling Solutions GmbH ist heute ein eigenständiges Unternehmen, das sich neben vier weiteren Unternehmen aus dem ältesten Industrieunternehmen Deutschlands, den 1365 gegründeten Schwäbischen Hüttenwerken entwickelte. Die 650-jährige Unternehmenstradition ist bei allen SHW Unternehmen stets präsent, verbunden mit hochinnovativen technischen Lösungen für die Zukunft.

Als im Jahr 2006 die Entscheidung bevorstand, die Sparte „Verfahrenstechnik" der Schwäbischen Hüttenwerke zu übernehmen, gab es zunächst einige Bedenken, aber auch ein großes Ziel: Die energetische Verwertung von Abfallprodukten zum zentralen Unternehmensziel machen.

Zum damaligen Zeitpunkt stütze sich der Auftragseingang der SHW-SHS GmbH hauptsächlich auf den Markt der Holzersatzwerkstoffe wie zum Beispiel die Herstellung von Spanplatten.

Im Laufe der Jahre konnte der Auftragseingang im Bereich Biomasse/Energie um über 100 Prozent gesteigert werden, hat sich also mehr als verdoppelt (vgl. ⊙ Abb. 14.2).

Um solche Ziele zu erreichen, ist ein gewisses Maß an ideeller Vorstellungskraft, Durchhaltevermögen sowie Durchsetzungskraft vonnöten. Nur wenige Teile der damaligen Belegschaft waren überzeugt, dass die Idee, aus Abfallprodukten wertvollen Brennstoff zu erzeugen, erfolgreich sein würde – denn der Kundenkreis der Energieerzeuger stellte unser Unternehmen vor technische und organisatorische Herausforderungen.

Zeitpunkte wie diese sind genau richtig, um als Unternehmer in den Mitarbeitern frei nach Saint-Exupéry die „Sehnsucht nach dem Meer" zu wecken, sie dort abzuholen wo sie gerade stehen, um gemeinsam die Zukunft zu gestalten.

Eines der jüngsten Beispiele, wie aus Abfallprodukten wertvoller ökologischer und nachwachsender Brennstoff entstehen kann, ist eines unserer Projekte in Indonesien. Ge-

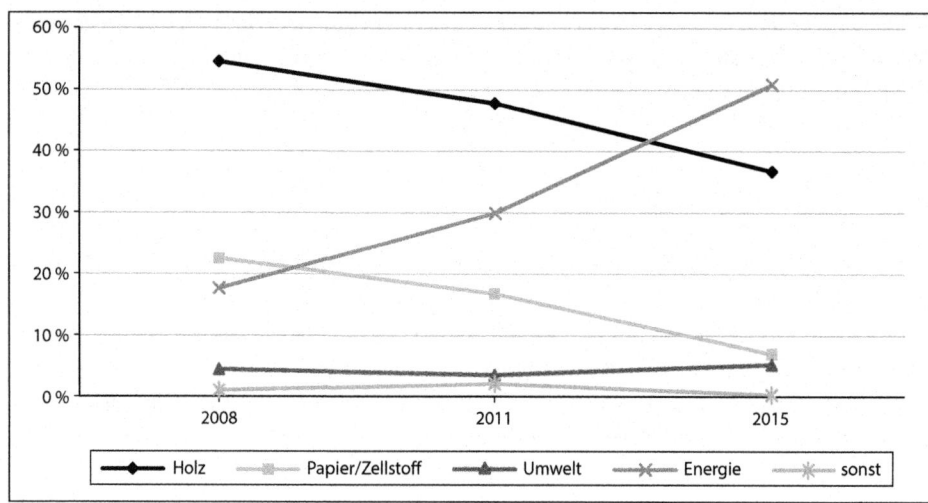

Abb. 14.2 Verlauf Auftragseingang nach Branchen 2008–2015

nauer: eine große Papierfabrik auf Sumatra. Die Herstellung von Papier geht mit sehr großem Energieaufwand einher. In Indonesien wird, aufgrund des schnellen Wachstums, hauptsächlich Akazien- und Eukalyptusholz zur Papierherstellung verwendet. Dabei fallen jährlich mehrere Millionen Tonnen Rinde als Abfallprodukt an. Diese Rinde wurde bislang häufig auf Deponien gelagert, da eine industrielle Verwertung wegen der Beschaffenheit dieser Rinde nur sehr schwierig zu realisieren ist. Die Lagerung dieser Abfälle erhöhte jedoch den Flächenbedarf, sodass wichtige und ohnehin bereits industriell genutzte Flächen nicht zum Anbau von Baumplantagen oder zur Erweiterung des Betriebs zur Verfügung standen (vgl. ⊚ Abb. 14.3).

In Asien hat inzwischen – nicht zuletzt durch neue politische Rahmenbedingungen – ein Umdenken begonnen. Auch die Werksleitung dieser Papierfabrik verfolgt eine möglichst ressourcenschonende Unternehmenspolitik. Deshalb wurde an dieser Stelle die SHW-SHS mit über 20-jähriger Erfahrung im Umgang mit Eukalyptusrinde in das unternehmerische Handeln der indonesischen Firma mit einbezogen.

In einem ersten Stepp war es unsere Aufgabe, Teile der Kohlekraftwerke auf Biomasse umzustellen. Unsere Systeme zur Lagerung und Förderung von langfaseriger Rinde wurden in zwei der bestehenden Kohlekraftwerke integriert und sorgen so für die energetische Verwertung von über zwei Millionen Tonnen Rinde pro Jahr.

Dadurch wurde aus einem flächenfressenden Abfallprodukt ein ökologisch einwandfreier, CO_2-neutraler Brennstoff, der zur Papierherstellung genutzt wird. An diesem Beispiel zeigt sich auch der Synergieeffekt des nachhaltigen Handelns: Ein ökologisch orientiertes Unternehmen in Deutschland liefert Anlagen und Maschinen für eine ressourcenschonende Produktion in Asien und sichert so die eigene ökonomische Zukunft. Aufgrund des erfolgreichen Umbaus der Anlage auf Sumatra hat SHW bislang noch fünf

Abb. 14.3 Anlage in Indonesien vor dem Umbau

weitere Projekte für den Erbau von Biomassekraftwerken in Asien erhalten – ein weiterer Auftrag in Indonesien, drei in China und einer in Taiwan.

14.3 Ökologische Nachhaltigkeit

Dass die Firma SHW-SHS ein nachhaltig orientiertes Unternehmen ist, zeigt sich neben dem bereits beschriebenen Geschäftsmodell auch in der Ausstattung der Gebäudetechnik unseres Unternehmens. Ab dem Jahr 1968 produzierte die SHW-SHS, damals noch SHW-Verfahrenstechnik, Maschinen und Anlagen am Standort Aalen-Wasseralfingen.

Am 01.01.2012 wurde der Standort von Wasseralfingen nach Hüttlingen verlegt. Ausschlaggebend für das Neubauvorhaben war vor allem der Wunsch nach einer modernen Produktions- und Arbeitsstätte, ausgestattet nach neuesten Erkenntnissen der Arbeitsergonomie, der Materiallogistik und des Umweltschutzes. Ein neues, modernes Arbeitsumfeld, in dessen Ambiente sich die Mitarbeiter wohlfühlen, sich tagtäglich gerne einfinden und tatkräftig und kreativ ihre Arbeitskraft einbringen, war dringend nötig.

Das neue Firmengebäude der SHW-SHS umfasst einen Verwaltungsbau mit ca. 1.500 m² Nutzfläche und eine Fertigungshalle mit 3.600 m² Produktionsfläche.

Das gesamte Gebäude wurde unter den Gesichtspunkten hoher Energieeffizienz errichtet. Mit einer Wasser-Wasser-Wärmepumpe und einer Fußbodenheizung sowohl im Verwaltungsgebäude als auch in der Produktionshalle (vgl. ⊙ Abb. 14.5) können die Räume mit Grundwasser geheizt und im Sommer entsprechend teilweise gekühlt werden. Die Gebäudehülle der Produktionshalle besteht aus extrem wärmedämmenden Sandwichelementen. Auf dem Dach ist eine 173 kWp Photovoltaik-Anlage installiert(vgl. ⊙ Abb. 14.4). Die Dachfläche des Verwaltungsgebäudes erhielt eine extensive Dachbegrünung. Durch diese Maßnahmen war es uns möglich im Jahr 2014 68 Prozent unseres Energiebedarfes aus erneuerbarer Energie selbst zu produzieren.

Dabei hilfreich ist auch die tageslichtabhängige automatische Lichtsteuerung. Diese ermöglicht optimale Lichtverhältnisse an den Arbeitsplätzen und verhindert unnötigen Energieverbrauch.

Abb. 14.4 Produktionsgebäude SHW-SHS mit Photovoltaikanlage

Abb. 14.5 Verlegung der Fußbodenheizung in der Fertigungshalle

Durch die Heizung mittels Wasser-Wasser-Wärmepumpe wurde der Verbrauch an fossiler Energie, nämlich Gas, im Jahr 2014 auf 11 Prozent reduziert. Auch hier lässt sich erkennen, dass Investitionen in das Nachhaltigkeitsmanagement eines Unternehmens dessen Kosteneffizienz verbessern können (vgl. ⊛ Abb. 14.6).

Energieverbrauch SHW-SHS

Strom	Verbrauch [kWh]	konventionell [kWh]	erneuerbar [kWh]	Quote EE
2012	319.518	129.826	189.692	0,59
2013	338.689	173.424	165.265	0,49
2014	319.518	134.157	185.361	0,58

Wärme	Verbrauch theor. [kWh]	konventionell Gas [kWh]	erneuerbar [kWh]	Quote EE
2012	143.545	68.751	74.794,20	0,52
2013	143.545	23.038	120.507,20	0,84
2014	143.545	15.688	127.857,20	0,89

Summe	Verbrauch [kWh]	konventionell [kWh]	erneuerbar [kWh]	Quote EE
2012	463.063	198.577	264.486	0,57
2013	482.234	196.462	285.772	0,59
2014	463.063	149.845	313.218	0,68

Abb. 14.6 Auswertung Energieverbrauch

Zudem ist vermehrt erkennbar, dass immer mehr Kunden auf eine nachhaltig orientierte Unternehmenspolitik ihrer Lieferanten Wert legen. Rating Agenturen wie Dow Jones mit dem Sustainability Index liefern zum Beispiel die Grundlage für Entscheidungsfindungen nachfragender Unternehmen.

Nachhaltig geführte Unternehmen ziehen daraus schon heute einen Wettbewerbsvorteil und werden diesen auch in Zukunft noch ausbauen können. Deshalb ist es empfehlenswert, sich frühzeitig um Nachhaltigkeitssphären zu kümmern und nicht erst, wenn es sich ein Unternehmen finanziell leisten kann oder man gesetzlich dazu gezwungen wird. Denn Nachhaltigkeit führt zu Kosteneffizienz, zu einem beispielhaften Außenbild und sichert somit auch die Zukunft eines Unternehmens.

14.4 Soziale Nachhaltigkeit

Soziale Nachhaltigkeit zielt auf ein menschenwürdiges Leben, auf neue, gerechte Rollenverteilung, auf Arbeitsverteilung und Chancengleichheit.

Soziale Komponenten gelten als Teildisziplin der nachhaltigen Unternehmensführung. Fehlen diese oder dienen sie nur der kurzfristigen Gewinnmaximierung, wird die Zukunft eines Unternehmens ebenso aufs Spiel gesetzt, wie wenn wir die ökologischen Grundlagen unserer Welt zerstören oder unsere ökonomischen Werte vernachlässigen.

Wir riskieren die Zukunftsfähigkeit unserer Firma, wenn wir keine gut ausgebildeten, gesunden und motivierten Menschen als Mitarbeiter akquirieren und halten können.

Bisher galt es als selbstverständlich, dass Unternehmen ihre Mitarbeiter problemlos auf dem Markt rekrutieren können, aber mit der derzeitigen Bevölkerungsentwicklung und des damit einhergehenden Fachkräftemangels muss ein grundlegendes Umdenken in den Köpfen der Verantwortlichen in Industrie und Handel stattfinden. Zukünftig werden sich weniger potentielle Mitarbeiter um einen Arbeitsplatz bewerben, sondern Unternehmen werden ganz massiv um junge gut ausgebildete Bewerber konkurrieren müssen. Gleichzeitig müssen Konzepte entwickelt werden, um den bereits im Unternehmen beschäftigten Menschen Anreize zu bieten, dort weiterhin zu arbeiten. Zudem muss das Bildungsniveau durch Fort- und Weiterbildungsprogramme stabil gehalten werden, um durch Bildung als Konsequenz neue Impulse und kreative Ideen in den Köpfen der seit langem beschäftigten Mitarbeiter freizusetzen.

Die Ressourcen, welche von der Gesellschaft für Unternehmen zur Verfügung gestellt werden, werden zukünftig andere sein. Dies bedeutet nicht, dass sie zwangsläufig schlechter sein werden – aber eben anders.

Wir sind der festen Überzeugung, dass Bewerber in Zukunft nicht nur das Gehalt überzeugt werden können, eine Stelle in einem Unternehmen anzutreten. Die weichen Bestandteile einer mitarbeiterorientierten und auch familienbewussten Personalpolitik werden ein ganz entscheidendes Kriterium zur Wahl des Arbeitgebers sein.

Wir bieten unseren Mitarbeitern eine breite Palette an Angeboten zur Vereinbarkeit von Familie und Beruf, aber auch zur Wahrnehmung von Aufgaben im Rahmen des bürgerschaftlichen Engagements in unserer Gesellschaft. Unsere Leitlinien sehen vor, dass wir als Unternehmen in der Maschinenbaubranche den Frauenanteil in der Belegschaft, auch in Führungspositionen, weiter ausbauen.

Aktuell liegt der Frauenanteil unserer Belegschaft bei 38 Prozent, was in der Metallbranche einem überdurchschnittlichen Wert entspricht. Laut einer Statistik der Bundesagentur für Arbeit lag der Anteil an sozialversicherungspflichtig beschäftigen Frauen im Maschinenbau Ende 2012 bei einer Quote von 16,1 Prozent (vgl. Arbeitsmarkt in Zahlen-Beschäftigungsstatistik, Bundesagentur für Arbeit).

Angesichts des Fachkräftemangels stellt sich unserer Gesellschaft die Frage, ob wir es uns leisten können, das Potential an gut ausgebildeten Frauen teilweise oder sogar auf Jahre hinaus komplett zu vernachlässigen – nämlich dann, wenn Frauen die Gründung einer eigenen Familie anstreben. Diese Mitarbeiterinnen steigen unter Umständen bis zu sieben Jahre oder länger aus dem aktiven Berufsleben aus. Das heißt, dass circa 50 Prozent der ausgebildeten Fachkräfte auf dem Höhepunkt ihrer Leistungsfähigkeit für sieben und mehr Jahre vom Berufs- und Erwerbsleben teilweise oder sogar ganz ausgeschlossen sind. Hier ist wiederum der Arbeitgeber aufgefordert, Angebote zu machen, den weiblichen Anteil der Bevölkerung zu fördern und somit Chancengleichheit herzustellen.

Unseren Frauenanteil von 38 Prozent erreichen wir durch ein breit gefächertes Angebot an Arbeitszeitmodellen. Von Teilzeitstellen über Home-Office-Angebote, Gleitzeit, Poolkonto bis hin zu einer flexiblen Pausengestaltung. Die Ausbildung von jungen Frauen in typischen Männerberufen gehört ebenso dazu wie Jobsharing-Arbeitsplätze.

Abb. 14.7 Kindertagesstätte Kocherwichtel e. V.

Ein wichtiger Aspekt der sozialen Nachhaltigkeit ist Bildung und die „Verfügbarma-
chung" von Bildung. Deshalb profitieren unsere Mitarbeiter von regelmäßigen Weiterbil-
dungsangeboten, auch während der Elternzeit.

Ein absolut herausragendes Angebot in unserem Unternehmen ist sicherlich unsere
Betriebs-Kita „Kocherwichtel" – eine kleine familiäre Kindertagesstätte im Erdgeschoss
unseres Bürogebäudes (vgl. ⊙ Abb. 14.7).

Entlang der Arbeitszeiten der Väter und Mütter werden Kinder im Alter von einem Jahr
bis zum Schuleintritt von Montag bis Donnerstag von 7:30 Uhr bis 17:00 Uhr und freitags
von 7:30 Uhr bis 13:00 Uhr betreut.

Als Träger der Kita Kocherwichtel haben wir den Verein Kocherwichtel e. V. gegründet,
dessen Mitglieder aus Mitarbeitern unseres Unternehmens, Eltern und Erzieherinnen besteht. So bekommt die Kita ihre eigene Identität und wird in der Öffentlichkeit als zusätzli-
ches Betreuungsangebot wahrgenommen, denn durch eine Kooperationsvereinbarung mit
der Gemeinde Hüttlingen ist die Kita Kocherwichtel auch für Kinder von berufstätigen
Eltern aus dem Ort geöffnet.

Der Kooperationsvertrag beinhaltet eine 63-prozentige Übernahme der laufenden
Unterhaltskosten der Kindertagesstätte durch die Gemeinde. Somit entsteht eine echte
Win-Win-Situation. Ein Plus für unser Unternehmen und für die Gemeinde, die durch
diese Kooperation ihre Quote bei der Betreuung der unter Dreijährigen auf 45 Prozent
erhöhen konnte und als familienfreundliche Kommune an Attraktivität gewinnt.

Gleichzeitig konnten wir über die Kita neue Mitarbeiter gewinnen, da die Eltern über die Kindertagesstätte auf unser Unternehmen aufmerksam werden und sich initiativ bewerben. Auch Angebote, welche die Gesundheit und das Wohlergehen der einzelnen Mitarbeiter fokussieren, klingen zunächst kostenintensiv. Wenn aber betriebliche Gesundheitsförderung in der Unternehmenskultur etabliert wird, senkt sich mittelfristig der Krankenstand und die Motivation der Mitarbeiter steigt. Die Wahrnehmung, dass das Unternehmen unmittelbaren Einsatz für den Mitarbeiter zeigt, wirkt sich positiv auf deren Gefühlslage aus und sorgt somit für ein entspanntes und motiviertes Arbeitsklima. Im Bereich Gesundheitsmanagement bieten wir unseren Mitarbeitern ergonomische Arbeitsplätze, tageslichtabhängige Lichtsteuerung für optimale Lichtverhältnisse, einladende Mitarbeiter-Loungebereiche zur Pausengestaltung sowie Tage, an denen Obst kostenlos zur Verfügung gestellt wird. Ergänzend dazu finden regelmäßige Gesundheitschecks durch Gesundheitsmobile auf dem Werksgelände statt.

Zusammenfassend ist zu sagen, dass Gleichberechtigung, Aus-, Fort- und Weiterbildung sowie Karriereperspektiven und ein betriebliches Gesundheitsmanagement zu einer sehr hohen Identifikation und Arbeitszufriedenheit der Belegschaft führen, ein positives Betriebsklima fördern und die Arbeitsmotivation erhöhen.

In diesem Zusammenhang ist es wichtig zu erwähnen, dass Unternehmen mit kooperativen Arbeitsformen und flachen Hierarchien eine höhere Produktivität aufweisen als Unternehmen, die dies nicht tun. Denn Mitarbeiter, welche sich mit ihrem Unternehmen identifizieren, sind weitaus stärker bemüht neue, innovative Ideen einzubringen und die Unternehmensziele konsequent und effizient umzusetzen.

Geringere Fluktuation aufgrund der Mitarbeiterzufriedenheit steigert somit auch die Rentabilität von Fort-und Weiterbildungsmaßnahmen. Das Mehr an Wissen erhöht die Innovationskraft eines Unternehmens und bietet somit einen zusätzlichen Wettbewerbsvorteil.

14.5 Ökonomische Nachhaltigkeit

Die Unternehmenssicherung ist Ziel und Gegenstand nachhaltiger Unternehmensführung. Deshalb ist der Unternehmer gefordert, eine langfristige solide Unternehmensfinanzierung sicherzustellen.

Eine angemessene Eigenkapitalquote, eine dauerhaft hinreichende Liquidität sowie eine stabile Ertrags- und Cash-Flow-Entwicklung sind die Grundvoraussetzungen für ein ökonomisch nachhaltiges Firmenmanagement.

Gerade für mittelständische Unternehmen ist es von besonderer Wichtigkeit, einen guten Kontakt zu Finanzierungsunternehmen aufzubauen. Denn für den Mittelstand ist der Zugang zu Fremdkapital nicht immer einfach. Daher ist es umso wichtiger, einen guten, persönlichen Kontakt zu Entscheidern in Banken und anderen Finanzierungsunternehmen aufzubauen und zu halten. Offenheit und Transparenz ist dabei ebenso von Bedeutung wie solides Wirtschaften.

Als Unternehmen im Maschinen- und Anlagenbau mit einer Exportquote von 80 Prozent führen wir Projekte mit einem Auftragsvolumen von bis zu 3 Millionen Euro durch, und das in unterschiedlichen Währungen. Die Laufzeit unserer Projekte beträgt zwischen drei Monaten und mehreren Jahren.

Aufgrund dieses Projektgeschäfts können die Bausteine der ökonomischen Nachhaltigkeit in unserem Fall in zwei Kategorien unterteilt werden:

Zum einen sind es Maßnahmen, die auf das jeweilige Projekt angewandt werden, zum anderen sind es unternehmensbezogene Maßnahmen, die projektunabhängig sind.

14.5.1 Projektbezogene Maßnahmen

Um welche Maßnahmen es sich handelt, die auf Projekte mit dem Ziel einer ökonomischen Nachhaltigkeit angewandt werden, wird im Folgenden deutlich. Dabei werden verschiedenste Aspekte der Projektkalkulation sowie der Absicherung von Währungsrisiken und Forderungsausfällen beleuchtet.

14.5.1.1 Zuverlässige Projektvorkalkulation

Die Basis eines erfolgreichen Projektabschlusses bildet eine zuverlässige Vorkalkulation des Projekts im Angebotsstadium. Zu diesem frühen Zeitpunkt werden bereits die meisten Weichen hinsichtlich eines weiteren erfolgreichen Projektverlaufs gestellt. Um eine zuverlässige Kalkulationsbasis zu erstellen, benötigen wir eine konsequente Nachkalkulation von Vorprojekten und eine verlässliche Vorausschau der zukünftigen Preisentwicklung.

Zu hoch angesetzte Projektkosten gefährden bzw. verhindern den Erfolg des Projekts bereits schon bei der Auftragsvergabe und sind deshalb ebenso zu vermeiden, wie zu niedrig angesetzte Kosten.

Im letzteren Fall stellt sich zwar häufig noch kurzfristig ein Verkaufserfolg ein, jedoch kann dieser bereits bei der anschließenden Projektbearbeitung oft nicht mehr bestätigt werden. In solchen Fällen stellen sich spätestens während oder nach der Inbetriebnahme Probleme ein, da aufgrund des zu hohen Kostendrucks bei der Projektabwicklung sehr häufig der Fehler gemacht wird, die notwendigen Einsparungen an der technischen Lösung erzielen zu wollen, mit der Folge hoher Nachlaufkosten.

Eine ökonomisch nachhaltige Lösung zielt darauf ab, dass die für das Unternehmen am Ende einer möglichen Lebensdauer des Produkts wirtschaftlichste Lösung angestrebt wird. Vor diesem Hintergrund müssen wir sicherstellen, dass möglichst alle Kosten, die auf das Unternehmen innerhalb des Produktlebenszyklus zukommen können, minimiert werden.

14.5.1.2 Tagesaktuelle Projektfortschrittskalkulation

Um den Erfolg eines Projekts nachhaltig abzusichern, ist es für uns zwingend notwendig, den Kostenfortschritt im Projekt so zeitnah wie möglich zu bestimmen. Dadurch können wir zum einen Kostenrisiken frühzeitig erkennen und gegebenenfalls eliminieren, zum anderen können wir Kosteneinsparpotenziale tagesaktuell ermitteln und zur Kostensenkung und damit zur Erhöhung des Betriebsergebnis oder zur zusätzlichen Absicherung von technischen Risiken nutzen

14.5.1.3 Zeitnahe Projektnachkalkulation

Nach Übergabe eines Projekts an unseren Kunden beziehungsweise den Betreiber findet zeitnah eine Projektnachkalkulation statt. Dadurch wird sichergestellt, dass die tatsächlichen Gestehungskosten der Anlage ermittelt und mit der Vorkalkulation verglichen werden können. Die Kosten werden, sortiert nach Kostenart, ausgewiesen und Abweichungen können bei Bedarf bis zur Baugruppe oder auch zum Einzelteil analysiert werden.

14.5.1.4 Absicherung von Währungsrisiken

Wie bereits erwähnt, wickeln wir aufgrund unseres hohen Exportanteils viele Projekte in Dollar oder anderen Währungen ab. Werden Projekten in den Dollarraum beziehungsweise in Wirtschaftsräume, deren Währungen sich am Dollarkurs orientieren geliefert, so werden Importgeschäfte vorzugsweise in Dollar abgerechnet.

Es ergeben sich in solchen Fällen zusätzliche Chancen und Risiken aus den Umrechnungskursen, die sich im Laufe des Projekts verändern können. Entsprechendes gilt natürlich auch für Exportgeschäfte in andere Währungsräume wie beispielsweise nach Großbritannien, Kanada oder die Schweiz, um nur die für uns wichtigsten zu nennen.

Als nachhaltig wirtschaftendes Unternehmen sind wir bestrebt, die Erträge des Unternehmens möglichst aus unserem Kerngeschäft, nämlich dem Bau von Maschinen und Anlagen zu generieren. Die dort vorhandenen Chancen und Risiken sind für uns kalkulierbar.

Währungsrisiken hingegen sind umso höher, je volatiler sich ein Währungspaar zum Zeitpunkt der Angebotsabgabe beziehungsweise der Auftragsvergabe darstellt. In solchen Fällen ist es wichtig, kurzfristige Risiken durch kurze Angebotsbindefristen und durch geeignete Instrumente der Währungsabsicherung zu minimieren.

Ein Beispiel zur Verdeutlichung: Wenn wir im April 2015 ein Angebot mit einer Angebotsbindefrist von 30 Tagen in US-Dollar abgegeben hätten, dann hätten wir bei Auftragsvergabe im Mai bereits circa 7 Prozent weniger Rendite erzielt. Im Maschinen- und Anlagenbau bedeutet das nicht selten, dass ein Projekt bereits dadurch in die Verlustzone gerät.

In unserem Fall sichern wir Währungsrisiken im Angebotsstadium über kurze Angebotsbindefristen und im Auftragsfall über Devisentermingeschäfte ab.

Für eine Absicherung über Devisentermingeschäfte ist es notwendig, bei Auftragsvergabe einen möglichst genauen Liquiditätsplan für den betreffenden Auftrag zu erstellen, der alle geplanten Zahlungseingänge und im Fall von Zukäufen in der Auftragswährung auch die Zahlungsausgänge darstellt, denn diese Zukäufe müssen selbstverständlich nicht abgesichert werden. Aus dem Projektliquiditätsplan ergeben sich die möglichen Zeiträume des Termingeschäfts.

14.5.1.5 Absicherung von Forderungsausfällen

Ein weiteres nicht unerhebliches Risiko besteht durch die Möglichkeit eines Forderungsausfalls. Das Risiko hängt in erster Linie vom Kreditor also vom Kunden und dessen wirtschaftlicher Situation ab. Das Risiko steigt, je länger die Laufzeit eines Projekts ist und je höher der Vorfinanzierungsbedarf ist.

In unserem Fall sichern wir dieses Risiko über eine Kreditversicherung ab. Besteht diese Möglichkeit nicht, müssen Zahlungspläne vertraglich so gestaltet sein, dass zum einen möglichst zu jedem Zeitpunkt des Projekts das Fabrikationsrisiko abgedeckt ist, zum anderen müssen die Zahlungsbedingungen so gestaltet sein, dass mit der Lieferung die Kosten vom Kunden bereits angezahlt werden. Unter dem Fabrikationsrisiko versteht man das Risiko, das durch die Herstellung von auftragsbezogenen und daher nicht weiter veräußerbaren Teilen entsteht.

14.5.2   Unternehmensbezogene Maßnahmen

Im Folgenden werden unternehmensbezogene Maßnahmen, welche der ökonomischen Nachhaltigkeit in unserem Unternehmen dienen, näher erläutert. Diese gliedern sich auf in kurz-, mittel- und langfristige Unternehmensplanung, einer Markt- und Kundenanalyse sowie einer Lieferantenbewertung.

14.5.2.1 Kurz-, mittel- und langfristige Unternehmensplanung

Unsere Unternehmensplanung umfasst neben einer 5-Jahresplanung und einer Jahresplanung auch eine Quartals- und Monatsplanung sowie eine Wochenplanung.

Im wöchentlichen Rhythmus werden im Vertrieb zu erstellende Angebote, Auftragseingänge und mögliche Auftragseingänge geplant. In der Auftragsleitstelle werden auftragsbezogene Termine abgestimmt und Umsätze kontrolliert. Zudem werden ebenfalls wöchentlich Zahlungseingänge überwacht und unter Umständen das Mahnwesen aktiviert.

Die Monatsplanung besteht in erster Linie aus einer Liquiditätsplanung des gesamten Unternehmens. Hinzu kommt eine Auftragseingangs- und Umsatzplanung.

In der Quartalsplanung werden zusätzlich noch die Unternehmensbilanz, die Gewinn- und Verlustrechnung sowie der Auftrags- und Personalbestand geplant.

Beides, Monats- und Quartalsplanung werden für einen Zeitraum von zwei Jahren vorgeplant und gegebenenfalls innerhalb des Planungszeitraums angepasst. Hierzu ist ein entsprechender Abgleich zwischen den Sollvorgaben und den Istwerten notwendig.

Als langfristige Planung dient unsere 5-Jahresplanung, die jedoch nur den jährlich zu erwartenden Rahmen absteckt.

Natürlich sind Planungen umso unschärfer je weiter sie in die Zukunft reichen. Allerdings können diese zur langfristige Planung als Roadmap dienen, um klare Ziele zu definieren, an welcher Stelle das Unternehmen in zwei, drei oder auch in fünf Jahren stehen soll.

14.5.2.2 Markt- und Kundenanalyse hinsichtlich Wachstums- und Ertragspotenzial

Speziell um den langfristigen und damit auch möglichst nachhaltigen Erfolg einer Unternehmung sicherzustellen, ist es zwingend erforderlich, regelmäßig Markt- und Kundenanalysen hinsichtlich Wachstums- und Ertragspotenzial durchzuführen. Hierzu verfolgen wir zum einen den Verlauf des Auftragseingangs und vergleichen diesen mit unseren Marktbegleitern.

Zum anderen, und das ist weitaus wichtiger, werden durch regelmäßige Kundengespräche die zukünftigen Bedürfnisse eruiert. Eine strenge Orientierung an den Bedürfnissen unserer Kunden sowohl hinsichtlich der Produktanforderungen als auch der Anforderungen an den Service sichert zukünftige Auftragsbestände.

Dabei müssen wir immer auch im Auge behalten, dass nicht unbedingt der Kunde, mit dem in der Vergangenheit viele Geschäfte gemacht wurden, auch der sein wird, für den das auch in Zukunft zutrifft. Darüber hinaus ist nicht in erster Linie entscheidend, ob ein Kunde ein hohes Auftragspotenzial aufweist, sondern ob er auch ein gutes Ertragspotenzial hat, das heißt, wie gut die Preise sind, welche man bei diesem Kunden erzielen kann und wie gut man mit dem Kunden anschließend die Projekte abwickeln kann. Um hier belastbare Aussagen treffen zu können, bedarf es wieder einer transparenten Nachkalkulation der Projekte.

14.5.2.3 Lieferantenbewertung

Einen wesentlichen Beitrag zu unserem Unternehmenserfolg leisten unsere Lieferanten. Deren Qualität hinsichtlich Belastbarkeit der technischen Lösung, des Angebotspreises, und der Liefertreue entscheidet häufig über Erfolg oder Misserfolg eines Projekts.

Daher ist es essentiell wichtig, die Möglichkeiten eines Lieferanten aber auch seine Grenzen im Vorfeld richtig einzuschätzen. Dabei gilt: häufig ist nicht der billigste Preis die am Ende ökonomisch sinnvollste Lösung.

In unserem Fall findet im jährlichen Rhythmus eine entsprechende Lieferantenbewertung statt. Am Ende der Beurteilung steht eine Unterteilung der Lieferanten nach Wichtigkeit und nach Zuverlässigkeit.

Zusätzlich ermitteln wir potenzielle Lieferanten, bei deren Ausfall mit erheblichen Lieferproblemen zu rechnen wäre. In solchen Fällen werden mittelfristig Alternativlieferanten gesucht und in den Prozess mit einbezogen.

14.6 Über den Autor

 Der 1969 in Stuttgart geborene Autor absolvierte nach dem Realschulabschluss zunächst eine gewerbliche Ausbildung. Nach mehreren Jahren im Außendienst entschloss sich **Achim Brommer**, die Hochschulreife auf den zweiten Bildungsweg abzuschließen.

Nach Beendigung des anschließenden Ingenieurstudiums an der Universität Stuttgart in der Fachrichtung konstruktiver Ingenieurbau war Achim Brommer bis 2006 zunächst im Vertrieb und später als Leiter des Produktmanagement in der Maschinenbaubranche tätig.

Als 2006 die SHW Storage & Handling Solutions GmbH, die ehemalige Sparte Verfahrenstechnik der im Jahr 1365 gegründeten Schwäbischen Hüttenwerke, zum Verkauf angeboten wurde, übernahm Achim Brommer mit der Brommer Beteiligungs-GmbH in einem „Management Buy In" das Unternehmen. Seither ist er als Geschäftsführender Gesellschafter der SHW Storage & Handling Solutions tätig.

2008 gründete Achim Brommer gemeinsam mit Mitarbeitern die VKT Gesellschaft für Verschleißschutz- und Klebetechnik GmbH.

Mit derzeit 90 Mitarbeitern in der Unternehmensgruppe stellt die SHW Storage & Handling Solutions GmbH Maschinen- und Anlagen zur Lagerung, Aufbereitung und Förderung komplexer Schüttgüter her und liefert diese an Kunden in alle Industrieländer der Welt. Mit mehr als 4000 Anlagen weltweit, zählt das Unternehmen zu einem der führenden Spezialisten in diesem Bereich. Zielgruppen sind vor allem die holzverarbeitende Industrie, die Kraftwerksindustrie, die Papier- und Zellstoffindustrie sowie Bereiche im Recycling bzw. der Entsorgung von festen Abfällen.

Mutig handeln.

Nachhaltigkeit ist keine PR, sondern Überzeugung

Michael Vogt

15

15.1 Definition – Was ist Nachhaltigkeit?

So gesehen ist es schon etwas verwunderlich, dass Nachhaltigkeit in den letzten Jahren zu so viel Bekanntheit gekommen ist. Vom großen Konzern, über die Politik, die kleinen Unternehmen, bis hin zum Konsumenten. Nachhaltigkeit ist en vogue und gehört zu guten Ton. Doch anders als bei jedem Bio-Label (wo man weiß, was mit Bio gemeint ist), weiß kaum einer, was Nachhaltigkeit wirklich bedeutet. Dabei ist gerade Deutschland eigentlich das Vorzeigeland in Sachen Nachhaltigkeit. Schon zur Jahrhundertwende galt das Handeln mit sozialer Verantwortung als mehr oder minder selbstverständlich. Das Übernehmen von Verantwortung für alle am Unternehmen beteiligten Personen und Firmen. Nicht nach definierten Regelwerken, die durch hochdotierte Beratungen implementiert wurden, sondern meist durch gesunden Menschenverstand. Wo Produktionsstätten wuchsen, wurden auch Wohnungen, Schulen und Naherholung geplant und realisiert. Die Unternehmer wussten, dass es in ihrer Verantwortung ist, einen Strukturwandel mit zu gestalten. Und die Gewerkschaften, die sicher zum Teil Druck ausüben mussten, hatten ebenso eine soziale Verantwortung im Fokus und nicht politisches Kalkül. Natürlich waren auch die Mitarbeiter gefordert, aber sie wurden ebenso auch gefördert. Es gab Unternehmen, da war der Firmenarzt die bessere Anlaufstelle als der Hausarzt und der Unternehmerkredit für den Hausbau günstiger und schneller vermittelt als der der Bank.

Genau genommen gibt es zwei Definitionen: Die ökologische, bei der einfach gesprochen nicht mehr Holz gefällt werden darf als nachwachsen kann. Diese ist aber nur bedingt für Unternehmen relevant, außer natürlich sie sind im holzverarbeiteten Gewerbe. Und die wirtschaftliche, bei der es um die Gegensteuerung bei gesellschaftlicher Ungerechtigkeit und Ungleichheit geht. So gesehen eigentlich ein Thema für die Politik, ebenso wie für alle Unternehmen und Unternehmer, deren Geschäftsmodell auch über die nächsten Jahre und Jahrzehnte von Konsumenten und Mitarbeitern getragen werden soll.

Am Ende entscheidet der Konsument, wie relevant für ihn die Nachhaltigkeit ist. In jedem Fall wird er – je mündiger er ist und je strategischer er konsumiert – unterscheiden müssen. Zwischen dem Bio-Hühnchen mit Zertifikat, das aber aus Indien eingeflogen wird und dem Hühnchen vom Bauern aus der Umgebung, das kein Siegel hat, aber das macht, was Hühner machen sollten: frei herumlaufen. Und auch der Konsument wird wählerischer und wieder wertschätzen, was ein gutes Hähnchen ist und dann Bereitschaft haben, dafür auch einen vielfachen Preis zu bezahlen.

Der Begriff Corporate Social Responsibility beschreibt unsere Nachhaltigkeit eigentlich besser, benennt er doch die soziale Verantwortung von Unternehmen direkt. Wie gesagt haben gerade deutsche Unternehmen genau so gehandelt, weil es instinktiv richtig war und weil es verantwortlich war. Ohne sich Gedanken über Begrifflichkeiten zu machen. Im Zuge der Gewinnmaximierung wurden leider so manche Werte dem Profit geopfert.

15.2   Überall – Für jedes Unternehmen?

Schon erstaunlich, dass wir darüber diskutieren müssen, ob Nachhaltigkeit Sinn macht oder Sinn stiftet. Viel mehr noch, dass eine Diskussion entbrannt ist, die in Frage stellt ob „so etwas" überhaupt für jedes Unternehmen Gültigkeit hat oder möglich ist. Dabei ist es natürlich keine Frage von Größe, Region, Unternehmenszweck oder Branchen, einige Branchen natürlich ausgenommen. Vorneweg würde ich ja allen Parteien geschlossen eine Kompetenz für Nachhaltigkeit absprechen. Nicht nur, dass sie in diesem – wie auch anderen Bereichen – handlungsunfähig wirken. Noch schlimmer ist im Endeffekt, dass sie sogar intern alles andere als nachhaltig sind. Es geht lange nicht mehr um den Idealismus, der Grundlage für die Gründung einer Partei ist, es geht inzwischen um Hierarchien und Machtgefüge. Der kluge Geist, der sowohl die Republik wie auch die Partei nach vorne bringen könnte, wird lange mundtot gemacht, bevor er etwas bewegen kann. Aber zurück zu der Frage, ob Nachhaltigkeit überall stattfinden kann. Natürlich kann sie das – sie muss es sogar. Noch einmal die Definition vor Augen geführt geht es ja nicht um ein Konzept oder eine bessere Außendarstellung, es geht um mutiges Handeln, um auch in Zukunft Bestand zu haben. Keine Frage der Größe, sondern eine Frage der Haltung. Ein paar Beispiele:

Der Tante-Emma-Laden – heute der vegane Bioshop für italienische Feinkost – agiert von jeher nachhaltig. Er kümmert sich um seine Kunden und seine Nachbarschaft genauso wie um seine Zulieferer. Sein Mehrwert ist nicht nur das angebotene Produktportfolio, sondern auch der authentische Aufbau von Beziehungen, oder vielmehr die Sorge um das Wohlbefinden seines eigenen Mikrokosmos. Sei es die spontane Lieferung an einen Nachbarn im Krankheitsfall oder die kleine Brotzeit für den Fahrer, der gerade die Lieferung gebracht hat. Möchte man es bewerten, entsteht so gesehen für die Umsatz- und Personalstärke ein beachtlicher Effekt in Sachen Nachhaltigkeit.

Der Produzent von Fleisch, der durchaus eine respektable Größe von Umsatz und Mitarbeitern her hat. Der sich aber nicht an Regularien hält, um nach definierten Normen bio-zertifiziert zu sein oder ein „Fair Trade"-Siegel tragen zu dürfen, der aber seine Tiere mit Augenmaß und Respekt aufzieht. Ohne Ställe platzmäßig zu optimieren oder mit Kraftfutter den Wachstum zu beschleunigen. Er agiert mit gesundem Menschenverstand und Augenmaß. Vor allem weil er das im Sinn hat, was die Intention jedes Unternehmens sein sollte. In seinem Fall ein gutes und gesunden Stück Fleisch. Erstaunlich dabei der Fakt, dass er sein Fleisch besser und teurer verkaufen kann als seine Konkurrenz. Ohne dabei groß in Packaging und Marketing investieren zu müssen.

Oder der global agierende Konzern der, sagen wir, Industrieanlagen weltweit vermarktet und verkauft. Natürlich wird es ab einer gewissen Größe schwierig, im Detail zu steuern und zu kontrollieren, ob jeder im Sinne des Unternehmens und des Unternehmers agiert. Wenn ein verantwortliches Handeln aber tief in der Unternehmenskultur verankert ist, dann kommt das auch weltweit in abgelegenen Regionen an. Ob es ein Manager ist, der sich um Familien der Mitarbeiter kümmert, ob es lokale Umweltprojekte sind, oder ob es ein interdisziplinärer Austausch der einzelnen Landesdependenzen ist bleibt dem Unternehmen überlassen. In allen Fällen bleibt ein „sich kümmern" um das Umfeld und den Dunstkreis, in dem das Unternehmen agiert.

Beispiele gäbe es noch mehr als genug – negative natürlich auch. Festzustellen bleibt, dass es eben doch keine Frage der Größe ist, sondern eine Frage der Einstellung. Das kleine und das inhabergeführte Unternehmen tut sich da sicherlich leichter als der Konzern, der jahrelang gegenteilig agiert hat und sich jetzt auf ein neues Werteverständnis besinnt. Doch möglich ist es, es bedarf eines mutigen Handelns und einer klugen Strategie. Interessanterweise wird es in Zukunft zum Erfolg eines Unternehmens dazu gehören. Der Konsument – im B2B- wie im B2C-Umfeld – wird immer strategischer konsumieren und in diesem Moment die Unternehmen bevorzugen, die seinem Werteverständnis genehm werden.

15.3 Wirtschaftlichkeit – Kostet mich Marge!

Die beliebteste Ausrede der Unternehmen ist wohl diese: „Nachhaltigkeit muss man sich auch leisten können, in Zeiten wie diesen, wo es um Optimierung und Einsparung an allen Stellen geht, ist dies für uns schlicht unmöglich". Eine unglaublich kurzsichtige Sichtweise. Vor allem eine sehr mutlose. Natürlich ist es auf den ersten Blick einfacher, die Scheuklappen aufzuziehen und alle Stellschrauben auf Gewinnmaximierung einzustellen. Dies ist jedoch ein sehr endlicher Prozess. Denn wenn es dadurch in naher oder ferner Zukunft keine Kunden und keine Mitarbeiter mehr gibt, hat es sich mit der Gewinnmaximierung auch bald erübrigt.

Also was tun, wenn man sich zum Beispiel in wirtschaftlich angespannten Zeiten Gedanken über Nachhaltigkeit machen muss. Mutig handeln! Nicht in Aktionismus verfallen, sondern sich konstruktiv überlegen, wo man als Unternehmen herkommt und wo sich die Zukunft des Unternehmens befindet. Das ist sicherlich erst einmal leicht dahin gesagt, aber es ist der wichtigste Prozess, den es in einem Unternehmen gibt. Eine klare Positionierung ist heute zwingend notwendig. Die Märkte sind so gesättigt und der Konsument so mündig, dass man erst für sich selbst klar und authentisch definieren muss, was der Unternehmenszweck ist, beziehungsweise was das Produkt- oder Dienstleistungsspektrum des Unternehmens ist. Erst dann kann man damit nach außen gehen und darüber sprechen. Zu der Positionierung gehört selbstverständlich auch Nachhaltigkeit. Nicht weil es gerade en vogue ist, sondern weil es eine Grundvoraussetzung ist, um langfristiges Geschäft aufzubauen oder weiterzuführen. Und auch um den Ertrag zu sichern. Je nach Unternehmen, Produkt und Branche gibt es eine Vielzahl von Differenzierungsmerkmalen, ein kluger Beitrag zu Nachhaltigkeit gehört zweifelsfrei dazu.

Um ehrlich zu sein funktioniert die Implementation von Nachhaltigkeit nur, wenn es authentisch zum Produkt passt. Und nur dann wird es der Konsument auch würdigen und die Produkte und Dienstleistungen denen der Mitbewerber vorziehen. Im Geschäftskundenumfeld genauso wie beim Endverbraucher. Wenn ein großer Lebensmitteldiscounter einen CSR-Manager einstellt, dann ist das natürlich keine Lösung. Wie soll denn die arme Dame oder der arme Herr glaubhaft über verantwortungsvolles Handeln reden, wenn das Unternehmen fest in deren Geschäftsmodell verankert hat, Lieferanten und Mitarbeiter bis auf das Letzte auszuquetschen? Und glauben diese Unternehmen in der Tat, dass der Konsument das so hinnimmt und sich damit zufrieden gibt, dass gerade ein Kindergarten vom Geld des Unternehmens gebaut wird? Das ist Augenwischerei und die Kunden, die rein preisorientiert kaufen, die konsumieren vermutlich auch ohne Kindergartenbau. Interessanter ist die Frage, was passieren würden, wenn der Discounter ernst macht, und wirklich in jedem Bereich anfängt verantwortungsvoll zu handeln. Ganz sicher muss er dann die Preise erhöhen und wird vermutlich auch kurz- bis mittelfristig Einbußen hinnehmen müssen. Aber auf lange Sicht wird er höhere Preise erzielen können und vor allem Mehrwerte generieren, die seine Kunden und Lieferanten genauso wie seine Mitarbeiter viel länger und positiver an das Unternehmen binden. Es bedarf eines mutigen Handelns und nicht an Konzepten, die auf Außenwirkung fokussiert sind.

So ist es am Ende keine Frage der Wirtschaftlichkeit, sondern vielmehr ein Vertrauen in das Umfeld des Unternehmens, dass es ein nachhaltiges Agieren wahr nimmt und so anderen Unternehmen vorzieht. Wie gesagt wird der Konsument immer mündiger und entscheidet immer mehr nach Authentizität und damit nach Nachhaltigkeit.

15.4 Wahrnehmung – Merkt es der Konsument?

Um die Frage „Merkt es der Konsument?" noch spitzer zu formulieren müsste man fast fragen: „Spürt es der Konsument?". Man darf nie vergessen, dass eine jede Entscheidung zum Kauf eines Produktes oder einer Dienstleistung nur zum Teil auf rationeller Ebene fällt. Immer spielt die Emotion bzw. das gute Gefühl bei der Entscheidung eine äußerst relevante Rolle. Völlig egal, ob es sich um ein Low-end-Endverbraucherprodukt zu einem überschaubaren Preis handelt oder um ein Investitionsgut, welches von einem

Buying-Center in einem Konzern gekauft wird. So ist man – ob man es will oder nicht – im Zuge des Kaufprozesses im sogenannten Relevant Set des Konsumenten, also in einem aktiven Prozess, der über das Für und Wider des jeweiligen Produktes entscheidet. Selbst wenn es keine Konkurrenz gibt, ist doch entscheidend, mit einem guten Gefühl im Relevant Set zu sein. Denn wer möchte schon, dass sein Gut mit Widerwillen konsumiert wird, nur weil es nichts anderes gibt. Vor allem wird es natürlich in unserer Zeit bald irgendetwas Vergleichbares geben. Dann zählt sprichwörtlich die Nachhaltigkeit. In einer realistischen Einkaufssituation wird der Konsument natürlich abwägen und zwischen mehreren Produkten entscheiden. Dabei spielen je nach Involvement mehrere Faktoren eine Rolle: Das Produkt, der Vertriebskanal, sicher aber auch der Preis, die Werbung, eine persönliche Beziehung und so weiter. Bei allen Faktoren schwingt das Thema Nachhaltigkeit mit, ob es im kleinen die Nachbarschaftshilfe ist, oder ob es ein globales Engagement für eine bessere Welt ist. Überspitzt gesagt kauft der Konsument ein gutes Gewissen, wenn er von einer nachhaltigen Unternehmung kauft. Dadurch wird er natürlich nicht zum Gutmenschen, kaum ein Konsument wird das erwarten, aber er leistet mit dem Konsum einen (seinen) Beitrag. Und dieser Faktor ist mit entscheidend, denn ein jeder möchte mit seinem Geld natürlich Sinn stiften.

Um also in der Wahrnehmung des Kunden so fest wie möglich verankert zu sein, gilt es Mehrwerte zu schaffen. Mehrwerte, von denen der Kunde etwas hat. Dazu gehören natürlich auch die bekannten Faktoren wie die Marke und das Storytelling. Genauso wie die Klaviatur des Marketingmix, der sich bekanntermaßen zumeist über die vier Ps (Price, Promotion, Placement, Product) definiert. Doch überall, wo der Konsument spürt, dass es um ein ehrlich gemeintes Produkt geht, überall dort wird er subjektive Mehrwerte entdecken. Spätestens bei der Vermarktung wird deutlich, wie wichtig ein ehrlich gemeintes, authentisches Agieren ist. Im Idealfall ist ein verantwortungsvolles Handeln so tief im Unternehmen verwurzelt, dass es wie selbstverständlich gelebt und damit nach außen und zum Konsumenten getragen wird. Wir alle kennen im Kleinen wie im Großen diese Beispiele. Und wir alle kaufen genau diese Produkte lieber als vergleichbare.

15.5   How to – Wie handle ich mutig?

Vorneweg sei gesagt, dass es kein Rezept gibt, was für alle Gültigkeit hat. Jedes Unternehmen ist individuell und seine Produkte sind es fast noch mehr. Es gibt also kein Grundrezept, aber es gibt ausreichend Methoden, um ein unternehmensindividuelles Rezept zu definieren. Wie der Titel sagt bedarf es aber vor allem eines: Mut. Mut. Mut. Neue Wege zu gehen ist für die meisten Unternehmen heute nur noch in der Startphase oder in einer Krisensituation denkbar. Die meisten sind aus vielerlei Gründen ausgesprochen vorsichtig in der Erprobung neuer Ansätze. Interessanterweise glänzen genau die Unternehmen besonders hell, die neue Wege gehen, weil sie mit Marktgegebenheiten brechen und die Veränderung eine solche Dynamik annimmt, dass Produkte und Dienstleistungen nie gekannte Fahrt aufnehmen. In meiner Funktion als Berater habe ich so manche Unternehmung gesehen, die in der Tat zu neuen Höhenflügen aufgebrochen sind, weil sie sich neu positioniert haben. Authentisch und damit in gewisser Weise auch nachhaltig. Aber immer war es der Wille, wirklich maßgeblich etwas zu verändern. Ein Prozess, der zwar sehr positiv ist, stellt er doch die Weichen für die Zukunft, der aber auch Kraft kostet und so manches Mal im ersten Schritt auch kurzfristig Umsatzeinbußen oder den Verlust von Mitarbeitern zur Folge hat. Spätestens mit den möglichen Einbußen ist es ein Kraftakt, konsequent zu bleiben.

Je mehr alles, was bisher in einem Unternehmen geschah, in Frage gestellt werden kann, desto besser. Unternehmen, besonders deutsche Unternehmen, Mitarbeiter, Lieferanten, Handelspartner, ja das gesamte Umfeld des Unternehmens besteht aus Bewahrern. „Wir haben das schon immer so gemacht!" höre ich als Berater fast bei jedem Unternehmen. Stellen Sie sich folgendes vor: Sie verkaufen seit Jahrzehnten Turnschuhe, in Prinzip erfolgreich mit signifikantem Marktanteil. Weltweit vertreten mit hohem Bekanntheitsgrad und einer starken Community. Alles läuft, Sie haben alle Sportarten abgedeckt, sind bekannt für innovative Werbung und haben eine Vielzahl von funktionierenden Vertriebsstationen. Von eigenen Flagship-Stores – in fast allen relevanten Städten – bis hin zu Fachgeschäften und sogar Kaufhäusern. Eigentlich alles gut und zufriedenstellend. Doch der Markt wird immer enger. Die Margen gehen zurück und die Konkurrenz kommt näher. Vor allem sind alle Trimmräder schon recht gut eingestellt, es gibt kaum Potentiale für große Kürzungen oder für billigere Produktion oder für andere Stellschrauben. Also wie sichern Sie die Zukunft Ihres Unternehmens? Natürlich sind es mehrere Faktoren, die am Ende zu noch mehr Erfolg geführt haben und damit Arbeitsplätze auf der ganzen Welt gesichert haben. Zwei Faktoren möchte ich herausstellen, weil sie so wunderbar zeigen, was umdenken heißt und wie man mutig agieren kann:

1. Die Innovationsabteilung wurde mit branchenfremden Mitarbeitern besetzt. Menschen, die mit allem zu tun hatten, aber nie mit Turnschuhen. Sicher war es für den Hersteller unglaublich viel Arbeit und er hat einen vermutlich hohen Investitionsbedarf, um all die neuen Einflüsse zu kanalisieren und zu qualifizieren. Doch am Ende kam eine völlig neue Generation von Turnschuhen heraus, die leichter und dabei stabiler ist und die vor allem ganz neue Designs zulässt. Statt wie bisher die Sohle flächig auf den Korpus zu kleben, wurde die Idee geboren, die Sohle über eine dünne Textur mit eingewebten Streben an das Element der Schnürung des Turnschuhs aufzuhängen. Eine geniale Idee, die eine kleine Revolution in dem Markt war, dem Unternehmen einen großen Vorsprung gebracht hat und es als Innovator positioniert hat. Erfunden von einem Statiker und Konstrukteur für Hängebrücken, der noch nie zuvor etwas mit Turnschuhen zu tun hatte.

2. In Zeiten des Internet verändern sich natürlich auch die Einkaufsgewohnheiten der Konsumenten signifikant. Immer mehr Schuhe werden auch online konsumiert, gerade wenn man in Prinzip weiß, was man will. Natürlich betreibt vorwiegend der Handel

eigene Shops, ob aus dem klassischen, stationären Handeln entstanden, oder mit ganz neuen Konzepten. Aber auch für einen Hersteller ist es obligatorisch, einen eigenen Webshop zu betreiben, nicht nur um durch die vertikale Integration betriebswirtschaftlich sinnvoll zu agieren, vor allem auch um noch mehr Nähe zu den Konsumenten aufzubauen. Um trotzdem partnerschaftlich mit dem bestehenden Handelskanal zu agieren, hat man ein Produkt entwickelt, dass nur der Hersteller selbst vertreiben kann: Einen individuell designbaren Turnschuh, der erst gefertigt wird, wenn der Kunde ihn konfiguriert hat. Das ist nicht nur eine Innovation, es macht auch die Marke an sich attraktiver, wovon der Handel profitiert, es ist vor allem ein Business, was nur vom Hersteller abgedeckt werden kann. In Zukunft wird es vermutlich sogar möglich sein, sich über 3D-Drucker selbst designte Sohle produzieren zu lassen.

Der erwähnte Turnschuhhersteller heißt Nike, der so konsequent seine Stellung ausgebaut und sich Abstand zur Konkurrenz verschafft hat. Nicht mit Marketing-Millionen, sondern mit kluger und vor allem mutiger Innovation. Beachtlich für ein Unternehmen, was lange schon zum Konzern mutiert ist, aber scheinbar nach wie vor die Schlagkraft eines Start Up hat. Oft wird natürlich dann gleich die Frage gestellt, ob das nachhaltig ist, wenn ein Unternehmen so auf Wachstum getrimmt ist. Natürlich ist es das, ein gesundes Wachstum sichert viele Arbeitsplätze und gibt dem Unternehmen vor allem die Kraft, sich ein nachhaltiges Engagement abseits des Kerngeschäftes leisten zu können.

15.6 Positionierung – Der Schlüssel zu Konsequenz

Es gibt viel Literatur und noch mehr Meinungen zum Thema Positionierung. Aus den von jeher Marketing und Vertrieb getriebenen USA kommt die Philosophie, sein Unternehmen strategisch zu positionieren. Also einen Platz und eine Funktion zu definieren, mit der man sich gegenüber dem Wettbewerb abgrenzt und dem Kunden deutlich macht, was die Stärken des Unternehmens sind. Das hat Gültigkeit für alle Branchen und Produkte, im B2B- wie im B2C-Umfeld. Eine Positionierung ist viel mehr als die Vision oder das Leitbild, die sich in Prinzip aus der Positionierung ergeben oder ableiten lassen sollten. Eine Positionierung ist das Selbstverständliche, mit dem ein Unternehmen agiert. Sie beinhaltet außerdem die Mehrwerte und Nutzen für die in Frage kommenden Kunden. Auf emotionaler wie auf rationaler Ebene. In den meisten Fällen stoße ich auf Unternehmen, die wunderbar erzählen können, wie toll sie sind und was ihre Produkte und Dienstleistungen alles können. Aber was bitte hat der Kunde davon, wenn er die Feature-Liste und alle technischen Spezifikationen kennt? Das mag früher gut funktioniert haben, waren doch die Märkte bei Weitem nicht so gesättigt und war doch der Konsument bei Weitem nicht so gut informiert, wie er es heute ist. Heute bedarf es einer Customer Journey, die vom Entdecken des Produktes bis hin zum Konsum gut durchdacht und vor allem authentisch ist. Die Zeit der Marketingblasen ist für die allermeisten Branchen vorbei, es geht um eine wahre Geschichte. Genau deswegen geht mit der Positionierung und der davor gelagerten Analyse des Unternehmens oft auch die Modifikation des Angebotes einher. Am Ende spart es sogar viel Geld und Budget, wenn das Produkt oder die Dienstleistung von vorneherein marktgerecht entwickelt wurde. Leuchtende Beispiele für eine besonders konsequente und durchgängige Positionierung sind sicherlich Nespresso und Dyson. Beide – und natürlich viele andere auch – haben jedes Detail gut durchdacht, egal ob der Vertriebsweg, das Produkt, der Preis und natürlich der Mehrwert, den das Produkt dem Kunden bringt. Das bei diesem Innovationsgrad natürlich auch viel Trial and Error dabei ist, ist vorstellbar. Aber das konsequente Verfolgen einer Idee, an die man glaubt, ist das Grundgerüst für eine erfolgreiche Vermarktung. Auch wenn es oftmals eine vermeintlich lange Zeit dauert. Beide Beispiele haben übrigens über zwanzig Jahre gebraucht, um wirklich erfolgreich zu sein. Der jetzige Erfolg gibt ihnen Recht. Am Beispiel Nespresso muss man sich immer vor Augen führen, dass es ja nicht nur um die Innovation der Kapsel geht, es musste Hardware entwickelt werden, die es so noch nicht gab. Und letztendlich wurde sogar der gesamte Handel revolutioniert, weil man zum ersten Mal in der Konzerngeschichte auf den klassischen Lebensmitteleinzelhandel verzichtet hat und eigene Boutiquen eröffnet hat, in denen der Kunde seine Kapsel kaufen kann. Ein Erfolgsrezept, dass, wenn man es mal realistisch betrachtet, vermutlich bei einer Präsentation im Vorfeld in der ganzen Branche durchgefallen wäre. Und heute hat Nespresso eine gigantische Community, die oftmals nicht nur Kunden sind, sondern richtige Fans. Und die dabei Bereitschaft haben, für ein Kilo Kaffee umgerechnet über neunzig Euro zu bezahlen.

Aber wie geht das? Wie kann ein Unternehmen seine Produkte so positionieren, dass sie sich besser verkaufen, bei weniger Aufwand? Es folgt eine Aufstellung der wichtigsten Werkzeuge für einen erfolgreichen Positionierungsprozess. Den Mut, neue Wege zu gehen habe ich erwähnt – er ist per Definition der Schlüssel und der wichtigste Bestandteil.

15.6.1 Analyse

Verstehen Sie den Konsumenten, den Markt und die Konkurrenz. Verlassen Sie sich dabei nicht auf Studien und Marktkennzahlen, die sind sicherlich wichtig, aber Sie müssen ein Gefühl für die Marktgegebenheiten bekommen. Wo zeichnen sich Trends ab? Was hat sich in den letzten Jahren verändert? Gibt es disruptive Systeme? Wenn nein, was wäre ein solches? Wie ist die Preisentwicklung, wie die Wertschöpfung? Viele Fragen, die oftmals intern nicht beantwortet werden können. Zumeist weil man sich schwer tut, sich aus seinem Dunstkreis heraus zu bewegen und die Flughöhe zu erhöhen, um einen anderen Blick für die Dinge zu bekommen. Für mich ist es immer ganz wichtig, mit denen zu sprechen, die das Produkt täglich verkaufen. Obwohl eine Positionierung meist – und völlig zurecht – im Marketing aufgehängt ist, ist es doch der Vertrieb, der Handel oder der Webshop, der die Produkte und Dienstleistungen an den Mann und die Frau bringen muss. Dazu kaufe ich selber ein und interessiere mich für das Produkt. Manchmal habe ich das

Gefühl, ich muss fast die Eigenschaften eines Schauspielers haben, um mich in andere Welten zu begeben und Sachen zu kaufen, die ich offensichtlich nie bräuchte. Spezielle Finanzdienstleistungen, Software-Lösungen für Authentifizierung oder auch Einkaufsplattformen. Doch es geht nur mit authentischem Interesse. Überall wo ein Vertrieb agiert, macht es Sinn mit diesem einige Zeit zu verbringen. Wie verkauft er was? Verkauft er vielleicht nur, weil der Kunde ihm eh alles abkaufen würde? Oder gar über den Preis? Was sind die Geschichten, die draußen erzählt werden? Hier steckt unglaublich viel Potential, um herauszufinden wie die Märkte und die Konsumenten funktionieren. Erfahrungsgemäß gilt: Je größer das Unternehmen, desto weniger Bezug zum Endkunden. Jeder kennt die Beispiele von Produkten, die mit viel Aufwand entwickelt wurden, aber vollkommen an den Marktbedürfnissen vorbeigehen. Umgekehrt haben gerade die kleinen Firmen zwar ein passendes Produkt für einen Konsumenten, den sie klar im Fokus haben. Aber es fehlt am Verständnis den Nutzen statt der Features herauszustellen. Sicherlich ein strapaziertes, aber dennoch ein leuchtendes Beispiel: Der Käufer einer Bohrmaschine will nicht Kilowatt, Drehzahl oder andere Features kaufen. Er will saubere Löcher kaufen!

Gerade ist es einem deutschen, mittelständischen Kompressorhersteller gelungen, den Markt zu revolutionieren. Nicht weil er mit neuer Technik oder anderen Innovationen glänzen konnte. Vielmehr hat er zugehört, was seine Kunden wirklich wollen. Das hat zur Folge, dass er inzwischen nicht mehr Kompressoren verkauft, sondern kostenlos zur Verfügung stellt. Der Kunde bezahlt nur den realen Verbrauch von Luft, der durch den Kompressor gedrückt wird. Dabei hat jedes Gerät einen Sensor, der das Volumen misst und dieses an den Hersteller überträgt, der entsprechend abrechnet. Was wäre, wenn wir irgendwann so unser Auto abrechnen ...?

15.6.2 Source of Business

Was sind die primären und sekundären Einflussfaktoren auf ein Unternehmen? Es geht nicht um die unmittelbaren Rahmenbedingungen, die natürlich jedem Unternehmen bekannt sind (bekannt sein sollten). Es geht vielmehr um Einflussfaktoren, an die man im ersten Moment nicht denkt. Oft hilft ein Blick in die Vergangenheit. Ein Hersteller von Laptops kommt vermutlich aus einer Zeit, in der der Computer vor allem Arbeitsmittel war. Man musste auf ihm schreiben, Daten speichern, mit Tabellen kalkulieren. Schnell entwickelte sich ein PC auch zu einer Maschine, mit der man interagieren und kommunizieren konnte und bald auch schon spielen, aber noch recht technisch und kryptisch. Heute ist ein Laptop der Ersatz des PC und ist natürlich längst mehr als ein Computer. Eine Entertainment-Station, voll im Haushalt integriert, privat wie geschäftlich genutzt und der Träger all unserer Daten. Wenn wir unsere Computer verlieren würden, wäre alles weg, sofern wir kein Backup haben. Bildlich gesprochen: Unsere Fotoalben, unser Adressbuch, der Terminkalender, der Briefverkehr, die Lieblingsfilme und so weiter. Also fast unsere Identität. Für die Source of Business sind das die relevanten Einflussfaktoren, aber nicht die einzigen. Natürlich macht es auch je nach Produkt Sinn, sich mit gesellschaftlichen und politischen Themen auseinander zu setzen. Wo entwickelt sich unsere Gesellschaft hin, wenn alles nur noch über den Computer geht? Wie wird die Politik darauf reagieren? In der Medizin gibt es zum Beispiel quasi in jedem Land verschiedene Regularien, es ist also völlig unmöglich pauschal zu agieren. Je vollständiger man eine Source of Business dekliniert, desto beeindruckender ist das Umfeld, in dem ein Unternehmen agiert, das sichtbar wird. In einem Workshop verwende ich viel Zeit für die Source of Business. Nicht nur weil Sie von großer Wichtigkeit für eine Positionierung ist, in der Regel wird den Teilnehmern auch schnell klar, mit welchen Scheuklappen sie die letzten Jahre agiert haben und umgekehrt, was für ein Potential entstehen kann, wenn man sein Umfeld gut kennt. Denken Sie noch mal an den Kompressorhersteller, er hat „nur" sein Verkaufsmodel geändert.

15.6.3 Zielgruppen

Natürlich kennt jedes Unternehmen seine Zielgruppen. Zumindest theoretisch. Doch kennen Sie auch die Verhaltensmuster Ihrer Zielgruppen und Kunden? Es gibt weit mehr als nur soziodemografische Merkmale. Mit moderner Technik lässt sich unglaublich detailliert herausfinden, wer wann was zu welchem Zweck mit welcher Intention kauft. Oftmals wird die Zielgruppe auch zu einem theoretischem Konstrukt, dass man gar nicht mehr richtig kennt, weil ein oder mehrere Händler oder Zwischenhändler zwischen dem Hersteller und dem Konsumenten liegen. Ein Hersteller von innovativer Software für Videoschnitt für Endverbraucher war mehr als überrascht, als er feststellte, dass nicht die jungen, technisch affinen Männer seine Software kaufen, sondern vorwiegend Rentner. Das ist essentielles Wissen, nicht nur für die Vermarktung, sondern auch für die gesamte Produktentwicklung. Zu einer Zielgruppenanalyse gehört auch herauszufinden, wer die Produkte bewusst negiert und warum er das tut. Je mehr wir verstehen können, was im Moment der Kaufentscheidung im Relevant Set unserer Zielgruppe vorhanden ist, desto gezielter können wir agieren. Nur so lässt sich ein Vertriebsprozess effektiv und effizient darstellen. Eine gute Zielgruppenanalyse hat übrigens im B2B-Umfeld fast noch mehr Bedeutung. Wenn wir verstehen, wie die Personen, die unser Produkt kaufen, im Unternehmen angesiedelt sind, was ihre Nöte sind, wie wir sie durch unser Produkt zu Problemlösern für das kaufende Unternehmen werden lassen, dann können wir unglaublich zielgerichtet mit ihnen in Diskurs gehen. Auf diesem Weg ist es dann nur noch ein kleiner Schritt, dem Kunden eine wirklich passende Lösung anzubieten. Im B2B-Umfeld eigentlich schon obligatorisch, in vielen Consumer-Märkten entsteht erst durch die Individualisierung erhebliches Potential. Ohne Kenntnis über die Zielgruppe ist keine Individualisierung möglich.

15.6.4 Vision

Eine Vision ist übrigens im Religiösen etwas nicht Wahrnehmbares, was aber dem Visionär real erscheint. Vielleicht werden deswegen die großen Visionäre der Wirtschaft oft als vermeintliche Spinner abgetan. Getrieben von seiner Vision eines Staubsaugers ohne Beutel hat Herr Dyson ohne jegliche Vorkenntnis den leistungsfähigsten Staubsauger entwickelt, den es je gab. Ohne Beutel. Getrieben war er von seiner Vision mit einer neuen Technik einen existierenden Markt komplett zu revolutionieren. Je größer die Gedankengänge einer Vision sind, desto mehr Freiraum lassen sie, alles neu zu überdenken. Mit einem schlagkräftigen Team lassen sich aus einer Vision ganz neue Geschäftsfelder etablieren und vielleicht sogar der Sinn und Zweck des Unternehmens in eine wesentlich sinnvollere Richtung lenken. Jeder in der Führungsebene sollte seine eigene Vision zu dem Unternehmen und seinen Produkten haben. Eine Führungskraft muss diesen Horizont haben, bzw. muss die Erlaubnis haben, diesen haben zu dürfen. Die persönlichen Visionen sind ein essentieller Bestandteil einer Positionierung, vor allem zeigen sie oftmals auch die verschiedenen „Flughöhen" der Beteiligten auf. Diese zu synchronisieren ist schon allein ein großer Mehrwert für das Unternehmen. Eine Vision muss nach den Sternen greifen. Die Vision von Coca Cola: Die Welt erfrischen!

15.6.5 Mission

Auch die Mission kommt aus der Religion (der Missionar). Es ist die Aufgabe, Menschen mit der Botschaft Christi zu versorgen. In Unternehmen wird es oftmals unter Leitbild oder Mission Statement formuliert, zu oft vermischt es sich allerdings mit der Vision. Eigentlich sollte die Mission schon die Ziele definieren, die kurz- und mittelfristig erreicht werden sollen. Am besten sogar mit einem konkreten Ansatz, wie diese erreicht werden sollen. Im Gegensatz zu einer Vision kann eine Mission auch zeitlich oder regional beschränkt sein. Im Zuge einer Neupositionierung hilft sie, innerhalb des Führungskreis die Ziele klar zu definieren und auf einen gemeinsamen Nenner zu bringen. Deswegen müssen bei einem Workshop alle Top-Entscheidungsträger vor Ort sein. Wie die gesamte Positionierung ist auch die Mission in Schritt eins eine Botschaft an die Mitarbeiter, die wach rüttelt und konsequent zum Handeln auffordert. Und dabei natürlich ausgesprochen motivierend ist.

15.6.6 SWOT-Analyse

So gesehen ein Standardwerkzeug, das in den meisten Unternehmen vorhanden sein sollte. Sie wurde bereits in den 1960er-Jahren von der Harvard Business School entwickelt und unterteilt in Stärken, Schwächen und Chancen, Gefahren (Strengths, Weaknessess,

Opportunites, Threats). Synchronisiert mit der Mission und der Source of Business lassen sich so ziemlich genau die Problemstellungen qualifizieren und Lösungsansätze ableiten. Zum Beispiel hat ein japanischer Technikhersteller anhand einer SWOT-Analyse qualifiziert, dass im Servicebereich Kundenanfragen nur unzureichend bearbeitet werden, obwohl die Mitarbeiter gut geschult wurden und große Stärken im Bereich Kommunikation haben. Die Lösung war, dass immer ein paar Mitarbeiter der Produktentwicklung an die Serviceabteilung ausgeliehen wurden und direkt die Anfragen beantwortet haben. So ist ein unglaublicher Wissenstransfer entstanden und die Kundenzufriedenheit wurde erhöht. Durch den direkten Kontakt zu den Konsumenten hat sich auch die Produktentwicklung verändert, die von nun an einen viel größeren Fokus auf die Usability und die hundertprozentige Funktionalität der Geräte gelegt hat. Die freiwerdenden Kapazitäten im Servicebereich wurden genutzt, um proaktiv bei Kunden die Zufriedenheit abzufragen. Eine Win-Win-Situation, von der vor allem der Kunde profitiert hat. Die SWOT-Analyse kann auch ein Benchmark sein und sollte in zeitlichen Abständen wiederholt werden. Sie kann durchaus auch für einzelne Produktgruppen oder Produkte gemacht werden.

15.6.7   Kommunikations-Hierarchien

Mit den Hierarchien in der Kommunikation ist der Wissensstand der Zielgruppe gemeint und wie mit dieser über welche Kanäle kommuniziert wird. Man könnte meinen, dass dies nur für komplexe Produkte oder Dienstleistungen zutrifft, aber selbst bei einem einfachen Jogurt gibt es diese Hierarchien.

Der *Rookie*, der sich im Endeffekt uninformiert dem Produkt gegenüber sieht. Er braucht eine reine, auf den Punkt gebrachte Basisinformation. Im Falle des Jogurt zum Beispiel, Marke, Erdbeer, Größe, Preis. Im Falle eines komplexen B2B-Produktes vielleicht erst einmal eine Bedarf weckende Idee, um sich im Relevant Set einzupflanzen und den Trigger für den Wunsch nach mehr Information zu geben.

Der *advancte Konsument*, der sich mit dem Thema und/oder dem Produkt bereits auseinander gesetzt hat und noch mehr Information haben möchte, um einen möglichen Kauf vor sich selber und anderen zu rechtfertigen. Je nach Zielgruppe muss der Hersteller wissen, an welcher Stelle er welche Information platziert, also wie er die richtige Botschaft zur richtigen Zeit sendet. Bei dem Jogurt kann das die regionale Herkunft, die kindgerechte Herstellung oder ein Sonderangebot sein. Natürlich auch Details zur Herstellung und den verwendeten Erdbeeren. Das sind alles kleine Bestätigungen für die Kaufentscheidung, nicht zu vergessen, dass gesagt werden kann was will, wenn der Kunde kein Erdbeer möchte und nach einem zuckerfreien Jogurt sucht, sind wir das falsche Produkt und sollten nicht über Kommunikation nachdenken, sondern ob nicht ein anderer zuckerfreier Fruchtjogurt auch ins Portfolio gehört. Im Falle des B2B-Produktes einen klare Aufstellung der Mehrwerte, der Funktionalitäten und der Referenzen. Letztere sind oft einer der stärksten Trigger, wenn es um die Entscheidung geht.

Der *Professional*, der sich mit Produkten und Markt auskennt. In der heutigen Informationsgesellschaft ist es ein Fakt, dass gerade im Consumer-Electronics-Umfeld Konsumenten mehr Wissen haben als so mancher Verkäufer. Leicht vorstellbar, dass das zu Problemen im Verkauf führen kann. Die Professionals sind nicht nur Konsumenten, sie sind auch oft Meinungsführer. Deswegen müssen sie eine so positive Beziehung zu der Marke und dem Unternehmen haben wie es nur geht. Über soziale Medien und andere technische Errungenschaften lassen sich die Professionals sehr gut mit einbinden. Sie werden gehört und sie wollen gehört werden, ein Effekt, der – richtig angewandt – dem Unternehmen sogar Verbesserungsvorschläge und Innovationen bringen kann. Im Falle des Jogurt ist es der Konsument, der die Nährwerttabelle studiert und über die Authentizität der Herstellers informiert ist. Ganz erstaunlich, wie manche Konsumenten reagiert haben, als die Molkerei Alois Müller GmbH durch die Presse gegangen ist, weil er aus steuerlichen Gründen den Standort in die Schweiz verlegen wollte. Im B2B-Umfeld ist der Professional auf Augenhöhe mit den Entwicklern des Herstellers. Je nach Produktgruppe kann er frühzeitig in die Entwicklung neue Produkte mit eingebunden werden. Eine Betaversion oder eine Teststellung sind nur zwei Beispiele.

Mit diesen sieben Schritten ist eine Positionierung möglich, je tiefer Sie einsteigen, desto erstaunlicher wird das Ergebnis sein. Bevor Sie beginnen, muss aber im Unternehmen der Wille und der Mut zur Veränderung vorhanden sein, sonst bleibt es oft bei schlichten Glaubensbekenntnisses, die nicht gelebt werden. Bionade ist übrigens ein weiteres brillantes Beispiel. Der Brauerei war bewusst, dass der Markt für Bier immer stärker umkämpft wird und dass die großen Global Player bald schon mit ihren Marketing-Millionen eine Gefahr darstellen. Bionade ist nicht eine Idee aus einer Bierlaune heraus, es ist ein Produkt für einen vom Hersteller qualifizierten, und neu entdeckten Markt, entstanden aus einer Neupositionierung. Mit dem Erfolg, das Unternehmen aus einer Krise gerettet zu haben.

Eine konsequente umgesetzte Positionierung ist so der Grundstock für nachhaltiges Agieren. Durch die Einbindung aller relevanten Einflussfaktoren werden auch die sozialen und gesellschaftlichen Komponenten fest im Unternehmen mit verwurzelt. Nicht weil es ein Trend ist, sondern weil es relevant ist für den Erfolg eines Unternehmens.

15.7   stilrad°° – ungewollt gewollt nachhaltig!

Die Geschichte von Stilrad ist ein Paradebeispiel für eine gute Positionierung und vor allem für eine konsequente Umsetzung. Dabei ist Stilrad kein Produkt aus einer Innovationsschmiede oder gar aus dem Umfeld und Markt des Zweirades entstanden. Stilrad ist so gesehen aus dem Bedarf heraus entstanden.

Die Initialzündung war die persönliche Feststellung, dass es nicht mehr länger Sinn macht, mit meinem SUV jeden Tag keine drei Kilometer durch die Innenstadt in die Arbeit zu pendeln. Eine einfache Feststellung, wenn man Stau, Parkplatznot, die Unflexibilität des Autos und noch viele andere Faktoren betrachtet. Also musste eine Alternative her, die meinem persönlichen Lifestyle entspricht und die meinen Erwartungen an Individualmobilität gerecht wird. Also das richtige Fahrzeug zur richtigen Zeit am richtigen Platz. Wohl gemerkt lange, bevor es attraktive Carsharing-Angebote wie Drivenow gab. Auch Uber war noch in weiter Ferne. Nachdem der öffentliche Nahverkehr zwar gut funktioniert, aber nie Lifestyle ist, bzw. nie eine persönliche Note hat, war klar: Es muss ein Fahrrad sein. Also bin ich losgezogen, um mir ein Fahrrad zu kaufen, das meinen Ansprüchen gerecht wird. Eine schöne Farbe, eine klassische Rahmenform und ein möglichst reduziertes Design. Wenn möglich auch Made in Germany. Der Ausflug zum Fahrradkauf war ernüchternd. Ich habe kein Fahrrad gefunden, was auch nur annährend meine Kriterien erfüllt hätte. Noch schlimmer: Ich wurde von den Händlern, die ich aufsuchte, noch nicht mal verstanden. Farbe sei kein Kriterium hieß es, aber tolle Scheibenbremsen sind wichtig. Und für meine Meinung, dass drei Gänge eigentlich reichen müssten, wurde ich mehr oder weniger ausgelacht. Am schlimmsten war aber die Tatsache, dass kein einziger Laden ein schönes Ambiente hatte, in dem man sich wohlfühlt. Alles war immer bis auf den letzten Zentimeter zugestellt und meist auch relativ dunkel und dreckig. Für mich unfassbar, habe ich doch in vielen Branchen beraten und die Schnittstelle zum Kunden war immer mit das Wichtigste. Nicht so im Fahrradhandel.

Aus dem Frust entstand schnell der Ehrgeiz, sich mit diesem Markt zu beschäftigen. Nachdem klar war, dass es zum einen keinerlei Konzept in diesem Bereich gibt, dass aber in Sachen Fahrrad erstaunliche Stückzahlen verkauft werden, war klar, dass es einen Versuch wert ist. So wurde die Positionierung mit den erwähnten Rahmenbedingungen verfasst, sie hat bis heute Gültigkeit und ist in der Essenz: Schöne Menschen auf schönen Rädern!

Durch die Analyse wurde klar, dass ich beileibe nicht der Einzige bin, der seine Individualmobilität verändern möchte. Es ist ein gesellschaftlicher Wandel, weg vom Automobil als Besitztum, hin zu Konzepten, die sich um die Verfügbarkeit des richtigen Verkehrsmittels zur richtigen Zeit am richtigen Ort bemühen. Drivenow – ein Joint Venture aus BMW und Sixt – ist ein gutes Beispiel für diesen Markt. Sie haben ganz sicher nicht das Carsharing erfunden, aber sie haben es als erste der Zielgruppe perfekt aufbereitet. Passende Fahrzeuge und eine zeitgemäße Usability. Von der Buchung bis zur Abrechnung. Erschreckend, wenn man sich vorstellt, dass die Erfinder des Carsharing in der Stadt von diesem Wandeln nichts haben. Im Gegenteil, die seit Jahren existierenden Konzepte sind die Verlierer, weil sie es nicht geschafft haben ihr Geschäftsmodell zeitgemäß zu positionieren. Ähnlich wie Fahrräder war auch Carsharing viel zu lange in der ökologischen Ecke angesiedelt und hat verpasst, dass die Zielgruppe längst nicht mehr die Weltverbesserer sind. So wurde auch Stilrad bewusst nie als ökologisch oder besonders nachhaltig positioniert. Das ist auch komplett unnötig, denn in dem Moment, in dem eine Autofahrer durch und mit Stilrad auf das Fahrrad umsteigt, ist es natürlich nachhaltig, allein schon weil ein Auto stehen bleibt und natürlich damit auch die Umwelt und das Umfeld besser behandelt werden. Das ganze Thema Fahrrad ist unter nachhaltigen Gesichtspunkten noch viel positiver als man auf der ersten Blick sieht. Natürlich ist es durch geringeren CO_2-Ausstoß umweltgerecht, aber hinzu kommt außerdem, dass der Mensch beim Fortbewegen auch noch etwas für seine Gesundheit tut. Außerdem werden die Innenstädte lebenswerter, weil es mehr Raum für die Bewohner gibt, der bisher durch Autos belegt wurde. Weniger gestresst sind die Pendler noch dazu und in den allermeisten Fällen sogar noch deutlich schneller als mit dem Auto. Deswegen ist es per se ein nachhaltiges Konzept, auch wenn das nicht die Intention ist und war. Ein weitere Feststellung: Für mehr oder weniger jede Branche gibt es einen dedizierten Anteil an der Gesamtzielgruppe, die ihre Produkte in einem Lifestyle-Umfeld konsumieren möchten. So gibt es natürlich die, die ihren Kaffee im Supermarkt kaufen, aber genauso selbstverständlich gibt es auch Menschen, die ihre Bohnen in angenehmen Ambiente in einer Innenstadtlage mit Premium-Produkten konsumieren möchten. Wenn das für Möbel, Haushaltswaren, Bekleidung und viele andere Märkte gilt, dann muss es auch für Fahrräder Gültigkeit haben. So auch eine Kernidee von Stilrad.

Eine weitere Säule, die wir von vorneherein definiert haben, ist die Individualisierbarkeit. Das Selbstverständnis für einen schönen Menschen auf einem schönen Fahrrad muss ein individuelles, zu dem jeweiligen Style passendes Fahrrad sein. Fahrräder von der Stange sind genauso wie der schlecht sitzende Anzug aus dem Kaufhaus. Der Nebeneffekt ist ein viel authentischerer Verkauf der Produkte, wenn das Fahrrad erst nach Kundenwunsch gefertigt wird, dann kommt man nie in die Situation, seinen Lagerbestand abverkaufen zu müssen. Alleine dieses Detail hat viele Diskussionen mit allen Herstellern gefordert. Der Markt ist auf Vororder ausgerichtet. Der Händler kauft also auf den Herbstmessen sein Kontingent für das nächste Jahr – komplett. Eine Nachorder ist quasi nicht vorgesehen. Wir wollten das Fahrrad aber erst bestellen, wenn wir es verkauft haben, noch dazu nach unseren Wünschen individualisiert. Für das erste Jahr hat das bedeutet, dass wir in der Tat auf einige Marken verzichten mussten, die wir gerne gehabt hätten. Es gibt ein wunderbares Beispiel eines der größten Hersteller. Von diesem wollten wir genau ein Model haben. Auf der größten Fachmesse kamen wir mit unserem Konzept auf den Stand, um einen Termin mit dem Vertriebsmitarbeiter zu machen. Also sagten wir ihm, wir wollten nur dieses eine Modell. Und das bitte auf Kommission. Wir wurden – zumindest glaube ich das – zum Running-Gag auf dem gesamten Messestand. Der Mitarbeiter machte mir ganz schnell deutlich, dass ich nächstes Jahr noch mal kommen darf, wenn ich denn bis dahin 150 Standardmodelle (von der Stange) verkauft habe, dann würde ich eventuell die Chance haben, dieses Model zu bekommen. Auf Kommission natürlich nicht. Ich ging unverrichteter Dinge nach Hause, bin aber von meinem Konzept nicht abgewichen, wusste ich doch, dass es nur durch einen Individualisierung wirklich gut wird. Unsere Wege – die des Vertriebsmitarbeiters und meine – haben sich ein Jahr später wieder gefunden. Aber nicht auf einer Messe. Wir hatten in einem Jahr so viel erreicht und hatte auch die entsprechende Presse, dass sich der Vertriebsmitarbeiter mit seinem Europageschäftsführer bei uns einfand, um uns mitzuteilen, dass sie sich freuen würden wenn wir bei Stilrad ihre Marke führen würden, natürlich würden wir die Modelle, die uns entsprechen, auf Kommission bekommen. Dem ist nichts hinzuzufügen, außer dass die Marke nicht bei uns geführt wird.

Mit einem neuartigen Konzept macht man natürlich noch viel mehr Erfahrungen, die diesen Rahmen sprengen würden. Eines sei aber noch festzuhalten: Eine klare Positionierung hilft nicht nur den Kunden klar zu adressieren, übrigens ein Fakt der sich bis heute bei den Kunden einstellt. Sie hilft auch bei der Vermarktung. So hat Stilrad bis heute vollständig auf klassische Marketingkommunikation verzichtet und keinen einzigen Cent für ein Werbebudget ausgegeben. Erstaunlicherweise gelingt dies den inzwischen etlichen Kopien von Stilrad nicht, diese sind auf Werbung angewiesen. Es ist sicherlich die konsequent gelebte Positionierung, die der Konsument wahr nimmt und die den Konsumenten den entscheidenden Mehrwert spüren lässt. Dabei muss sich das Konzept Stilrad natürlich immer wieder neu erfinden, auch das ist eine Erfahrung. Der strapazierte Spruch „Nicht ist beständiger als der Wandel" trifft es perfekt. So hat Stilrad inzwischen einen Onlineshop, der einen Fahrradkonfigurator beinhaltet, der vielseitiger ist als die meisten Konfiguratoren der großen Automobilhersteller. Das ist nicht nur wieder ein Novum in dem gesamten Markt, es gibt auch Abstand zur Konkurrenz und stärkt die Kundenbindung. Es wird ganz sicher nicht die letzte Innovation bleiben.

Stilrad überprüft sich in jedem Bereich immer wieder auf seine Positionierung und nimmt bei Bedarf natürlich auch Richtungskorrekturen vor. Diese sind bei Zeiten notwendig, denn natürlich muss auch die Wirtschaftlichkeit eines Unternehmens gewährleistet sein. Vor allem, wenn sich die Rahmenbedingungen in neu entstehenden Märkten ständig ändern. Auch das gehört zu einem nachhaltigen Handeln: Die Positionierung immer wieder in Frage zu stellen. Der Erfolg gibt uns recht. Stilrad ist in fünf Städten vertreten, konnte signifikantes Online-Geschäft aufbauen und gilt als Kurator des guten Stil in einer ganzen Branche. Vor allem die Schlagkraft der Marke macht Spaß, sie ist in der Wahrnehmung der Kunden hoch angesehen. Und zum ersten Mal wurde Stilrad kürzlich als Synonym für ein schönes Fahrrad benutzt, in der Headline der Wochenendausgabe der FAZ.

So soll dieser Beitrag ein Appell an alle Unternehmer und Unternehmen sein, mutiger zu handeln. Sich nicht Marktgegebenheiten zu unterwerfen und Dinge zu tun, nur weil sie immer so getan wurden. Sicherlich ist das viel anstrengender, als ein gemütliches Dahinvegetieren, aber es ist der einzige Weg, Dinge neu zu erfinden. Vor allem ist es der einzige Weg, Kunden und Mitarbeiter authentisch für das Unternehmen zu begeistern. Außerdem ist neue Wege zu etablieren sicherlich ein sehr nachhaltiger Prozess, der denen vorbehalten ist, die Bereitschaft haben mit Regeln zu brechen, weil sie von einer Idee überzeugt sind.

„Mut steht am Anfang des Handelns. Glück am Ende."
Demokrit

15.8   Über den Autor

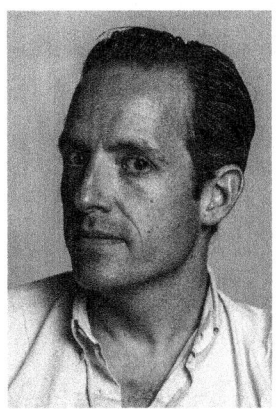 **Michael Vogt**, geboren am 17.07.1970 in München ist mit seiner Beratungsfirma Reeve strategischer Berater für die Neu- oder Repositionierung von Unternehmen. Und eigentlich leidenschaftlicher Autofahrer. Bis er auf die Idee kam, Fahrräder als Lifestyle-Objekte zu präsentieren und zu verkaufen. Inzwischen besitzt er mit seiner Geschäftspartnerin Tina Umbach sechs Showrooms in Berlin, Frankfurt, München, Wien und Zürich. Das Auto ist nur noch Mittel zum Zweck und schöne Ausfahrten werden mit dem Radl gemacht. Stilrad°° wurde zu seiner besten Referenz, wie man mit einer klugen Strategie und einer konsequenten Positionierung einen bestehenden Markt komplett neu definieren kann. Er hält Vorträge auf diversen Marketing-Veranstaltungen und berät so manch namhaftes Unternehmen bei der Neuerfindung und Positionierung. Dabei verlangt er von seinen Kunden dasselbe wie von sich: Mut neue Wege zu gehen.

Michael Vogt lebt mit seiner Frau und seinen vier Kindern in München Schwabing und genießt den Luxus in der Stadt alles mit dem Fahrrad zu machen.

Nachhaltiges Textilrecycling – eine globale Herausforderung

16

Martin Böschen

16.1 Stetiger Wachstum an Alttextilien

Seit jeher wird die Sammlung gebrauchter Textilien in vielen Ländern unserer Erde durchgeführt und hat sich inzwischen zu einem bedeutenden wirtschaftlichen Faktor etabliert. In Europa werden Alttextilien bereits seit der Frühen Neuzeit systematisch erfasst und weiterverwertet. In den vergangenen Jahrzehnten haben sich Produktionsmethoden und das Konsumverhalten unserer Gesellschaft jedoch immens verändert: Kleidung wird weltweit in riesigen Mengen produziert, global vermarktet und rasant konsumiert.

Nach Angaben des Bundesverbands Sekundärrohstoffe und Entsorgung (bvse) werden alleine in Deutschland pro Jahr rund 1,01 Millionen Tonnen Alttextilien entsorgt (vgl. bvse, 2015). Die Mengen an Altkleidern, nicht mehr benötigten Schuhen sowie Haushaltstextilien nehmen kontinuierlich zu (vgl. ⊙ Abb. 16.1). Immer schneller wechselnde Modetrends und Kollektionen fördern diese Entwicklung, sodass jeder Bundesbürger, nach Angaben des BVSE, etwa 28 Kilogramm Kleidung und Schuhe im Jahr erwirbt und ähnlich große Mengen wieder aussortiert (vgl. bvse, 2008).

Die Nachfrage von Kleiderkammern sowie aus Krisengebieten beansprucht nur einen geringen Teil der gesammelten Mengen. Eine große Herausforderung stellt die nachhaltige sowie umweltschonende Weiterverarbeitung der verbleibenden Gebrauchttextilien dar, um weitere Müllberge und Umweltbelastungen zu vermeiden.

16.2 Karitas und Ökologie – TEXAID im Fokus

Im Jahr 1973 schlossen sich die sechs Schweizer Hilfswerke Schweizerisches Rotes Kreuz, Winterhilfe Schweiz, Solidar Suisse, Caritas Schweiz, Kolping Schweiz und das Hilfswerk der evangelischen Kirchen Schweiz zusammen, um die jeweiligen Sammlun-

Abb. 16.1 Zur Weiterverarbeitung bereitgestellte Mengen an Altkleidern

gen von Altkleidern zu koordinieren und optimieren. Gemeinsam mit meinem Großvater, dem deutschen Unternehmer und Know-how-Geber Heinz Knecht, gründeten sie 1978 die TEXAID Textilverwertungs-AG als Charity-Private-Partnership. Übergeordnetes Ziel der Unternehmer war eine Bündelung der traditionellen und bis dahin eigenständig betriebenen Kleidersammlungen in einer professionellen Wertschöpfungskette.

Mit Hauptsitz im Schweizer Kanton Uri und Niederlassungen in Deutschland, Bulgarien, Ungarn und Marokko zählt die TEXAID-Gruppe heute zu Europas führenden Dienstleistern im Textilrecycling. Gruppenweit erwirtschaften über 1.000 Mitarbeiterinnen und Mitarbeiter finanzielle Mittel in Millionenhöhe für die angeschlossenen Hilfswerke sowie andere gemeinnützige Organisationen und tragen somit direkt zur Finanzierung als auch Umsetzung karitativer und sozialer Aufgaben bei.

Wir verstehen uns als Familienunternehmen, das sozialen und ökologischen Belangen besondere Bedeutung beimisst und im Einklang von Ökonomie und Ökologie dazu beiträgt, dass gebrauchte Textilien möglichst lange in der Wertschöpfungskette erhalten bleiben.

Der soziale Charakter von Kleidersammlungen wurde in den vergangenen Jahren durch die Dimension der ökologischen Nachhaltigkeit ergänzt. Ein wachsendes Umweltbewusstsein in breiten Teilen der Bevölkerung hat dazu beigetragen, dass immer mehr Menschen den Anspruch besitzen, mit ihrer aussortierten Kleidung einen Beitrag zum Schutz von wertvollen Ressourcen und der Umwelt zu leisten. Um diesem Anspruch gerecht zu werden, müssen professionelle Textilrecycler eine technisch hochmoderne und ökologisch sinnvolle Sammlung, Sortierung sowie Weiterverwertung von Alttextilien gewährleisten.

16.3 Prozesskette des professionellen Textilrecyclings

Diese drei Komponenten – Sammlung, Sortierung und Verwertung – bilden gemeinsam die Prozesskette des professionellen Textilrecyclings. Welche Aspekte zur Nachhaltigkeit hierbei berücksichtigt werden, wird im Folgenden deutlich.

16.3.1 Sammlung

Gemeinsam mit Tochterunternehmen in der Schweiz und Deutschland sammelt TEXAID jährlich rund 75.000 Tonnen Alttextilien. Hierzu stehen in der Schweiz und Deutschland etwa 15.000 Alttextilcontainer flächendeckend zur Verfügung. Zudem finden mehrmals im Jahr Straßensammlungen statt.

Die Container werden nur an Standorten aufgestellt, die von Städten und Gemeinden genehmigt werden. Solange rechtliche Rahmenbedingungen eingehalten werden, können auch Privatpersonen, Unternehmen oder Vereine einen Stellplatz zur Verfügung stellen. Als Problem haben sich sogenannte Wildaufsteller erwiesen. Hierbei handelt es sich um Alttextilsammler, die Container ohne Genehmigung aufstellen und oftmals mit scheinkaritativen Logos werben. Für den Bürger ist es deshalb nur schwer zu erkennen, ob es sich um eine seriöse und gesetzeskonforme oder eine illegale Sammlung handelt.

Um bei der Sammlung der Alttextilien höchstmögliche Transparenz zu gewährleisten und im Dialog mit der Bevölkerung Problemen präventiv zu begegnen, führen wir das Logo der jeweils von uns unterstützten Organisation stets prägnant auf unseren Containern sowie Sammelsäcken. So wird ersichtlich, welche gemeinnützige Organisation Vergütungen aus der gesammelten Ware erhält. Zudem erläutern Beschriftungen, was mit den entsorgten Kleidern, Schuhen und Haushaltstextilien geschieht. Klar verständliche Piktogramme auf den Altkleidercontainern informieren darüber, welche Textilien für eine Weiterverarbeitung geeignet sind und welche nicht. Kontaktdaten sowie Servicenummern ermöglichen bei Fragen und Anliegen eine einfache Kontaktaufnahme mit unseren Mitarbeiterinnen und Mitarbeitern.

TEXAID erhält aktive Unterstützung bei Sammlungen in der Schweiz von 16 Rotkreuz-Regionalstellen, über 400 Samaritervereinen, mehr als 40 Kolpingfamilien sowie einigen unabhängigen Vereinen und gemeinnützigen Organisationen. Durch Kooperationen mit TEXAID erhalten Letztere Vergütungen aus den jeweiligen Container- und Straßensammlungen, welche der Verwendung für soziale Projekte dienen.

Eine gezielte und bedarfsgerechte Leerung der Altkleidercontainer ist sowohl ökologisch als auch ökonomisch sinnvoll – schließlich besteht der Großteil an Energiekosten des Unternehmens aus dem Einholen der entsorgten Alttextilien. Täglich sind emissionsarme Dieselfahrzeuge im Einsatz, leeren Container und sammeln Altkleidersäcke ein (siehe ⦿ Abb. 16.2). Dies verlangt nach einem Logistiksystem, das exakt auf die Anforderungen eines reibungslosen Prozedere angepasst ist. Der Tourenplan basiert deshalb auf

Abb. 16.2 Die Leerung der Sammelcontainer findet täglich statt

den Erfahrungswerten und Algorithmen eines Software-Programmes. Dieses sammelt für jeden einzelnen Container Sammel- und Intervalldaten und berechnet aus den mittlerweile seit Jahren gespeicherten Informationen den voraussichtlich besten Termin für die nächste Leerung. Auf diese Weise erstellt das Programm für jeden Fahrer täglich einen effizienten Tourenplan, wodurch per GPS-Steuerung alle Standorte gezielt angefahren werden können. Zeit und Geld werden gespart, außerdem sorgt diese Art der Vorgehensweise für einen schonenden Umgang mit der Umwelt.

Neben Millionen Privathaushalten fallen im Handel und in der Herstellung textile Restwaren und Produktionsabfälle in Tonnen an. Üblicherweise werden diese an Restposten-Händler oder Outlets weiterverkauft beziehungsweise thermisch entsorgt. Europaweit regeln umfangreiche Gesetze und Vorschriften sowohl die Entsorgung textiler Abfälle als auch den Weiterverkauf von qualitativ hochwertiger Restware bis ins Detail.

Um diese fachlichen Standards zu erfüllen, müssen Hersteller und Händler auf erfahrene Spezialisten für Textilrecycling setzen und deren Kompetenz und Erfahrung nutzen. Auch TEXAID kooperiert mit namhaften, global agierenden Markenherstellern. In Zusammenarbeit werden individuelle Lösungen für eine ökologisch und ökonomisch nachhaltige Erfassung und Entsorgung entwickelt. Als Spezialist im Bereich End-of-life and Sustainability Solutions analysiert TEXAID die erfasste Restware. Textilabfälle sowie Ware, die nicht weiterverkauft werden kann, werden nach Möglichkeit recycelt und als Rohstoff oder neues Produkt im Textilkreislauf erhalten.

16.3.2   Sortierung

In der Prozesskette, welche aus den Bestandteilen Sammeln, Sortieren und Verwerten besteht, entscheidet das Sortieren über den ökonomischen und ökologischen Wert der Alttextilien.

In unseren Werken im thüringischen Apolda, in Schattdorf, im Kanton Uri sowie in den TEXAID-Unternehmen in Ungarn, Bulgarien sowie Marokko steht jedes einzelne Kleidungsstück während des Sortiervorganges unter strenger Begutachtung der Mitarbeiterinnen und Mitarbeiter. So wird sichergestellt, dass die sortierten Altkleider der besten Weiterverarbeitung zugeführt werden können.

Im Sortierwerk in Schattdorf wird die Sortierung durch computergestützte und sprachgesteuerte Anlagen sowie Förderbänder unterstützt. Dennoch obliegt der wesentliche Teil des Sortierens weiterhin der menschlichen Arbeitskraft. An allen unseren Standorten nehmen geschulte Mitarbeiterinnen und Mitarbeiter jedes Kleidungsstück in die Hand und klassifizieren es nach etwa sechzig Kriterien. Diese sind beispielsweise tragbar/nicht tragbar, Sommer/Winter oder männlich/weiblich. Nach der Klassifizierung werden die Teile für den Weitertransport eingeteilt und vorbereitet. Die Sortierung filtert aus entsorgten Textilien nutzbare Secondhand-Kleidung heraus, die so im Textilkreislauf bestehen bleibt (siehe ⊙ Abb. 16.3 und ⊙ Abb. 16.4).

Abb. 16.3 Mitarbeiter klassifizieren die Kleidungsstücke nach etwa sechzig Kriterien

Abb. 16.4 Die sogenannte „Sortierstraße" in einem unserer Werke

16.3.3   Verwertung

Textilien sind Rohstoffe, die möglichst lange im Verwertungskreislauf gehalten werden sollten, um natürliche Ressourcen zu schonen und die Umweltbelastung zu reduzieren. Gruppenweit sammeln wir jährlich rund 75.000 Tonnen Altkleidung, Schuhe und Haushaltstextilien bei einer Wiederverwertungs- beziehungsweise Recyclingquote von bis zu 95 Prozent.

Durch die Feinsortierung erreichen wir einen Anteil an Secondhand-Kleidung von 65 Prozent – damit liegen wir deutlich über dem Branchenschnitt von 50 Prozent. Auch die verbleibenden 35 Prozent der Textilien werden einer genauen Analyse unterzogen. Stark beschädigte Teile aus Baumwolle oder Baumwollmischgewebe lassen sich zu Putzlappen verarbeiten. Unsere Werke in Ungarn und Bulgarien sind auf das Zuschneiden der Reinigungstücher spezialisiert, für den Vertrieb sorgen die TEXAID-Unternehmen in der Schweiz und in Deutschland. Die für eine solche Weiterverarbeitung geeigneten Textilien werden in Handarbeit von harten und festen Bestandteilen, wie zum Beispiel Reißverschlüssen, Knöpfen oder Manschetten befreit und auf die optimale Größe zugeschnitten.

Rund 15 Prozent der nicht mehr tragbaren Textilien können auf diese Weise einer neuen Nutzung zugeführt werden. Hergestellt werden zahlreiche Sorten von Putzlappen- und Reinigungstüchern, die für die unterschiedlichsten Anwendungsbereiche geeignet sind. Das Sortiment umfasst Tücher für erste Vorreinigungsarbeiten, unter anderem in der Kfz- und Maschinenbauindustrie, bis hin zu Tüchern für die Feinreinigung im High-Tech-Bereich (siehe ⊚ Abb. 16.5).

Abb. 16.5 Neues Produkt aus alter Kleidung: Putzlappen

Weitere 15 Prozent werden als Recyclingwolle für neue Bekleidung oder als Bestandteil in Decken weiterverwendet. Außerdem werden sie maschinell zerfasert, um als Rohstoff etwa für Isolier- und Dämmstoffe sowie Dachpappen verarbeitet zu werden. Lediglich fünf Prozent der Alttextilien werden thermisch verwertet und dienen so der Wärme- und Energieerzeugung

16.4   Philosophie des nachhaltigen Textilrecyclings

Neben den Maßnahmen, welche innerhalb der Prozesskette Anwendung finden, berücksichtigen wir weitere Aspekte des nachhaltigen Wirtschaftens in unserer Unternehmensphilosophie. Hierzu zählen unsere Umwelt- und Klimastrategie, die Transparenz des Unternehmens sowie Mitgliedschaften und Prüfverfahren.

16.4.1   Umwelt- und Klimastrategie

Die Produktion von Kleidung und Schuhen verursacht eine hohe Belastung für die Umwelt. Zur Herstellung textiler Fasern benötigt die Bekleidungsindustrie stetig steigende Mengen an Energie, Wasser und Erdöl. Allein für die Herstellung eines einzigen T-Shirts sind über 2.700 Liter Wasser nötig (vgl. UNESCO-IHE, 2005). Pestizide und Düngemittel bringen die Natur zusätzlich aus dem Gleichgewicht. Baumwollplantagen werden während der Wachstumsphase bis zu 25 Mal mit Pflanzenschutzmitteln behandelt (vgl. Universität Augsburg, o. J.). Zudem findet das beim Produktions- und Veredelungsprozess der Textilien entstehende CO_2 Eingang in die ökologische Negativbilanz.

Wenn entsorgte Textilien weiterverwendet oder recycelt werden, entlastet dies die Umwelt erheblich. Dem stimmen auch Wissenschaftler der Schweizer Carbotech AG zu, die Unternehmen, die öffentliche Hand und andere Organisationen in Umweltfragen beraten und begleiten. In einer von TEXAID in Auftrag gegebenen Studie weist Carbotech nach, dass die Umweltbelastung durch Textilrecycling im Vergleich zur Neuproduktion wesentlich geringer ausfällt und praktisch zu vernachlässigen ist.

Dennoch werden auch beim Sammeln, Verwerten und Vermarkten von gebrauchten Textilien Treibhausgase erzeugt. Um herauszufinden, wie unsere Umweltbilanz weiter optimiert werden kann, beauftragte die TEXAID Schweiz, im Rahmen einer ganzheitlichen Klimastrategie, die Swiss Climate AG eine CO_2-Bilanz (Carbon Footprint) zu erstellen. Als Basisjahr diente das Geschäftsjahr 2013. Berücksichtigt wurden alle Mitarbeitenden sowie deren geschäftliche Aktivitäten in der Schweiz, die zur Erfüllung des professionellen Textilrecyclings nötig sind. Das Resultat und die bisherigen Anstrengungen in Richtung ganzheitlichem Umweltschutz ergaben eine positive Bilanz.

Unser Stammunternehmen TEXAID Textilverwertungs-AG wurde als europaweit erstes und bislang einziges Unternehmen aus dem Bereich Textilrecycling mit dem „CO_2-Neutral"-Gütesiegel von Swiss Climate ausgezeichnet. Die Auszeichnung ist der höchste Qualitätsstandard für Unternehmen, die sich nachhaltig für den Klimaschutz einsetzen. Verifiziert wurde die Zertifizierung durch die Schweizerische Vereinigung für Qualitäts- und Managementsysteme SQS, die auch führend bei der Vergabe von ISO-Zertifikaten ist.

Mit der Zertifizierung verpflichten wir uns zur Umsetzung klar definierter Maßnahmen und zu weiterführenden Investitionen in betriebsinterne und/oder -externe Projekte, welche zur Verringerung der CO2-Belastung beitragen. Bis 2020 wollen wir den CO_2-Ausstoß pro Tonne verarbeiteter Altkleider um 15 Prozent senken.

Darüber hinaus unterstützt TEXAID das Çanakkale-Projekt in der Türkei. Dieses fördert die Erzeugung erneuerbarer Energie durch Windturbinen im Westen der Türkei. Dadurch wird der Verbrauch fossiler Brennstoffe reduziert und der Ausstoß von CO_2 gemindert. Das Projekt bietet der lokalen Bevölkerung in sozialer und wirtschaftlicher Hinsicht eine Vielzahl nachhaltiger Möglichkeiten. Vor der Projektumsetzung deckte die Region ihren steigenden Strombedarf mit Energie aus dem türkischen Netz. Diese wurde überwiegend durch fossile Brennstoffe, vor allem Kohle, mit einem Anteil von fast 75 Prozent erzeugt, wodurch erhebliche Mengen an CO_2 entstanden (vgl. Swiss Climate, o. J.).

Die im Rahmen des Projekts installierten Windturbinen decken, bei voller Kapazität, den gesamten Energiebedarf der Region ab. Auf diese Weise werden jährliche Emissionen im Umfang von über 55.000 Tonnen CO_2 eingespart.

16.4.2 Transparenz

Eine nachhaltige Unternehmensführung setzt einen hohen Grad an Transparenz voraus. Wir legen daher besonderen Wert auf eine offene und klare Unternehmenskommunikation, die über Arbeitsmethoden und Hintergründe informiert. Hierdurch wollen wir ein ausgeprägtes gesellschaftliches Bewusstsein für das Thema Textilrecycling schaffen und so den Anteil der über Sammelsysteme zurück in den Kreislauf geführten textilen Rohstoffe erhöhen. Folgende Maßnahmen wurden zur Erreichung dieser Zielsetzung geschaffen:

Sechs namhafte Schweizer Hilfswerke sind Aktionäre der TEXAID Textilverwertungs-AG und agieren nicht nur mit ihrem Namen in der Öffentlichkeit, sondern sind aktiv im operativen Geschäft eingebunden. Als Aktionäre tragen sie das unternehmerische Risiko mit und fördern ihrerseits die nachhaltige und transparente Unternehmensstruktur.

Durch zahlreiche Zertifizierungen und Mitgliedschaften in Organisationen, die sich um mehr Nachhaltigkeit und Transparenz in der Textilbranche bemühen, entwickeln wir unsere Unternehmensstrukturen weiter und gestalten die Entwicklung von nachhaltigem Textilrecycling aktiv mit.

Durch Werksführungen in den Sortierwerken können interessierte Personen, Journalisten, Politiker und Vertreter von Organisationen einen unmittelbaren Einblick in unsere Tätigkeiten erhalten.

Wir führen klar verständliche Piktogramme auf unseren Altkleidercontainern, die darüber informieren, in welchem Zustand die Alttextilien abgegeben werden können. Die Container-Beschriftung gibt Auskunft, mit welchen Partnern TEXAID kooperiert und inwiefern die entsorgten Kleider, Schuhe und Haushaltstextilien weiterverarbeitet werden. Servicenummer und Kontaktdaten vervollständigen die Informationsmöglichkeiten.

Wir stehen im aktiven Dialog mit Presse, Öffentlichkeit, Politik sowie zahlreichen nationalen und internationalen Organisationen.

In Zusammenarbeit mit der Stiftung Praktischer Umweltschutz Schweiz (Pusch) sensibilisieren wir Kinder, Jugendliche und Erwachsene für das Thema Textilrecycling. Gemeinsam erarbeitete Unterrichtsmaterialien dienen der Umweltbildung an Schweizer Schulen.

16.4.3 Mitgliedschaften und Prüfverfahren

Um als Unternehmen der hohen Verantwortung gegenüber Umwelt, Mensch und Gesellschaft gerecht zu werden, arbeiten wir kontinuierlich an der Verbesserung unserer Klima- und Umweltvorsorge und optimieren dementsprechend unsere Arbeitsprozesse sowie Qualitätsstandards. Dieses Engagement betreiben wir im stetigen Austausch mit Verantwortungsträgern aus Wirtschaft, Politik sowie Wissenschaft und lassen unsere Arbeit von externen Stellen prüfen, bewerten und zertifizieren. TEXAID ist Mitglied in zahlreichen

Verbänden, Vereinen und Organisationen, die sich für nachhaltige Strukturen in Wirtschaft, Politik und Gesellschaft einsetzen.

In der Schweiz sind wir Gründungsmitglied des Fachverbands Swiss Recycling. Die Mitglieder verpflichten sich einer Umsetzung der in der Charta definierten Standards: Diese sind insbesondere Transparenz im Stoff- und Finanzfluss, optimierte Rücknahme sowie nachhaltige Entwicklung. Der Verband sensibilisiert die Öffentlichkeit zudem durch Kommunikationsarbeit für das Separatsammeln und das Recycling.

Zudem engagieren wir uns im Bundesverband Sekundärrohstoffe und Entsorgung e.V. (bvse) und verfügen als einzige Textilsammelorganisation über ein ISO-zertifiziertes Qualitätsmanagementsystem (ISO-Norm 9001: 2008).

Darüber hinaus sind wir in Deutschland als Entsorgungsfachbetrieb im Hinblick auf Sammeln und Verwerten zertifiziert und im Besitz des Qualitätssiegels „Textilsammlung" des bvse. Der Verband setzt sich für fairen Wettbewerb in der Branche, die Bekämpfung illegaler Containeraufstellung, Informationsangebote für Bürgerinnen und Bürger, die Herauslösung der Altbekleidung aus dem Abfallbegriff sowie die Berücksichtigung des Recyclings bei der Produktion ein.

Weiterhin pflegen wir Mitgliedschaften in der Gemeinschaft für textile Zukunft (GftZ), die sich für einheitliche Standards zur Erfassung, Sortierung und Verwertung von Alttextilien einsetzt sowie im Weltrecyclingverband BIR – Bureau of International Recycling. Der 1948 gegründete Verband setzt sich auf internationaler Ebene für die Interessen der Recyclingindustrie ein.

Schließlich sind wir Mitglied im Beirat der Wirtschaft e.V. (BdW). Leitbild des Vereins ist eine Marktwirtschaft, in der sich Gesellschaft, Politik und Wirtschaft an den Prinzipien der Nachhaltigkeit orientieren. Dieser Zusammenschluss von Verantwortlichen in der Wirtschaft setzt sich somit die Förderung einer sozialen und ökologischen Gestaltung der Globalisierung zum Ziel.

Besonders aktiv engagieren wir uns außerdem seit Oktober 2014 im Bündnis für nachhaltige Textilien. Gemeinsam mit Vertreterinnen und Vertretern der Wirtschaft, der Gewerkschaften und der Zivilgesellschaft hat Bundesentwicklungsminister Dr. Gerd Müller das Textilbündnis auf den Weg gebracht. Eineinhalb Jahre nach dem Rana Plaza-Unglück in Bangladesch, mit mehr als tausend Toten, ist es Ziel, konkrete Verbesserungen der sozialen und ökologischen Standards in der weltweiten Textil- und Bekleidungsindustrie zu schaffen.

16.5   Alttextilien als Teil der weltweiten Wertschöpfung

Einen Teil der globalen Textilkette stellt die systematische Erfassung und Verwertung von Alttextilien dar. TEXAID verkauft gebrauchte Kleidung und Schuhe in zahlreichen eigenen Secondhand-Läden und exportiert zudem sortierte Altkleidung nach Osteuropa, Asien und Afrika. Unsortierte, aber von offensichtlichem Abfall bereinigte Textilien, werden an

Sortierwerke in Italien, Belgien und Osteuropa verkauft. Jedoch beeinflussten die Bürgerkriege in der Ostukraine und in Syrien sowie die Ebola-Krise in Afrika die Nachfrage nach Secondhand-Bekleidung negativ.

Dennoch ist in den vergangenen Jahren der weltweite Bedarf an guter, tragfähiger Kleidung stark angestiegen. Hierfür gibt es folgende Ursachen: In afrikanischen Ländern ist Secondhand-Ware aus Europa eine gesuchte Alternative zu Kunstfasertextilien aus Asien. In Osteuropa führt die Öffnung der Märkte zu einem höheren Bedarf an qualitativ guter, modischer Kleidung, sodass hier die Nachfrage stetig steigt. In Westeuropa hat ein Umdenken stattgefunden, hier steht die Schonung der Ressourcen und der Umwelt bei den Käufern im Vordergrund.

Wiederholt wurde in den Medien negativ über den Export von gebrauchten Textilien nach Afrika berichtet und behauptet, dass die Alttextilexporte die einheimischen Textilindustrien zerstören würden. Jedoch hat der Niedergang der Textilindustrien in afrikanischen Ländern vielschichtige Gründe.

Internationale Handelsabkommen, wie beispielsweise das Welttextilabkommen (1995) und der African Growth and Opportunity Act (2000), begünstigten die Entstehung der Textilindustrie in bestimmten Ländern Afrikas. Nachdem diese Abkommen ausliefen, verschwand auch die lokale Textilindustrie – dies geschah unabhängig vom Import der Gebrauchtkleidung.

Zudem verlagerte sich in den vergangenen Jahrzehnten die internationale Textilindustrie weitgehend nach Asien und fand dort kostengünstige Produktionsstätten. Dadurch wanderten hunderttausende Arbeitsplätze nicht nur aus Afrika, sondern auch aus Europa und Amerika in den asiatischen Raum ab. In einer Stellungnahme der Bundesregierung auf eine Anfrage der Fraktion Bündnis 90/Die Grünen werden lokale Ursachen für den Niedergang der heimischen Textilindustrie verantwortlich gemacht (vgl. Deutscher Bundestag, 2012). Hierzu gehören schlechte gesamtwirtschaftliche Rahmenbedingungen, politische sowie rechtliche Instabilität, mangelnde Produktivität von Betrieben sowie Wettbewerbsverzerrungen, beispielsweise bedingt durch hohe Zölle für textile Rohmaterialien.

Darüber hinaus sind die Weiterverarbeitung und der Handel mit gebrauchten Textilien ein bedeutender Wirtschaftsfaktor in vielen afrikanischen Ländern, der tausende Arbeitsplätze schafft. Sie entstehen durch den Handel mit den Altkleidern, die in Ostafrika „Mitumba" genannt werden, sowie durch zahlreiche Schneidereien, die aus den Textilien Neues schaffen.

16.6 Forschung und Vision

Wie bereits erwähnt verursacht die Produktion von Kleidung, Schuhen und Haushaltstextilien hohe Umweltbelastungen und beansprucht wertvolle Ressourcen. Die riesigen Mengen an entsorgten Altkleidern sind nicht zu ignorieren. Die Weiterverwertung und das Recycling sind derzeit aus sozialer, ökologischer und ökonomischer Sicht die einzig sinnvollen Optionen für den Umgang mit Alttextilien, denn eine willkürliche Verbrennung würde eine nicht zu rechtfertigende Verschwendung von Ressourcen bedeuten.

Um diese zu schonen, die Umweltbelastung weiter zu reduzieren und kommenden Generationen faire Entwicklungschancen zu sichern, werden geschlossene Produktionskreisläufe und eine vollständige Wiederverwertung immer wichtiger. Deshalb wollen wir langfristig unseren hohen Secondhand-Wert von 65 Prozent weiter steigern und unsere Arbeit klimaneutral verrichten. Des Weiteren möchten wir zukünftig dafür sorgen, gebrauchte Kleidung, Schuhe und Haushaltstextilien in einem geschlossenen Verwertungskreislauf zu halten. Alttextilien, die nicht mehr als Secondhand-Ware genutzt werden können, sollen als Textilrohstoff zur Herstellung neuer Produkte dienen.

Im Vergleich zu Virgin-Cotton haben recycelte Fasern eine besonders gute Ökobilanz. Sie sind jedoch kürzer, reißen leichter und bieten derzeit nicht die vollwertige Qualität im Vergleich zu fabrikneuer Baumwolle. Doch bereits die Herstellung von Textilprodukten aus 50 Prozent recycelter Baumwolle würde nach Angaben der Deutschen Bundesstiftung Umwelt (DBU) eine Wassereinsparung von 10.000 Litern pro Kilogramm Garn bedeuten (vgl. Schuster, 2011).

Eine Verknappung der textilen Rohstoffe ab 2025 wird von zahlreichen Forschungsinstituten prognostiziert – das hochwertige Re- und Upcycling gebrauchter Textilien gewinnt hierdurch immer mehr an Bedeutung. Wir unterstützen die Forschung im Bereich der Rückgewinnung und Wiederverwertbarkeit von Alttextilien, tätigen gezielt Investitionen in betriebsinterne und -externe Projekte und kooperieren hierbei mit der schwedischen Universität Boras.

Alternative textile Rohstoffe wie Cellulose, Viscose und Stängelfasern eignen sich hervorragend als nachhaltige Materialien und erleben weltweit einen starken Volumenanstieg. Ein wichtiges Forschungsziel ist deshalb die Umwandlung von Baumwolle in Cellulose und Viscose, Pilotversuche wurden bereits erfolgreich umgesetzt.

16.7　Verantwortung in einer globalisierten Textilwirtschaft

Die Globalisierung eröffnet Entwicklungsländern neue Chancen und stellt sie zugleich vor große Herausforderungen. Voraussetzung für langfristige Entwicklungserfolge ist eine sozial und ökologisch nachhaltige Gestaltung von Produktionsprozessen und globalen Produktionsketten.

Nicht nur Unternehmen sind in der Verantwortung nachhaltiges Wirtschaften weltweit zu fördern und zu standardisieren – auch Regierungen, NGOs, Gewerkschaften und insbesondere Verbraucher können entscheidend Einfluss auf eine positive Entwicklung nehmen. Eine stetig steigende Verbrauchernachfrage nach umwelt- und sozialverträglich hergestellten Waren erhöht den Druck auf Unternehmen, ihre Produktionsprozesse nachhaltiger und transparenter zu gestalten. Um die dafür notwendigen Entwicklungen weltweit voranzubringen sind Zusammenschlüsse und Kooperationen von Vertretern aus

Politik, Zivilgesellschaft und Wirtschaft unverzichtbar. Das Textilbündnis ist solch ein Zusammenschluss von wichtigen Akteuren, die klare Richtlinien und Grundsätze definieren und soziale sowie ökologische Mindeststandards bei der Produktion als auch entlang der globalen Lieferketten festlegen können. Hierzu muss das Bündnis zukünftig stärker auf internationaler Ebene agieren und weitere Partner in Produktionsländern hinzuziehen. Jenseits der großen Projekte sind zahlreiche kleine Schritte gefragt, um Transparenz und eine Kaufentscheidung nach sozialen sowie ökologischen Standards zu fördern. Ein Beispiel hierfür ist das von der Bundesregierung eingerichtete Internetportal „Siegelklarheit". Auf der Website werden Informationen über die Hintergründe der verschiedenen Textilsiegel geboten. Schließlich müssen Regierungen, NGOs und Gewerkschaften länderübergreifend daran arbeiten, dass menschenwürdige Arbeits-, Sozial- und Umweltstandards etabliert werden.

Das Bündnis für nachhaltige Textilien verfolgt hohe Ambitionen, um seinen Ansprüchen gerecht zu werden. Dass das Thema „gute Arbeit weltweit" auch im Rahmen der deutschen G7-Präsidentschaft auf die internationale Tagesordnung gehoben wurde, kann bereits als Erfolg bewertet werden. Zudem sind Anfang Juni 2015 große Verbände aus der Textilbranche sowie zahlreiche namhafte Unternehmen dem Bündnis beigetreten, wie zum Beispiel H&M, die Otto Group, C&A, Schöffel, KiK, ALDI, Tchibo, REWE und LIDL.

Nun gilt es, im Dialog zwischen politischen Verantwortlichen und der Textilwirtschaft nicht nur Ziele zu definieren, sondern realistische Schritte zu benennen, wodurch weltweit nachhaltige Produktionsverfahren, Lieferketten und menschenwürdige Arbeitsbedingungen geschaffen werden können. Gerade die G7-Staaten sind aufgrund ihrer wirtschaftlichen Stärke in der Lage, einen globalen Prozess anzustoßen, an dessen Ende eine Anhebung von ökologischen und sozialen Standards entlang der weltweiten Produktions- und Lieferketten steht.

Unternehmerisches Handeln und gesellschaftliche Verantwortung lassen sich nicht voneinander trennen. Die Wirtschaft braucht eine menschenfreundliche Ethik, um längerfristig den Ansprüchen der Gesellschaft gerecht zu werden. Unternehmen, die sich gesellschaftlich und sozial engagieren, den Schutz natürlicher Ressourcen fördern und die Entwicklung ihrer Mitarbeiter unterstützen, schaffen einen Mehrwert und erhöhen ihre Glaubwürdigkeit. Mit Blick auf eine globalisierte Wirtschaft, moderne Kommunikations- und Informationsmittel sowie aufgeklärte Verbraucher, können Unternehmen nur dann langfristig erfolgreich sein, wenn sie die Unternehmensverantwortung nicht auf einzelne Wohltaten beschränken sondern nachhaltig praktizieren.

16.8 Über den Autor

Der Diplom-Kaufmann und Unternehmensberater **Martin Böschen** ist seit 2004 CEO der TEXAID-Gruppe. 1978 als Charity-Private-Partnership von sechs namhaften Schweizer Hilfswerken gemeinsam mit einem Unternehmer gegründet, zählt TEXAID zu den Marktführern bei der Sammlung, Sortierung und Verwertung gebrauchter Textilien in Europa. Unter der Leitung von Martin Böschen wurden die konsequente Weiterentwicklung entlang einer nachhaltigen Wertschöpfungskette sowie die Internationalisierung der Geschäftsaktivitäten vorangebracht.

Literatur

bvse, Bundesverband Sekundärrohstoffe und Entsorgung (2008): Textilrecycling in Deutschland. abrufbar unter: http://bvse.de/2/2267/Textilrecycling_in_Deutschland <05.07.2015>

Deutscher Bundestag (2012): Deutsche Altkleiderexporte in Entwicklungs- und Schwellenländer. abrufbar unter: http://dipbt.bundestag.de/dip21/btd/17/086/1708690.pdf <05.07.2015>

Schuster, Günther (2011): Spinnverfahren für recycelte Baumwolle, RECOT2. abrufbar unter: https://www.dbu.de/OPAC/ab/DBU-Abschlussbericht-AZ-27606.pdf <05.07.2015>

SwissClimate (o.J): Der Çanakkale-Windpark in der Türkei. abrufbar unter: http://www.swissclimate. ch/d/ger-wGlobal/wGlobal/scripts/accessDocument.php?wAuthIdHtaccess=901342773&document=/ger-wAssets/docs/dienstleistungen/Portfolio/de/Der-Canakkale-Windpark-in-der-Tuer kei.pdf&display=1 <05.07.2015>

UNESCO-IHE (2005): The Water Footprint Of Cotton Consumption. abrufbar unter: http://water footprint.org/media/downloads/Report18.pdf <05.07.2015>

Universität Augsburg (o.J.): Baumwolle & Blues. abrufbar unter: http://www.wzu.uni-augsburg.de/ download/publikationen/Reader_Download.pdf <05.07.2015>

Ein Plädoyer für bezahlbares Wohnen

17

Axel Viehweger

17.1 Altersgerechtes Wohnen und Bauen – gesellschaftspolitische Aspekte und Herausforderungen

Der demografische Wandel rückt vermehrt in den Mittelpunkt politischer und gesellschaftlicher Diskussionen. Erste Studien haben die mit dem Bevölkerungsrückgang einhergehende Verschiebung zugunsten älterer Bevölkerungsgruppen quantifiziert. Diese Bevölkerungsalterung führt zwangsläufig zu einem deutlichen Anstieg der Zahl pflegebedürftiger Personen, zu Mehrbelastungen für öffentliche Haushalte, Sozial- und Pflegekassen, private Haushalte sowie zu Nachfrageänderungen in der Wohnungswirtschaft hin zu bedarfs- und altersgerechtem Wohnraum. Mehr und mehr kranke und pflegebedürftige Menschen, die vor einigen Jahren noch auf eine stationäre Behandlung angewiesen waren, werden heute schon im häuslichen Umfeld versorgt. Zukünftig wird sich dieser Trend im Zuge des Paradigmas „Ambulant vor Stationär" weiter verstärken. Die zentrale Aufgabe besteht darin, mit zunehmend weniger Pflegekräften mehr und mehr Hilfe- und Pflegebedürftige mit gleich guter Qualität zu versorgen. Dies wird ferner noch erschwert durch den Wegbruch informeller bzw. auch familialer Hilfesysteme.

Die eigentliche Herausforderung stellt aber nicht der demografische Wandel selbst dar, sondern die Art und Weise wie damit umgegangen wird. Der demografische Wandel schafft bestimmte Realitäten, denen es adäquat auf allen Ebenen und mit entsprechenden politischen Rahmenbedingungen zu begegnen gilt.

Älteren Menschen so lange wie möglich ein Leben in der gewohnten und vertrauten Umgebung zu ermöglichen, gewinnt an gesellschaftlicher Bedeutung – vor allem in Bezug auf die Sicherung von anforderungsgerechtem und komfortablem Wohnraum. Mit zunehmendem Alter ändern sich die Bedürfnisse. Das wirkt sich auch auf die Anforderungen an die Ausstattung der Wohnung aus. Insbesondere das Bedürfnis nach persönlicher Sicherheit (Einbruch, Ausgehen bei Dunkelheit), nach Sicherheit bei körperlichen Gebrechen, nach bedarfsgerechter medizinischer Betreuung sowie nach einem Erhalt sozialer Kontakte stehen zunehmend im Vordergrund. Daraus leiten sich bauliche, technische und soziale Gestaltungsanforderungen an den Wohnraum und das Wohnumfeld ab, die den Interessen und den sich verändernden Anforderungen der Mieter gerecht werden müssen. Die Wohnungsbranche übernimmt hier die Funktion eines „Sozialbarometers", da sie als eine der ersten Branchen insbesondere auch die Folgen des demographischen Wandels bewältigen muss. Dadurch ergeben sich neue Herausforderungen an die Wohnqualität, an Dienstleistungen und Unterstützungsformen speziell für ältere Menschen.

Neben den Anforderungen für das Wohnen sind ebenso aber auch die Kosten für das Wohnen, die den größten Teil der privaten Konsumausgaben ausmachen, gestiegen. Wohnraum soll bezahlbar, energetisch saniert und altersgerecht ausgestattet sein. Andererseits bekommt die Wohnungswirtschaft über die Politik Vorgaben, die Neubau und Modernisierung verteuern. Die gesetzlichen Regelungen, die verpflichtend umgesetzt werden müssen, führen auf vielen Gebieten zu Preissteigerungen, die sich ein Bürger mit mittlerem Einkommen im Freistaat Sachsen als auch in anderen Regionen Deutschlands nicht mehr leisten kann. Ferner gibt es zahlreiche rechtliche, nicht aufeinander abgestimmte Rahmenbedingungen, die das Bauen und die Bereitstellung häuslicher Wohnformen nicht unbedingt immer förderlich beeinflussen. Insbesondere im Bereich der Gesetzgebung gilt es folgende Ebenen zu beachten: Öffentliches Recht, Zivilrecht, Baurecht, Steuerrecht, Datenschutzrecht, Förderrichtlinien, Heimrecht, Sozialrecht etc.

Beim Thema Wohnen kumuliert vieles. Die Wohnung soll das Klima retten, Gesundheitsstandort sein, Pflegeheime ersetzen und dies alles bei möglichst sinkenden Mieten. Um diese komplexe Problematik zu lösen, ist eine stärkere Vernetzung der einzelnen politischen Ressorts, um in einer ganzheitlichen Betrachtung Lösungen und Unterstützungsmöglichkeiten für die Wohnungswirtschaft zu finden, nötig. Sinnfällig ist es deshalb, die Bereiche Energie, Barrierearmut/-freiheit und Zugang zu den Wohnungen (Thema Fahrstühle) sowie Wohnumfeld in Quartierskonzepten mit integrierten Versorgungssettings zu beachten.

Um diese gesamtgesellschaftliche Herausforderung zu bewältigen, müssen neue Konzepte wie Ambient Assisted Living (AAL) Anwendung finden. Bei dem Thema Ambient Assisted Living geht es um das Individuum in seiner direkten Umwelt, also auch in seiner Wohnung. Von daher betrifft das Thema unsere Branche. Im Mittelpunkt steht der Mensch als soziales Wesen. Ziel ist es, die Wohn- und damit auch die Lebensqualität für Menschen in allen Lebensabschnitten zu erhöhen. Dabei sollte die Technik hinter der Dienstleistung stehen. Sie ist sozusagen Mittel zum Zweck. Die „warme Hand" bleibt dabei aber immer im Vordergrund. Denn die Technik soll unterstützen und nicht zur Vergreisung der Bewohner führen. Der Verband Sächsischer Wohnungsgenossenschaften e.V. (kurz VSWG) entwickelte daher das Konzept „AlterLeben".

Kernstück von „AlterLeben" ist der Lösungsansatz der „Mitalternden Wohnung" – ein „mitwachsendes" Konzept, das durch seine modulare Gestaltung eine hohe Anpassungsfähigkeit an die sich verändernden Lebens- und Leistungsanforderungen der Menschen ermöglicht. Das Konzept geht von einem kombinierten Ansatz im Universal Design aus (Mehrwertdarstellung für unterschiedliche Zielgruppen in derselben Wohnung), bestehend aus wirtschaftlich vertretbaren bautechnischen Maßnahmen in der Wohnung zur Reduktion von Barrieren im Wohnungsbestand, von der Einbindung technischer Unterstützungssysteme zur Assistenz im Wohnalltag sowie von angekoppelten Dienstleistungen für die Mieter/Mitglieder.

Bautechnisch wurden die Barrieren in den ausgewählten Bestandswohnungen (im Siedlungs- als auch Plattenbau) weitestgehend auf ein Minimum reduziert. Für die Konzeption barrierearmer Wohnräume bedeutet dies vor allem, Stufen und Schwellen nach Möglichkeit zu vermeiden sowie durch veränderte Wohnungsgrundrisse ausreichend Bewegungsfläche zu schaffen. Die Vorzüge erfreuen Senioren mit Gehhilfen oder Rollstuhl ebenso wie Familien mit Kindern. Eine einfache, klar erkennbare Grundstruktur des Gebäudes und der Wohnung erleichtert allen Menschen die Orientierung. Da nicht alle Menschen dieselben Bedürfnisse haben, sieht das Konzept individuelle Anpassungsmöglichkeiten vor.

Die „Mitalternde Wohnung" stellt eine Basisausstattung sowie verschiedene Ausbaustufen zur Integration technischer Assistenz bereit. Die Aufrüstung kann dann entsprechend dem Alter der Bewohner schrittweise erfolgen. Nicht jeder braucht sofort jede Lösung. Grundlage bildet eine bautechnisch ertüchtigte und mit ausreichend Anschlussmöglichkeiten ausgestattete Wohnung (Basisausstattung). Analog der heute üblichen Bereitstellung elektrischer Anschlüsse in allen Räumen werden erweiterte Anschlussmöglichkeiten für die Kommunikation und Vernetzung der Wohnung verlegt. Im Grundmodul wird dann eine wohnungsinterne Steuerung ohne Zutun des Mieters gewährleistet. Sensoren erfassen spezifische Parameter und leiten diese an das „Herzstück", das technische Assistenzsystem weiter. Dieses ist „unsichtbar" in die Wohnung integriert, vernetzt die vorhandenen technischen Systeme miteinander und greift bei Bedarf steuernd bzw. regelnd ein, wenn es seitens des Mieters nicht mehr möglich ist, selbst zu reagieren. Eine grafische Nutzerschnittstelle (z. B. Bedienpanel, iPad oder Fernseher) eröffnet den Nutzern erweiterte Kontroll- und Einstellmöglichkeiten für die wohnungsinterne Steuerung in entsprechenden Ausbaustufen.

Die meisten Assistenzlösungen sind so konzipiert, dass sie den Bedürfnissen und den Erfordernissen entsprechend „mitalternd" zum Einsatz kommen. Das verringert auch die Kosten. Dadurch ist zunächst nur eine Grundausstattung erforderlich, die heute schon über verschiedene Produkte hinweg mit max. 2.500 Euro beziffert werden kann. Dennoch ist die Finanzierung häufig ein „K.O.-Kriterium", sofern die Wohnung noch nicht barrierearm bzw. barrierefrei ist, da der Hauptanteil der Kosten in Höhe von 25.000–30.000 Euro immer noch auf den reinen Umbau zur Herstellung der Barrierearmut bzw. -freiheit der Wohnung entfällt. Deshalb müssen sich alle, die einen Nutzen haben oder eine Wertschöpfung erzielen, an der Finanzierung beteiligen. Das bedeutet im Einzelnen: Der Mieter erbringt einen angemessenen Eigenanteil für eine höhere Lebens- und Wohnqualität mit der Mietzahlung. Die Kranken- und Pflegekassen sparen durch eine qualifizierte ambulante

Betreuung erhebliche Kosten und sollten einen Investitionsbeitrag sowie eine Subjekt-förderung zahlen. Soziale und technische Dienstleister geben einen Finanzierungsbeitrag, da sich für sie neue Geschäftsfelder eröffnen. Ebenso die Wohnungswirtschaft, da sie mit einer längeren Verweildauer über zufriedenere Mitglieder sowie stabile Mieteinnahmen verfügt wie auch die Politik und Kommunen, die sozial stabilere Quartiere erhalten und geringere Sozial- sowie Energiekosten haben. So profitieren am Ende alle Beteiligten.

Die altersgerechte Quartiersentwicklung ist somit ein komplexes Querschnittsthema und bedarf in Zukunft vieler Gruppen, die bereichsübergreifend zusammenwirken und im Rahmen einer kontinuierlichen Gesamtstrategie an der bedarfsgerechten Weiterentwicklung der Wohnstrukturen für das Alter mitwirken.

17.2 Genossenschaften als Beteiligungsmodell für eine Pflegeinfrastruktur

Mit Blick auf die demographische Entwicklung und die damit verbundenen Anforderungen an das Wohnen und die Versorgung im Alter werden Wohnungsgenossenschaften zu wichtigen Partnern der Sozialwirtschaft.

Das Konzept des genossenschaftlichen Wohnens ist prädestiniert für eine Partnerschaft mit der Sozialwirtschaft. Es basiert auf Gemeinschaftseigentum, das nachhaltig und generationsübergreifend bewirtschaftet wird. Wohnungsgenossenschaften sind demokratisch strukturiert; ihre Mitglieder haben durch Mitbestimmungsrechte, Miteigentum und Selbstverwaltung entscheidenden Einfluss auf die Unternehmenspolitik. Zweck von Wohnungsgenossenschaften ist die Förderung der wirschaftlichen Interessen ihrer Mitglieder.

Das genossenschaftliche Wohnen ist damit eine nahezu ideale Organisationsform. Denn Eigentümer, die ihr Eigentum auch an Ort und Stelle nutzen, setzen sich für die Qualität ihrer Wohnhäuser, des Wohnumfeldes und der Verhältnisse in der Kommune ein. Damit steigern sie die Wohn- und Lebensqualität und sorgen für sozial stabile Nachbarschaften. Ihren Mitgliedern bieten Wohnungsgenossenschaften zudem weit mehr, als nur ein Dach über dem Kopf. Ihr Angebot umfasst zusammen mit sozialen Partnern Dienstleistungen wie Betreutes Wohnen für ältere und behinderte Bewohner, Nachbarschaftstreffs und Begegnungsstätten mit vielen sozialen Angeboten, Hauswirtschaftsdienste (z. B. Einkaufshilfen), Mitgliederfeste, geeignete Ansprechpartner (z. B. Sozialarbeiter) u. v. m.

Es bedarf also sehr guter Netzwerke und Kooperationen mit Sozialverbänden.

17.2.1   Optimale Vernetzung von Pflegedienstleistungen und Wohnungsangeboten

Um die gesamtgesellschaftliche Herausforderung des demografischen Wandels zu bewältigen, müssen Pflegedienstleistungen und Wohnungsangebote noch optimaler organisiert und vernetzt werden. Die eigene Wohnung und der eigene Haushalt werden von vielen Menschen im Alter als Ausdruck eigener Kompetenz verstanden, und zwar im Sinne eine Beibehaltung von Selbstbestimmung und Selbstständigkeit.

17.2.2   Städtebau der Zukunft: Selbstständig Wohnen bis ins hohe Alter – eine volkswirtschaftliche Analyse

Der VSWG hat in Kooperation mit dem Gesundheitsökonomischen Zentrum (GÖZ) der Technischen Universität Dresden und der ATB Arbeit, Technik und Bildung gemeinnützige GmbH im Rahmen einer Studie im Auftrag des Sächsischen Staatsministeriums des Innern die unterschiedlichen Wohn- und Versorgungsformen volkswirtschaftlich analysiert, um den zukünftigen Anforderungen der bedarfsgerechten Versorgung in Sachsen gerecht zu werden. Die Wohnung als Gesundheitsstandort wird damit legitimiert.

Der demografische Wandel im Freistaat Sachsen rückt seit Jahren vermehrt in den Mittelpunkt politischer und gesellschaftlicher Diskussionen. Erste Studien haben die mit dem Bevölkerungsrückgang einhergehende Verschiebung zugunsten älterer Bevölkerungsgruppen quantifiziert. Wichtig ist es deshalb, den zukünftigen Anforderungen der bedarfsgerechten Versorgung der Bevölkerung bis 2030 und 2050 mit einer optimalen und nachhaltigen Verteilung der notwendigen ambulanten und stationären Wohn- und Versorgungsformen im Rahmen effektiver Städtebau-/Stadtentwicklungsstrategien entgegenzutreten.

Dabei waren aufgrund der Bevölkerungsentwicklung im Freistaat Sachsen folgende Bevölkerungsgruppen relevant:

- Ältere Menschen ohne Pflege SGB V, ohne Pflege SGB XI, ohne Demenz (z. B. der „fitte" Rentner)
- Ältere Menschen mit Bedarf an Pflege SGB V und SGB XI, ohne Demenz
- Ältere Menschen mit Bedarf an Pflege SGB V und SGB XI, mit Demenz

In der Studie standen folgende Fragestellungen im Fokus:

1. Für welche Haushalte und Zielgruppen sind welche Versorgungsszenarien (Pflegeleistungen) in der Praxis typisch? Was kostet das und was bedeutet dies im Einzelfall für die Kosten der jeweiligen ambulanten und stationären Wohn- und Versorgungsformen aus Sicht des Staates bzw. der Sozialleistungsträger?

2. Was bedeuten die typischen Versorgungsszenarien für die Entwicklung des Bedarfs an
barrierearmen Wohnungen im Rahmen des demografischen Wandels, wenn die stationäre Versorgung lediglich im bisher üblichen Umfang Jahr für Jahr weiter ausgebaut
wird?

Eine pauschale Vergleichssituation zwischen häuslichem und stationärem Wohnen ist aufgrund der hohen Heterogenität wenig aussagefähig. Das Hauptaugenmerk lag deswegen
auf Leistungen im Zusammenhang mit Pflege und Betreuung nach dem SGB XI, die von
den Pflegekassen vollständig oder teilweise getragen werden. Jedoch wurden Leistungen
nach dem SGB V (Häusliche Krankenpflege, z. B. Behandlungspflege), finanziert durch
die zuständigen Krankenkassen, nicht außer Acht gelassen. Ausgehend von verschiedenen Einzelfallszenarien wurde ein typisches Haushaltsszenario abgeleitet und das „Einkommen" als variable Determinante dargestellt. Damit lässt sich ein Zukunftshaushalts-
szenario im Sinne der Entwicklung eines makroökonomischen Szenarios heute und wie es
2030/2050 in der jeweiligen Versorgungsform aussehen würde, abbilden.

Wesentliche Resultate zu diesen Fragestellungen sind:
Als kostenintensivste Faktoren stellen sich die Betreuung von Personen mit eingeschränk-
ter Alltagskompetenz und die Berücksichtigung der Kosten für Leistungen der häuslichen
Krankenpflege nach SGB V dar.

Bleiben die HKP-Ausgaben (Kosten der häuslichen Krankenpflege) unberücksichtigt
(da der Schwerpunkt auf den Leistungen des SGB XI liegt und die HKP-Leistungen i. d. R.
nur zeitlich begrenzt auftreten), ist eine stationäre Unterbringung nur in den Fällen mini-
mal kostengünstiger, in denen die betreffenden Personen Pflegestufe 2 mit eingeschränk-
ter Alltagskompetenz haben und in einem Ein-Personen-Haushalt leben, unabhängig vom
Anspruch auf Grundsicherung.

Alle anderen Pflegestufen und Haushaltsformen zeigen eine vorteilhaftere häusliche
Versorgung.

Der heutige Mindestgesamtbedarf an barrierearmen Wohnungen in Sachsen kann damit
– allein aus den Zahlen für pflegebedürftige Personen – mit rund 93.000 Wohnungen angegeben werden. Die Forderung nach einem weiteren Sofortausbau zur Schaffung von etwa
insgesamt 100.000 barrierearmen Wohnungen in Sachsen scheint angesichts des Interesses auch jüngerer, noch nicht pflegebedürftiger Personen realistisch. Langfristig ist mit
einem weiter steigenden Bedarf an barrierearmen Wohnungen zu rechnen: denn bis 2050
wird gemäß Status-Quo-Szenario die Anzahl der pflegebedürftigen Personen, die nicht
stationär untergebracht werden können, um über 50 % steigen. Der Ausbau der stationären
Versorgung von 2011 (mit 45.815 Betten) bis 2050 wird dabei wie bisher mit einer Schaffung von 987 zusätzlichen Betten pro Jahr veranschlagt, was einer Kapazitätszunahme der
stationären Versorgung von 2011 auf 2050 um rund 90 % (auf 85.000 Betten) bedeutet.
Sollte der Ausbau der stationären Versorgung jedoch geringer ausfallen, würde sich dementsprechend der Bedarf an ambulanten barrierearmen Wohnformen noch weiter erhöhen.

Hierbei wurde bereits mit einem durchschnittlichen Mietpreis von 7 €/m² (plus Betriebskosten von 2,11 €/m² und einer Servicekostenpauschales von ca. 60,00 €/Monat) kalkuliert, um barrierearme Wohnungen mit Vollwärmeschutz und technischen Assistenzsystemen auszustatten. Bei entsprechend niedrigeren Mieten ergäbe sich ebenfalls eine noch vorteilhaftere häusliche Versorgungssituation.

Die Studie verdeutlicht die Komplexität der Kosten, die sich auf die Mietpreisgestaltung auswirken, die in Abhängigkeit von der Bauart des Gebäudes, des Gebäudealters, der Anzahl der Wohnungen im Gebäude, der Vorlaufsanierung und der gewählten Standards variieren können. Insbesondere letzteres auch unter Beachtung der unterschiedlichen Kombination der Bereiche barrierearm, Personenaufzug, Vollwärmeschutz und Modularisierung der technischen Assistenzsysteme anhand von entsprechenden Wirtschaftlichkeitsberechnungen. Die Kosten für den Umbau von Wohnungen in Mehrgeschossbauten liegen in Sachsen in einer Spannweite von ca. 20.000 bis 35.000 Euro pro Wohneinheit in Abhängigkeit der Baustruktur des Gebäudes. Aus den Kosten für den baulichen und technischen Umbau („Mitalternde Wohnung") von Wohnungen lässt sich damit ein Referenzwert von durchschnittlich 35.000 bis 45.000 Euro pro Wohneinheit ableiten in Abhängigkeit der Art des technischen Assistenzsystems (funk- vs. kabelbasiert sowie dessen modularisierten Funktionalitäten).

Das Fazit der Studie ist, dass eine veränderte Strategie im Politikfeld „Städtebau der Zukunft: Selbständig Wohnen bis ins hohe Alter – eine volkswirtschaftliche Analyse" gefordert ist, um diesen zukünftigen Herausforderungen begegnen zu können. Die Schaffung von mehr barrierefreiem/-armem, bezahlbarem Wohnraum mit integrierten Versorgungssettings für eine wachsende Zahl von älteren Menschen mit unterschiedlichen Wohnwünschen wird nicht durch einzelne Maßnahmen zu bewerkstelligen sein. Weder mit einzelnen Fördermaßnahmen noch mit der Erprobung einzelner Modellmaßnahmen wird man diese zukünftigen Anforderungen bewältigen können. Auch kann diese Aufgabe nicht von einzelnen Akteuren alleine bestritten oder allein verantwortlich von den traditionellen Wohnungsakteuren umgesetzt werden. Es bedarf in Zukunft vieler Gruppen, die bereichsübergreifend zusammenwirken und im Rahmen einer kontinuierlichen Gesamtstrategie an der bedarfsgerechten Weiterentwicklung der Wohnstrukturen für das Alter mitwirken. Die Studie gibt deshalb über viele Akteure hinweg Handlungsempfehlungen.

17.2.3   Kooperation zwischen dem VSWG und der LIGA der Freien Wohlfahrtspflege

Eine praktische Umsetzung funktioniert jedoch nur dann, wenn es aktive Kooperationen (regional und überregional) gibt und die Akteure schon in die Erarbeitung der Konzepte einbezogen sind. Beispielhaft haben die LIGA der Spitzenverbände der Freien Wohlfahrtspflege und der VSWG eine Kooperation in Sachsen geschlossen, um zukünftig gemeinsam bestehende Herausforderungen themenspezifisch zu bewältigen.

Die Umsetzung neuer Wohnkonzepte klappt umso besser, je greifbarer die Angebote sind und wenn realistische Finanzierungskonzepte vorliegen. In sächsischen Wohnungsgenossenschaften wurde das Konzept der „Mitalternden Wohnung" bereits implementiert und angewandt.

Im Rahmen der zusammen erstellten Kompetenzplattform **www.zuhause-in-sachsen. de** und der seit 2012 zweijährig stattfindenden Sozialtagung konnte mehr Transparenz und Vernetzung bei Entscheidern aus Wohnungs- und Sozialwirtschaft zu verschiedenen Themen geschaffen werden. Hier sind auch weitere Praxisbeispiele zu verschiedenen Wohnformen, die zusammen in Kooperation vor Ort betrieben werden, eingestellt.

Daraus können folgende Schlussfolgerungen gezogen werden:

förderlich für Netzwerke:
- „Umgangskultur": solide Vertrauensverhältnisse, offene und zwanglose Kommunikation, ehrlicher Austausch, Für und Wider von Ideen und Innovationen
- basis- und bedarfsgetriebene Arbeit
- engagiertes Management – Treiber
- „neutraler Intermediär"
- regelmäßige Netzwerktreffen

hinderlich für Netzwerke:
- Bedarf an finanziellen, personellen und zeitlichen Ressourcen (Tagesgeschäft steht im Vordergrund)
- personeller Wechsel
- reine Finanzierung nur aus Projektgeldern und ohne Eigenmittel

17.2.4   Kooperation – Schnittstellen aus Sicht der Wohnungsgenossenschaften in der Zusammenarbeit mit Kommunen

- INSEK (Integriertes Stadtentwicklungskonzept)
- Gemeinsame Beratungen und gelenkte Abstimmungen der Träger unter Leitung der Bürgermeister
- Gemeinschaftsprojekte
- Einbindung in die Erarbeitung kommunaler Dokumente, nicht nur Abfrage
- Schaffung kommunaler Rahmenbedingungen nach gemeinsamen Standpunkten
- Fachkompetenz der Wohnungswirtschaft nutzen in der Haushaltsplanung

17.3   Integrative Versorgungs- und Dienstleistungsnetzwerke als Erfolgsfaktor – Konzepte für den städtischen und ländlichen Raum

Die Bundesregierung gestaltet den demografischen Wandel. In Deutschland starteten in fünf Regionen Modellprojekte, die zeigen sollen, wie durch gezielte Zusammenarbeit in regionalen Netzwerken die Lebensqualität der Menschen vor Ort bis ins hohe Alter gesichert werden kann.

Das Bundesministerium für Bildung und Forschung (BMBF) hat den Wettbewerb „Gesundheits- und Dienstleistungsregionen von morgen" als Teil der Hightech-Strategie für Deutschland gestartet. Grundlage war eine Empfehlung der Forschungsunion Wirtschaft-Wissenschaft, die die Bundesregierung bei der Umsetzung und Weiterentwicklung der Hightech-Strategie 2020 beraten hat. Eine Expertenjury hat aus 78 eingereichten Projektskizzen die fünf besten regionalen Projekte ausgewählt. Eines davon ist das unter der Federführung des VSWG eingereichte Projekt „Chemnitz+ – Zukunftsregion lebenswert gestalten" in der Region Mittleres Sachsen.

Die Gesundheits- und Dienstleistungsregion „Mittleres Sachsen" umfasst in ihrer Ausdehnung mit einer Größe von ca. 2.300 Quadratkilometern die kreisfreie Stadt Chemnitz und den benachbarten Landkreis Mittelsachsen (56 Gemeinden, 21 Städte). Insgesamt leben in der Region ca. 568.000 Einwohner. Für die Region typisch ist ein hoher Bevölkerungsrückgang bis 2030 mit den Folgen der starken Überalterung bei einer gleichzeitig vorhandenen kleinteiligen Wirtschaftsstruktur des verarbeitenden Gewerbes.

Ziel des vierjährigen Modellversuchs ist die Entwicklung, Erprobung und Evaluation einer integrierten gesundheitlichen Versorgung in der Modell-Region mit unterstützenden und aktivierenden, am individuellen Bedarf ausgerichteten Gesundheits- und Dienstleistungsangeboten für ein langes und selbstbestimmtes Leben innerhalb und im Umfeld ihres gewohnten Wohnumfeldes. Dabei wird die Wohnung durch eine barrierefreie/-arme und technikoptimierte Ausgestaltung, soziale und wohnbegleitende Dienstleistungen sowie die Vernetzung mit den relevanten Akteuren in der Region zum Gesundheitsstandort Wohnen weiterentwickelt.

Die Wohnung bildet in diesem Modellprojekt die Schnittstelle zwischen allen Akteuren und wird zum Mittelpunkt der Vernetzung der regionalen Gesundheits- und Dienstleistungen im Rahmen integrativer Versorgungsnetzwerke, um dem Mensch ein langes selbstbestimmtes Wohnen zu ermöglichen.

Das BMBF fördert die fünf Regionen insgesamt mit bis zu 20 Millionen Euro. Im Mittelpunkt der Forschungs- und Entwicklungsprojekte steht die gesicherte Versorgung der Bevölkerung mit medizinischen, pflegerischen, präventiven und sozialen Dienstleistungen. Die Kommunen, Wissenschaft und Wirtschaft werden gemeinsam Lösungen entwickeln, die dann auch in anderen Regionen Deutschlands zur Anwendung kommen sollen.

Der Konsortialführer VSWG ist durch seine Mitgliedsstruktur im gesamten Freistaat Sachsen und in der Modellregion aktiv sowie an politische Institutionen angebunden, was die Übertragbarkeit der Ergebnisse auf sächsischer Ebene ermöglicht. Die Einbindung einer Vielzahl von nationalen Akteuren ermöglicht den Ergebnistransfer in die gesamte Bundesrepublik.

17.3.1   Das Projekt Chemnitz+ in der Modell-Region Mittleres Sachsen

Das Projekt Chemnitz+ wird durch das Bundesministerium für Bildung und Forschung gefördert und ist eine von 5 Regionen bundesweit. Im Zentrum eines lebenswerten Alters steht die eigene Häuslichkeit, umgeben von einer effektiven und bedarfsgerechten Infrastruktur, die es erlaubt, möglichst lange in den eigenen vier Wänden zu leben.

Altern ist nicht Kennzeichen eines bestimmten Lebensalters, sondern ein komplexer individueller Prozess, der von verschiedenen Faktoren im Rahmen des Lebensverlaufs abhängt. Für ein selbstbestimmtes Altern müssen gesundheitliche Risiken, insbesondere in der Wohnung, minimiert und Unterstützungsangebote im Quartier verbessert werden. Darüber hinaus sollte bereits in jungen Jahren Bewusstsein für eine gesunde Lebensweise geschaffen werden, um gesunde Lebensjahre zu gewinnen. Ziel ist deshalb die Entwicklung, Erprobung und Evaluation einer integrierten gesundheitlichen Versorgung in der Modell-Region „Mittleres Sachsen" mit unterstützenden und aktivierenden, am individuellen Bedarf ausgerichteten Gesundheits- und Dienstleistungsangeboten für ein langes und selbstbestimmtes Leben in der eigenen Wohnung und im Wohnumfeld.

Die Wohnung wird durch die Vernetzung relevanter Akteure innerhalb der Region, deren intelligente Anbindung an den Lebensraum und durch entsprechende Gestaltungskonzepte zum Gesundheitsstandort Wohnen weiterentwickelt. Diese Optimierung des Lebensortes Wohnung wird erreicht durch das Zusammenspiel von vier Projektsäulen:

- Eine Sensibilisierung und Befähigung relevanter Akteure der Gesundheits- und Dienstleistungsregion durch vernetzte Informations- und Kommunikationsstrukturen vor Ort
- Entwicklung, Gestaltung und Implementierung von Dienstleistungen in Serviceketten zur Erhaltung und Sicherung der sozialen Teilhabe und physischen Mobilität von Menschen in der Region
- Entwicklung von innovativen Ansätzen zur Begleitung und Unterstützung des selbstständigen Lebens in der bestehenden Wohnung und Wohnumgebung und optimale Begleitung von erkrankten Menschen bei Übergängen zwischen Versorgung im Krankenhaus und Häuslichkeit
- Barrierefreie Gestaltung der Wohnung und Ausstattung der Häuslichkeit mit technischen Assistenzsystemen zur Unterstützung von Gesundheit und Selbstständigkeit

Ergebnis des Projektes wird ein integratives Versorgungskonzept sein, in dessen Zentrum die Wohnung, das Quartier und letztlich die Region stehen. Die Weiterentwicklung von regionalen Kooperationsstrukturen und Allianzen der Wohnungswirtschaft sowie Akteuren der Gesundheits- und sozialen Dienstleistungsbereiche wird zu tragfähigen, finanzierbaren und innovativen Lösungen in der Region „Mittleres Sachsen" führen.

17.4 Preissteigerungen bei Wärme und Strom – Sächsische Wohnungsgenossenschaften planen eigenständige Energieerzeugung zur Selbstversorgung

Der VSWG lud im Mai 2015 zum Thementag „Unabhängige Energieversorgung" seine Mitglieder ins Wasserkraftwerk Mittweida ein. Seit Jahren bemühen sich die sächsischen Wohnungsgenossenschaften neben der Kaltmiete auch die sogenannte „2. Miete", die warmen und kalten Betriebskosten, in Grenzen zu halten. Fast 90 Prozent aller Gebäude sind energetisch saniert. Diese Modernisierungsmaßnahmen und die Verbesserung der Anlagentechnik zur Warmwasseraufbereitung und zur Beheizung wirken sich insgesamt positiv auf den Verbrauch aus.

Während der niedrigere Verbrauch anfangs auch zu deutlichen Nebenkosteneinsparungen führte, wird dieser Spareffekt jetzt von immer weiter steigenden Versorgungspreisen (über-)kompensiert und erreicht die Mitglieder unserer Wohnungsgenossenschaften nicht. Ein durchschnittlicher sächsischer Haushalt einer Genossenschaft gibt bereits heute mehr als ein Viertel der Wohnkosten für Wärme und Strom aus.

Neben der Abhängigkeit der Preisentwicklung für die primären Rohstoffe Erdöl und Erdgas gibt es eine weitere Anhängigkeit von den Energieversorgungsunternehmen und Stadtwerken. Durch langfristige Lieferverträge und tendenziell steigende Grundgebühren werden Preissteigerungen in der Regel weitergegeben. Die Mieter aber profitieren im Gegensatz oft nicht von Preisrückgängen auf den Rohstoffmärkten oder den geringeren Verbräuchen. Vor diesem Hintergrund scheint die eigenständige Energiegewinnung zur Selbstversorgung eine Möglichkeit, der Entwicklung der Betriebskosten entgegenzusteuern und sich so vom Markt abzusetzen.

In den letzten Jahren konnten so bereits erste Projekte sächsischer Wohnungsgenossenschaften geplant und zum Teil sogar umgesetzt werden. Dabei lässt sich der Trend, weg vom Einzelgebäude, hin zur kompletten Quartiersbetrachtung erkennen.

In der Gemeinde Sebnitz konnte durch Initiative der Gemeinnützigen Wohnungsgenossenschaft Sebnitz eG beispielsweise ein Nahwärmenetz in Betrieb gehen. Die notwendige Wärme wird aus einer Kombination aus einem mit Biogas betriebenen Blockheizkraftwerk (BHKW), einem Pelletkessel sowie einem konventionellen Erdgas-Kessel erzeugt. Ein weiteres wegweisendes Projekt könnte eine Quartierslösung in der Gemeinde Lohmen im Landkreis Sächsische Schweiz – Osterzgebirge werden, bei der öffentliche Gebäude mit Wohngebäuden einer Genossenschaft und mehrerer privater Eigentümer dezentral versorgt werden sollen. Einen wesentlichen Baustein bildet dabei der nahegelegene Fluss Wesenitz. Mit Hilfe einer Wärmepumpenkaskade könnte u. a. rund um die Uhr Wärme erzeugt werden.

Der nächste Schritt zur unabhängigen Energieversorgung wäre konsequenterweise die Erzeugung und Nutzung von Strom als „Nebenprodukt" eines BHKW's oder aus einer Photovoltaik-Anlage auf den Dächern der Wohnungsgebäude. Derzeit widersprechen sich jedoch die Klimaschutzziele der Bundesregierung und die steuerlichen sowie energierechtlichen Rahmenbedingungen. Da der Großteil des Strombedarfs einer Wohnungsgenossenschaft auf die Mitglieder und nicht die Genossenschaft selbst entfällt, kommt ein Eigenverbrauch in der Regel kaum in Frage. Folglich muss der Strom in der Regel für eine niedrige Vergütung ins öffentliche Netz eingespeist werden. Sinnvoller wäre der Verbrauch des Stroms direkt vor Ort durch die Mitglieder. In diesem Fall müsste sich die Wohnungsgenossenschaft als Energieversorgungsunternehmen behandeln lassen und die gleichen Kriterien wie ein Energieriese auf sich anwenden. Zusätzlich würde in der Regel die Steuerfreiheit im Vermietungsgeschäft verloren gehen. In allen Fällen stehen Aufwand und Nutzen in keinem Verhältnis, sodass bisher alle Projekte gescheitert sind.

Zur Realisierung der Ziele der sächsischen Wohnungsgenossenschaften, die Preise für Energie zu senken oder zumindest weitere Preissteigerungen zu verhindern, bedarf es individueller Lösungen mit verlässlichen Partnern aus der Branche. Vor diesem Hintergrund wird der VSWG auch stärker mit Energiegenossenschaften zusammenarbeiten, da diese neben der fachlichen Kompetenz vor allem die gleichen ideellen Werte besitzen und die genossenschaftliche Idee stärken.

Mit der Energiehaus Dresden eG ist zum 01.01.2015 die erste Energiegenossenschaft dem VSWG beigetreten. Die Änderung der Satzung des VSWG und damit die Öffnung für Energiegenossenschaften war ein wichtiger und richtiger Schritt in die Zukunft. Der Klimawandel und die dadurch induzierten Veränderungen auf dem Energiemarkt werden die sächsischen Wohnungsgenossenschaften noch vor zahlreiche Herausforderungen stellen. Mit dem Thementag „Unabhängige Energieversorgung" ist bereits ein erster Schritt in die richtige Richtung gelungen.

Die Aufgaben der Wohnungswirtschaft haben sich in den letzten 25 Jahren grundlegend verändert. Neben der reinen Wohnraumvermietung übernehmen die Wohnungsgenossenschaften heute zahlreiche weitere Aufgaben. Einen Schwerpunkt bilden dabei soziale Aspekte, wie die Daseinsvorsorge durch die Umgestaltung von Wohnungen als Gesundheitsstandort oder die Beteiligung an der Unterbringung von Flüchtlingen und Asylbewerbern. Der zweite große Themenkomplex ergibt sich vor allem auf Grundlage der energiepolitischen Zielsetzungen.

17.5 Klimapolitische Ziele

Die Europäische Union beabsichtigt im Rahmen ihrer „Zieltrias" bis 2030 die Emission von CO_2 um 40 Prozent zu senken und den Anteil erneuerbarer Energien auf 27 Prozent auszubauen. Die Bundesrepublik Deutschland hat sich noch höhere Ziele gesetzt und sich durch das Nationale Aktionsprogramm Klimaschutz 2020 und den Nationale Aktionsplan

Energieeffizienz (NAPE) eine Einsparung von 40 Prozent CO_2 bereits bis zum Jahr 2020 als Ziel gesetzt. Abweichende Ziele ergeben sich im Freistaat Sachsen auf Grundlage des Energie- und Klimaprogramms aus dem Jahre 2012. Bis 2020 sollen hier CO_2-Einsparungen um 25 Prozent und eine Ausweitung der erneuerbaren Energien auf 28 Prozent des Bruttostromverbrauchs erreicht werden.

Unabhängig von den unterschiedlichen Zielkorridoren steht fest, dass sich die Energieversorgung der Zukunft von der Energieversorgung der Vergangenheit unterscheiden wird. Dies bedeutet für alle Beteiligten neue Denkansätze.

Damit die politischen Klimaschutzziele sowohl sozial gerecht für die Mieter als auch wirtschaftlich tragbar für die Wohnungsgenossenschaften erfüllt werden können, ist eine ganzheitliche Betrachtung notwendig. Im Bereich der Energieeffizienz darf nicht nur das Einzelgebäude betrachtet werden, sondern der Blick muss auf das ganze Quartier gerichtet sein. Es ist ein Trugschluss, dass die eingesparten Betriebskosten die aufgewendeten Investitionen aufwiegen können. Energetische Sanierungen sind mit Mietsteigerungen verbunden – aber Mietsteigerungen sind oft nur begrenzt möglich. Zum einen gibt der Wohnungsmarkt eine Mieterhöhung nicht her, zum anderen kann der Mieter aufgrund nicht steigender Haushaltseinkommen diese nicht bewältigen. Glücklicherweise werden wir alle älter als frühere Generationen. Aber viele Ältere werden auch ärmer. Ist demnach Klimaschutz nur für Reiche? Alle Bürger sind für Klimaschutz und wollen eine Zukunft für ihre Kinder und Enkelkinder garantieren. Aber dies gelingt nur, wenn Klimaschutz bezahlbar ist. Strategische Energiekonzepte für die Landkreise werden benötigt.

Der VSWG beauftragte 2012 ein Dresdner Ingenieurbüro mit einer Studie zur Untersuchung der CO_2-Emissionen. Die Analyse über die gesamten, seit 1991 bis heute sanierten, Bestände ergab im Schnitt eine CO_2-Einsparung von ca. 42 Prozent in allen untersuchten Gebäuden. Dies entspricht einer Reduzierung um 21,5 kg CO_2/m^2 Nutzfläche im Jahr. Auf die Gebäude bezogen sind dies 58.307 Tonnen CO2 im Jahr. Nach Angabe des Bayerischen Landwirtschaftsministeriums bindet ein Hektar (ha) Wald jährlich 10 Tonnen CO_2. Auf dieser Basis entspricht die Reduzierung der Wohnungsgenossenschaften einer Fläche von 1.428 ha Wald. Es konnte ein durchschnittlicher Sanierungsaufwand von 176,68 Euro/m^2 Nutzfläche ermittelt werden. Die Analyse der einzelnen Sanierungsmaßnahmen ergab, dass die Sanierung der Heizung den größten Beitrag lieferte. Für die Reduzierung der CO_2-Emissionen um eine Tonne pro Jahr mussten bei den verwendeten Kostenangaben 6.144 Euro/t CO_2 aufgewendet werden.

Eine Hochrechnung auf alle Wohnungen der im VSWG organisierten Wohnungsgenossenschaften ergibt demnach eine CO_2-Einsparung von 435.126 Tonnen bei der aktuellen Reduzierung auf 30,9 kg CO_2/m^2 Nutzfläche im Jahr. Insgesamt wurden seit 1990 circa 7 Milliarden Euro in komplexe Modernisierungsmaßnahmen investiert, wovon der Großteil in die energetische Sanierung floss. Die Ergebnisse liegen zum Teil deutlich über den politisch beschlossenen und geforderten Zielen, den Verbrauch bis 2020 um 40 Prozent zu reduzieren.

Wenn jedoch bis 2050 der Primärenergieverbrauch in den privaten Haushalten für die Bereiche Heizung/Warmwasser auf den Passivhausstandard abgesenkt werden soll, um Klimaneutralität zu erreichen – eine Zielstellung, die wir für falsch halten – sind auch die untersuchten Objekte noch teilweise weit entfernt. Es müssten zusätzlich noch einmal 3,052 Milliarden Euro ausgegeben werden, um auf der Basis von heute dann noch einmal 492.410 Tonnen im Jahr einzusparen. Das sind Dimensionen, die im Vergleich zur Einsparung von einer Tonne durch Aufforstung für 8 Euro/t in keinerlei Verhältnis stehen.

17.5.1   Energiekosten sind das Vermietungsargument der Zukunft

Neben den rein klimapolitischen Ansätzen gibt es noch eine zweite Komponente, die ein Handeln notwendig werden lässt: Die demografischen Entwicklungen. Abgesehen von den „Metropolregionen" lässt sich ein deutlicher Bevölkerungsrückgang bei parallelem Anstieg des Durchschnittsalters erkennen. Die Folge sind nicht selten steigende Leerstände im Wohnungsbestand. Verschärft wird dieses Problem durch die sinkenden Haushaltseinkommen und ein begrenztes Budget für das Wohnen. Die sächsischen Haushalte geben bereits heute mehr als ein Viertel dieser Wohnkosten für die Energieversorgung, das heißt für Warmwasser, Heizung und Strom aus. Die Energiepreise haben also bereits einen signifikanten Anteil an den Haushaltsausgaben. Die Verminderung oder zumindest Beschränkung der Energiekosten wird daher auch im Sinne der Wohnungsgenossenschaften ein erklärtes Ziel sein. Die Höhe der Energiekosten wird in vielen Regionen das Vermietungsargument der Zukunft sein.

17.5.2   Quartierskonzepte förderfähig

Besonders in ländlichen Gebieten kann eine eigenständige Wärme- und in Zukunft auch Stromversorgung sinnvoll sein. Dabei sollte die Betrachtung – da wo sinnvoll – weg vom einzelnen Gebäude hin zum Quartier gehen. Durch die Bündelung mehrerer Objekte lassen sich oft wirtschaftlich tragbare Konzepte entwickeln. Auch die Bundesregierung hat dies erkannt und fördert die Erarbeitung energetischer Quartierskonzepte im Rahmen des KfW-Förderprogramms „Energetische Stadtsanierung – Zuschuss" (Programmnummer 432). Das Programm wurde bereits in ersten Gemeinden und Städten genutzt, um mit Wohnungsgenossenschaften gemeinsame Konzepte zu erarbeiten.

17.6   Die Wohnungsgenossenschaften sind ein bedeutender Faktor auf dem Wohnungsmarkt im Freistaat Sachsen

Sie bewirtschaften 20,9 Prozent des gesamten sächsischen Mietwohnungsmarkts und bieten Wohnraum für rund eine halbe Million Menschen. Die Bilanzsumme aller im Verband sächsischer Wohnungsgenossenschaften organisierten Unternehmen beträgt mehr als 9 Milliarden Euro. Als Unternehmen erwirtschaften sie mit jährlichen Umsatzerlösen von über 1,1 Milliarden Euro einen Anteil von 1,2 Prozent am sächsischen Bruttoinlandsprodukt (Statistisches Landesamt 2013: 99,9 Milliarden Euro). Die sächsischen Wohnungsgenossenschaften beschäftigen rund 2.400 Mitarbeiter sowie 65 Auszubildende und sichern Aufträge und Arbeitsplätze in vielen weiteren, die Wohnungswirtschaft flankierenden Branchen.

Die sächsischen Wohnungsgenossenschaften haben die Investitionen in ihre Bestände im Geschäftsjahr 2014 erneut gesteigert und dafür 319 Millionen Euro verwendet. Dabei kam es zu einer Umverteilung der Mittel. Im Vergleich zum Vorjahr haben sich die Neubauinvestitionen um 28 Millionen Euro auf 60 Millionen Euro erhöht. Gleichzeitig haben sich die Investitionen für Modernisierung und Instandhaltung/-setzung geringfügig reduziert.

Im Geschäftsjahr 2015 planen die sächsischen Wohnungsgenossenschaften insgesamt rund 342 Millionen Euro und somit etwa 23 Millionen mehr als im Vorjahr zu investieren. Die Erhöhung resultiert dabei fast vollständig aus höheren Mitteln für Modernisierungen. Dabei sind vor allem Maßnahmen zur Erhöhung der Wohnqualität (z. B. Balkone oder energetische Sanierung) oder zur Reduzierung von Barrieren (z. B. Aufzüge oder Grundrissanpassungen) als Ursache zu nennen.

17.6.1   Hohe Neubautätigkeit – Rückläufiger Abriss

Nicht nur an den Investitionen, sondern auch an der Anzahl der fertiggestellten Wohneinheiten lässt sich der Neubautrend erkennen. 2014 konnten 195 Wohneinheiten fertiggestellt werden. Zahlreiche Projekte wurden zudem bereits begonnen und sollen 2015 beendet werden. Daher werden 2015 voraussichtlich über 500 Wohneinheiten an den Markt gebracht. Im Gegensatz dazu nimmt der Rückbau weiterhin ab. Im Jahr 2014 wurden 633 Wohneinheiten durch Abriss oder Teilrückbau vom Markt genommen. Für 2015 wird der Rückbau von knapp 500 Wohneinheiten erwartet, sodass die Anzahl der neu errichteten Wohneinheiten erstmal auf oder sogar über dem Niveau der abgerissenen Wohnungen liegen könnte. Allerdings ist dabei nicht von einem nachhaltigen Trend auszugehen. Die starke Neubautätigkeit resultiert vor allem aus vorgezogenen Investitionen aufgrund der zusätzlichen energetischen Anforderungen durch die neue EnEV 2014, welche die Anforderungen im Neubau ab 2016 weiter verschärfen wird. Auch der Rückbau könnte aufgrund der sich abzeichnenden „zweiten Leerstandswelle" wieder deutlich an Fahrt gewinnen.

17.6.2 Leerstandsquote leicht rückläufig

Der Leerstand der sächsischen Wohnungsgenossenschaften ist im Jahr 2014 erneut leicht gesunken auf 7,8 Prozent. Somit behält die Leerstandsquote ihre Konstanz der letzten Jahre. Bei einem immer noch leichten Bevölkerungsrückgang im Freistaat Sachsen verdeutlicht dies die Attraktivität der sächsischen Wohnungsgenossenschaften und die Modernität der genossenschaftlichen Werte in unserer Gesellschaft.

Auch im Jahr 2014 haben die sächsischen Wohnungsgenossenschaften einen wichtigen Beitrag zur Versorgung der Bürgerinnen und Bürger mit bezahlbarem Wohnraum geleistet. Die Nutzungsgebühren für die Wohnungen lagen mit 4,64 Euro pro Quadratmeter Wohnfläche nur gering- fügig über dem Vorjahreswert. Die Erhöhung der Nutzungsgebühren ist u. a. auf den Neubau, die weitere Modernisierung der Bestände und erhöhte Neuvermietungsmieten zurückzuführen. Auch die kalten und warmen Betriebskosten erhöhten sich nur moderat auf jeweils 1,09 Euro pro Quadratmeter Wohnfläche.

17.7 Immaterielles Kulturerbe: Genossenschaftsidee wurde für UNESCO-Liste vorgeschlagen

Als erster von bundesweit 27 Beiträgen wurde die Genossenschaftsidee für die Aufnahme in die internationale „Repräsentative Liste des immateriellen Kulturerbes" bei der UNESCO nominiert. Mit der Genossenschaftsidee wurde ein Nominierungsvorschlag ausgewählt, der als länderübergreifender Antrag von Sachsen und Rheinland-Pfalz ausging. Die Deutsche Hermann-Schulze-Delitzsch-Gesellschaft in Delitzsch und die Raiffeisen-Gesellschaft in Hachenburg hatten diesen Vorschlag vorgelegt. Diese erste Nominierung reichte Deutschland im März 2015 bei der UNESCO ein.

Dass eine solche zivilgesellschaftliche Selbstorganisation wie die Genossenschaftsidee mit ihrer über 100-jährigen Tradition für die UNESCO-Liste nominiert wurde, unterstreicht, wie wichtig ihre Prinzipien damals wie heute sind. Genossenschaften fördern als lokal verwurzelte Unternehmen die Wirtschaftskreisläufe vor Ort. Bei ihnen werden die unternehmerischen Entscheidungen nicht unter Renditevorgaben, sondern zum Wohle ihrer Mitglieder getroffen. Durch ihre nachhaltige Wirtschaftsweise erzielen die Genossenschaften positive Effekte für die Gesellschaft. Sie haben sich gerade in den letzten Jahren als äußerst krisen- und insolvenzfest erwiesen und sind ein Vorbild für viele Wirtschaftsbereiche.

In Deutschland sind die Genossenschaften weit verbreitet. 1.138 Volksbanken und Raiffeisenbanken, etwa 2.000 Wohnungsgenossenschaften, 2.604 landwirtschaftliche und 1.622 gewerbliche Waren- und Dienstleistungsgenossenschaften sowie 219 Konsumgenossenschaften sind eine treibende Kraft in Wirtschaft und Gesellschaft.

Die Genossenschaftsidee von Dr. Hermann Schulze-Delitzsch und Friedrich Wilhelm Raiffeisen hat sich über Deutschland hinaus weltweit bewährt und beweist ihre ungebrochene Kraft. Ein sichtbarer Beweis sind die über 900.000 Genossenschaften in mehr als 100 Ländern mit über 800 Millionen Mitgliedern. Das sind mehr Mitglieder als beim Weltfußballverband FIFA, der mit 207 Mitgliedsverbänden „nur" 265 Millionen Mitglieder hat.

Alle 27 Traditionen und Wissensformen, die aus den Bundesländern eingereicht wurden, sind in ein bundesweites Verzeichnis des immateriellen Kulturerbes aufgenommen. Damit erfüllt Deutschland erstmals das entsprechende UNESCO-Übereinkommen. Bis 2016 trifft die UNESCO dann die Entscheidung, was zum Immateriellen Weltkulturerbe gehört.

17.8 Wohnungsgenossenschaften als tragende Säule

Wohnungsgenossenschaften sind eine tragende Säule unserer Marktwirtschaft. Die Verbindung aus Freiheit, Eigeninitiative und gemeinschaftlichem Engagement bildet das Fundament für ein nachhaltiges Wohnen unserer Gesellschaft. Wohnungsnot ist heute kein Grund mehr, einer Genossenschaft als Mitglied beizutreten. Auch die Bedeutung des lebenslangen Wohnrechts nimmt angesichts einer hohen Mobilität der Mitglieder ab. Die Geschäftspolitik der Wohnungsbaugenossenschaften richtet sich deshalb auf die Werbung jüngerer Mitglieder und die Versorgung ihrer älteren Mitglieder mit geeignetem Wohnraum sowie zusätzlichen Dienstleistungen. Es wird immer mehr ältere Mitglieder geben und es wird immer mehr ältere allein lebende Mitglieder geben – häufig ohne in der Nähe wohnende Verwandte. Die Genossenschaft wird zur Ersatzfamilie – und sie kann es.

Die Sicherung eines bezahlbaren Wohnraumes ist aber auch eine gesamtgesellschaftliche Aufgabe, die nicht allein durch die Immobilienwirtschaft bewältigt werden kann. Denn ohne verlässliche Rahmenbedingungen kann die Wohnungswirtschaft als langfristig planende Branche nicht agieren. In diesem Sinne möchte ich abschließend den Mitbegründer des Genossenschaftswesen in Deutschland Hermann Schulze-Delitzsch zitieren: „Der Geist der freien Genossenschaft ist der Geist der modernen Gesellschaft."

17.9 Über den Verband Sächsischer Wohnungsgenossenschaften e.V.

Der Verband Sächsischer Wohnungsgenossenschaften e.V. (VSWG) hat seinen Sitz im Verbandshaus in Dresden und beschäftigt momentan 29 Mitarbeiter. Der VSWG ist gesetzlicher Prüfungsverband sowie Fach- und Interessenverband für die im Bundesland Sachsen ansässigen Wohnungsgenossenschaften. Zu seinen Aufgaben zählen unter anderem Information, Beratung sowie Aus- und Weiterbildung der Mitglieder. Zudem übernimmt der Verband die gemeinschaftliche Interessenvertretung der Mitglieder in der Öffentlichkeit.

Die 219 im Verband Sächsischer Wohnungsgenossenschaften e.V. (VSWG) organisierten Wohnungsgenossenschaften sind ein bedeutender Faktor im sächsischen Wohnungsmarkt. Sie bewirtschaften mit insgesamt 278.743 Wohneinheiten 20,9 Prozent des gesamten Mietwohnungsbestandes im Freistaat Sachsen und bieten damit rund einer halben Million Menschen ein zukunftssicheres Zuhause. Als Unternehmen erwirtschaften sie mit den jährlichen Umsatzerlösen in Höhe von 1,13 Milliarden Euro einen Anteil von 1,2 Prozent am sächsischen Bruttoinlandsprodukt und sind für rund 2.400 Mitarbeiter und 65 Auszubildende ein verlässlicher Arbeitgeber und sichern gleichzeitig Aufträge sowie Arbeitsplätze in vielen weiteren der Wohnungswirtschaft flankierenden Branchen.

17.10 Über den Autor

Der am 27. November 1952 in Waldenburg geborene **Dr. Axel Viehweger** besuchte die Erweiterte Oberschule und legte das Abitur ab. Er studierte von 1973 bis 1978 an der TU Dresden Kernphysik und war danach wissenschaftlicher Assistent an der Fakultät Maschinenbau der TU Dresden. Von 1984 bis 1985 war er wissenschaftlicher Mitarbeiter am Institut für Energetik in Dresden. Er promovierte 1985 zur Thematik „Ein Beitrag zur Ermittlung ‚günstiger‘ hydraulischer Betriebsregime für Heißwasser-Fernheiznetze bei Havariebedingungen oder planmäßigen Außerbetriebnahmen" zum Dr.-Ing. Er war von 1985 bis 1990 Dezernent für Energie der Stadt Dresden. Seit Februar 1990 war er Mitglied des Präsidiums des Bundes Freier Demokraten und später Mitglied des Präsidiums der FDP. Von April bis September 1990 war Dr. Viehweger Minister für Bauwesen, Städtebau und Wohnungswesen im Kabinett von Lothar de Maizière. Ab 1990 bis 1994 war er Abgeordneter des Sächsischen Landtags. Seit 2002 ist er Vorstand des Verbandes Sächsischer Wohnungsgenossenschaften e.V.

Nachhaltigkeit durch Innovation 18

Christian Pochert, Svenja Pochert und Thore Pochert

18.1 Tradition und Fortschritt als Unternehmensphilosophie

Egal ob Bundeskanzleramt, Staatsoper Hamburg oder BMW Werk Berlin – eines haben alle drei gemeinsam: Ihr Dach stammt von QUANDT Dachbahnen, einem Familienunternehmen mit Sitz in Berlin, das mittlerweile in fünfter Generation geführt wird. Auf vielen Millionen Quadratmetern Dachflächen eingesetzt, sorgen die Dachbahnen unseres Unternehmens für ein dichtes Dach unserer Kunden. Bereits seit über 147 Jahren bewähren sich Tradition und Fortschritt in der Geschichte des Unternehmens und beweisen, dass beide Komponenten im Einklang miteinander unabdingbar für den Erfolg einer Firma sind. Denn seit jeher garantieren unsere Dachbahnen kontinuierliche Qualität, wodurch sie den unterschiedlichsten Anforderungen gerecht werden und vor allem eine herausragende Eigenschaft mit sich bringen: Sie halten dicht. Egal ob als freiliegende Abdichtung oder mit schwerem Oberflächenschutz wie Kies, Betonplatten oder als Gründach, durch modernste Fertigungstechnologie und lückenlose Güteüberwachung sichern wir gleichbleibende Produktqualität auf hohem Niveau.

Eine ebenso wichtige Rolle spielt hierbei Nachhaltigkeit – sie hat sich bereits seit der Gründung im Jahr 1868 als wichtiger Bestandteil fest im Unternehmen verankert. Seit jeher hat Umweltschutz, eine nachhaltige Produktionsweise und die Qualität unserer Produkte Priorität bei uns, wie folgenden Meilensteine in der Geschichte des Unternehmens beweisen:

1868 wurde das Unternehmen durch Wilhelm Quandt gegründet. Bereits damals wurden die hergestellten Dachpappen von der königlichen Regierung als feuersicheres Bedachungsmaterial anerkannt. 1930 wurde das Geschäft von Oberingenieur Willy Pochert nach der Heirat mit Charlotte Quandt übernommen. Ab diesem Zeitpunkt wurden teerfreie Dachpappen aus Bitumen – ein aus Rohöl hergestelltes Naturmaterial – mit dem Elefantenkopf als Markenzeichen hergestellt. Während des Zweiten Weltkrieges wurden die Fabrikanlagen zerstört und ab 1945 wieder aufgebaut, sodass ein provisorischer Produktionsbeginn möglich war. Zehn Jahre später, 1955, wurden mit dem Eintritt der beiden Söhne Klaus und Peter Pochert dauerhaft anorganische Glasvliesbahnen hergestellt. Kontinuierliche Entwicklungen über die Jahre, wie zum Beispiel die Einrichtung der Bitumen-Abfüllstation oder der Ausbau der Dämmstoffabteilung trugen zum Erfolg des Unternehmens bei. Im Jahr 1992 wurde dann der neue und bisher größte Produktionsstandort in Schöningen bei Hannover in Betrieb genommen. Vier Jahre später konnte das Unternehmen expandieren und Auslandsgeschäfte aufnehmen, was in den Jahren von 2000 bis 2004 zur Ausweitung des Exports auf 40 Prozent des Geschäftsvolumens auch in Nicht-EU-Länder führte. Seit 2012 wird bei QUANDT die ökologische sowie ästhetische Polymerbitumendachbahn-Produktgruppe Climavine® gefertigt. Besonderheit dieser Produktreihe ist zum Beispiel Recyclingfähigkeit, aktive Oberfläche usw. als ökologischer Vorteil zu den normalen Produktleistungen von unseren Dachbahnen. Die permanente Forschung an neuen Baustoff-Entwicklungen, der Einsatz von umweltschonenden Materialen sowie die Arbeit an der Recyclingfähigkeit unserer Dachbahnen hat uns bis heute an unser Ziel eines umfassenden, nachhaltigen Wirtschaftens gebracht – und wird das auch in Zukunft tun.

18.2 Nachhaltigkeit durch Innovation

„Nachhaltigkeit durch Innovation", so lauten die Schlüsselbegriffe für unternehmerischen Erfolg, welcher sich durch entsprechende Maßnahmen positiv auf Unternehmen, Gesellschaft und Umwelt auswirkt.

Deshalb gilt es, die Frage nach der Art und Weise, wie Bauwerke errichtet und zukünftig instand gehalten werden können, zu beantworten. Nur so können vorzeitige Verluste von Baustoffen und den darin gebundenen Ressourcen und Energien vermieden werden.

Erhebliche ökonomische und ökologische Ressourcen gehen nämlich immer noch dadurch verloren, dass die geplante Lebensdauer von Bauwerken nicht oder nur durch sehr kosten- und ressourcenintensive Instandhaltungsmaßnahmen erreicht wird. Da hierbei oftmals nur rein reaktive Instandhaltungskonzepte durchgeführt werden, werden erst anhand der Folgeschäden die ursächlichen Schäden erkannt und beseitigt. Somit ist das Thema Nachhaltigkeit von hoher Aktualität und entwickelt sich derzeit zu einem der dynamischsten Innovationsfelder des Bauens.

Mechanische und thermische Belastungen, bedingt durch extreme Wetterlagen mit außergewöhnlichen Hitze- und Kälteperioden, stellen zusätzlich zunehmend hohe Anforderungen an Flachdachabdichtungen und sind der Frage nach einer innovativen und somit nachhaltigen Bauweise inbegriffen. Unwetter mit Starkregen, Stürmen und Hagelschlägen haben in den vergangenen Jahren an Intensität zugenommen, kurzfristige Temperaturschwankungen mit bis zu 60 Grad Temperaturunterschied treten immer häufiger auf. Jedoch garantieren QUANDT Dachbahnen, egal ob als Oberlage, Zwischenlage oder untere

Abb. 18.1 Je nach Anforderungen
bietet Quandt verschiedene Rollen
für den Bau eines Daches

Lage, für Neubau oder Altbausanierung, verlässliche Alterungsbeständigkeit über Jahrzehnte (siehe ⦿ Abb. 18.1).

Im Folgenden werden die Mittel, welche zur Erreichung dieses Ziels und einer umfassenden Nachhaltigkeit in unserem Unternehmen führen, näher erläutert. Hierbei werden ökologische, ökonomische und soziale Potenziale, welche die Innovationen für nachhaltiges Bauen bieten, deutlich.

18.3   Bitumen – ein Rohstoff im Kreislauf

Unser Unternehmen betreibt seit 1992 im niedersächsischen Schöningen seinen größten Produktionsstandort. Hier werden unter anderem auch Dachbahnen aus dem Naturprodukt Bitumen gefertigt. Dieses aus Rohöl hergestellte Material zeichnet sich durch eine bewährte und langfristige Abdichtung von Flachdächern aus. Bisherige Entsorgungskonzepte nach Ablauf der Nutzungszeit waren aus Umweltgründen jedoch nicht zufriedenstellend.

Deshalb war dringend ein innovatives Recycling-Projekt vonnöten, welches wir am Standort Schöningen begannen und zusammen mit dem Bundesland Niedersachsen durchführten. Ziel des Projektes war, alte Bitumenbahnen nicht mehr nur energetisch zu verwerten, sondern den wertvollen Rohstoff durch einen Schmelzprozess direkt wiederzugewinnen. Die Recyclingpilotanlage (siehe ⦿ Abb. 18.3) kann mit bis zu zwei Tonnen Abfall an Bitumenbahnen gefüllt werden, welcher direkt von Baustellen stammt. Während des Recyclingprozesses wird das Bitumen von nicht verwertbaren Reststoffen getrennt – der Anteil bei herkömmlichen, bisher eingesetzten Dachbahnen beträgt hier rund 35 Prozent. Am Ende des Prozesses, welcher circa zwei Stunden dauert, wird das flüssige Bitumen in einen Vorratstank abgepumpt. Die Qualität des recycelten Materials entspricht

Abb. 18.2 Werk in Schöningen

einem leicht kunststoff-modifiziertem Bitumen und kann als Sekundärrohstoff sofort in den weiteren Produktionsprozess integriert werden. Allerdings kann hier aufgrund der nicht verwertbaren Reststoffe wie Glas oder Polyester keine hundertprozentige Wiederverwertung stattfinden, da diese Beimischungen einen zu hohen Schmelzpunkt für den Recyclingprozess haben.

Deshalb hat QUANDT eine neue, zu 100 Prozent recycelbare Dachbahn entwickelt, die aus dem wiedergewonnen Bitumen hergestellt wird. Das Ergebnis wird konkret als Lifecycle-Polymerbitumenschweißbahn bezeichnet und ist ein Hybrid aus Kunststoff und Bitumen. Dieses Produkt basiert auf dem Prinzip von „Cradle to Cradle", „von der Wiege zur Wiege". Gemeint ist damit ein vollwertiger Produktionskreislauf, bei dem der Abfallstrom zu 100 Prozent in das neue recycelte Produkt eingeht. Denn sobald die neuartigen Dachbahnen ausgedient haben, wird der Kunststoff gemeinsam mit dem Bitumen im Recyclingprozess aufgeschmolzen. Hierbei werden die Bestandteile nicht getrennt, da der Kunststoff der Trägerschicht sogar eine verbessernde Wirkung auf die Bitumenqualität hat. Diese äußert sich unter anderem in der Leichtigkeit der Dachbahnen, was ein angenehmes Handling und Arbeiten mit den Produkten ermöglicht. Außerdem weisen diese Art der Dachbahnen exzellente technische Werte im Kaltbiegeverhalten, in der Wärmestandfestigkeit, in der Dehnung sowie der Brandsicherheit auf.

Die Anlage ist weltweit die einzige, die den Rohstoff aus Bitumen-Altdächern zurückgewinnen kann und somit für eine positive Ökobilanz des Baustoffes sorgt. In der Tat ist es so, dass Recycling-Bitumen als Rohstoff für Dachbahnen sogar noch besser geeignet ist als neues Bitumen. Eine Tonne Bitumen zu recyceln spart im Vergleich zum bisherigen

Abb. 18.3 Recyclinganlage
im Quandt Werk Schöningen

Abb. 18.4 Produktion am Standort Schöningen

Entsorgungsprozess, nämlich der Verbrennung, 3,2 Tonnen CO_2. Diese Innovation könnte schon bald für eine Revolution im Umgang des weltweit gebräuchlichen Stoffes sorgen.

Natürlich bringt die Recycling-Anlage auch ökonomische Vorteile mit sich, wie Mengeneinsparungen beim Bitumen-Einkauf sowie eine Reduzierung der Abhängigkeit vom Rohstoffmarkt. Außerdem entsteht durch den Bau solcher Recycling-Anlagen ein weiteres Geschäftsfeld. Mittel- und langfristig könnten bundesweit Anlagen mit der zehnfachen Kapazität, welche die Anlage in Schöningen besitzt, entstehen.

18.4   Green Label Product: Klettverschlussbahnen

Als weitere Innovation innerhalb der Dachbautechnik gilt eine völlig neue Form der Verarbeitung der Dacheindeckung, welche QUANDT in Zusammenarbeit mit DION, einem führenden Entwickler von Dachbautechnik mit Sitz in den Niederlanden entwickelt hat. Denn eine innovative Bauweise sowie ein nachhaltiger, umweltfreundlicher und ergonomisch verantwortungsvoller Bauprozess werden von Gesellschaft, Politik und Wirtschaft inzwischen als Standard gefordert. Die entwickelten Dacheindeckungsprodukte werden mit einem Hakenband mechanisch befestigt und können für fast alle Unterbauten verwendet werden. Der große Vorteil liegt in der Zusammensetzung und Anwendung des Produkts, denn durch die Klettverschlussbahnen wird die physische Belastung der Arbeiter sowie das Brandrisiko minimiert – konkret wird durch diese Innovation beider Unternehmen die soziale Nachhaltigkeit gefördert. Denn mit Hilfe der Produkte können professionelle Dachdecker gesünder arbeiten, da die Innovationen eine erhebliche Einschränkung von Gesundheitsrisiken mit sich bringen. Unabhängige Untersuchungen in Zusammenarbeit mit der TU und der Hochschule Fontys haben ergeben, dass das Aufbringen dieser Produkte von den Arbeitern als wesentlich angenehmer und weniger schwer empfunden wird. Des Weiteren erfüllen die Produkte die strengen Kriterien der Norm NEN 6050, welche eine Begrenzung der Brandgefahren bei einem Anschluss geschlossener bituminöser Dachdeckungssysteme fordern. Möglich ist dies durch eine einzigartige Haftschicht, wodurch das Arbeiten mit einer offenen Flamme nicht mehr länger nötig ist. Das bedeutet, dass sowohl während der Errichtung als auch während der Nutzungsdauer eine vollständige Brandsicherheit garantiert ist.

QUANDT und DION leisten durch ihre Vorgehensweise außerdem einen wesentlichen Beitrag zur Minimierung des CO_2-Ausstoßes während der Produktion, der Nutzung und des Recyclings der Produkte. Durch die Nutzung der neuartigen Klettverschlussbahnen können im Vergleich zu herkömmlichen Dacheindeckungsprodukten 9,2 Kilogramm CO_2 pro Quadratmeter eingespart werden, außerdem besitzen sie eine Lebensdauer von rund 35 Jahren. Nach der Demontage eines Daches können die Materialien wiederverwendet werden, wodurch wiederum neue, hochwertige Produkte entstehen. Aufgrund des umweltbewussten Umgangs mit den Produkten tragen diese das Gütezeichen „Green Label".

18.5 NOx-Off Technologie für eine grüne Zukunft

Das Leitbild „Gemeinsam in eine Grüne Zukunft" prägt das Handeln in unserem Unternehmen. Deshalb leisten wir mit der sogenannten NOx-Off Technologie einen weiteren Beitrag zum Klimaschutz. NOx steht hierbei für Nitrogenium Oxides, also Stickoxide. Diese sind verantwortlich für die immense Umweltverschmutzung, deren Konsequenzen sich unter anderem in Naturkatastrophen wie Starkregen, Dürreperioden oder heftigen Stürmen äußern.

Aus einer alltäglichen Oberlagsbahn wird durch diese Technologie ein hoch innovatives Produkt. Hierdurch ist jede Dachabdichtung fähig, die Umgebung von schädlichen Stickoxiden zu befreien. Dabei wirkt die Bestreuung der Oberlage unter Sonneneinstrahlung als Katalysator, infolgedessen werden Stickoxide in Nitrate umgewandelt und durch Regenwasser wieder ausgewaschen. Gerade auf Ballungsgebiete wirkt sich die Reinigung der Luft positiv aus. Viel Verkehr, schwere Industrie und wenige Pflanzen sorgen besonders im Sommer für Gefahr durch Smog. Die NOx-Off-Technologie trägt somit zu einer kontinuierlichen Verbesserung der Luftqualität bei. Aber wie genau funktioniert das?

In der Atmosphäre vorhandene NOx-Partikel treffen auf die Oberflächenbeschichtung. Mit Hilfe einer kostenlosen Energiequelle, der Sonne, findet ein fotokatalytischer Prozess in Verbindung mit der aktiven NOx-Off-Beschichtung statt. In einer chemischen Reaktion werden die schädlichen Stickoxide in der Atmosphäre gebunden und zu Nitraten, also Salzen, umgewandelt. In einem nächsten Schritt werden die abgebauten Reaktionsprodukte durch Regen von der Dachfläche wieder abgewaschen. Was zurück bleibt, ist reine Luft. Als großer Vorteil erweist sich, dass der Prozess kontinuierlich fortschreitet, bedingt durch die Symbiose aus der Kraft der Natur und zukunftsweisender Biotechnologie.

18.6 Gründächer: Wunderwerke des Bauwesens

Trotz ständiger Veränderung in Gestaltung und Aussehen von Gebäuden sind die Anforderungen an deren Funktionen konstant geblieben: Schutz und Komfort, Wärme im Winter und Kühle im Sommer sind wichtige Parameter. In den vergangenen Jahren sind Umweltaspekte wie Gründach-Lösungen immer wichtiger geworden. Umweltauswirkungen und Nachhaltigkeit eines Gebäudes werden auch durch dessen Energieeffizienz bestimmt. Diese ergibt sich aus der Lebensdauer des Gebäudes sowie der Nutzung erneuerbarer Energien und nachhaltigen Materialien. Inzwischen sind begrünte Dächer zu einem unverzichtbaren Element einer modernen Stadtplanung avanciert – deshalb bieten wir unseren Kunden als weiteren Schritt in eine nachhaltige Zukunft die Möglichkeit eines Gründaches. Dieses bietet nicht nur ökologische, sondern auch ökonomische und soziale Vorteile:

Als ökologischer Vorteil gilt die Reduzierung des „heat island effect", was als Aufheizung der Innenstädte bezeichnet wird. Außerdem sorgen Gründächer effektiv für eine CO_2-Reduktion, denn ein Quadratmeter Dachbegrünung kann jährlich circa fünf Kilogramm CO_2 binden. Ein weiterer großer Vorteil ist die Reduzierung und zeitliche Verzögerung des Regenwasserabflusses. Dies führt im Sommer zu einem Rückgang der abzuführenden Wassermenge um bis zu 90 Prozent, welche sonst direkt in die Kanalisation fließen würde. In diesem Zusammenhang dienen Gründächer außerdem als Präventionsmaßnahme gegen Hochwasser, welche aufgrund des Klimawandels verstärkt auftreten. Vor allem das Substrat des Schichtenaufbaus kann einen großen Anteil des Regenwassers zurückhalten und zeitversetzt in geringeren Mengen abgeben. Somit werden die Kanalisationen entlastet und das Überschwemmungsrisiko gesenkt.

Durch ihre Fähigkeit Feinstaub, Smog oder auch Schwermetalle aus der Atmosphäre zu binden, sorgen die Pflanzen auf den Dächern für eine positive Wirkung auf die Qualität der Luft und somit die Gesundheit der Bewohner. Zudem wird durch natürliche Bio-Filtration die Gewässer-Verunreinigung durch Schadstoffe vermindert.

Ein besonders wichtiger Punkt ist, dass das Gründach als natürlicher Lebensraum für verschiedene Pflanzen- und Tierarten dient. Denn sie tragen zur Wiederherstellung des durch die Urbanisierung gestörten ökologischen Gleichgewichts bei und sorgen für einen Ausgleich zu den Versiegelungen am Boden. Besonders für Bienen, aber auch Vögel und Schmetterlinge sind Gründächer eine lebenswichtige Grundlage. Unter anderem sind großflächige landwirtschaftliche Monokulturen und der Einsatz von Gentechnik und Pestiziden Ursachen für das Bienensterben, welchem durch den Bau eines Gründaches entscheidend entgegen gewirkt werden kann. Die heutige Landwirtschaft birgt viele Gefahren für das Überleben der Bienen, deshalb gewinnen Gründächer mehr und mehr an Bedeutung.

Begrünte Dächer bieten auch ökonomische Vorteile, wie zum Beispiel die dreifache Lebensdauer eines Daches, wie aus Erfahrungen hervorgeht. Denn die unter dem Dach befindliche Abdichtung wird vor mechanischen Beschädigungen, UV-Strahlung und extremen Temperaturen wirksam geschützt, sodass in späteren Jahren geringere Wartungs- und Sanierungskosten anfallen. Als positives Resultat eines Gründaches gilt außerdem dessen Energieeffizienz, denn sie helfen den Energieverbrauch zu senken: Bis zu 25 Prozent der Heizkosten und bis zu 75 Prozent des Aufwandes für die Kühlung des Gebäudes können damit eingespart werden. Des Weiteren dient eine Dachbegrünung als Schallisolierung und trägt vor allem in großen Städten, Industriegebieten oder in der Umgebung von Flughäfen zur Lärmminderung bei. Als weiterer ökonomischer Vorteil gilt das Einsparungspotenzial bei Abgabe der Versiegelungsgebühr beziehungsweise des Niederschlagswassers. In vielen Städten belaufen sich diese Kosten auf eine nicht zu vernachlässigende Summe. Eine Dachbegrünung wird oftmals als Entsiegelungsmaßnahme anerkannt und die Gebühr deshalb maßgeblich gesenkt.

Als soziale Vorteile gelten ein natürliches Aussehen und eine angenehme Abwechslung zum übrigen Stadtbild, was im Moment zu einer wesentlichen Änderung innerhalb der modernen Architektur führt. Außerdem sind Gründächer nutzbare Grünflächen, welche als Gemeinschaftsgärten, Gewerbe- oder Erholungsraum dienen können. Auch der Begriff

„urban gardening" gewinnt hier an Bedeutung: Gründächer können als landwirtschaftliche Fläche genutzt werden, was zur lokalen Selbstversorgung mit Lebensmitteln führt.

In Zusammenarbeit mit der Firma Knauf Insulation, einem führenden Hersteller für Dämmstoffe, bietet QUANDT Dachbahnen das sogenannte Urbanscape-Gründach-System an. Dabei handelt es sich um ein innovatives leichtes System mit einer sehr hohen Wasserspeicher-Kapazität. Konzipiert wurde das System speziell für die einfache Montage auf Flachdächern im Wohnungsbau und für Gewerbe-Objekte in städtischen Gebieten und besteht als Komplettsystem aus den folgenden Komponenten: einer Wurzelschicht, einem Dränage-System mit oder ohne Wasserspeicherung, einem einzigartigen, patentierten Mineralwolle-Substrat und einer Vegetationsschicht. Zusätzlich kann in Abhängigkeit der lokalen klimatischen Bedingungen ein Bewässerungssystem integriert werden. Das Urbanscape-Gründach-System kann auf allen Flachdachkonstruktionen eingesetzt werden, denn die Bestandteile des Systems sind immer die gleichen, lediglich die Anforderungen an die Dämmung und die Position der Abdichtungsebene ändern sich. Ein Gründach bietet in jeder Hinsicht – ob Ökonomie, Ökologie oder Soziales – viele Vorteile.

18.7 Qualitätssicherung der Produkte

Durch die Maßnahmen, welche QUANDT für nachhaltiges Wirtschaften im Unternehmen seit jeher umsetzt, werden die Forderungen von Gesellschaft und vor allem Politik zu einem hohen Maß erfüllt – denn Gesetze zur Schonung der Ressourcen und des Umweltschutzes rücken verstärkt in den politischen Fokus. Als eines von vielen Beispielen lässt sich hier das von der Politik verabschiedete Kreislaufwirtschaftsgesetz vom 01. Juni 2012 anführen, dessen Vorgaben QUANDT nicht nur erfüllt, sondern durch viele weitere Maßnahmen zusätzlich ergänzt.

Im Kreislaufwirtschaftsgesetz wird zur nachhaltigen Verbesserung des Umwelt- und Klimaschutzes sowie der Ressourceneffizienz in der Abfallwirtschalt eine Stärkung der Abfallvermeidung sowie des Recyclings von Abfällen gefordert (bmub, 2012). QUANDT kann sich hier insbesondere mit der innovativen Recycling-Anlage zur Wiederaufbereitung von Bitumen als Vorreiter positionieren. Weitere die Umwelt betreffende Maßnahmen sind die Entwicklung der NOx-Off-Technologie oder die Montage von Gründächern. An diese ökologischen Aspekte knüpft unser Unternehmen mit weiteren Handlungen zur Umsetzung von Nachhaltigkeit, zum Beispiel aus dem sozialen Bereich, an. Konkret sind hier der Gesundheitsschutz der Arbeiter durch einfache Montage der Klettverschluss-Dachbahnen sowie das Arbeiten ohne offenes Feuer gemeint.

All das können wir unseren Kunden durch ständige Qualitätssicherungen garantieren. Hochwertige Materialien, präzise eingehaltene Rezepturen und moderne computergesteuerte Produktionsprozesse sowie ein mehrstufiges Kontrollsystem von der Rohstoffkontrolle bis zur fertigen Dachbahn ist die Basis für unser hohes Qualitätsniveau. Um dies beizubehalten und ständig garantieren zu können, werden kontinuierlich Proben im Labor untersucht und ausgewertet. Alle Produktionsschritte unterliegen strengen externen Qualitäts- und Umweltkontrollen. Auch die fertigen Dachbahnen werden abschließend von unabhängigen Fremdinstituten kontrolliert.

Nicht nur durch Zertifizierungen halten wir unsere Standards auf höchstem Niveau. Zudem stehen wir in ständigem Austausch mit Verantwortungsträgern aus Wirtschaft und Politik, was durch Mitgliedschaften in Netzwerkbildungen, wie zum Beispiel dem Beirat der Wirtschaft ermöglicht wird.

Außerdem wird durch Zusammenarbeiten, wie zum Beispiel mit der Firma DION oder Knauf Insulation das Thema Nachhaltigkeit im Bauwesen effektiv, schnell und qualitativ hochwertig umgesetzt.

18.8 Ausblick

Schritt für Schritt in eine gesunde Zukunft, das ist die Motivation, die uns jeden Tag aufs Neue antreibt, es noch besser machen zu können. Noch effizientere Produkte zu entwickeln, unsere Ressourcen noch intensiver zu schonen und den vollständigen Lebenszyklus eines Rohstoffes zu ermöglichen. Denn Innovationen sind es, die unsere Zukunft und die der nachkommenden Generationen entscheidend gestalten. Deshalb arbeiten wir mit Leidenschaft und generationsübergreifend an der Realisation einer gesunden und nachhaltigen Zukunft, nicht nur in Europa, sondern weltweit.

18.9 Über die Autoren

Kompetenz, Vertrauen und Leistung aus Leidenschaft sind die Grundlage für unsere erfolgreiche Firmengeschichte seit 1868.

Zukunftsorientiert und innovativ arbeiten wir bei Quandt bereits in der sechsten Generation an der Weiterentwicklung unserer Dachbahnen.

Kontinuität in der Qualität, hochwertige Materialien und die Zufriedenheit unserer Kunden genießen bei uns besondere Priorität. Ressourcenschonendes Wirtschaften nimmt dabei einen zunehmenden Stellenwert ein.

Gemeinsam arbeiten wir zielgerichtet auf eine nachhaltige Zukunft für uns und unsere Familien sowie die nachfolgenden Generationen hin. Gelebt werden diese Ziele beispielsweise durch Produktentwicklungen im Bereich des Recyclings, der Einführung von luftreinigenden Dachbahnen, Klettsystemen oder der Förderungen von Gründächern. Selbst die Initiative der Aufstellung von Bienenkästen auf den Dächern, zur Unterstützung des drittwichtigsten Nutztiers, der Biene, ist ein Teil des betrieblichen Alltags.

Derzeit wird das Unternehmen von **Christian** und **Jan-Niels Pochert** geführt. Christian Pochert ist mit 24 Jahren als Komplementär in das Unternehmen eingetreten und hat nach dem Tod seines Vaters mit jungen 33 Jahren die Leitung des Unternehmens übernommen. Die nächste Generation ist bereits am Nachwachsen. **Svenja Pochert**, 24 Jahre, hat direkt nach Ihrem Abitur die Arbeit im Familienbetrieb aufgenommen und ist inzwischen 5 Jahre bei Quandt beschäftigt. Nebenberuflich studiert sie derzeit in Wismar. Der neuste Familienzuwachs, **Thore Pochert**, hat sich ebenfalls entschieden ins Unternehmen einzutreten. Er bereichert das Team seit Oktober 2014 und absolviert ein duales Studium. Die Familie ist sich einig, Nachhaltigkeit ist Chefsache!

Literatur

Bmub, Bundesministerium für Umwelt, Naturschutz, Bau und Reaktorsicherheit (2012): Eckpunkte des neuen Kreislaufwirtschaftsgesetzes. abrufbar unter http://m.bmub.bund.de/themen/wasser-abfall-boden/abfallwirtschaft/abfallpolitik/kreislaufwirtschaft/eckpunkte-des-neuen-kreislauf-wirtschaftsgesetzes/

Ideenmanagement als Kulturarbeit

*Wie die Beteiligung der Beschäftigten an Verbesserungen
zu einer nachhaltigen Unternehmenskultur führt*

Hans-Dieter Schat

„Ideenmanagement führt zu nachhaltiger Unternehmenskultur"
(Christiane Kersting, Geschäftsführerin des Zentrum Ideenmanagement)

19.1   Was ist Ideenmanagement?

Ideenmanagement setzt sich aus (mindestens) zwei Komponenten zusammen. Die erste Komponente wurde Ende des 19. Jahrhunderts als „Betriebliches Vorschlagswesen" entwickelt. Mit der Industrialisierung wuchsen die Unternehmen, der persönliche Kontakt zwischen der Unternehmensleitung und den Arbeitern wurde immer schwächer. Gleichzeitig war klar: Arbeiter kennen oft Verbesserungsmöglichkeiten, doch werden diese von den Meistern und Vorarbeitern nicht aufgenommen. So erhielten Arbeiter die Möglichkeit, Vorschläge direkt bei der Geschäftsführung einzureichen (vgl. Schat, 2014). Die zweite Komponente ist der Kontinuierliche Verbesserungsprozess. Auch hier entwickeln Arbeiter Verbesserungsvorschläge, doch geschieht dies während der Arbeitszeit, die Methoden werden vom Unternehmen vorgegeben und geschult, und auch die Bereiche, für die Verbesserungen gesucht werden, sind gegeben. Diese Komponente wird häufig auf den japanischen „Kaizen"-Ansatz (Kaizen als „Weg zum Besseren) zurückgeführt (vgl. Imai, 1986), doch gibt es auch hier eine abendländische Tradition.

Zwei Wurzeln tragen also das Ideenmanagement: Das Betriebliche Vorschlagswesen und die kontinuierliche Verbesserung. Institutionalisiert wurde zuerst das Betriebliche Vorschlagswesen, dem wir uns zunächst zuwenden (vgl. Kersting und Munzke, 2013; Schat, 2014).

19.1.1   Betriebliches Vorschlagswesen

Der Grundgedanke des Betrieblichen Vorschlagswesens im engeren Sinne wurde am Ende des 19. Jahrhunderts entwickelt. Mit der zunehmenden Industrialisierung entstanden immer größere Betriebe, nun sprachen die Beschäftigten nicht mehr wie selbstverständlich

mit dem „Fabrikherren". Eine Führungsebene nach der anderen schob sich zwischen die
tatsächlich im Produktionsprozess Tätigen und die Entscheider. Diese verloren immer
mehr die persönlichen und direkten Erfahrungen mit Vorgängen im Produktionsprozess.
Informationen und Einschätzungen wurden beim Marsch durch die Hierarchie gefiltert
und verändert, und die Industriellen versuchten, dagegen zu steuern.

Systematisch etablierte sich der Gedanke des Vorschlagswesens also mit dem Beginn
des Maschinenzeitalters im 19. Jahrhundert. In Deutschland gilt Alfred Krupp als Begrün-
der des Vorschlagswesens. 1872 entwarf er die Regeln für ein „General-Regulativ"w, das
aber erst 1888 zum Einsatz kam. Darin heißt es unter § 13:

> *„Anregungen und Vorschläge zu Verbesserungen, auf solche abzielende Neuerungen,
> Erweiterung, Vorstellung über und Bedenken gegen die Zweckmäßigkeit getroffener
> Anordnungen, sind aus allen Kreisen der Mitarbeiter dankbar entgegenzunehmen und
> durch Vermittlung des nächsten Vorgesetzten an das Direktorium zu befördern, damit
> dieses die Prüfung veranlasse. Eine Abweisung der gemachten Vorschläge, ohne eine
> vorangehende Prüfung derselben, soll nicht stattfinden, wohingegen denn auch er-
> wartet werden muss, dass eine erfolgte Ablehnung dem Betreffenden, auch wenn ihm
> ausnahmsweise nicht alle Gründe dafür mitgeteilt werden können, genüge, und ihm
> keineswegs Grund zu Empfindlichkeit und Beschwerde gebe. Die Wiederaufnahme ei-
> nes schon abgelehnten Vorschlages unter veränderten tatsächlichen Verhältnissen oder
> in verbesserter Gestalt ist selbstredend nicht nur zulässig, sondern empfehlenswert."*
> (Spahl, 1990, S. 179)

Der Grundgedanke des Betrieblichen Vorschlagswesens beruht auf gesellschaftlichen
Entwicklungen, die der Diversifizierung von Arbeitsprozessen Rechnung tragen und hier
die Lücke zwischen Entscheidern und Ausführenden schließen. Die Kommunikation zwischen „oben" und „unten" wird durch das Vorschlagswesen aufrechterhalten und stetig
verbessert.

Heinrich Freese hatte 1891 die Arbeiter am Gewinn seines Unternehmens beteiligt und
erhielt daraufhin mindestens einen „Verbesserungsvorschlag" zur Vermeidung von Verschwendung. Heinrich Freese berichtete über ein Erlebnis eines Prokuristen:

> *„Ein Tischler, der in der Fabrik als eifriger Sozialdemokrat bekannt war, habe ihn [je-
> nen Prokuristen] beiseite genommen und habe ihn darauf aufmerksam gemacht, dass
> der Dampfkocher in der Werkstatt, auf dem der Leim gekocht werde, schon seit eini-
> ger Zeit nicht zu gebrauchen sei. Er habe den Meister wiederholt darauf aufmerksam
> gemachte, die Reparatur wäre aber nicht vorgenommen und der Leim müsse auf Gas
> gekocht werden. Es ging ihn ja schließlich nichts weiter an. Da die Arbeiterschaft aber
> jetzt am Gewinn beteiligt sei, so ginge ihr Geld doch mit verloren. Deshalb bäte er ihn,
> ob er die Sache nicht ohne Aufsehen einrenken könne. Die Reparatur wurde sofort vor-
> genommen und die Ausgabe für das Gas wurde gespart."* (Freese, 1909, S. 76)

Ein Detail ist in der Darstellung hervorzuheben: Der Arbeiter bittet, die Sache „ohne Aufsehen" einzurenken. So kann der Meister, der bislang den Kocher nicht hat reparieren lassen, sein Gesicht wahren. Dies ist ein frühes Beispiel, wie Ideenmanagement so umgesetzt wird, dass alle Beteiligten in ihren Interessen, aber auch in ihrem Stolz berücksichtigt werden.

Seine Erwartungen fasste Freese wie folgt zusammen: „Ich glaube, dass es der Industrie nur nützen kann, wenn dem System der Verbesserungsprämien mehr Aufmerksamkeit als bisher zugewendet wird. Die Leistungsfähigkeit mancher Betriebe und ihre Aussichten im internationalen Wettbewerb können dadurch nur vermehrt werden" (vgl. Freese, 1909, S. 95 f.).

Am 29. März 1943 wurde von der Industrie- und Handelskammer zu Frankfurt, der Johann Wolfgang Goethe-Universität und acht Frankfurter Unternehmen ein erstes Netzwerktreffen zum BVW ins Leben gerufen. 1951 fand erstmals nach dem Zweiten Weltkrieg in Detmold eine Tagung zum Thema „Betriebliches Vorschlagswesen" statt. Seit 1954 mündeten diese Aktivitäten schließlich in einem 1. Deutschen Dachverband für das BVW, dem dib – Deutsches Institut für Betriebswirtschaft e.V., das allerdings 2003 von der Dekra Akademie übernommen wurde und seit dem 03. Februar 2003 als Deutsches Institut für Betriebswirtschaft GmbH weitergeführt wird. Mit dem Zentrum Ideenmanagement hat sich mittlerweile ein zweiter Verband von Ideenmanagern etabliert.

In der DDR wurde das Vorschlagswesen als „Neuererbewegung" in die staatliche Leitung und Planung einbezogen und die Betriebe zur Berichterstattung über die Ergebnisse der Neuererbewegung verpflichtet. Damit wurde das Vorschlagswesen staatlichen Zwängen untergeordnet. Für 1988, dem letzten Jahr einer staatlichen Statistik vor der Wende, konnte davon berichtet werden, dass etwa 6.000 Betriebe in der ehemaligen DDR im Neuererwesen aktiv waren. Ein Drittel der Betriebe hatte weniger als 500 Beschäftigte. Im Dezember 1989 wurde die Neuererbewegung der DDR außer Kraft gesetzt und die Regelungen der Bundesrepublik zum Vorschlagswesen wurden wirksam.

19.1.2   Kontinuierlicher Verbesserungsprozess

Der Gedanke der kontinuierlichen (Selbst-)Verbesserung ist tief in der abendländischen Kultur verwurzelt. Benjamin Franklin (1706–1790), war als Schriftsteller, Naturwissenschaftler, Diplomat und Staatsmann auf beiden Seiten des Ozeans erfolgreich. In seiner Autobiografie fasste er seine ethischen Grundsätze wie folgt zusammen:

Temperance. Eat not to Dulness. Drink not to Elevation.

Silence. Speak not but what may benefit others or your self. Avoiding trifling Conversation.

Order. Let all your Things have their Places. Let each Part of your Business have its Time.

Resolution. Resolve to perform what you ought. Perform without fail what you resolve.

Frugality. Make no Expense but to do good to others or yourself: i. e. Waste nothing.

Industry. Lose no Time. Be always employ'd in something useful. Cut off all unnecessary Actions.

Sincerity. Use no hurtful Deceit. Think innocently and justly; and, if you speak; speak accordingly.

Justice. Wrong none, by doing Injuries or omitting the Benefits that are your Duty.

Moderation. Avoid Extremes. Forbear resenting Injuries so much as you think they deserve.

Cleanliness. Tolerate no Uncleanness in Body, Clothes or Habitation.

Tranquility. Be not disturbed at Trifles, or at Accidents common or unavoidable.

Chastity. Rarely use Venery but for Health or Offspring; Never to Dulness, Weakness, or th Injury of your own or another's Peace or Reputation.

Humility. Imitate Jesus and Socrates. (vgl. Franklin, 1785, S. 79 f.)

Einige dieser ethischen Grundsätze sind direkt in die Unternehmenspraxis zu übertragen: Ordnung (3) und Sauberkeit (10) sind häufig erste Schritte, wenn sich ein Betrieb auf den Weg der kontinuierlichen Verbesserung begibt. Verschwendung vermeiden (5) kann als ein Motto des Kontinuierlichen Verbesserungsprozesses betrachtet werden, eine Teilaspekt ist das Vermeiden von Leerzeiten (6) für Beschäftigte und Maschinen. Wenn sich Beschäftigte, auch außerhalb ihrer Arbeitszeit, an der Entwicklung von Verbesserungsvorschlägen beteiligen, dann erwarten sie eine faire Kompensation und Anerkennung hierfür (8). Insbesondere radikale Verbesserungen werden zunächst in einem überschaubaren Bereich erprobt. Zwar erscheinen Vorschläge oft plausibel, doch rät das Wissen um die Begrenztheit menschlichen Denkens zu einem Praxistest (9). Schließlich gehört zu einem guten Unternehmen auch der Vergleich mit den Besten (13), aus dem Impulse für weitere Verbesserungen abgeleitet werden können.

Ihre konkrete Übertragung dieser Gedanken in den betrieblichen Kontinuierlichen Verbesserungsprozess wird häufig mit Impulsen aus der japanischen Management-Praxis in Verbindung gebracht. Diese Grundsätze entsprechen etwa jenen Verschwendungsarten, die ganzheitliche Produktionssysteme vermeiden möchten, das wohl bekannteste dieser Systeme ist das Toyota-Produktionssystem. Es vermeidet:

1. „Nacharbeiten, bei denen ein Produkt erneut bearbeitet werden muss, weil es beim ersten Mal fehlerhaft bearbeitet wurde.
2. Wartezeiten, die Mitarbeiter von der Wertschöpfung abhalten, beispielsweise durch Maschinenausfälle.

3. Überbearbeitungen, die das Produkt über das hinaus verbessern, für das der Kunde zu zahlen bereit ist.
4. Bewegungen, die Mitarbeiter unnötigerweise durchführen, um zum Beispiel an Teile zu gelangen.
5. Überproduktionen, also Produkte, die zu früh oder in zu großer Stückzahl produziert werden.
6. Transporte, die Material von einem Ort zum anderen bewegen, ohne den Wert des Produktes zu steigern.
7. Lagerbestände, die Platz einnehmen, finanziert und gemanagt werden müssen." (vgl. Thonemann, 2005, S. 334)

Weitere Impulse in dieser Richtung kamen Anfang der 1980er-Jahre aus Japan. Gruppenarbeit und Qualitätszirkel wurden in den Unternehmen eingeführt, das Verhältnis zum bereits etablierten Vorschlagswesen musste erst noch entwickelt werden. Diese Entwicklung wurde ab Mitte der 1980er-Jahre noch verstärkt durch den Einfluss weiterer Managementmethoden aus Japan, vor allem durch Kaizen. Die Unternehmen verknüpften das traditionelle Vorschlagswesen mit dem Kontinuierlichen Verbesserungs- Prozess.

Die Kombination von Vorschlagswesen und Verbesserungsprozess zum Ideenmanagement hat dazu geführt, dass das Thema nicht nur nach wie vor aktuell ist, sondern auch im Zusammenhang mit den integrierten Managementmethoden und den Managementsystemen gesehen wird. Im Hinblick auf Führung ist hier das Gesundheitsmanagement besonders zu nennen.

19.1.3 Ideenmanagement

Betriebliches Vorschlagswesen und Kontinuierlicher Verbesserungsprozess als jeweils einzelne Systeme hatten in der Vergangenheit ihre Berechtigung. Gute Praxis ist heute die Zusammenführung beider Systeme zu einem übergreifenden System, dem Ideenmanagement. Der Grundgedanke lautet: Den Beschäftigten sollte es egal sein, ob sie eine gute Idee in ein Vorschlagswesen oder in den kontinuierlichen Verbesserungsprozess einreichen. Wenn eine Idee im „falschen" System landet, dann sollte es nicht Aufgabe der Beschäftigten sein, dies zu korrigieren. Viele Aufgaben überlappen sich: Ideen-Marketing, Kampagnen für im Unternehmen besonders wichtige Themen, Überzeugungsarbeit bei Beschäftigten und Führungskräften – all dies ist für das Verbesserungswesen ebenso zu leisten wie für den Kontinuierlichen Verbesserungsprozess. Gleiches gilt für die Verwaltung, von der ersten Dokumentation einer Idee bis hin zu ihrer erfolgreichen Realisierung. Die Zusammenführung von Betrieblichem Vorschlagswesen und Aktivitäten der kontinuierlichen Verbesserung wird dadurch erleichtert, dass heute Software zur Verfügung steht, die beide Systeme integriert unterstützt.

Eine Reihe weiterer Managementmethoden beinhaltet Ansätze des Ideenmanagements, im Kontext der Nachhaltigkeit können das Umweltschutz-, Arbeitsschutz- und Gesundheitsschutzmanagement genannt werden. Je nach Branche kann aber auch das Instandhaltungsmanagement oder die Personalentwicklung entsprechende Anknüpfungspunkte und Überschneidungen enthalten. So finden sich in Betrieben eine Reihe von Ideenmanagementsystemen, die über das Vorschlagswesen und den Kontinuierlichen Verbesserungsprozess weitere Methoden integriert haben.

Besonders intensiv ist diese Integration von Betrieblichem Vorschlagswesen und Kontinuierlichem Verbesserungsprozess im Sinne eines Ideenmanagements bei jenen Unternehmen, die ein Ganzheitliches Produktionssystem implementiert haben. Die „Urmutter" dieser Ganzheitlichen Produktionssysteme ist das Toyota-Produktionssystem (vgl. Ohno, 1993). Ohne ins Detail gehen zu wollen: Zentral ist, „dass ein Produktionssystem die gesamte Unternehmung, d. h. Einkauf, Administration, Vertrieb, Versand, Lager, Fertigung usw., umfasst" (vgl. Neuhaus, 2008, S. 15). Der Grundgedanke kam zunächst in der Produktion auf, daher heißen diese Systeme „Ganzheitliche Produktionssysteme". Nicht etwa, weil sie sich auf die Produktion beschränken!

Noch wenige Praxisbeispiele finden sich für die Integration des Ideenmanagements mit der Produktentwicklung zu einem Ideen- und Innovationsmanagement (vgl. Schat, 2016).

19.2   Nachhaltigkeit

Nachhaltigkeit wird aus Sicht des Human Resources Management in drei Aspekten diskutiert: der ökonomischen, der ökologischen und der sozialen Nachhaltigkeit (vgl. Achouri, 2015, S. 149 ff.). Die ökologische Nachhaltigkeit wird gerne am Beispiel der Forstwirtschaft eingeführt: Man solle nur so viel Holz schlagen wie Bäume nachwachsen. Heute sind Ressourcen-Effizienz und die Wiederverwertung von Materialien Ansatzpunkte für ökologische Nachhaltigkeit. Ähnlich kann soziale Nachhaltigkeit fordern, Menschen langfristig nicht zu schädigen, sodass sie langfristig als Beschäftigte oder Kunden mit dem Unternehmen zusammenarbeiten können. Der letzte Aspekt besagt: „Nachhaltigkeit im ökonomischen Sinne bedeutet, Gewinne erst dann auszuweisen, wenn investiertes Kapital wieder zurückgeflossen ist" (vgl. Achouri, 2015, S. 150).

Ideenmanagement arbeitet zentral mit Menschen, insbesondere mit den Beschäftigten. Diese sollen nicht nur punktuell Verbesserungen vorschlagen, sondern langfristig gerne und produktiv im Betrieb arbeiten. Als Begriff für die langfristig auf Beschäftigte wirkenden Einflüsse im Betrieb hat sich die Unternehmenskultur etabliert, somit ist Ideenmanagement zentral als Kulturarbeit zu sehen.

19.3 Bedarf an Kulturarbeit

Ideenmanagement ist ein Führungsinstrument, daher steht im Zentrum dieses Textes der Beitrag, den Ideenmanagement für nachhaltige Führung leisten kann. Unabhängig hiervon können im Ideenmanagement selbstverständlich auch Vorschläge für Ressourcen-Effizienz, die Wiederverwertung von Materialien oder nachhaltige Gestaltung von Prozessen entwickelt und realisiert werden.

Was ist nachhaltige Führung? Dies ist schwer in eine kurze, knappe und doch eindeutige Definition zu packen. Doch lassen sich zumindest zwei Bedingungen angeben, die erfüllt sein müssen, damit in einem Unternehmen sinnvoll von „nachhaltiger Führung" gesprochen werden kann:

1. Aus Sicht des Betriebes: Nachhaltige Führung heißt auch, dass ein Betrieb die Beschäftigten einstellen und als Arbeitnehmer halten kann, die für ein langfristig erfolgreiches Wirtschaften notwendig sind. Das betrifft Nachwuchskräfte ebenso wie erfahrene Leistungsträger, das gilt für alle Qualifikationsstufen und Tätigkeitsbereiche.
2. Aus Sicht der Beschäftigten: Nachhaltige Führung heißt auch, dass die Beschäftigten gesund bleiben und sich Stress und andere Belastungen in einem handhabbaren Maß bewegen.

Diese beiden Bedingungen nachhaltiger Führung werden maßgeblich durch die Unternehmenskultur beeinflusst – Einzelmaßnahmen führen hier selten zum gewünschten Erfolg. Als These formuliert: Nachhaltige Führung bedarf der Kulturarbeit im Betrieb.

19.3.1 Bedarf an Kulturarbeit – betriebliche Ebene

Betriebe müssen passende Beschäftigte einstellen und als Arbeitnehmer halten. Dies stellt für unterschiedliche Altersgruppen unterschiedliche Herausforderungen dar. Aktuell beginnt die „Generation Y" ihr Erwerbsleben, deren besonderen Eigenschaften und Prägungen schlagwortartig so zusammengefasst werden kann: Generation Y, das sind

„Menschen, die in den 1980er-Jahren geboren wurden.

Frühere Generationen: Tendenziell geprägt durch traditionelle Werte wie Leistungsorientierung, Disziplin, Pflichtbewusstsein, starke Berufs- oder Familienorientierung, Kollegialität, Sicherheitsdenken, Suche nach Beständigkeit.

Generation Y: Hohe Leistungsbereitschaft, Forderung nach Spaß, Perspektiven, Sinnhaftigkeit, Work-Life-Flow statt Work- Life-Balance." (vgl. Richenhagen, 2012, S. 7)

Vollkommen zu Recht bemerkt Richenhagen: „Achtung: Das sind Pole eines Kontinuums!" (2012, S. 7) Selbstverständlich muss sich jeder Personaler, jeder Kollege und jede Führungskraft mit den einzelnen Menschen zusammensetzen und individuell besprechen, was einem Bewerber, einem Kollegen oder einem Leistungsträger im Betrieb wichtig ist – die Analyse von Generationen kann nicht den Dialog zwischen Menschen ersetzen. Wissenschaftler mögen zudem diskutieren, ob die Unterschiede zwischen den Generationen wirklich statistisch signifikant sind (vgl. Biemann und Weckmüller 2013), für die Personalarbeit handelt es sich um praktisch signifikante Unterschiede. Eine Methode, „Spaß, Perspektiven, Sinnhaftigkeit, Work-Life-Flow" in Betrieben zu stärken, ist das Ideenmanagement.

- Spaß: Ideen können auch spielerisch entwickelt werden, von der gemeinsamen Entwicklung in Ideenräumen (vgl. Munzke et al., 2014) über die Bewertung bis hin zur Realisierung lassen sich spielerische Elemente in das Ideenmanagement einführen (vgl. Birke et al., 2012). Dieser Ansatz wird als „Gamification" organisatorisch wie auch durch Software unterstützt (vgl. Schat, 2015).
- Perspektive: Viele Beschäftigte der „Generation Y" streben keine Führungskarriere um jeden Preis an. Genauso wenig attraktiv erscheint es ihnen, Jahrzehnte lang die immer gleiche Beschäftigung auszuüben. Der Einsatz in Verbesserungsgruppen, in der Entwicklung von Vorschlägen, in der Verbesserung der eigenen Arbeitsprozesse bietet hier Möglichkeiten – und bei einigen Unternehmen fließen Erfolge im Ideenmanagement auch bei Personalentscheidungen ein (vgl. Kremers und Schat, 2005).
- Sinnhaftigkeit: Sinn ist individuell: „Der weise Rabbi Bunam sagte einmal im Alter, als er schon erblindet war: ‚Ich möchte nicht mit Vater Abraham tauschen. Was hätte Gott davon, wenn der Erzvater Abraham wie der blinde Bunam wäre und der blinde Bunam wie Abraham?' Und mit noch größerer Eindringlichkeit ist dasselbe von Rabbi Susja ausgesprochen worden, als er kurz vor dem Tode sagte: ‚In der kommenden Welt wird man mich nicht fragen: ‚Warum bist du nicht Mose gewesen?' Man wird mich fragen: ‚Warum bist Du nicht Susja gewesen?'" (vgl. Buber, 1948, S. 13). Der aus dem Betrieblichen Vorschlagswesen kommende Zweig des Ideenmanagements ist eine der wenigen Möglichkeiten für Beschäftigte, sich für genau die Bereiche zu engagieren, die für sie speziell sinnvoll sind. Auch der Kontinuierliche Verbesserungsprozess und die Mitarbeit in Qualitätszirkeln, im Arbeitsschutzausschuss und ähnlichen Verbesserungsgruppen können individuell Schwerpunkte gesetzt werden. Mehr noch: Beschäftigte können sich so im Betrieb den Ruf erarbeiten, für bestimmte Themen engagiert zu sein – und manch Verantwortlicher für das Ideenmanagement führt eine Liste erfolgversprechender Ansprechpartner im Betrieb. Wenn dann für ein bestimmtes Problem eine Lösung gefunden werden muss, dann ist schon bekannt, wer sich diesem Problem mit Engagement und Erfahrung widmen wird.
- Work-Life-Flow ersetzt die Work-Life-Balance. Abgesehen von dem Unsinn, Arbeit dem Leben gegenüber zu stellen, geht „Work-Life-Balance" davon aus, es geben zwei

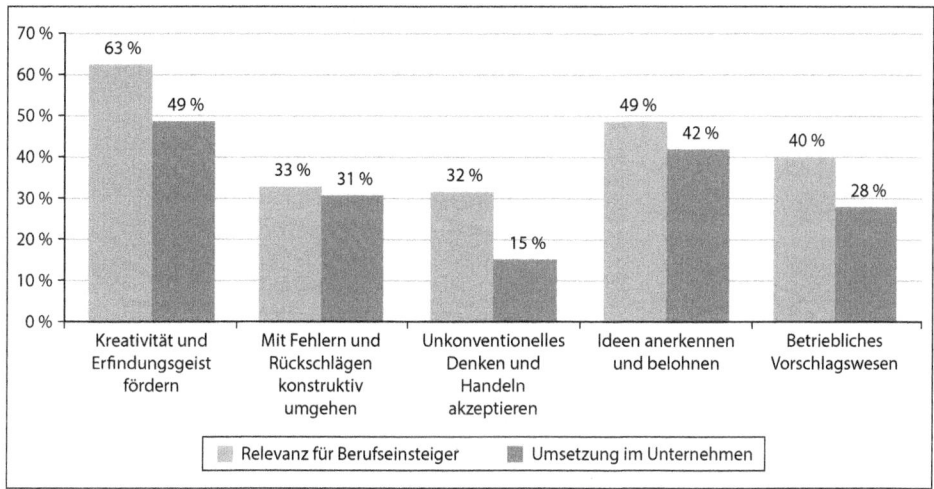

Abb. 19.1 Was sich Berufseinsteiger in puncto Innovation von ihrem Arbeitgeber wünschen (eigene Darstellung, Daten nach Herget, 2014)

abgegrenzte Bereiche, Arbeit und Nicht-Arbeit, die es auszubalancieren gelte. Diese Abgrenzung konnte sich erst entwickeln, als im Zuge der Industrialisierung Wohn- und Arbeitsort auseinanderfielen. Zuvor gingen Arbeit und andere Lebensbereiche in einander über, der Bauer, Kaufmann oder Geistliche wechselten, etwa im Gespräch, flexibel zwischen den Lebensbereichen. Selbstverständlich: Die vollständige Fixierung auf einen Lebensbereich kann schaden, die aktuelle Diskussion zur ständigen Erreichbarkeit auf dem Firmen-Handy gibt Beispiele. Andererseits: Eines der Erfolgsrezepte im Ideenmanagement besteht darin, das Einreichen von Vorschlägen auch außerhalb des Betriebes zu ermöglichen. Viele gute Ideen kommen, wenn sich die Menschen nicht auf ihre Arbeit konzentrieren. Fast sprichwörtlich ist inzwischen der Geistesblitz unter der Dusche. Wenn im Kneipen-Gespräch auch Berufliches diskutiert wird und sich ein Verbesserungsvorschlag entwickelt – dann bietet Ideenmanagement die Möglichkeit, diesen sofort einzureichen.

Nur als Merkposten sei hier erwähnt, dass im Zeichen von Fachkräfte-Engpässen und des „War for Talent" (vgl. Michaels et al., 2001) die Rekrutierung und Bindung von Leistungsträgern auch der Generation Y eine vordringliche Personalaufgabe darstellt. Blitzlichtartig zeigt die Zusammenhänge eine explorative Umfrage unter 250 Berufseinsteigern (siehe ⊙ Abb. 19.1).

Wenngleich diese Erhebung eine eher explorative Studie darstellt dürfte doch die Botschaft für ein breiteres Anwendungsfeld gelten: Innovation und die persönliche Beteiligung an Innovationsprozessen sind für eine Reihe von Berufseinsteigern wichtige Bestandteile der Bindung an den Arbeitgeber.

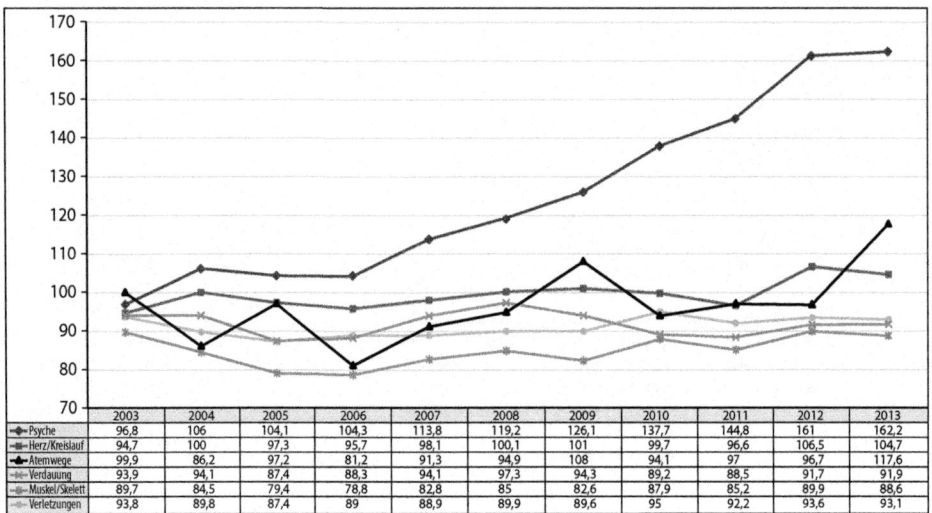

	2003	2004	2005	2006	2007	2008	2009	2010	2011	2012	2013
Psyche	96,8	106	104,1	104,3	113,8	119,2	126,1	137,7	144,8	161	162,2
Herz/Kreislauf	94,7	100	97,3	95,7	98,1	100,1	101	99,7	96,6	106,5	104,7
Atemwege	99,9	86,2	97,2	81,2	91,3	94,9	108	94,1	97	96,7	117,6
Verdauung	93,9	94,1	87,4	88,3	94,1	97,3	94,3	89,2	88,5	91,7	91,9
Muskel/Skelett	89,7	84,5	79,4	78,8	82,8	85	82,6	87,9	85,2	89,9	88,6
Verletzungen	93,8	89,8	87,4	89	88,9	89,9	89,6	95	92,2	93,6	93,1

Abb. 19.2 Tage der Arbeitsunfähigkeit der AOK-Mitglieder nach Krankheitsarten in den Jahren 2003–2013, Indexdarstellung (2002 = 100) (eigene Darstellung, Daten nach Meyer et al., 2014, S. 351)

19.3.2   Bedarf an Kulturarbeit – persönliche Ebene

Nachhaltige Führung heißt auch, dass die Beschäftigten gesund bleiben und sich Stress und andere Belastungen in einem handhabbaren Maß bewegen. Um zu erkennen, wo hier Handlungsbedarf herrscht, lohnt ein Blick auf die Entwicklung der Krankheiten in den letzten Jahren (siehe ◉ Abb. 19.2).

Auffällig ist die deutliche Steigerung der psychischen Erkrankungen. Kann hier Ideenmanagement als Kulturarbeit positiv einwirken? Um diese Frage zu beantworten sollen zunächst zwei weithin diskutierte Modelle für die arbeitsbedingte Entstehung von psychischen Erkrankungen dargestellt werden. Seit 1979 entwickelt Karasek das Job-Demand-Control-Modell, das zwei Dimensionen enthält (siehe ◉ Abb. 19.3).

Der Name dieses Modells ist Programm: In der einen Dimension ist „Demand" abgetragen – Wie hoch sind dies Anforderungen am Arbeitsplatz? Was wird von den Beschäftigten verlangt? Die andere Dimension beschreibt „Control" – Wie hoch ist der Einfluss der Beschäftigten auf ihren Arbeitsalltag? Welche Möglichkeiten haben sie? Mit anderen Worten lassen sich die Dimensionen wie folgt beschreiben:

„Die psychischen Anforderungen beinhalten die qualitativen und quantitativen Arbeitsanforderungen einschließlich derer, die aus der Zusammenarbeit mit Kollegen und Vorgesetzten entstehen. Dazu zählen beispielsweise Arbeitscharakteristika wie Zeitdruck oder ungewollte Unterbrechungen.

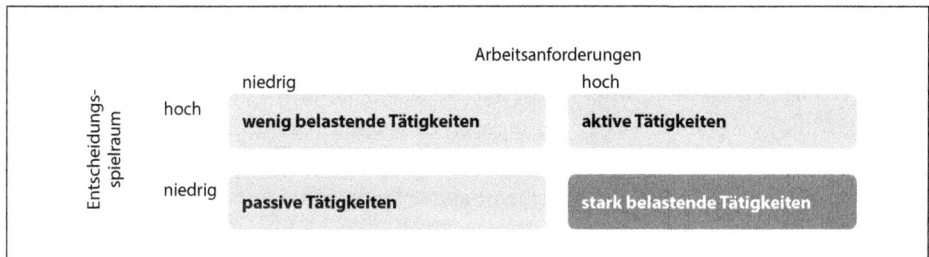

Abb. 19.3 Job-Demand-Control-Modell
(eigene Darstellung nach Kauffeld und Hoppe, 2014, S. 249, korrigiert)

Mit der Kontrolle über die Arbeitsaufgaben ist zum einen die Möglichkeit gemeint, die eigenen Fähigkeiten anzuwenden und zu entwickeln. Zum anderen geht es darum, welche Entscheidungsspielräume bestehen und wieviel Kreativität die Arbeitsorganisation ermöglicht." (vgl. Friedel und Orfeld, 2002, S. 50)

Die Zweiteilung (niedrig/hoch) dient jeweils dazu, das Grundprinzip zu veranschaulichen. Deutlich wird: Hohe Anforderungen sind nicht grundsätzlich schädlich. Die Gefahr von psychischen Erkrankungen steigt, wenn Beschäftigte an einem Arbeitsplatz mit hohen Anforderungen und geringen Handlungsmöglichkeiten arbeiten. In dieser Situation ist es manchmal nicht möglich, die „Demand"-Dimension zu verbessern. Dann kann eine Strategie der Arbeitsgestaltung darin liegen, die „Control"-Dimension zu optimieren. Hier werden häufig verschiedene Methoden parallel zum Einsatz kommen. Die Beteiligung der Beschäftigten an der Arbeitsgestaltung und an der Prozessverbesserung, insbesondere an der Verbesserung der Prozesse, in denen sie selbst arbeiten, kann hier ein Ansatz sein.

Das Job-Demand-Control-Modell erklärt eine Reihe der hier relevanten Phänomene, im Laufe der Forschung traten weitere Faktoren hinzu. Besonders diskutiert das Modell der Gratifikationskrise, das Siegrist ab 1990 entwickelte. Er definiert: „Erfahrungen wiederholter hoher Verausgabung am Arbeitsplatz bei vergleichsweise niedriger Belohnung nennen wir im folgenden ‚Erfahrungen beruflicher Gratifikationskrisen'" (vgl. Siegrist, 1990, S. 81). Bei derartigen Gratifikationskrisen unterscheidet das Modell drei Ebenen:

„a) Ökonomische Ebene: Lohn- bzw. Gehaltszahlungen, die im Verhältnis zu erbrachter Leistung und in einem darüber hinausreichenden sozialen Vergleichsprozeß als unangemessen niedrig erfahren werden, bilden eine wichtige Quelle beruflicher Gratifikationskrisen. […]

b) Sozio-emotionale Ebene: Berufliche Leistung wird in einer Gruppe bzw. in einem Umfeld erbracht, von der oder von dem der einzelne positive Rückmeldung, Lernchancen und Anreize für die eigene Entwicklung erwartet. Restriktive Tätigkeiten mit geringen individuellen Gestaltungsmöglichkeiten und geringen Chancen positiver Rückmeldung erzeugen bei hohem Leistungsdruck mehr Gratifikationskrisen als Tätigkeiten, die durch ein bestimmtes Maß an Autonomie am Arbeitsplatz gekennzeichnet sind. [...]

c) Ebene der Status-Kontrolle: Besondere Verausgabung wird häufig als Mittel beruflichen Aufstiegs gefordert oder aus eigenen Motiven erbracht, zumindest jedoch, um den erreichten Status gegen Konkurrenz abzusichern. Unter diesem Aspekt werden Anstrengungen in einer biographischen Langzeitperspektive erbracht, deren entscheidende Belohnung erst Jahre später erwartet wird. Berufsbiographische Erfahrungen blockierten sozialen Aufstiegs, unfreiwilligen Wechsels, Erfahrungen von Abwärtsmobilität, von qualifikationsfremdem beruflichem Einsatz sowie Erfahrungen bedrohter Arbeitsplatzsicherheit und temporärer Arbeitslosigkeit stellen besonders belastende Formen beruflicher Gratifikationskrisen dar, weil hier das Ungleichgewicht zwischen Investition und Ertrag sichtbarer als sonst, die unmittelbaren psychischen, sozialen und ökonomischen Folgen einer bedrohten sozialen Verortung spürbarer als sonst sind." (vgl. Siegrist, 1990, S. 82 f.)

Beschäftigte, die unter einer so definierten Gratifikationskrise leiden, haben ein deutlich höheres Risiko, an psychischen und physischen Erkrankungen zu leiden, bis hin zu einem höheren Risiko, vorzeitig zu sterben. Aktuelle Untersuchungen konnten diese Zusammenhänge bestätigen (vgl. Angerer et al., 2014).

Selbstverständlich kann eine Gratifikationskrise nicht durch die Mitarbeit im Ideenmanagement allein gelöst werden – erst recht nicht, wenn man aktuellen Überlegungen folgt, wonach Gratifikationskrisen nicht nur betriebliche, sondern in gewissem Maße auch gesellschaftliche Phänomene darstellen. Allerdings lassen sich eine Reihe von Beispielen anführen, in denen Beschäftigte deutliche Anerkennung durch ihre Beteiligung im Ideenmanagement erhalten haben – von der positiven Leistungsbeurteilung bis hin zu Preisen, wie sie etwa für die beste Idee in verschiedenen Kategorien vom Zentrum Ideenmanagement vergeben werden (vgl. Zentrum Ideenmanagement, 2015).

19.4   Beitrag des Ideenmanagements zur nachhaltigen Führung

Ideenmanagement kann einen Beitrag zum nachhaltigen Wirtschaften leisten, in dem es Verbesserungsvorschläge für den effizienten Ressourceneinsatz, den Umweltschutz und weitere relevante Felder generiert, dokumentiert und die Realisierung begleitet. Der vorliegende Beitrag konzentriert sich auf eine anderes Feld: Ideenmanagement als Führungsinstrument kann einen Beitrag zu nachhaltiger Führung leisten. Hierbei werden nicht kurzfristige Optimierungen angesprochen, es geht vielmehr um die Unternehmenskultur insgesamt. Durch Ideenmanagement als Kulturarbeit können Einflussmöglichkeiten von Beschäftigten erweitert und Gratifikationen erworben werden – und dies kann einen Beitrag zur psychischen Gesundheit der Beschäftigten leisten. Als Thesen formuliert:

- Ideenmanagement ermöglicht es den Beschäftigten, sich an der Gestaltung ihrer Arbeitsprozesse und ihrer Arbeitsumgebung zu beteiligen. Dies kann mit dazu beitragen, die Anforderungen und Belastungen („Demand") zu senken und die Einflussmöglichkeiten („Control") zu steigern.
- Ideenmanagement ermöglicht, auch außerhalb der Arbeitsaufgabe im engsten Sinne Anerkennung zu erhalten, sei es monetär (durch Prämie und Leistungszulage), sei es immateriell.

19.5 Über ZENTRUM IDEENMANAGEMENT

Ein modernes, gut organisiertes und aktiv gelebtes Ideenmanagement kann einen signifikanten Beitrag zum zukünftigen Unternehmenserfolg leisten. Hierfür müssen IdeenmanagerInnen allerdings eine Vielzahl von Themen und Stellschrauben kontinuierlich im Blick haben, deren rasante Weiterentwicklung nutzen und in optimale Projekte, Prozesse und Führung übersetzen.

Ideenspezialisten in dieser anspruchsvollen Aufgabe maximal mit Rat und Tat zu unterstützen, das leistet das Zentrum Ideenmanagement (ZI) erfolgreich seit vielen Jahren.

Es ist eine Interessengemeinschaft zur Förderung und Verbreitung des Ideen- und Innovationsmanagements. Wesentlich sind die Organisation von Netzwerken, Arbeitskreisen, Symposien, die den Erfahrungs- und Informationsaustausch zwischen Unternehmen von KMU bis Konzern, von Industrie bis Dienstleistung und NGO befördern.

Das ZI liefert umfangreiches Wissen und Fakten, lanciert Weiterentwicklungsthemen, initiiert Projekte und Initiativen und liefert Impulse für Prozessoptimierung. Konkrete individuelle Beratung, Seminare, und Arbeitsmaterialien gehören ebenso zum Angebot für IdeenmanagerInnen.

Das Zentrum Ideenmanagement ist ein zentraler Geschäftsbereich des Deutschen Instituts für Ideen- und Innovationsmanagement und bietet konkrete, praktische Unterstützung für das operative Management von Ideen. Es versteht sich als Netzwerk und Plattform für alle am Ideenmanagement beteiligten Gruppen, die sich folgende Ziele gesetzt haben:

- Förderung des Wissens und des Erfahrungsaustausches im Ideenmanagement
- Identifizierung und Behandlung von relevanten Gegenwarts- und Zukunftsfragen im Ideenmanagement
- Stärkung des Ideenmanagements in der internen Öffentlichkeit in den Unternehmen und in der externen Öffentlichkeit in der Gesellschaft
- Begleitung der zunehmenden Internationalisierung und Vernetzung

Das ist die Vision des ZI:

- *Jedes* Unternehmen hat ein attraktives Ideenmanagement.
- *Alle* Geschäftsverantwortlichen kennen seinen Wert.
- *Überall* ist das Ideenmanagement anerkannter Bestandteil der Unternehmenskultur und treibende Kraft für Veränderungen in den Unternehmen.
- *Jederzeit* können Ideen leicht entstehen und sind willkommen.

Weitere Informationen erhalten Sie unter **www.zentrum-ideenmanagement.de**.

19.6   Über den Autor

Hans-Dieter Schat ist Dipl.-Handelslehrer und Soziologe. Nach verschiedenen Tätigkeiten im Bereich von Personal und Organisation wechselte er in die Wissenschaft, zunächst beim Institut für angewandte Arbeitswissenschaft (ifaa) und seit 2008 als wissenschaftlicher Mitarbeiter und Projektleiter am Fraunhofer Institut System- und Innovationsforschung (ISI). Seit 2012 ist er Professor für Allgemeine Betriebswirtschaftslehre mit dem Schwerpunkt Human Resource Management an der FOM Hochschule für Oekonomie und Management.

Literatur

Achouri, Cyrus 2015: Human Resources Management. Wiesbaden (Springer Gabler). Zitiert wird die zweite Auflage 2015.

Angerer, Peter/Siegrist, Karin/Gündel, Harald 2014: Psychosoziale Arbeitsbelastungen und Erkrankungsrisiken. In: Landesinstitut für Arbeitsgestaltung des Landes Nordrhein-Westfalen (LIA. nrw) (Hg.): Erkrankungsrisiken durch arbeitsbedingte psychische Belastung. Düsseldorf (Selbstverlag).

Biemann, Torsten / Weckmüller, Heiko 2013: Generation Y: Viel Lärm um fast nichts. In: Seite 46 – PERSONALquarterly 01/2013, S. 46–49

Birke, Maja / Bilgram, Volker / Füller, Johann: Spielerisch zur Innovation: Gamification in der gemeinsamen Ideengenerierung und –selektion mit Konsumenten. In: Ideenmanagement 3/2012, S. 93–96.

Buber, Martin 1948: Der Weg des Menschen nach der chassidischen Lehre. Amsterdam (Allert de Lange).

Franklin, Benjamin 1785: The Autobiography. In: Chaplin, Joyce E. (Hg.) 2012: Benjamin Franklin's Autobiography. New York, London (W W Norton & Company).

Freese, Heinrich 1909: Die Konstitutionelle Fabrik. Jena (Gustav Fischer). Zitiert wird das dritte und vierte Tausend 1909.

Friedel, Heiko/Orfeld, Barbara 2002: Psychische Belastungen am Arbeitsplatz sind einfach zu ermitteln. In: Die BKK 2/2002. S. 50–54.

Herget, Stefani 2014: Mehr Platz für Querdenker. In: Handelsblatt vom 1./2./3. August 2014, Nr. 146, S. 52 f.

Imai, Masaaki 1986: Kaizen. Deutsche Ausgabe 1991, München (Wirtschaftsverlag Langen Müller Herbig).

Kauffeld, Simone/Hoppe, Diana 2014: Arbeit und Gesundheit. In: Kauffeld, Simone (Hg.): Arbeits-, Organisations- und Personalpsychologie. Berlin/Heidelberg (Springer). 2. Auflage, S. 241–264.

Kersting, Christiane/Munzke, Hans-Rüdiger 2013: Grundlagen und Einführung. In: Hanewinkel, Christian/Kersting, Christiane/Munzke, Hans-Rüdiger/Schat, Hans-Dieter: Ideenmanagement in der Lebensmittelindustrie. Hamburg (Behr's Verlag). Seiten 13–50.

Kremers, Martina/Schat, Hans-Dieter 2005: Ein unbürokratisches Ideenmanagement. In: angewandte Arbeitswissenschaft. Zeitschrift für die Unternehmenspraxis. Nr. 185 (September 2005). Seiten 48 bis 63.

Meyer, Markus/Modde, Johanna/Glushanok, Irina 2014: Krankheitsbedingte Fehlzeiten in der deutschen Wirtschaft im Jahr 2013. In: Badura, Bernhard/Ducki, Antje/Schröder, Helmut/Klose, Joachim/Meyer, Markus (Hg.): Fehlzeiten-Report 2014. Berlin / Heidelberg (Springer). S. 323–512.

Micheals, Ed/Handfield-Jones, Helen/Axelrod, Beth 2001: The War for Talent. Boston, Massachusetts (Harvard Business School Press).

Munzke, Hans-Rüdiger/Schat, Hans-Dieter/Hildebrand-Schat, Viola: Kreativität in 3D. In: Jürgen Preiß (Hg.): Jahrbuch der Kreativität 2014. Köln (www.jpmk.de).

Neuhaus, Ralf 2008: Produktionssysteme: Aufbau – Umsetzung – Missverständnisse. In: Institut für angewandte Arbeitswissenschaft (Hg.): Produktionssysteme. Köln (Wirtschaftsverlag Bachem).

Ohno, Taiichi 1993: Das Toyota-Produktionssystem. Frankfurt am Main/New York (Campus).

Richenhagen, Gottfried 2012: Personalentwicklung in der Kosten- und Demografiefalle? Vortrag auf dem Kongress Moderner Staat, Berlin, 7. November 2012.

Schat, Hans-Dieter 2014: Direkte Beteiligung von Beschäftigten. Historische Entwicklung und aktuelle Umsetzung. Arbeitspapiere der FOM, Nr. 51.

Schat, Hans-Dieter 2015: „Ganzheitliches Ideenmanagement mit integrierender Software" und „Software im Ideenmanagement". In: Christian Hanewinkel, Hans-Rüdiger Munzke, Gudrun Richter, Hans-Dieter Schat: Ideenmanagement aus der Lebensmittelwirtschaft. Praxisbeispiele und Handlungsempfehlungen. Hamburg (Behr's Verlag) 2015. S. 35–66.

Schat, Hans-Dieter 2016: Neuorientierung im Ideenmanagement einer Bank. In: Seidel, Marcel (Hg.) 2016: Banking & Innovation 2016. Heidelberg (FOM Edition im Springer-Gabler Verlag).

Siegrist, Johannes 1990: Berufliche Gratifikationskrisen und körperliche Erkrankung – Zur Soziologie menschlicher Emotionalität. In: Hans Oswald (Hg.): Macht und Recht. Festschrift für Heinrich Popitz. Opladen (Westdeutscher Verlag). S. 79–94.

Spahl, Siegfried 1990: Geschichtliche Entwicklung des BVW. In: Personal 42. Jg. 1990, Heft 5, S. 178–180.

Thonemann, Ulrich 2005: Operations Management. München (Pearson).

Zentrum Ideenmanagement 2015: Internetpräsentation. www.zentrum-ideenmanagement.de und angehängte Seiten, zugegriffen am 1. Juli 2015.

Printed by Printforce, the Netherlands